資產評估
(第三版)

主　編　陳建西、陳慶紅
副主編　邢姝媛、任建美、楊相和

前 言

2012年《資產評估》(第二版)出版以來,資產評估面臨的市場環境、資產評估行業管理、業務規範制度建設等發生了很大的變化。2012年以來,《資產評估職業道德準則——獨立性》《資產評估準則——利用專家工作》《資產評估準則——森林資源資產》《知識產權資產評估指南》《文化企業無形資產評估指導意見》《資產評估專家指引》第1~7號、《財政支出(項目支出)績效評價操作指引》等全新發布或修訂發布;中國資產評估協會執業會員、資深會員、非執業會員管理辦法及《資產評估師職業資格制度暫行規定》等行業管理制度、辦法相繼出臺或修訂出臺;2016年7月2日,中國資產評估行業發展近30年來的首部行業大法《中華人民共和國資產評估法》發布,資產評估行業發展的新篇章全面開啟。

本書力圖保持第二版的優勢,在兼顧資產評估知識體系的完整性、資產評估技術的實用性的同時,更加關註資產評估社會實踐和相關研究的發展前沿、更加關註資產評估高素質應用型人才的培養、更加關註教材建設與高校教育教學改革的適應性。本書在遵循應用型本科院校、高職高專學生的學習、認知規律的基礎上,全力吸收全新或修訂發布的資產評估相關法律法規、準則制度的相關內容,緊扣資產評估前沿,全面更新案例導引和知識鏈接;同時,適應高校教學組織形式和教學方法變革的實際,盡力在教材形式多樣化、立體化,教材內容豐富化、可拓展化等方面進行了改進,全面更新了全學程教學課件,增加了分章的檢測題及參考答案,建設了現行資產評估法律、法規、制度、辦法資源庫。這不僅有利於激發學生的學習興趣、幫助教師的教學實施,還將鍛煉和提高學生的資產評估綜合素質和能力,對學員的學習及未來的資產評估商業實踐具有較高的實用價值。

本書的修訂由成都大學、成都理工大學、西安外事學院、西昌學院、四川理工學院、成都信息工程大學及中聯資產評估有限公司西南分公司等單位共同完成。教材內容修訂及檢測題編寫的具體分工為:陳建西負責第五、十二、十三章;陳慶紅負責第一、七章;邢姝媛負責第三、十一章;任建美負責第九、十章;楊相和、張敏、劉雨薇、楊姗姗分別負責第二、八、六、四章;資產評估相關法律法規政策制度資源庫建設及持續更新由陳建西負責。新教學課件建設的分工如下:楊相和負責第一、二、五、七、十三章;任建美負責第九、十章;邢姝媛負責第三、十一章;張敏、劉雨薇、楊姍姍、陳建西分別負責第六、八、四、十二章。陳建西、陳慶紅、邢姝媛完成了教材修訂稿的審核，鄭冰完成了第十二、十三章的審核；教材修訂最後由陳建西、陳慶紅總纂、定稿。

教材修訂過程中借鑒和參考了不少資料，在此，特向原資料作者表示感謝；西南財經大學出版社，成都大學楊書娜、龍艾、羅東平等對教材修訂提供了大力支持和幫助，在此，我們表示衷心的感謝。

由於編者學識有限，修訂後的教材難免仍有疏漏與不足之處，懇請專家和讀者批評指正。

作　者

目　錄

第一章　總論 ………………………………………………………… (1)
　　第一節　資產評估的產生與發展 …………………………………… (3)
　　第二節　資產評估的主體和客體 …………………………………… (7)
　　第三節　資產評估的目的和價值類型 ……………………………… (9)
　　第四節　資產評估的依據、原則和假設 …………………………… (17)
　　第五節　資產評估的功能及其與審計的關係 ……………………… (20)

第二章　資產評估方法 ……………………………………………… (24)
　　第一節　資產評估的程序 …………………………………………… (26)
　　第二節　市場法 ……………………………………………………… (29)
　　第三節　收益法 ……………………………………………………… (35)
　　第四節　成本法 ……………………………………………………… (40)
　　第五節　評估方法的選擇 …………………………………………… (49)

第三章　資產評估信息的收集和分析 ……………………………… (53)
　　第一節　信息收集與分析的意義 …………………………………… (54)
　　第二節　資產評估中的信息收集 …………………………………… (55)
　　第三節　資產評估中的信息分析 …………………………………… (62)

第四章　機器設備評估 ……………………………………………… (70)
　　第一節　機器設備評估概述 ………………………………………… (72)
　　第二節　成本法在機器設備評估中的應用 ………………………… (76)
　　第三節　市場法在機器設備評估中的應用 ………………………… (97)
　　第四節　收益法在機器設備評估中的應用 ………………………… (101)

第五章　房地產評估 ………………………………………………… (104)
　　第一節　房地產評估概述 …………………………………………… (106)
　　第二節　收益法在房地產評估中的應用 …………………………… (114)
　　第三節　市場法在房地產評估中的應用 …………………………… (119)

第四節　成本法在房地產評估中的應用 …………………………（123）
　　第五節　其他評估方法在房地產評估中的應用 …………………（131）

第六章　流動資產評估 …………………………………………（139）
　　第一節　流動資產評估概述 ………………………………………（140）
　　第二節　實物類流動資產評估 ……………………………………（143）
　　第三節　貨幣資產、應收帳款及其他流動資產的評估 …………（150）

第七章　長期投資性資產評估 …………………………………（157）
　　第一節　長期投資性資產評估的特點與程序 ……………………（159）
　　第二節　債券評估 …………………………………………………（161）
　　第三節　長期股權投資的評估 ……………………………………（165）
　　第四節　其他長期性資產的評估 …………………………………（170）

第八章　無形資產評估 …………………………………………（174）
　　第一節　無形資產評估概述 ………………………………………（176）
　　第二節　無形資產評估的方法 ……………………………………（180）
　　第三節　專利權和非專利技術評估 ………………………………（188）
　　第四節　商標權評估 ………………………………………………（195）
　　第五節　版權評估 …………………………………………………（198）
　　第六節　商譽評估 …………………………………………………（204）
　　第七節　非常規無形資產的評估 …………………………………（207）

第九章　資源性資產評估 ………………………………………（217）
　　第一節　資源性資產評估概述 ……………………………………（218）
　　第二節　資源性資產評估的方法 …………………………………（227）
　　第三節　森林資源性資產評估 ……………………………………（230）
　　第四節　礦產資源性資產評估 ……………………………………（237）

第十章　企業價值評估 …………………………………………（246）
　　第一節　企業價值評估及其特點 …………………………………（248）
　　第二節　收益法在企業價值評估中的應用 ………………………（252）

第三節　企業價值評估的其他方法 ································ (265)
　　第四節　金融企業價值評估 ·· (269)

第十一章　資產評估報告 ·· (285)
　　第一節　資產評估報告概述 ·· (285)
　　第二節　資產評估報告的編制 ······································ (292)
　　第三節　資產評估報告書的復核與應用 ···························· (302)

第十二章　中國資產評估行業管理 ······································ (308)
　　第一節　中國資產評估行業管理 ··································· (309)
　　第二節　中國資產評估機構管理 ··································· (313)
　　第三節　中國資產評估師職業資格管理 ···························· (317)
　　第四節　中國資產評估法律責任與自律懲戒 ······················· (320)

第十三章　資產評估準則 ·· (329)
　　第一節　中國資產評估準則 ·· (330)
　　第二節　國際評估準則簡介 ·· (336)
　　第三節　美國評估準則簡介 ·· (340)
　　第四節　英國評估準則簡介 ·· (344)

參考文獻 ·· (349)

第一章　總論

[學習內容]
　　第一節　資產評估的產生與發展
　　第二節　資產評估的主體和客體
　　第三節　資產評估的目的和價值類型
　　第四節　資產評估的依據、原則和假設
　　第五節　資產評估的功能及其與審計的關係

[學習目標]
　　本章的學習目標是使學生掌握資產評估的產生與發展、概念與內涵、主體與客體、評估目的和價值類型、評估的依據、原則和假設，認識資產評估的功能及其與審計的關係。具體目標包括：

　　◇ 知識目標
　　瞭解資產評估的產生發展及其學科地位；認識資產評估的功能及其與審計的關係；掌握資產評估的概念與內涵、主體與客體、評估目的和價值類型、評估的依據、原則和假設。

　　◇ 能力目標
　　能夠運用資產評估的概念與內涵、評估的依據、原則和假設說明資產評估的功能和作用，能夠理解資產評估與審計的關係。

[案例導引]

2億元資產被評估成1 800萬元　誰來監管虛假評估？

　　資產評估再次引發社會關註。近日，中國國務院印發《關於取消和調整一批行政審批項目等事項的決定》，取消註冊稅務師、註冊資產評估師等11項職業資格許可和認定事項。

　　距離2013年8月《中華人民共和國資產評估法》草案二審整整一年了，在當初一個月期限的公開徵求意見中，總共收到各方意見多達3.2萬條，數量位居2013年向社會公開徵求意見法案的前列。

　　社會各界對《中華人民共和國資產評估法》高度關註的背後，是資產評估在執業過程中存在着大量虛評資產情況，評估結果往往不能真實地反應資產實際價值。這不僅令資產所有者權益受損，有時還會造成國有資產和國家稅收收入大量流失。

　　兩份評估相差上億元
　　在有"中國家具商貿之都"美譽的河北香河，籌建了8年之久，有香河"一號工程"之稱、首期建築面積就達 25 萬平方米的香河經緯家居城就位於此。然而，經緯家居城尚未開業就面臨着諸多糾紛的困擾。

記者瞭解到，經緯家居城位於河北香河綉水街，這條街商賈雲集，見證着香河家居產業的興盛和繁華。10 年前，在香河家具市場打拼多年的譚妹良等人看到了香河家具城的發展前景，決定投資新建場地。他們與來自廣東佛山的黎經煒等人共同註冊成立了河北香河經緯家居裝飾材料城有限公司（以下簡稱經緯公司），黎經煒等人占股 60%、譚妹良等人占股 40%。經緯公司成立後，業務就是運作"香河經緯家具裝飾材料城"的市場開發和建設項目，並於 2004 年向香河縣土地管理局受讓了面積爲 25.73 公頃的國有土地使用權，按每公頃 109.995 萬元支付了共計爲 2832.83 萬元的土地出讓金。同時，還爲與該地塊相鄰的一塊面積約爲 20.01 公頃的國有土地支付了 500 萬元定金。隨後，公司在已取得的土地上進行項目施工建設。

2006 年年初，經緯公司董事長黎經煒以其胞妹的名義註冊了香河彩星公司。同年 3 月 15 日，公司召開股東會，在譚妹良方面代表 40% 股份的股東們的強烈反對下，黎經煒等人做出決議，將經緯公司已取得的兩塊土地及其相關權益轉讓給香河彩星公司。這次轉讓引起了雙方的爭議。

更令人不解的是，針對同一宗土地，兩份評估報告卻出現了相差甚遠的結果。

2006 年 2 月，黎經煒聘請的廊坊天元會計師事務所做出評估的該地塊"市價"同樣是 2832.83 萬元，與當初的土地受讓價格一模一樣。也就是說，經緯公司是按原價以每公頃 109.995 萬元的價格，將 25.73 公頃土地和地面建築物整體賣給了香河彩星公司。

隨後，廊坊市公安局經濟犯罪偵查支隊對此事件介入並進行了調查。2009 年 5~7 月，廊坊市公安局經濟犯罪偵查支隊委託北京仁達房地產評估有限公司對這宗土地進行評估。該公司以與廊坊天元會計事務所進行評估的同樣日期，即 2006 年 2 月 22 日爲估價基準日，對這宗土地進行了估價。評估結果是，在各種條件不變的情況下，以 2006 年 2 月 22 日爲基準日，該塊土地的使用權價值爲 2.0865 億元。

兩個結果令人震驚。拋開企業所受的損失不說，以 2830 萬元的價格轉讓土地和以 2.0865 億元轉讓，其中相差的應向國家繳納的營業稅及附加、印花稅和契稅、土地增值稅等國家應徵收的稅費也相當可觀。

評估結果緣何屢屢失真

中國科學院在《社會中介組織的腐敗狀況與治理對策研究》調查報告中說，在我國商業賄賂、政府官員的尋租腐敗等日益嚴重的賄賂腐敗鏈條中，中介組織的影子越來越多。該報告特別指出，近年來，財務、審計和評估類型的中介公司抱著"收人錢財，給人方便"的態度做財務審計，通過做假帳、假評估、假審計等方式介入各種腐敗行爲正愈演愈烈。

記者在百度上搜索"虛假評估"一詞，搜出來的相關案例數不勝數，而且大多是觸目驚心的大案要案。法律也註意到了這種犯罪趨勢，在新修訂的《中華人民共和國刑法》第二百二十九條中也做出了明確規定：承擔資產評估、驗資、驗證、會計、審計、法律服務等職責的中介組織的人員故意提供虛假證明文件，情節嚴重的，處五年以下有期徒刑或者拘役，並處罰金。

那麼，是什麼原因造成虛假評估屢禁不止的狀況呢？需要採取什麼樣的措施來防範評估失真現象呢？

據瞭解，目前全國有各類評估機構近萬家，執業註册評估師10多萬人，從業人員約30萬人。社會中介機構競爭無序，爲了自身經濟利益，以能配合委託人完成被收購任務爲前提，不按原則進行評估。當前具有資產評估資質的社會中介機構雖然較多，但大多數經過改制後的會計師事務所和專業資產評估機構組織形式爲有限責任公司，這種組織形式都以營利爲目的，競爭較爲激烈，其內在的風險、責任約束不足，極易使評估失真。

中國行爲法學會的一位專家表示，評估機構要建立起一套完整的內部質量監督機制，明確項目實施過程中各個環節的風險檢查監督內容、對象和方法，加强評估報告的多級復核制度，將責任明確落實到人，發現問題要及時反饋和處理。同時，要進一步加强資產評估行業自律檢查與監管，加大對不合規評估機構的處理處罰力度。資產評估協會要切實擔負起國家和社會賦予的重任，在維護資產評估市場秩序、協助政府管理評估機構、保證和提高評估執業人員素質、規範資產評估機構的執業行爲等方面進一步發揮作用，以此來提高整個行業的執業水平和質量。

有業內專家表示，目前註册會計師和律師行業都有全國性的統一法律，而資產評估行業至今没有一部系統性、管全局的專門法律。隨着市場經濟的發展，大到國有企業改制、企業股票上市、跨國兼併、企業品牌評估，小到百姓日常生活中的融資貸款抵押、房屋拆遷補償、農地占用補償、果園、農機具等作價變賣、珠寶首飾鑒定估價……資產評估對我們經濟社會的影響越來越大。如果没有一部行業大法來約束市場各利益主體，低水準機構低價承攬市場、虛假評估等各種違規違紀行爲勢必影響行業健康發展。據悉，目前制定的《中華人民共和國資產評估法》已列入2014年全國人大常委會立法工作計劃。多位業內人士表示，希望盡早啓動該草案的三審，推動法律早日出臺。

資料來源：王遠方. 兩億資產評估成1 800萬　誰來監管虛假評估？[EB/OL]. [2014-08-15]. http://news.cntv.cn/2014/08/15/ARTI1408089194636444.shtml.

第一節　資產評估的概念與內涵

一、資產評估的概念

（一）資產

會計將資產定義爲過去的交易或者事項形成的、由企業擁有或者控制的、預期會給企業帶來經濟利益的資源。

資產評估中的資產含義與會計中的資產含義並不完全相同，兩者主要存在以下區别：

（1）會計將資產作爲負債和所有者權益的總稱，用會計恒等式表示爲：資產＝負債＋所有者權益。在會計中資產被認爲是以各種形態被占用或運用的資金的存在形態，強調的是實際資產投入與運用後形成的資產。一些在現實中確實存在但未耗費或占用的資產被排除在資產的範圍之外，如劃撥土地的價值、企業的商譽。而資產評估中的資產卻要一一考慮這些重要的方面，不能遺漏。

（2）會計是通過對單項資產的記錄累加得出整體資產，而資產評估是把企業資產看成整體盈利能力的價值。

（3）會計對資產的計價採用歷史成本，不能準確反應具體資產的現實價值，而資產評估反應的是資產的現實價值。

（二）資產評估

資產評估是指專業機構和人員根據特定目的，依照國家法律法規和資產評估準則，遵循評估原則，選擇適當的價值類型，運用科學方法，按照規定的程序和標準，對資產價值進行評定和估算。資產評估是一種市場化和動態化的價值鑒證行爲。它主要包括：①資產評估的主體和客體；②資產評估的目的、價值類型和時點；③資產評估的依據、原則和假設；④資產評估的程序、方法和結果。這些要素將在後面的內容中加以闡述。

二、資產評估的產生及發展

當人類的勞動成果交換從物物交換發展到以貨幣爲媒介的交換時，便產生了商品經濟。早期的商品經濟以交換勞動成果爲主。隨著社會分工的不斷細化、生產資料私有制的形成和社會化大生產的發展，土地、資本、設備、技術等生產的必要條件也需要通過市場機制來進行配置，這樣就產生了對進入市場的生產要素進行定價的客觀需求。例如，擁有資本而不擁有土地的投資者要想投資農業，就需向土地所有者購買或租借土地，這就產生了對土地出讓價格或租賃價格進行估價的需要。再如，既不擁有土地，也不擁有資本，僅擁有技術的投資者要想投資農業，就需要同時租借土地與資金，這時不僅需對土地的租金進行估價，還需對資金的時間價值進行估價。但是，資產評估成爲社會分工中的一個專業性行業，則是現代市場經濟的產物，同時也與產權理論的發展有着密切的聯繫。

首先，隨著現代商品經濟的發展，生產要素流動、組合的市場化程度日益提高，大大發展了資產評估業務。①從資產所有權的組合、變動來看，不同所有者的合資、合作和聯營，企業兼併、合并和分立，企業租賃、出售以及實行股份制等，使資產流動日趨社會化。②從資金流動的角度來看，融資租賃、抵押貸款、發行債券等的普遍發展，使資產評估業務與信用緊密結合。③從生產要素的再生產角度來看，不僅是生產要素的購置和按歷史成本收回的過程，而且需要考慮由物價變動和無形損耗所導致的重置成本的變化，同時還要考慮財產保險的問題。此外，不動產的買賣、租賃，企業的破產、清算等也進一步拓寬了資產評估業務。資產評估業務的社會化、普遍化、多樣化對資產評估的技術與法規提出了更高的要求，從而使資產評估得到了相對獨立的發展，成爲一個不同於財務會計的專門行業。

其次，隨著現代產權理論的發展，生產要素與產權在市場上的流動、組合，不再局限於有形資產的流動需要市場配置，無形資產的流動也需要由市場進行配置。對無形資產的評估正日益成為資產評估中的一項重要業務。

資產評估是伴隨著商品經濟的產生而產生，並隨著商品經濟的發展而發展。一般認為，資產評估經歷了原始評估階段、經驗評估階段和科學評估階段三個階段。

(一) 原始評估階段

當人類社會發展到出現剩餘產品時，只要產生交易，就必須對剩餘產品的價值進行評估。這個階段的特點是：評估量小，評估主要靠評估人員的直觀感覺和愛好進行評估，有失公允。

(二) 經驗評估階段

經驗評估階段的資產交易規模擴大、交易頻繁，評估量大。這個階段的特點是：評估人員具有一定的評估經驗和專業水平，評估業務比較頻繁；評估人員對資產評估業務進行有償服務；評估結果的準確性主要取決於評估人員積累的評估經驗。

(三) 科學評估階段

科學評估階段是運用科學的技術手段和管理方式來進行資產評估。這個階段的特點是：資產交易規模更大，交易更頻繁，評估量更大；運用科學的手段評估；評估專業化；評估的市場更規範。

三、資產評估的種類及特點

(一) 資產評估的種類

為了更準確地把握資產評估的概念，有必要研究資產評估的分類，以掌握資產評估的外延。根據不同的目的和要求，按照不同的標準，對資產評估進行類別劃分，有助於加深對資產評估的認識。

1. 按照資產評估活動的性質劃分

按照資產評估活動的性質劃分，目前國際上資產評估主要分為評估、評估復核和評估諮詢三類。

(1) 評估。這種分類方法中的評估類似於我國目前廣泛進行的為產權變動和交易服務的資產評估。它一般服務於產權變動主體，對評估對象的價值進行評估，評估人員及其機構要對其評估結果的真實性和合理性負責。

(2) 評估復核。評估復核是指評估機構對其他評估機構出具的評估報告進行評判分析和再評估。它服務於特定的當事人，對某個評估報告的真實性和合理性做出判斷和評價，並對自己所出具的意見負責。

(3) 評估諮詢。評估諮詢是一個較為寬泛的術語，它既可以是評估人員對特定資產的價值提出諮詢意見，也可以是評估人員對評估標的物的利用價值、利用方式、利用效果的分析和研究，以及與此相應的市場分析、可行性研究等。

2. 按照資產評估的方法劃分

按照資產評估的方法劃分，資產評估可以分爲單項評估和整體評估。

（1）單項評估。單項評估是指對某項可以確指的資產進行評估。用單項評估的方法對某個企業的所有資產進行評估，是把企業所有的有形資產和無形資產的評估值進行加總的評估過程。

（2）整體評估。整體評估是指把企業看成一個獲利的整體，將未來年份的收益流折成現值從而確定企業價值的評估過程。其適用的資產業務主要是企業兼併。

對一個企業來說，既可以用單項評估，也可以用整體評估，兩者的差即整體評估值減去單項評估值就是企業的商譽。企業的商譽既可以是正值，也可以是負值，負值的商譽表示企業形象在消費者心目中產生了消極影響。例如，某企業因制假而臭名昭著，其商譽就是負值。

3. 按照資產評估主體的專業化程度劃分

按照資產評估主體的專業化程度劃分，資產評估可以分爲專業性評估機構評估和臨時性評估機構評估。

（1）專業性評估機構評估。專業性評估機構評估是指由專門從事資產評估並獲得相應的資產評估資格證書的資產評估機構進行的資產評估。這樣的資產評估質量是有保障的，被評估單位通常是規模較大、資產實力較強、資產業務要求較高的企業或其他單位。例如，企業公開發行股票或債券，通常應該由具有從事證券業務資格的專門資產評估機構進行評估，這樣的評估就是專業性評估機構評估。

（2）臨時性評估機構評估。臨時性評估機構評估是指由有效部門批報或認可的評估人員組成的、僅從事特定的資產評估業務的臨時性評估機構進行的資產評估。這樣的評估質量通常比較低。一般而言，如果被評估單位的規模較小、資產實力較弱、資產業務要求較低，通常由臨時性評估機構進行評估。例如，中國的小型國有企業進行股份制改革時，通常由有關方面組成臨時的評估機構進行資產評估和產權界定。

4. 按照資產評估的目的劃分

按照資產評估的目的劃分，資產評估可以分爲評價性評估、評值性評估、公正性評估和界定產權性評估。評價性評估的目的是評價資產的實際狀況，包括技術狀況、新舊狀況和經營效果；評值性評估的目的是評定估算被評估資產的實際價值；公正性評估的目的是爲資產業務進行公證，這是資產交易的法律保障；界定產權性評估的目的是明確資產業務有關單位對資產的產權關係。

5. 按照資產評估的客體劃分

按照資產評估的客體劃分，資產評估可以分爲固定資產評估、流動資產評估、無形資產評估、房地產評估等。

（二）資產評估的特點

1. 市場性

資產評估是適應市場經濟要求的專業中介服務活動。資產評估活動的本質是對資產在模擬市場條件下的價值進行評定和估算，評估結果是否客觀需要接受市場價格的檢驗。

2. 公正性

資產評估行爲服務於資產業務並滿足社會公共利益的需要，而不能只滿足於資產業務當事人任何一方的需要。資產評估的公正性表現爲：①資產評估依據公允、法定的準則和規程進行，公允的行爲規範和業務規範是公正性的技術基礎；②評估人員是與資產業務沒有利害關係的第三者，這是公正性的組織基礎。

3. 專業性

資產評估是一種專業人員的活動，資產評估結果應該是一種專家意見，從事資產評估業務的機構應當由一定數量和不同類型的專家及專業人士組成。一方面，這些資產評估機構形成專業化分工，使得評估活動專業化；另一方面，評估機構及其評估人員對資產價值的估計判斷也都是建立在專業技術知識和經驗的基礎之上。

4. 諮詢性

資產評估不是一種給資產定價的社會經濟活動，它只是一種經濟諮詢或專家諮詢活動。資產評估結論爲資產業務提供專業化估價意見。該意見本身並沒有強制執行的效力，評估人員只對評估結論合乎職業規範要求負責，而不對資產業務定價決策負責。事實上，資產評估結果只是爲資產交易提供一個參考價值，最終的成交價格取決於當事人的決策動機、談判地位和談判技巧等綜合因素。

第二節　資產評估的主體和客體

一、資產評估的主體

資產評估的主體是指從事資產評估的機構與專業評估人員。也就是説，由誰來承擔資產評估工作。由於資產評估直接涉及資產業務當事人各方的利益，是一項政策性、專業性、準確性很強的工作，因此無論是對評估機構還是對評估人員都有較高的要求。

（一）資產評估機構

資產評估機構是指具備一定條件、經過申報和主管部門批準、依法取得資產評估資格證書的中介機構。根據財政部頒布的《資產評估機構審批和監督管理辦法》，資產評估機構採用普通合夥或者有限責任公司的形式成立，必須經省級財政部門批準，並加入中國資產評估協會，成爲團體會員。

（二）資產評估專業人員

資產評估機構是由專業資產評估人員構成的。一名合格的資產評估人員應具備資產評估方面的紮實的理論知識、工程技術、財務會計等有關學科的專業知識，豐富的實踐經驗和良好的職業道德，並需經過嚴格的考試或考核，取得資產評估管理部門認可的資產評估資格，能夠勝任所執行的資產評估業務，如取得資產評估師職業資格證書的人員。

二、資產評估的客體

資產評估的客體又稱爲資產評估的對象，是指被評估的資產。資產評估的資產與會計中的資產的含義不完全相同。資產評估中的資產強調了資產的現實性、合法性、稀缺性、有效性和可控性。

（一）會計上對資產的分類

在會計上資產按不同的標準，可以分爲不同的類別。資產按流動性劃分，可分爲流動資產和非流動資產；資產按存在的形態劃分，可分爲有形資產和無形資產。目前，在我國會計實務中，綜合了這幾種分類標準，將資產分爲流動資產、長期投資、固定資產、無形資產、其他資產。

1. 流動資產

流動資產是指可以在一年或者超過一年的一個營業週期內變現或耗用的資產，一般包括現金及銀行存款、短期投資、應收及預付款項、存貨等。

2. 長期投資

長期投資是指不準備在一年內變現的投資，包括股權投資、債權投資和其他投資。

3. 固定資產

固定資產是指使用年限在一年以上，單位價值在規定標準以上，並在使用過程中保持原來物質形態的資產，包括房屋及建築物、機器設備、運輸設備、工具器具等。

4. 無形資產

無形資產是指企業長期使用而沒有實物形態的資產，包括專利權、非專利技術、商標權、著作權等。

5. 其他資產

其他資產是指除流動資產、長期投資、固定資產、無形資產以外的資產。

（二）資產評估中對資產的分類

爲了合理、有效地開展資產評估工作，有必要對資產評估的客體進行分類。

1. 資產按存在的形態劃分，可以分爲有形資產和無形資產

有形資產是指那些具有實物形態的資產，如房屋、建築、機器設備、原材料、產成品等。無形資產是指那些沒有實物形態，可以長期使用，以某種權利、技術或知識等形態存在並發揮作用的資產，如專利權、商標權、特許經營權等。

2. 資產按是否具有綜合獲利能力劃分，可以分爲單項資產和整體資產

綜合獲利能力是指評估對象獨立獲取經濟利益的能力。單項資產是指單件、單臺的資產。整體資產是指由若干單項資產組成的具有獨立獲利能力的資產綜合體，它可以是一個組織內的全部資產，也可以是具有獨立獲利能力的部分資產，如企業的一條生產線、一個封閉式生產車間等。

評估一項資產的價值是基於該項資產能繼續使用並能帶來預期經濟收益。有的資產，可以單獨帶來預期經濟收益，如一輛營運中的汽車；有的資產，則必須依附於其他資產或因素才能產生收益，如一臺車床。單項資產的評估價值之和，並不等於整體

資產的評估價值。整體資產的評估價值可能還包括了全部被評估資產的綜合生產能力以及企業的管理水平、人員的素質等因素。

第三節　資產評估的目的和價值類型

一、資產評估的目的

資產評估的目的是指進行資產評估的原因，也就是指評估委託人為什麼要進行資產評估。資產評估的目的不同，評估的程序、方法、原則、遵循的價格標準等都會不同。

（一）資產評估的一般目的

資產評估的一般目的是指取得資產在評估基準日的公允價值。資產評估的一般目的是委託進行資產評估的任何當事人的共同目的。人們進行資產評估的目的雖然不盡相同，但總的來說，就是要取得被評估資產的公允價值，即是評估人員遵守相關的法律法規、資產評估準則等進行評估的、評估各方當事人都可以接受的價值。這個價值既符合評估當事人的利益，也不會損害其他人的利益。

（二）資產評估的特定目的

資產評估的特定目的是指評估當事人委託進行資產評估的特定目的。主要有：

1. 資產轉讓

資產轉讓是指資產擁有單位有償轉讓其擁有的資產，通常是指轉讓非整體性資產的經濟行為。

2. 企業兼併

企業兼併是指一個企業以承擔債務、購買、股份化和控股等形式有償接受其他企業的產權，使被兼併方喪失法人資格或改變法人實體的經濟行為。

3. 企業出售

企業出售是指獨立核算的企業或企業內部的分廠、車間及其他整體資產產權出售的行為。

4. 企業聯營

企業聯營是指國內企業、單位之間以固定資產、流動資產、無形資產及其他資產投入組成各種形式的聯合經營實體的行為。

5. 股份經營

股份經營是指資產佔有單位實行股份制經營方式的行為，包括法人持股、內部職工持股、向社會發行不上市股票和上市股票。

6. 中外合資、合作

中外合資、合作是指我國的企業和其他經濟組織與外國企業和其他經濟組織或個人在中國境內舉辦合資或合作經營企業的行為。

7. 企業清算

企業清算包括破產清算、終止清算和結業清算。

8. 擔保

擔保是指資產占有單位，以本企業的資產為其他單位的經濟行為擔保，並承擔連帶責任的行為。擔保通常包括抵押、質押、保證等。

9. 企業租賃

企業租賃是指資產占有單位在一定期限內，以收取租金的形式，將企業全部或部分的經營使用權轉讓給其他經營使用者的行為。

10. 債務重組

債務重組是指債權人按照其與債務人達成的協議或法院的裁決同意債務人修改債務條件的事項。

11. 引起資產評估的其他合法經濟行為（略）

(三) 資產評估特定目的在資產評估中的地位和作用

(1) 資產評估特定目的對評估結果的性質、價值類型等有重要的影響；

(2) 資產評估特定目的是界定評估對象的基礎；

(3) 資產評估特定目的對於資產評估的價值類型選擇具有約束作用。

二、資產評估的價值類型

(一) 資產評估的價值類型的定義

資產評估的價值類型是指資產評估活動所確認的資產的價值屬性及其表現形式，是對資產評估價值質的規定。資產評估不同的價值類型所說明的被評估資產價值在性質與內涵上是不同的，在量上也是不同的。

(二) 資產評估的價值類型的分類標準

資產評估的價值類型受資產評估特定目的的直接影響，也受被評估資產的市場條件、功能技術參數等因素的影響。由於所處的角度不同，以及對資產評估價值類型理解方面的差異，人們對資產評估的價值類型主要有以下幾種分類：

(1) 按資產評估的估價標準形式來劃分資產評估的價值類型，具體包括重置成本、收益現值、現行市價（或變現價值）和清算價格四種。

(2) 從資產評估假設的角度來劃分資產評估的價值類型，具體包括繼續使用價值、公開市場價值和清算價值三種。

(3) 按資產業務的性質來劃分資產評估的價值類型，具體包括抵押價值、保險價值、課稅價值、投資價值、清算價值、轉讓價值、保全價值、交易價值、兼併價值、拍賣價值、租賃價值、補償價值等。

(4) 按資產評估時所依據的市場條件以及被評估資產的使用狀態來劃分資產評估的價值類型，具體包括市場價值和市場價值以外的價值。

上述四種分類各有其自身的特點：

第一種劃分方法基本上承襲了現代會計理論中關於資產計價標準的劃分方法和標準，將資產評估與會計的資產計價緊密地聯繫在一起。

第二種劃分方法有利於人們瞭解資產評估結果的假設前提條件，同時也強化了評估人員對評估假設前提條件的運用。

第三種劃分方法強調資產業務的重要性，認為有什麼樣的資產業務就應有什麼樣的資產價值類型。

第四種劃分方法不僅註重了資產評估結果的適用範圍和評估所依據的市場條件同資產使用狀態的匹配，而且通過資產的市場價值概念的提出，建立了一個資產公允價值的坐標。資產的市場價值是資產公允價值的基本表現形式，市場價值以外的價值則是資產公允價值的特殊表現形式。

在資產評估的具體實務中，主要常用的價值類型分類標準是按資產評估的估價標準形式和按資產評估時所依據的市場條件，以及被評估資產的使用狀態來劃分資產評估的價值類型。

(三) 資產評估的價值類型的劃分

1. 按資產評估的估價標準形式分類

按資產評估的估價標準形式分類，資產評估的價值類型可分為重置成本、收益現值、現行市價（或變現價值）和清算價格四種。

(1) 重置成本。重置成本是指在現時條件下重新購買或建造相同資產所需花費的成本。重置成本與歷史成本的相同之處是：兩者都是購建資產的成本支出。其不同之處是：歷史成本是已經發生的成本，而重置成本是在現時條件下可能發生的成本，並以可能發生的成本作為確定被評估資產的價值的因素之一。因為是從成本的角度來評估資產的價值，所以稱為重置成本價值類型。

(2) 收益現值。收益現值是指將資產在未來使用過程中預期獲得的收益，按一定的折現率折算成的價值。從資產評估的角度看，一項資產是否具有評估價值，在於其是否具有使用價值，而使用價值的具體體現是該資產在未來使用過程中能為其擁有者或控制者帶來預期收益。預期收益的多少與資產的評估價值的多少相關。據此，將資產的未來預期收益，按一定的比率折算成現值，以此現值作為資產的評估價值。由於這是將未來預期的收益折算成現值的角度來評估資產的價值，所以稱為收益現值價值類型。

(3) 現行市價。現行市價是指資產在公開市場上的交易價格。一項資產現時價值的多少，通常取決於市場對它的認可程度，而市場的這種認可程度又往往受到若干因素的影響，如資產本身的生產成本、市場供求關係、資產的功能、資產的質量及售後服務等。因此，一項資產的價值，總是可以由其在公開市場上的交易價格來加以確定的。由於這是根據資產在公開市場上的交易價格來確定資產的價值，所以稱為現行市價價值類型。

(4) 清算價格。資產評估中的清算是指經濟實體因解散或破產等原因而需履行的清理債權債務、分配剩餘財產等的法定程序的總稱。清算價格是指經濟實體在清算行爲中，將資產強制售出或快速變現而採用的價格。

經濟實體因解散或破產，需要將各種類型的資產進行快速變現，以便償還債務、分配剩餘財產。這種交易行爲也是一種市場行爲，不過這種交易行爲是在一種特殊條件下，即資產被強制變現的前提下實現的。雖然是一方願賣、一方願買，但這畢竟不是在一種正常情況或合理競爭條件下的交易。因此，有人認爲這是一種非正常市場行爲。通過這種交易行爲實現的價格，稱爲清算價格。

由於清算價格是在經濟實體清算時可能實現的價格，這種價格在某種程度上代表了被評估資產的現時價值，因此，清算價格被作爲資產評估中使用的一種價值類型。

現行市價與清算價格兩種價值類型具有相同之處和不同之處。其相同之處在於：兩種價值類型所代表的價格都是通過市場行爲實現的，也就是說，都要通過在市場上去收集相關資料而加以確定。其不同之處在於：現行市價是在一種公平競爭的市場條件下，即不帶有任何限制條件下的可以實現的價格；清算價格則是在一種非正常條件下，即帶有若干限制條件下的可以實現的價格。

現行市價價值類型適用於繼續使用假設下的資產評估。由於這裡是在繼續使用假設條件下的資產評估，因此，從市場上收集到的現行市價，可以直接作爲被評估資產價值的參照數，這樣的價格資料比較客觀。清算價格價值類型適用於清算假設，即在非繼續使用假設條件下的資產評估。由於資產的非繼續使用，資產就需要變現，而資產的變現則需要考慮清算時間、買方情況、資產的通用性等因素，因此，資產的變現價格只是評估人員考慮各種因素後的一種估計數，是一種主觀判斷的結果，而不是市場上客觀存在的現行市價。此外，變現價格是一種可實現的價格。爲了便於分配剩餘資產，還有必要在可變現價格中扣除預計變現費用，其餘額爲可變現淨值，這才是被評估資產的價值。

2. 按資產評估時所依據的市場條件以及被評估資產的使用狀態分類

按資產評估時所依據的市場條件以及被評估資產的使用狀態來分類，資產評估價值類型可分爲市場價值和市場價值以外的價值。

（1）市場價值。市場價值是指自願買方和自願賣方在各自理性行事且未受任何強迫的情況下，評估對象在評估基準日進行正常公平交易的價值估計數額。

市場價值類型主要包括公允市場價值、內在價值和重置價值。

①公允市場價值。公允市場價值是指資產在評估基準日的公開市場上的交易價格。公允市場價值是一個在資產評估中被普遍接受的價值類型。它是在買賣雙方地位平等，雙方充分、合理地擁有全部的相關信息，並且雙方都是理智的經濟人的情況下自願成交的價格。

公允市場價值是交易的價格，按公允市場價值進行資產評估，評估人員必須首先確定資產的最佳或最可能使用狀態。公允市場價值是通過反應資產的性質和資產在公開市場交易最可能出現的情況的評估方法和程序來評定的。公允市場價值評估最普遍的方法包括成本法、市場法和收益法。

公允市場價值概念不依賴於在評估基準日發生的一次真實交易。公允市場價值是對公允市場價值定義條件下在評估基準日出售所能實現價格的估計。公允市場價值是此時買賣雙方都認可的價格，買賣各方此前都有時間瞭解其他市場的機會和有關情況，而且雙方都有時間爲簽訂正式合同和有關文件做準備。

由於市場是多變的，評估人員在評估時應考慮獲取的數據是否反應和符合公允市場價值的標準。在價格急劇變化的市場不穩定時期，經濟的劇烈變化將產生不穩定的市場數據。如果不恰當的強調歷史信息或對未來市場做無根據的假定，對資產的評估將存在高估或低估的風險。在一個衰落的市場，可能沒有大量的"自願出售者"，一些（但不是全部）交易可能受到財務或其他因素的影響，減少或消除了資產所有者出售的意願。評估人員必須考慮上述市場條件下的一切相關因素，並着重考慮他們認爲適當反應市場狀況的單個交易，判斷這些交易在多大程度上滿足公允市場價值定義的要求以及對這些數據應有的重視程度。

在異常情況下，公允市場價值可能是負值。這些情況包括某些租用資產、特定資產、清理費用超過土地價值的廢舊資產、受環境污染影響的資產等。

公允市場價值是資產最客觀、最真實的價值。無論是購買者還是出售者都有足夠的時間充分瞭解或展示資產的各種屬性，而且買賣雙方都是理性的投資者，根據資產預期的未來收益確定其價值。公允市場價值是買賣雙方都願意接受的公平價值。

②內在價值。內在價值是指資產預期創造的未來現金流的現值。它是在給定資產未來現金流量的數量、時間和風險的情況下，投資者所願意支付的價值。從理論上講，只要確定了資產未來的現金流和貼現率這兩個變量，就可以確定一項資產的內在價值。但是在實踐中，要客觀地確定這兩個變量卻有相當的難度。

內在價值是資產的理論價值，對於投資者而言它是一個非常重要的概念。投資者在做投資決策時，其權衡的標準是資產的內在價值而非市場價值。對於能夠在市場上進行交易的資產，如果市場是完善的，其內在價值應與公允市場價值趨於一致，此時內在價值屬於市場價值。而對於有限市場資產、專用資產以及不可確指的無形資產來說，其內在價值則屬於非市場價值。

比較資產的內在價值和帳面價值，可以發現它們有着本質的區別。資產的內在價值強調資產的獲利能力，而資產的帳面價值強調資產的創建成本。對於一個企業來說，內在價值是企業經營所產生的未來現金流量的現值，其高低不取決於企業創建時的投入與花費，而只與企業能產生的收益有關。企業內部進行投資分析和產權變動時，內在價值的概念是十分重要的，企業的財務報告並不使用內在價值的概念。

③重置價值。重置價值是指在現時的市場條件和技術條件下，獲得與被評估資產同等功能的處於在用狀態下的資產所需耗費的成本。在資產評估中，資產的重置價值一般按照資產的完全重置價值減去各項損耗來確定。導致資產重置價值變動的因素主要有價格變動、技術進步、有形損耗、資產外部環境變動等。

在發達市場經濟中，重置價值的概念一般在非市場或有限市場條件下使用。因爲在此類情況下，資產的收益不易確定，或可供比較的交易實例難以獲得，從而只能以資產的重置價值作爲評估值。

重置成本是從成本耗費的角度來確定一項資產的價值。因此，一項資產的市場價值一般不應高於重新創建具有相同功能的資產的成本，否則投資者將傾向於自己創建。

由此可見，在理論上重置價值爲公允市價設定了一個上限，但不一定就是市場價值，因爲資產的創建成本不一定能反應其內在價值，即只有當一項資產的重置價值與其內在價值相一致時，重置價值才可能屬於市場價值；否則，重置價值就只能屬於非市場價值。

（2）市場價值以外的價值。市場價值以外的價值也稱非市場價值、其他價值。凡是不符合市場價值定義條件的資產價值類型都屬於市場價值以外的價值。鑒於此，市場價值以外的價值不是個體的概念，而是一個集合的概念。它包括的內容可以按人們目前在評估實踐中遇到的情況加以歸納，也有可能會隨著情況的變化而產生新的內容。目前，非市場價值主要包括在用價值、投資價值、保險價值、課稅價值、拆遷補償價值、清算價值、殘餘價值等。

在資產評估實踐中，市場價值與市場價值以外的價值（非市場價值）的劃分標準有以下幾個方面：

第一，資產評估時所依據的市場條件，是公開市場條件還是非公開市場條件。

第二，資產評估時所依據的被評估資產的使用狀態，是正常使用（最佳使用）還是非正常使用。

第三，資產評估時所使用的信息資料及其相關參數的來源，是公開市場的信息數據還是非公開市場的信息數據。

在資產評估實務中使用頻率較高的市場價值以外的價值類型主要有：

①在用價值。在用價值是指將資產作爲企業組成部分或者要素資產按其正在使用方式和程度及其對所屬企業的貢獻所估測的價值數額。在用價值強調屬於企業一部分的特定資產的價值，而不考慮資產的最優使用狀態或資產出售能夠實現的貨幣數量。在用價值是從特定使用者角度衡量的非市場價值，有時候稱爲"對特定使用者或所有者的價值"。

交換價值是假定資產所有權交換時市場認可的價值。公允市場價值是以交換價值原則爲基礎的，而不是在用價值。只有在巧合的情況下，資產的在用價值等於其市場價值。如果企業採用比生產同樣產品或提供同樣服務的典型生產者更有利可圖的方式使用資產，資產的在用價值將高於市場價值。相反，如果企業不能最充分有效地利用資產，資產的在用價值將低於市場價值。如果企業擁有特別生產權利、特殊合同、獨家專利和許可證、專門技術、商譽和其他無法轉讓的無形資產，資產的在用價值也將高於市場價值。

②投資價值。投資價值是企業併購、資產轉讓等資產經營活動中涉及頻率最高的價值類型。投資價值是指資產對於具有明確投資目標的特定投資者或者某一類投資者所具有的價值，亦稱特定投資者價值。

對不同的潛在購買者而言，同一項資產的投資價值可能明顯不同。影響某個特定購買者對資產投資價值估計的因素包括：一是可以預計到的協同作用和價值創造機會。例如，一個擁有資金實力和強大銷售網路的企業試圖購並一個產品具有市場潛力的企業。二是購買者進入一個新市場的願望。例如，一個企業擬採取多元化經營戰略，若考慮進入一個新的行業或市場，該行業的現有企業對於他來說就具有較高的投資價值。

對風險的識別和對盈利能力變化規律的把握。三是購買者的納稅地位。例如，一個虧損的企業對購買者來說可能具有抵稅的價值。四是購買者的信心。

所有這些因素都會影響特定購買者對資產未來收益的預期，從而影響其對資產投資價值的估計。

公允市場價值與投資價值互相關聯，但很少相等。只有當所有潛在的投資者都做出同樣的假設、都面臨同樣的環境條件時，這兩個價值才可能相等。但是這種情況一般不可能發生。經常出現的情況是：某些購買者為一項資產願意支付比其他人更高的價格。於是在競爭市場中最終的成交價反應的是公允市場價值與購買者認為能夠實現的"價值創造"的一部分之和。特殊"價值創造"的另一部分為購買者（投資者）所擁有。因此，通常特殊購買者最終支付的價格屬於投資價值的範疇。

③清算價值。清算價值是指在資產處於被迫出售、快速變現等非正常市場條件下的所具有的價值。按照允許尋找購買者的時間長短，清算可以分為強制清算和有序清算兩種。強制清算是指在公開市場上限時、公開出售的情況下，一項資產所帶來的淨值；有序清算是指在公開市場上允許在一段合理時間內尋找購買者、公開出售的情況下，一項資產所帶來的淨值。無論是強制清算還是有序清算，買賣雙方都瞭解該資產現有的或可能的用途，但賣者是被迫出售，而買者是自願購買。

清算價值與公允市場價值的區別主要表現在兩個方面：一是買賣雙方地位不平等，賣方是被迫出售；二是沒有充足的時間詢價，有序清算與強制清算的區別只是兩者在時間限定程度上的差異。

清算價值屬於非市場價值，或者更確切地說是非正常市場價值，因此通常低於資產在正常交易條件下的市場價值。在資產評估時，清算價值一般是在市場價值的基礎上進行調整獲得。但是具體的調整因素較多且不易確定，往往由評估人員根據經驗對這些因素進行推測和判斷來確定資產的清算價值。

④殘餘價值。殘餘價值是指機器設備、房屋建築物或者其他有形資產等的拆零變現所具有的價值。

（四）資產評估的價值類型選擇

根據《資產評估價值類型指導意見》，資產評估價值類型選擇，在滿足各自定義及相應使用條件的前提下，市場價值和市場價值以外的價值類型的評估結論都是合理的。

註冊資產評估師執行資產評估業務，選擇和使用價值類型，應當充分考慮評估目的、市場條件、評估對象自身條件等因素。

（1）註冊資產評估師選擇價值類型，應當考慮價值類型與評估假設的相關性。

（2）評估方法是估計和判斷市場價值與市場價值以外的價值類型評估結論的技術手段，某一種價值類型下的評估結論可以通過一種或者多種評估方法實現。

（3）當註冊資產評估師所執行的資產評估業務對市場條件和評估對象的使用等並無特別限制和要求時，註冊資產評估師通常應當選擇市場價值作為評估結論的價值類型。

註冊資產評估師在確定市場價值時，應當知曉同一資產在不同市場的價值可能存在差異。

（4）註冊資產評估師執行資產評估業務，當評估業務針對的是特定投資者或者某一類投資者，並在評估業務執行過程中充分考慮並使用了僅適用於特定投資者或者某一類投資者的特定評估資料和經濟技術參數時，註冊資產評估師通常應當選擇投資價值作為評估結論的價值類型。

（5）註冊資產評估師執行資產評估業務，評估對象是企業或者整體資產中的要素資產，並在評估業務執行過程中只考慮了該要素資產正在使用的方式和貢獻程度，沒有考慮該資產作為獨立資產所具有的效用及在公開市場上交易等對評估結論的影響，註冊資產評估師通常應當選擇在用價值作為評估結論的價值類型。

（6）註冊資產評估師執行資產評估業務，當評估對象面臨被迫出售、快速變現或者評估對象具有潛在被迫出售、快速變現等情況時，註冊資產評估師通常應當選擇清算價值作為評估結論的價值類型。

（7）註冊資產評估師執行資產評估業務，當評估對象無法或者不宜整體使用時，註冊資產評估師通常應當考慮評估對象的拆零變現，並選擇殘餘價值作為評估結論的價值類型。

（8）註冊資產評估師執行以抵（質）押為目的的資產評估業務，應當根據《中華人民共和國擔保法》等相關法律法規及金融監管機關的規定選擇評估結論的價值類型；相關法律法規及金融監管機關沒有規定的，可以根據實際情況選擇市場價值或者市場價值以外的價值類型作為抵（質）押物評估結論的價值類型。

（9）註冊資產評估師執行以稅收為目的的資產評估業務，應當根據稅法等相關法律法規的規定選擇評估結論的價值類型；相關法律法規沒有規定的，可以根據實際情況選擇市場價值或者市場價值以外的價值類型作為課稅對象評估結論的價值類型。

（10）註冊資產評估師執行以保險為目的的資產評估業務，應當根據《中華人民共和國保險法》等相關法律法規和契約的規定選擇評估結論的價值類型；相關法律法規或者契約沒有規定的，可以根據實際情況選擇市場價值或者市場價值以外的價值類型作為保險標的物評估結論的價值類型。

（11）註冊資產評估師執行以財務報告為目的的資產評估業務，應當根據《企業會計準則》等相關規範關於會計計量的基本概念和要求，恰當選擇市場價值或者市場價值以外的價值類型作為評估結論的價值類型。

《企業會計準則》等相關規範涉及的主要計量屬性及價值定義包括公允價值、現值、可變現淨值、重置成本等。

在符合《企業會計準則》計量屬性規定的條件時，《企業會計準則》下的公允價值等同於本指導意見下的市場價值；《企業會計準則》涉及的現值、可變現淨值、重置成本等可以理解為本指導意見下的市場價值或者市場價值以外的價值類型。

（12）註冊資產評估師應當根據《資產評估準則——評估報告》對價值類型及其定義進行披露。

三、資產評估的時點

資產評估的時點是指以什麼時間作爲資產評估的時間點。因爲市場是變化的，資產的價值會隨著市場條件的變化而不斷改變。爲了使資產評估得以操作，並保證資產評估結果可以被市場檢驗，在資產評估時，必須假設市場條件固定在某一時間，這一時間就是資產評估的時點，也就是評估基準日或稱估價日期。它爲資產評估提供一個時間基準。

第四節　資產評估的依據、原則和假設

一、資產評估的依據

資產評估是爲評估當事人提供中介服務的一項工作。提供的評估結果必須公正、客觀，因此，資產評估必須要有依據。評估事項不同，所需的評估依據也不相同。評估實踐表明，資產評估依據雖然多種多樣，但大致可以劃分爲法規依據、行爲依據、權屬依據及取價依據等。

(一) 法規依據

法規依據是與資產評估相關的法律法規。如《中華人民共和國公司法》《國有資產評估管理辦法》《資產評估操作規範意見》等，這些法律法規是開展資產評估工作必須遵守的。

(二) 行爲依據

行爲依據是反應資產評估經濟行爲的文件。如有關證券管理部門同意公司上市的有關批文、資產管理部門同意公司與外方合作組建中外合資公司的有關批文等，這些反應經濟行爲的有關文件是開展資產評估的基本前提。

(三) 產權依據

產權依據是指能證明被評估資產權屬的依據，如產權證書及與被評估資產相關的重大合同協議。如產品的銷售合同、技術轉讓協議、資產的租賃合同、使用合同等，這些合同、協議往往與被評估資產的產權、使用範圍對企業盈利的貢獻等方面產生影響，從而影響被評估資產的價值。因此，產權依據也是評估人員對資產價值做出判斷時所依據的重要資料。

(四) 取價依據

取價依據是與被評估資產有關的取費標準和其他參考資料。如被評估資產所在地的房屋建築物造價標準、各種費率取費標準、土地基準地價、行業協會發布的有關信息等，這些資料是對被評估資產價值做出判斷的重要依據。

（五）其他依據

例如，時間依據是指資產評估必須是對特定時點（評估基準日）上的被評估資產的價值的評定估算。時間依據表明最終評估結果反應了被評估資產在評估基準日的價值。

上述依據是從事一般資產評估工作的一般依據。如從事特殊類型的資產評估，可能還涉及評估項目中採用的特殊依據，這要根據具體情況而定，評估人員應在評估報告中加以披露。

二、資產評估的原則

資產評估的原則是規範資產評估行爲和業務的準則。確定資產評估的原則是爲了保證不同的資產評估人員遵循規定的評估程序、採用適宜的評估方法、對同一被評估資產的評估結果具有一致性。資產評估的原則包括工作原則和技術原則。

（一）資產評估的工作原則

資產評估的工作原則是指評估機構和評估人員在評估工作中應遵循的基本原則，是資產評估中必須遵守的行爲準則，是規範資產評估主體行爲的準則，也是調節資產評估主體與委託人及資產業務有關權益各當事人在資產評估中的相互關係的準則。它主要包括獨立性原則、客觀公正性原則和科學性原則。

1. 獨立性原則

獨立性原則是指資產評估機構和評估人員公正無私地進行評估，評估過程自始至終不受外來或內在因素的影響和干擾。評估機構應是獨立的社會公正性機構，不能爲資產業務各方的任何一方所擁有，評估工作應始終堅持獨立的第三者立場。

2. 客觀公正性原則

客觀公正性原則是指資產評估的結果應有充分的事實依據，從實際出發，按照客觀規律辦事。一方面，評估機構在評估操作過程中，要以市場爲參照，以現實爲基礎，預測、推算和邏輯運算等主觀判斷過程要建立在市場和現實的基礎資料上，以求得資產價值的客觀性的結論；另一方面，被評估單位對被評估的資產或債權、債務等必須提供真實的、客觀的情況，不能誇大也不能隱瞞，以便評估人員取得評估所需要的確實可靠的資料、數據。

3. 科學性原則

科學性原則是指在資產評估過程中，必須根據特定的評估目的，選擇恰當的估價標準和科學的評估方法，制訂科學的評估方案，使資產評估結果準確、可靠。一是制訂科學、合理的評估方案。資產評估的具體業務不同，其評估程序亦有繁簡的差別。因此，應根據國家的有關規定和評估本身的規律性，結合資產評估的實際情況，確定科學、合理的評估方案。二是選用評估方法，要註重方法本身的科學性，並要註意評估方法與評估標準相匹配。

（二）資產評估的技術原則

資產評估的技術原則是指進行資產評估工作的技術規範和業務準則，使資產評過程中進行集體技術處理的原則。它包括預期收益原則、貢獻原則、替代原則和供求原則。

1. 預期收益原則

預期收益原則是指被評估資產在其使用過程中可能爲其擁有者或控制者帶來的經濟利益。資產價值的高低取決於其所有者預期收益的高低。預期收益越大，價值越高。根據預期收益原則，在進行資產評估時，資產評估人員必須合理地預測被評估資產未來的獲利能力以及擁有獲利能力的有效期限，科學、合理地評估它的價值，資產的價值可以不按照過去的生產成本或銷售價格決定，而是基於對未來收益的期望值決定。

2. 貢獻原則

貢獻原則是指被評估的資產在整體資產中的重要性，包括：該項資產在整體資產功能中的重要性；該項資產可能帶來的未來收益占整體資產可能帶來的未來收益的比重。資產價值的高低要由該資產的貢獻來決定。

3. 替代原則

替代原則是指在同一市場上，具有相同使用價值和質量的商品應有大致相同的交換價值。如果具有不同的交換價值或價格，買者會選擇價格較低者。

4. 供求原則

供求原則是經濟學中關於供求關係影響商品價格原理的概括。假定在其他條件不變的前提下，商品的價格隨著需求的增長而上升，隨著供給的增加而下降。儘管商品價格隨供求關心變化並不呈固定比例變化，但變化的方向都具有規律性。供求規律對商品價格所形成的作用力同樣適用於資產價值的評估，評估人員在判斷資產價值時應充分考慮和依據供求原則。

三、資產評估的假設

資產評估是在特定資產業務發生之前對資產在某一時點的價值進行估算。在不同用途和不同經營環境下，資產的效用會有所不同，其價值也會不同。因此在評估前，評估人員需對資產的未來用途和經營環境做出合理的判斷即假設。資產評估的假設包括交易假設、繼續使用假設、公開市場假設和清算假設。

(一) 交易假設

交易假設是資產評估得以進行的一個最基本的前提假設。交易假設是假定所有待評估資產已經處在交易過程中，評估師根據待評估資產的交易條件等模擬市場進行估價。眾所周知，資產評估其實是在資產實施交易之前進行的一項專業服務活動，而資產評估的最終結果又屬於資產的交換價值範疇。爲了發揮資產評估在資產實際交易之前爲委託人提供資產交易底價的專家判斷的作用，同時又能夠使資產評估得以進行，利用交易假設將被評估資產置於"交易"當中，模擬市場進行評估是十分必要的。

交易假設一方面爲資產評估得以進行"創造"了條件；另一方面它明確限定了資產評估外部環境，即資產是被置於市場交易之中，資產評估不能脫離市場條件而孤立地進行。

（二）繼續使用假設

繼續使用假設是指資產將按照現行用途繼續使用或轉換用途繼續使用。資產繼續使用的方式有以下幾種：

(1) 資產將按照現行用途在原地繼續使用；
(2) 資產將轉換用途後在原地繼續使用；
(3) 資產在地理位置發生變化後繼續使用。

繼續使用假設是資產評估中非常重要的一個假設。資產的繼續使用要受到一定條件的限制，有的資產要維修後才能繼續使用，有的在改變了環境後其發生的作用會發生變化。在資產評估時，通常按被評估資產在現行條件下繼續使用進行假設，即是將時間確定在評估基準日，將空間確定在資產目前所處的環境來進行假設。

（三）公開市場假設

公開市場假設是指在該市場上，交易雙方進行交易的目的在於最大限度地追求經濟利益，並掌握必要的市場信息，有較充裕的時間進行交易，對交易對象具有必要的專業知識，交易條件公開且不具有排他性，即一個完全競爭的市場。

根據公開市場假設，適宜做公開市場假設的資產業務要求被評估的資產具有一定的通用性。交易頻繁，量大，市場上的信息充分。一般而言，用途越廣、通用性越強的資產，越容易通過市場交易實現其最佳效用。

（四）清算假設

清算假設是指資產所有者在某種壓力下，如企業破產、資產抵押權實施等，將被迫以協商或拍賣方式，強制將其資產出售。

由於清算的時間要求比較短，交易雙方的地位不平等，資產的交易價格大大低於繼續使用假設和公開市場假設條件下的價值。清算假設是一種特殊的假設。

第五節　資產評估的功能及其與審計的關係

一、資產評估的功能

資產評估的功能是資產評估工作的客觀要求，是資產評估所固有的。它主要包括以下四個功能：

（一）價值評定功能

價值評定功能，即是通過對被評估資產的現時價值做出評定估算，為資產業務提供公正的價值尺度。這是資產評估最基本、最核心的功能。

（二）效益評價功能

效益評價功能，即是通過對被評估資產的經營效果進行評價，分析不同時間資產的價值和運營績效的差異，以此來考核、評價企業的經營業績。

（三）產權界定功能

產權界定功能，即是資產評估需要對產權業務有關方面的財產權利進行科學、合理的界定，以便明確產權主體，維護各方利益。

（四）公正功能

公正功能，即是指資產評估結果的真實性、公允性和合法性在法律上具有公正效力。

二、資產評估與審計的關係

審計是由審計人員或註冊會計師運用審計標準和方法，通過實施審計程序，按照合法性、公允性的原則，對被審計企業的會計報表發表審計意見。而資產評估是指評估專業人員運用資產評估準則與方法，實施特定的評估程序，對委託評估資產在基準日的客觀價值予以定量評定估算。從服務的目的上看，審計主要着眼於過去，是對被審計單位在過去一個會計年度的一系列會計報表發表審計意見；而評估主要着眼於未來，爲將要發生的產權變動業務提供一個公允的交易底價。這兩者既有區別，又有聯繫。

（一）資產評估與審計的區別

（1）審計是在現代企業兩權分離的背景下產生的，旨在對企業財務報表所反應的企業財務狀況和經營成果的真實性和公允性做出事實判斷，具有明顯的公正性特徵；而資產評估是在市場經濟充分發展的條件下產生的，旨在適應資產交易、產權變動的需要，爲委託人與相關當事人的被評估資產做出價值判斷，具有明顯的諮詢性特徵。

（2）審計人員在執業過程中，要自始至終地貫徹公證、防護和建設三大專業原則；而資產評估人員在執業過程中則必須遵循供求、替代、貢獻、預期等基本經濟原則。

（3）審計工作是以會計學、稅法及其他經濟法規等知識爲專業知識基礎的；而資產評估的專業知識基礎，除了由經濟學、法律、會計學等知識組成外，工程技術方面的知識也是其重要的組成部分。

（4）審計主要是對會計報告的審計，審計對業務的處理標準與會計是同一的；而與資產評估卻是大相徑庭，如市場價值與歷史成本等。

（二）資產評估與審計的聯繫

（1）資產評估中的資產清查階段，就其工作方法而言，包括對委託方申報的評估對象進行核實和界定，有相當部分工作採用了審計的方法，具有"事實判斷"的性質。

（2）根據中國現行資產評估法規的要求，流動資產及企業負債也被納入企業價值評估範圍之內，而流動資產和負債的評估有相當部分可借鑒審計的方法進行。

（3）在企業價值評估中，經審計後的財務報表及相關數據可以作爲企業評估的基礎數據。

本章小結

（1）資產評估是指專業機構和人員根據特定目的，依照國家法律法規和資產評估準則，遵循評估原則，選擇適當的價值類型，運用科學方法，按照規定的程序和標準，對資產價值進行評定估算。資產評估是一種市場化和動態化的價值鑒證行為。

（2）資產評估的功能是資產評估工作的客觀要求和內在功效及能力，是資產評估所固有的，是資產評估工作的抽象化。

（3）一項資產評估工作應該具備的要素，即資產評估的主體與客體、資產評估的目的、資產評估的價值類型、資產評估的時點、資產評估的依據、資產評估的原則、資產評估的假設、資產評估的程序、方法和結果。

（4）資產評估的目的有一般目的和特定目的之分。資產評估的假設，即交易假設、繼續使用假設、公開市場假設和清算假設。資產評估的價值類型包括重置成本、內在現值、現行市價和清算價格。資產評估的主要方法包括成本法、收益法、市場法和清算價格法。

檢測題

一、單項選擇題

1. 資產評估的（　　），是指資產評估的行為服務於資產業務的需要，而不是服務於資產業務當事人的任何一方的需要。
   A. 公正性　　　B. 市場性　　　C. 諮詢性　　　D. 專業性
2. 按資產評估目的和被評估資產是否具有綜合獲利能力，可以將資產分為（　　）。
   A. 可確指資產和不可確指資產　　B. 固定資產和流動資產
   C. 有形資產和無形資產　　　　　D. 單項資產和整體資產
3. 資產評估結果的價值類型與資產（　　）直接相關。
   A. 評估的特定目的　　　　　　　B. 評估方法
   C. 評估程序　　　　　　　　　　D. 評估基準日
4. 整體企業中的要素資產評估主要適用於（　　）原則。
   A. 貢獻　　　　B. 供求　　　　C. 替代　　　　D. 變化

二、多項選擇題

5. 下列原則中，屬於資產評估工作原則的是（　　）。
   A. 獨立性原則　　　　　　　　　B. 科學性原則
   C. 替代性原則　　　　　　　　　D. 客觀性原則
   E. 供求原則
6. 持續使用假設可以細分為（　　）。
   A. 在用續用假設　　　　　　　　B. 中斷後持續使用假設
   C. 轉用續用假設　　　　　　　　D. 移地續用假設

7. 明確資產評估業務基本事項包括（　　）。
　　A. 評估目的　　　　　　　　　　B. 評估委託方基本情況
　　C. 評估計劃　　　　　　　　　　D. 評估業務約定書
　　E. 評估基準日

三、判斷題

8. 資產評估是指對資產一定時期內的價值進行的評定估算。（　　）
9. 資產評估的主體是資產的擁有者或占有者。（　　）
10. 在資產評估結果中，無論是市場價值還是非市場價值都是公允價值。（　　）

四、思考題

11. 什麼是資產評估？資產評估的要素有哪些？
12. 什麼是資產評估的價值類型？資產評估的價值類型如何與資產評估的特定目的相匹配？

第二章　資產評估方法

[**學習內容**]
  第一節　資產評估的程序
  第二節　市場法
  第三節　收益法
  第四節　成本法
  第五節　評估方法的選擇

[**學習目標**]
  本章的學習目標是使學生熟悉資產評估的程序；掌握資產評估基本方法的原理和參數的估算；理解資產評估基本方法的特點與各自的適用範圍。具體目標包括：
  ◇ **知識目標**
  瞭解資產評估的程序；掌握資產評估基本方法的概念與計算公式，理解其應用前提與適用範圍。
  ◇ **技術目標**
  掌握市場法、成本法、收益法等三種資產評估方法；掌握資產評估方法評價指標的計算。
  ◇ **能力目標**
  能夠運用資產評估程序與具體方法實施資產評估工作。

[**案例導引**]
中國珠海中富8億元資產評估百日變臉　恒信德律被調查

  繼2013年2月鵬城會計師事務所摘得史上最嚴厲罰單後，監管層再對證券從業中介機構資產評估公司發布紅牌預警。
  8月3日，珠海中富（4.570，0.03，0.66%）（000659.SZ）公告稱，2012年為公司收購48家子公司股權出具評估報告的北京恒信德律評估有限公司（下稱"恒信德律"），因涉嫌在上述資產評估中違反證券法律法規，被證監會立案調查。
  "證監會前不久對5家具有證券類資格的資產評估公司密集採取行政監管措施，這（類似處罰）在此前很長一段時間都是沒有的。"北京一家知名評估公司業務部主任提醒記者，"實際上，今年初發布5號文（全稱為'會計監管風險提示第5號——上市公司股權交易資產評估'）以來，監管層就加強對資產評估的監管，直指資產評估機構執業中的勤勉盡職。

恒信德律官網顯示，除北京總部外，該機構尚有珠海、廣東兩個分公司，其中珠海分公司負責人爲徐沛，恰爲珠海中富出具資產評估報告的簽字評估師。記者調查瞭解到，與"鵬城"事件類似的是，恒信德律違規資產評估的根本原因或同爲地方分所監管失控。

"這事是珠海分公司承接的，根本沒通過總部。"恒信德律北京總部一位工作人員告訴記者，"現在是珠海(分公司)那邊出問題了，但總部一切正常，資產評估業務也在正常開展。"恒信德律廣東公司一位人士也表示，沒有受立案調查影響，公司運作一切正常。

不同的是，陷入風暴中心的恒信德律珠海分公司則銷聲匿跡。8月15日，記者致電該公司，但其電話顯示爲空號，記者又按照官網披露資料撥打徐沛手機，再度被提示所撥號碼爲空號。

珠海中富資產收購前後，恒信德律給出的離奇高價成爲市場關註熱點。收購大股東CVC資本持有的48家公司部分股權的關聯交易中，恒信德律對全部股權的評估價爲8.85億元，相對於48家公司帳面淨資產總額5.9億元，溢價50%左右。

48家公司中，約有50%（25家）的公司在2012年第一季度或第二季度出現淨利潤虧損。對此，珠海中富解釋稱，25家公司中有12家過往業績良好，且第二季度已轉虧爲盈，虧損僅是暫時。評估方恒信德律亦對後續發展頗爲看好，對該12家公司給出38%的評估增值率。此外，有1家公司在第一季度雖虧損101.7萬元，但因獲得新客戶，預計下半年銷售增加，恒信德律更給出高達134%的溢價率。

但及至第三季度，前述48家公司仍有15家公司虧損，低於上述預期。更嚴重的是，該資產2012年12月調整收購價交易後僅一個月，珠海中富就預告將巨虧1.75億元。2013年4月發布的年報顯示，上述收購資產業績大幅跳水是巨虧重要原因。

前述48家公司資產評估選取收益法作爲評估標準，多達43家。對此，恒信德律解釋稱，收益法的測算結果更具完整性。

公開資料顯示，恒信德律曾對上述資產做過兩次評估，後一次評估基準日爲2012年7月22日，短短4個月後的第四季度，該資產盈利變臉式下滑。這意味着恒信德律的判斷明顯不符合事實。

"收益法是基於以被評估資產未來收益能力作爲價值評估的基礎，因爲基於未來收益能力，所以會嚴格結合行業前景等分析未來收益再折現，而評估資產業績的迅速變臉只能說明該評估方法存在嚴重問題，給出的評估值偏差太大。"前述評估公司人士給記者分析，"大股東很明顯向上市公司高價出售資產，變現利益。"

"按委託方提供的價格'套'評估價格，是業內不能公開的秘密。一般爲了滿足委託方的評估要求，我們會在收益法評估時動一些手腳，高估未來收益情況。因爲這種評估很主觀，操作空間較大。"前述評估公司人士告訴記者。

該人士分析稱："我們會盡量控制風險，使採用兩種方法評估的結果偏差不大。但從該資產業績的鮮明反差看，說明恒信德律的評估結果水分太大。"

資料來源：徐亦姍，張春雨，馮坤．珠海中富8億資產評估百日變臉　恒信德律被調查 [N]．21世紀經濟報道，2013-08-16．

資產評估學是複合型應用學科。資產評估方法是實現估算資產價值的技術手段。資產評估是借助多種學科理論在價值估算中的應用與實踐並在這些科學的技術方法的基礎上，按照資產評估自身的運作規律和行業特點形成一整套方法體系，從而構成了資產評估方法體系。

資產評估方法體系由多種具體資產評估方法構成，這些方法按分析原理和技術路線不同可以歸納為三種基本類型，或稱三種基本方法，即市場法、收益法和成本法。

第一節　資產評估的程序

一、資產評估程序的概念

資產評估程序是指資產評估機構和人員執行資產評估業務、形成資產評估結論所履行的系統性工作步驟。狹義的資產評估程序開始於資產評估機構和人員接受委託，終止於向委託人或相關當事人提交資產評估報告書；廣義的資產評估程序開始於承接資產評估業務前的明確資產評估基本事項環節，終止於資產評估報告書提交後的資產評估文件歸檔管理。

資產評估程序由具體的工作步驟組成，不同的資產評估業務由於評估對象、評估目的、資產評估資料收集情況等相關條件的差異，評估人員可能需要執行不同的資產評估具體程序或工作步驟，但由於資產評估業務的共性、各種資產類型、各種評估目的的資產評估業務的基本程序是相同的。通過對資產評估基本程序的總結和規範，可以有效地指導評估人員開展各種類型的資產評估業務。資產評估的程序正確與否，有時會影響甚至決定資產評估的結果，所以，應該減少或避免資產評估工作的隨意性。資產評估工作的程序對保證資產評估的科學性、合理性和公正性具有十分重要的意義。

二、資產評估的具體程序

資產評估工作的各個具體步驟及由邏輯關係決定的排列順序。按照財政部《資產評估準則——評估程序》的要求，註冊資產評估師通常執行下列具體的評估程序。註冊資產評估師不得隨意刪減基本評估程序。

(一) 明確評估業務基本事項

明確資產評估業務基本事項是資產評估的第一個環節，需要明確的事項包括：①委託方、產權持有者和委託方以外的其他評估報告使用者；②評估目的；③評估對象和評估範圍；④價值類型；⑤評估基準日；⑥評估報告使用限制；⑦評估報告提交時間及方式；⑧評估服務費總額、支付時間和方式；⑨委託方與註冊資產評估師工作配合和協助等其他需要明確的重要事項。註冊資產評估師應當根據評估業務具體情況，對自身專業勝任能力、獨立性和業務風險進行綜合分析與評價，並由評估機構決定是否承接評估業務。

資產評估的目的是資產評估服務的經濟行為的具體類型。評估目的會影響評估方法、依據的選擇和評估結論的形成。針對某項評估目的得出的評估結論不能套用於其他評估目的。經濟行為涉及的全部資產均應列入資產評估範圍。通過對其使用而能獲得經濟收益的各種物品（資源）和權利，都可能成為評估對象。評估基準日是評估結論開始成立的一個特定時日。在形成評估結論過程中所選用的各種作價標準、依據也要在該時點有效。一個評估項目只能有一個評估基準日。在徵求委託方意見的基礎上，評估機構選定評估基準日。選定的評估基準日，應有利於保證評估結果有效地服務於評估目的，盡量減少避免評估基準日後的調整事項，準確、劃定評估範圍，準確高效地清查核驗資產，並合理選取評估作價依據。評估過程中要及時地調整不適宜的基準日。

這一階段的工作重點是項目洽談與風險評估。

項目洽談主要是資產評估機構與委託方就評估項目進行洽談。具體內容包括：①評估機構初步瞭解委託方和資產佔有方單位的基本情況；②相關經濟行為及其背景、評估目的、評估對象和範圍、評估基準日、委託資產的分布情況、評估的時間及收費、客戶的期望和特別要求。

資產評估中的風險既可以理解為在資產評估執業中可能遇到的不確定性因素的多寡，也可以理解為客觀、合理地完成評估任務的把握程度。資產評估機構和人員在明確上述資產評估基本事項的基礎上，進行風險評價應考慮以下幾個方面的因素，確定是否承接資產評估項目。①評估項目風險。評估機構和人員應當根據初步掌握的有關評估業務的基本情況，具體分析資產評估項目的執業風險，以判斷該項目的風險是否超出合理的範圍。②專業勝任能力。評估機構和人員應當根據所瞭解的評估業務的基礎情況和複雜性，分析本機構和評估人員是否具有與該項目相適應的專業勝任能力及相關經驗。③獨立性分析。評估機構和人員應當根據職業道德要求和國家相關法規的規定，結合評估業務的具體情況分析資產評估機構和人員的獨立性，確認與委託人或相關當事方是否存在現實或潛在利害關係。

(二) 簽訂資產評估業務約定書

評估機構在決定承接評估業務後，應當與委託方簽訂業務約定書。資產評估業務委託協議是評估機構與委託方對各自權利、責任和義務的約定，是一種經濟合同性質的契約。資產評估委託協議須寫明委託方和評估機構的名稱、住所、工商登記註冊號、上級單位、資產評估資格類型及證書編號；評估目的、評估範圍、評估對象的類型和數量、評估工作起止時間、評估機構的其他具體工作任務、委託方須做好基礎工作和配合工作；評估收費方式和金額；反應評估業務委託方和評估機構各自的責任、權利、義務以及違約責任的其他具體內容。

評估目的、評估對象、評估基準日發生變化，或者評估範圍發生重大變化，評估機構應當與委託方簽訂補充協議或者重新簽訂資產評估業務約定書。資產評估業務約定書具有法定約束力。

資產評估委託協議必須符合國家法律法規和資產評估行業管理規定，並做到內容全面、具體、含義清晰準確。涉及國有資產佔有單位的資產評估項目，應由委託方按規定辦妥資產評估立項後再進行評估業務委託。

（三）編制資產評估計劃

　　制訂資產評估計劃，是指註冊資產評估師在資產評估業務約定書簽訂後，制訂出資產評估工作的思路和實施方案。評估計劃的內容涵蓋現場調查、收集評估資料、評定估算、編制和提交評估報告等評估業務實施全過程。評估計劃通常包括評估的具體步驟、時間進度、人員安排和技術方案等內容。評估方案是評估機構進行該項資產評估的前期規劃和安排。其主要內容包括評估目的、評估範圍和對象、評估基準日、評估項目負責人和評估人員組織安排、現場工作計劃、評估工作和時間安排、擬採用的評估方法等。實際執行過程中可對評估方案進行調整。

　　註冊資產評估師可以根據評估業務具體情況確定評估計劃的繁簡程度。註冊資產評估師應當將編制的評估計劃報評估機構相關負責人審核、批準。

（四）現場調查

　　現場調查是指對被評估資產進行現場勘察。資產評估的現實性特點決定了評估人員必須親臨現場查看資產，這是資產評估中不可缺少的、甚至也不能以其他方式替代的一個重要程序。評估機構須派出具有相應專業知識和評估經驗的評估人員到現場對有關資產進行必要的檢測鑒定工作。

　　評估人員要在委託方自查的基礎上，以委託方提供的登記表或評估申報明細表為準，對委估資產進行核實和鑒定。現場調查的主要內容包括：①瞭解企業的財務會計制度；②瞭解企業內部管理制度，重點是企業的資產管理制度；③對企業申報的各項資產的清單進行初審，與有關會計帳表進行核對；④對企業申報的各項實物資產進行實地勘察；⑤對企業申報各項資產的產權資料進行驗證，確認其合法性；⑥對企業申報評估的資產中用於抵押、擔保、租賃、訴訟等特殊用途的資產進行專項核查；⑦清查中發現申報有誤的資產、負債，根據清查結果和有關制度進行清查調整。

（五）收集資產評估資料

　　評估人員要有目的地收集相關資料。在考慮資產評估相關因素後，收集評估所需的相關資料，對所收集到的資料進行加工處理和分析。資產占有單位要對待評估資產及有關債權、債務進行全面清查盤點，填寫各類資產和負債清查評估明細表，根據評估機構的要求收集提供有關資料。評估機構要給予必要的指導，提出具體要求。需要收集提供的資料有如下內容：①評估目的、相關經濟行為的申請、批件、協議以及資產評估立項申請及批復等；②產權歸屬證明文件；③各類資產和負債清查評估明細表；④資產及負債清查核實及調整情況說明；⑤有關原始憑證，包括會計報表、盤點表、對帳單、詢證函、平面圖、鑒定證書、決算資料、重要資產購置發票、重要合同、高精尖重要設備運行記錄和大修理、改造記錄等；⑥待核銷，報廢資產情況說明及證明材料；⑦作為作價依據的法規制度文件、技術經濟標準、價格標準、價格資料、詢價記錄等。有些資料需由評估機構自行從社會上收集。

（六）評定估算

評估人員根據現場勘察結果和對相關資料的分析結論，根據評估目的、評估依據和評估對象，選擇資產評估基本方法或其他適宜的具體評估方法進行評定估算。選擇的具體方法要符合資產評估基本原理和資產評估行業管理規定及本規範意見的原則要求。

確定被評估資產的重置價值。資產評估既需要現場勘察，又需要分析判斷。資產評估結果的合理性取決於評估人員將客觀實際與主觀分析判斷相結合的能力和素質。

（七）編制和提交資產評估報告

評估人員分類撰寫資產評估說明，分析確定各項資產的評估結果，填寫完成各類資產負債清查評估明細表。項目負責人組織匯總評估結果，編寫評估報告，匯集資產評估工作底稿。評估機構及評估人員獨立、客觀、公正地開展評估工作，不受委託方或其他人的主觀意願的影響。但對委託方指出的資產評估工作中和資產評估報告中存在的疏忽、遺漏、錯誤之處，評估機構應認真予以改正。對委託方提出的疑問，應予以解答。在評估人員撰寫的資產評估說明的基礎上，由評估項目負責人或專人綜合形成資產評估報告，經過復核後，向評估委託方提交資產評估報告，並收取評估費用。

（八）工作底稿歸檔

工作底稿，是指註冊資產評估師執行評估業務形成的，反應評估程序實施情況、支持評估結論的工作記錄和相關資料。工作底稿應當反應評估程序實施情況，支持評估結論。工作底稿通常分為管理類工作底稿和操作類工作底稿。管理類工作底稿是指註冊資產評估師在執行評估業務過程中，為承接、計劃、控制和管理評估業務所形成的工作記錄及相關資料。操作類工作底稿是指註冊資產評估師在履行現場調查、收集評估資料和評定估算程序時所形成的工作記錄及相關資料。註冊資產評估師收集委託方和相關當事方提供的與評估業務相關的資料作為工作底稿，應當由提供方在相關資料中簽字、蓋章或者以其他方式進行確認。

註冊資產評估師在評估業務完成後，應當及時整理工作底稿並歸檔。評估工作結束後，應及時將有關文件資料分類匯總，登記造冊，建立項目檔案，並按國家有關規定和評估機構檔案管理制度進行管理。

第二節　市場法

一、市場法的基本含義

市場法是指利用市場上相同或相似資產的近期交易價格，經過直接比較或類比分析以估測資產價值的評估技術方法。

市場法的基本思路是首先在公開的市場上尋找與被評估對象相同或相似的交易案例或比較參照物，然後對被評估對象與交易案例或比較參照物之間的差異進行比較和調整，將交易案例或比較參照物的交易價格或價值調整爲被評估對象的評估值。

任何一個正常的投資者在購置某項資產時，他所願意支付的價格將不會高於市場上有相同用途替代品的現行市價。市場法就是基於這樣的理論和原則而得到運用的。市場法採用比較和類比的思路及其方法判斷資產價值的評估技術，在一定程度上體現了評估中的替代原則；同時，市場法以對比、分析的方式爲基本特徵的思路，符合人們一般的價值判斷習慣，即所謂的"貨比三家"。因此，市場法不僅容易被資產業務各當事人接受，而且也是資產評估中最爲直接、最具有說服力的評估方法之一。

二、市場法的應用前提及適用範圍

(一) 市場法的應用前提

通過市場法進行資產評估，需要滿足以下兩個最基本的前提條件：

1. 要有一個活躍的公開市場

公開市場是一個充分競爭的市場，市場上有自願的買者和賣者，在交易信息充分交換或交易信息公開，有相對充裕時間的前提下，他們之間進行平等交易，這就排除了個別交易的偶然性，市場成交價格基本上可以反應市場行情。在市場上，交易行爲發生得越頻繁，與評估對象相同或相類似的資產價格越容易獲得。按市場行情來估測被評估的資產價值，其評估結果會更貼近市場，更容易被資產交易各方接受。

2. 公開市場上要有可比的資產及其交易活動

資產及其交易的可比性是指選擇的用於對比的參照資產與被評估資產相同或相似，且在近期公開市場上發生過交易活動。參照物與評估對象的可比性是運用市場法評估資產價值的重要前提。可比性越高、一致性越強，相對而言，價值的吻合性就越好。

資產及其交易的可比性主要體現在以下幾個方面：①參照物與評估對象在權益狀況上一致或具備可調整條件的權益狀況；②參照物與評估對象在實體、功能、用途等影響價值的主要因素方面具有可比性；③參照物與評估對象面臨的市場條件（市場政策條件、市場供求關係、競爭狀況和交易條件等）具有一致性或可比性；④參照物成交時間或價值體現時間與評估基準日間隔時間盡可能接近或在一個適度的時間範圍內，且時間對資產價值的影響是可以調整的。

(二) 市場法的適用範圍

市場法主要適用於產權交易活躍的單項資產的評估，如對汽車、計算機、飛機、原材料等的評估以及對投資參股、合作經營、確定遺產稅、財產稅的稅基的評估等。

在對企業進行整體資產評估時，一般不用市場法，因爲不可能或不容易找到一個相同或相似的企業整體資產做參照物。

三、市場法的操作程序及有關指標

運用市場法進行評估一般包括收集參照物及其相關信息資料、確定比較參照物和比較參數體系、對比較因素進行分析調整、測算評估值等步驟。其基本程序如下：

（一）收集參照物及其相關信息資料

根據市場法對資產及其交易的可比性的要求，通常選擇三個或三個以上與評估對象具有可比性特徵的參照物，收集參照物及被評估對象的可比性信息資料，包括權益狀況、實體、功能、用途、市場條件、成交時間等信息資料。

與被評估對象相同或相類似的參照物越多，越能夠充分和全面反應資產的市場價值。因此，在評估實踐中，通常是在眾多的與被評估對象相似的交易案例或實例中選擇三個或三個以上具有典型性的交易案例作爲比較、測算的參照物，以避免參照物個別交易中的特殊因素和偶然因素對成交價及評估值的影響，將眾多影響交易價格的因素、影響程度充分市場化。

（二）確定評估對象與參照物間的比較因素

影響資產價值的基本因素大致相同，如資產性質、功能、規模、市場條件等。但具體到每一種資產時，影響資產價值的因素又各有側重。如影響房地產價值的主要是地理位置、環境狀況等因素；而技術水平則在機器設備評估中起主導作用；企業收入狀況、盈利水平、企業規模等因素在企業價值評估中相對突出。所以，市場法應根據不同種類資產價值形成的特點和影響價值的主要因素，選擇對資產價值形成影響較大的因素作爲對比指標，形成綜合反應參照物與評估對象之間價值對照關係的比較參數體系，從多方面形成對比與分析的量化點，使影響價值的主要因素能夠得以全面反應。

（三）指標對比與量化差異

根據前面所選定的對比指標體系，在參照物及評估對象之間進行參數指標的比較，並將兩者的差異進行量化。指標對比主要是對交易價格的真實性、正常交易情況、參照物與評估對象可替代性等方面進行對比。例如：在不動產評估中，雖然要求參照物與評估對象應在同一供求範圍內、處於同一區域或相鄰地區等，但其交易情況、交易時間、建築特徵等方面存在差異；在機器設備評估中，雖然要求資產功能指標，包括規格型號、出廠日期等相同或相似，但在生產能力、產品質量以及在資產運營過程中的能耗、料耗和工耗等方面都可能有不同程度的差異。量化差異就是將參照物與評估對象對比指標之間的差異進行數量化。

（四）調整已經量化的對比指標差異

市場法以參照物的成交價格作爲評定估算評估對象價值的基礎，對所選定的對比參數體系中的各種差異因素進行分析比較、通過多形式的量化途徑，形成對價值的調整結果。在實際操作中，是將已經量化的參照物與評估對象之間的對比指標差異進行調增或調減，就得到以每個參照物價格爲基礎的評估對象的初步評估結果。

（五）綜合分析確定評估結果

市場法通常應選擇三個或三個以上參照物進行指標對比和差異量化，從而形成三個以上的初步結果，這就需要評估人員對若干評估初步結果進行綜合分析，以確定最終的評估值。確定最終的評估值，主要取決於評估人員對參照物的把握和對評估對象的認識。當然，如果參照物與評估對象的可比性都很好，評估過程中沒有明顯的遺漏或疏忽，一般可以採用算術平均法或加權平均法等方法將初步結果轉換成最終評估結果。

四、市場法中的具體評估方法

資產評估的市場法並非一種單純的方法，而是市場法評估思路下若干具體評估方法的集合。按照參照物與評估對象的近似或差異程度，以及需調整的範圍，市場法中的具體評估方法可以分為直接比較法、類比調整法兩大類。

（一）直接比較法

直接比較法是指利用參照物的交易價格及參照物的某一基本特徵因素直接與評估對象的同一基本特徵因素進行比較而判斷評估對象價值的方法。直接比較法主要是以資產的同質性、資產價值與其某一基本特徵之間的高度關聯性為基礎，對參照物與評估對象之間的可比性要求較高。當參照物與評估對象要達到相同或基本相同的程度，或參照物與評估對象的差異主要體現在某一明顯的因素上，如新舊程度、交易時間、功能、交易條件等情況下可採用直接比較法確定評估資產的價值。其基本計算公式為：

$$評估對象評估價值 = 參照物成交價格 \times \frac{評估對象修正指數}{參照物修正指數}$$

根據參照物與評估對象之間存在差異因素的不同，直接比較法的具體技術方法也不相同，包括但不限於以下評估方法，如現行市價法、市價折扣法、成本市價法、功能價值類比法、價格指數法、成新率價格調整法等。

1. 現行市價法

當評估對象本身具有現行市場價格或與評估對象基本相同的參照物具有現行市場價格的時候，可以直接利用評估對象或參照物在評估基準日的現行市場價格作為評估對象的評估價值。這種情況是大量存在的，例如：可上市流通的股票和債券可按其在評估基準日的收盤價作為評估價值；企業擁有的原材料、備品、備件，批量生產的設備、汽車等可按同品牌、同型號、同規格、同廠家、同批量的設備、汽車等的現行市場價格作為評估價值。其數學表達式為：

$$評估對象評估價值 = 參照物合理成交價格$$

2. 市價折扣法

市價折扣法是以參照物成交價格為基礎，考慮到評估對象在銷售條件、銷售時限等方面的不利因素，根據測算或憑評估人員的經驗、有關部門的規定，確定一個價格折扣率來估算評估對象價值的方法。其數學表達式為：

$$評估對象評估價值 = 參照物成交價格 \times (1 - 價格折扣率)$$

[例2-1] 某企業需要處置一批設備類資產共10件，在評估基準日與這10件設備完全相同的參照物在市場上的正常交易價格為200萬元。考慮到該企業所處置的設備類資產需一次性處置，整體交易將會形成一定的價格折扣，經市場調研和分析，折扣率一般為10%~15%，考慮到還要盡快交易，因此，折扣率取20%。

資產評估價值 = 200 × （1 - 20%） = 160（萬元）

3. 成本市價法

成本市價法是以評估對象的現行合理成本為基礎，利用參照物的成本與市場價格之間的比率關係來計算評估對象價值的方法。其數學表達式為：

$$評估對象評估價值 = 評估對象現行合理成本 \times \frac{參照物市場價格}{參照物現行合理成本}$$

4. 功能價值類比法

功能價值類比法（亦稱類比估價法）是以參照物的成交價格為基礎，考慮參照物與評估對象之間存在的功能差異或主要的功能差異特徵，通過調整兩者的功能差異來估算評估對象價值的方法。根據資產的功能與其價值之間的關係可分為線性關係和指數關係兩種情況。

（1）資產價值與其功能呈線性關係的情況，通常被稱為生產能力比例法。其數學表達式為：

$$評估對象評估價值 = 參照物成交價格 \times \frac{評估對象生產能力}{參照物生產能力}$$

（2）資產價值與其功能呈指數關係的情況，通常被稱為規模經濟效益指數法。其數學表達式為：

$$評估對象評估價值 = 參照物成交價格 \times \left(\frac{評估對象生產能力}{參照物生產能力}\right)^x$$

式中，x 為功能價值指數。

公式中所採用的資產的生產能力指標只是功能指標的一個典型代表，但功能指標不僅僅只表現於此。公式還可以通過對參照物與評估對象的其他功能指標的對比，利用參照物成交價格推算出評估對象價值。

[例2-2] 某企業一條裝配生產線需評估。該生產線年裝配能力（生產能力）為 10 000 臺，參照生產線的年裝配能力（生產能力）為 12 000 臺，評估基準日參照生產線的市場價格為 2 000 萬元，該類資產的功能價值指數為 0.8。

該裝配生產線評估價值 = 2 000 × （10 000 ÷ 12 000）$^{0.8}$ = 1 728.56（萬元）

5. 價格指數法

價格指數法（亦稱物價指數法）是基於參照物的成交時間與評估對象評估基準日之間的時間間隔引起的價格變動對資產價值的影響，以參照物成交價格為基礎，利用物價變動指數（價格指數）調整參照物成交價從而得到評估對象價值的方法。其計算公式為：

$$評估對象評估價值 = 參照物成交價格 \times (1 + 物價變動指數)$$

或

$$評估對象評估價值 = 參照物成交價格 \times 物價指數$$

式中，物價變動指數指環比物價指數，物價指數指定基物價指數。

6. 成新率價格調整法

成新率價格調整法是以參照物的成交價格為基礎，考慮參照物與評估對象之間僅存在新舊程度上的差異，通過成新率對比調整估算出評估對象的評估價值的方法。其計算公式爲：

$$被評估對象價值 = 參照物成交價格 \times \frac{評估對象成新率}{參照物成新率}$$

其中：

$$資產的成新率 = \frac{資產的尚可使用年限}{資產的已使用年限 + 資產的尚可使用年限}$$

在許多二手商品市場中，這種情形大量存在，相同商品僅因成新度（新舊程度）的差異，造成交易價格的差異。

(二) 類比調整法

類比調整法，又叫市場成交價格比較法，是在公開市場上無法找到與被評估資產完全相同的參照物時，選擇若干個類似資產的交易案例作爲參照物，通過分析比較評估對象與各個參照物成交案例的因素差異並對參照物的價格進行差異調整，來確定被評估資產價值的方法。

在資產評估過程中，完全相同的參照物幾乎是不存在的，類比調整法不要求參照物與評估對象必須一樣或者基本一樣，通過若干可比因素進行對比分析和差異調整，確定被評估資產的價值。因此，類比調整法是市場法中更基本的、適用性更強的評估方法。但由於類比調整法要對比分析若干可比因素，因此不僅對信息資料的數量和質量要求較高，而且要求評估人員有較豐富的評估經驗、市場閱歷和評估技巧。類比調整法的基本計算公式爲：

$$資產評估價值 = 參照物價格 \pm 交易時間差異值 \pm 區域差異值 \pm 功能差異值 \pm 交易情況差異值 \pm 個別因素差異值$$

或

$$資產評估價值 = 參照物價格 \times 交易時間差異修正系數 \times 區域因素修正系數 \times 功能差異修正系數 \times 交易情況修正系數 \times 個別因素修正系數$$

通常，時間因素是指參照物交易時間與被評估資產評估基準日時間上的不一致所導致的差異，一般根據參照物價格變動指數將參照物實際成交價格調整爲評估基準日交易價格。區域因素是指資產所在地區或地段條件對資產價格的影響差異。區域因素對房地產價格的影響尤爲突出。功能因素是指資產實體功能過剩和不足對價格的影響。交易情況主要包括交易的市場條件和交易條件。市場條件主要包括公開市場或非公開市場以及市場供求狀況。交易條件主要包括交易批量、動機、時間等。個別因素主要包括資產的實體特徵和質量。資產的實體特徵主要是指資產的外觀、結構、規格型號等。資產的質量主要是指資產本身的建造或製造的工藝水平。

類比法在西方國家中應用比較廣泛。特別是在技術進步快、產品更新換代週期短的情況下，往往首先在市場上找到的只是換型、換代的參照物，然後經過對被評估資產和參照物進行比較、分析，最後評定被評估對象的價值。

第三節　收益法

一、收益法的基本含義

收益法是指通過估測被評估資產未來預期收益的現值來判斷資產價值的各種評估方法的總稱。收益法的基礎是經濟學的預期收益理論，即對投資者來講，資產的價值在於預期未來所能夠產生的收益（如現金流量等）。投資者在取得收益的同時，必須承擔風險。收益法的思路認為，資產的價值是資產能夠給所有者帶來的收益，總的情況是在風險一定的情況下，收益大、價值大，收益小、價值小。收益法就是利用預測收益、量化風險、折現等技術手段，把評估對象的預期產出能力和獲利能力作為收益的基礎，再依據獲得收益的風險程度，以此來確定被評估資產的價值。

二、收益法的應用前提及適用範圍

（一）收益法的應用前提

收益法是依據資產未來預期收益經折現或本金化處理來估測資產價值的方法。應用收益法需具備以下基本前提：

(1) 被評估資產可持續使用或持續經營；
(2) 被評估資產的未來預期收益可以預測並可以用貨幣衡量；
(3) 資產的預期獲利年限可以預測；
(4) 資產擁有者獲得預期收益所承擔的風險也可以預測，並可以用貨幣衡量。

（二）收益法的適用範圍

收益法主要適用於評估的對象具有持續經營能力並能不斷獲得收益的經營性資產，如企業股權變動、房地產及資源性資產、無形資產轉讓業務的評估。

企業的非經營性資產，如附屬學校、醫院的資產、職工的福利住房等，一般不採用收益法進行評估。

三、收益法的操作程序及主要參數

由收益法的定義可知，資產未來的預期收益和風險的量化是收益法應用的主要工作。採用收益法進行評估的基本程序如下：

(1) 收集或驗證與評估對象未來預期收益有關的數據資料，包括經營前景、財務狀況、市場形勢及經營風險等；
(2) 分析測算評估對象未來預測收益，包括收益期與收益額（含收入、成本、費用等）；
(3) 確定折現率或資本化率；
(4) 用折現率或資本化率將評估對象未來預期收益折算成現值；

(5) 分析確定評估結果。

收益法的應用涉及許多經濟技術參數，其中最主要的參數有預期收益額、折現率和收益期限。

(一) 預期收益額

在資產評估中，資產的預期收益額是指根據投資回報的原理，資產在正常經營情況下所獲得的歸其產權主體所有的經濟收益的數量，它不僅是資產的現在收益能力，更重要的是預測資產的未來收益能力。因此，評估對象的預期收益額必須能被較爲合理地估測。

資產評估中的預期收益額有兩個明確的特點：一是收益額是資產的未來預期收益額，而不是資產的歷史收益額或現實收益額；二是用於資產評估的收益額是資產的客觀收益，而不是資產的實際收益。預期收益額的上述兩個特點非常重要，評估人員在執業過程中應切實註意預期收益額的特點，以便合理運用收益法估測資產價值。

資產的種類較多，預期收益額的表現形式也各不相同，一般有利潤總額、淨利潤、淨現金流量等。利潤總額包含了不屬於資產持有者的稅收，因而一般不適宜作爲預期收益指標。但是當稅收優惠政策過多，資產的淨收益難以公平、準確地反應資產的收益水平時，爲了使各項投資收益之間具有可比性，也可以採用利潤總額作爲預期收益指標。淨利潤與淨現金流量都屬於稅後淨收益，都是資產持有者的收益，在收益法中被普遍採用。這兩者之間的差異在於確定的原則不同，淨利潤是按權責發生制確定的，淨現金流量是按收付實現制確定的。如果不考慮應收應付款，這兩者之間的關係可以簡單表述爲：

淨現金流量 = 淨利潤 + 折舊 - 追加投資

從資產評估的角度看，淨現金流量更適宜作爲預期收益指標，因其與淨利潤相比有兩個優勢：一是淨現金流量能夠更準確地反應資產的預期收益。折舊是爲取得收益而發生的資產貶值，它不會導致企業實際的現金流出，但折舊形成的價值卻被企業以收入形式獲得，因此將折舊視爲預期收益的一部分有其合理性。二是淨現金流量是動態指標，它不僅是對數量的描述，而且與發生的時間形成密不可分的整體，體現了資金的時間價值。而收益法是通過將資產未來某個時點的收益折算爲現值來估算資產的價值的，因此用淨現金流量來表示收益更準確，更能體現資金的時間價值。

(二) 折現率

折現作爲一個算術過程，是用特定比率將預期的未來收益折算爲當期的價值，這個特定比率就稱爲折現率。

從本質上講，折現率是一種期望投資報酬率，是投資者在投資風險一定的情況下，對投資所期望的報酬率。折現率一般由無風險報酬率與風險報酬率組成，前者通常由政府債券的利率決定，後者取決於特定資產的風險狀況。

資本化本又稱本金化率，它們和折現率在本質上是相同的：習慣上人們將未來有限期預期收益折算成現值的比率稱爲折現率，而將未來永續性預期收益折算成現值的比率稱爲資本化率或本金化率。在內涵上，折現率與資本化率略有區別：折現率被視爲投資中對收入要求的回報率，而資本化率除了反應無風險報酬率和風險報酬率外，還反應資產收益的長期增長前景。

在收益法運用中，折現率的確定十分關鍵，確定折現率的方法有加和法、資本成本加權法和市場法等。

1. 加和法

加和法是以折現率包含無風險報酬率與風險報酬率兩部分爲計算基礎的，通過分別求取每一部分的數值，然後相加即得到折現率。

無風險報酬率的確定比較容易，政府債券收益率常被用做測量無風險收益率的替代值。通常認爲政府短期債券（如3個月期限的國庫券）是最沒有風險的投資對象，但是對資產評估而言，最好用較長期的政府債券利率（1年或1年以上）作爲基本收益率。儘管長期債券在平價變現方面有一定風險，但由於評估通常涉及基於長期收益趨勢的資產，因此，選擇長期債券利率作爲無風險報酬率更具有可比性和相關替代性。

風險報酬率必須反應兩種風險：一是市場風險；二是與特定的被評估資產或企業相聯繫的風險。表2-1以企業爲例列出了風險報酬率確定過程中需考慮的主要因素。

表2-1　　　　　　　　　　　　影響風險報酬率的因素

與市場相關的風險		與被評估資產或企業相聯繫的風險	
1	行業的總體狀況	1	產品或服務的類型
2	宏觀經濟狀況	2	企業規模
3	資本市場狀況	3	財務狀況
4	地區經濟狀況	4	管理水平
5	市場競爭狀況	5	資產狀況
6	法律或法規約束	6	收益數量及質量
7	國家產業政策	7	區位

考慮上述因素後就會發現，風險報酬率的量化實際上是相當困難的，且對於每一個潛在的投資者而言都會有所不同，在評估實踐中風險報酬率的確定方法有多種，需根據被評估資產的具體狀況選擇。

2. 資本成本加權法

如果我們把資產視作投入資金的總額，即構成一個持續經營的所有有形資產和無形資產減去流動負債的淨額，那麼企業資產可以理解爲長期負債與所有者權益之和。

當我們從長期負債和所有者權益兩個方面來認識資產，長期負債和所有者權益所表現出的利息率和投資收益率必然影響折現率的計算。對於這一問題，可以採用加權平均法來處理。其計算公式爲：

折現率＝長期負債占資產總額的比重×長期負債利息率×（1－所得稅稅率）
　　　　＋所有者權益占資產總額的比重×投資報酬率

其中：

投資報酬率＝無風險報酬率＋風險報酬率

3. 市場法

市場法是通過尋找與被評估資產相類似的資產的市場價格以及該資產的收益來倒求折現率。其計算公式爲：

$$被評估資產的折現率 = (\sum_{i=1}^{n} 樣本資產的收益 \div 樣本資產價格) \div n$$

所謂樣本資產，是指與被評估資產在行業、銷售類型、收益水平、風險程度、流動性等方面相類似的資產。同時，市場法要求盡可能多的樣本，否則不能準確反應市場對某項投資回報的普遍要求。

(三) 收益期限

收益期限是指資產具有獲利能力並產生資產淨收益的持續時間。通常以年爲時間單位。收益期限由評估人員根據被評估資產自身效能、資產未來的獲利能力、資產損耗情況以及有關法律、法規、契約、合同等加以確定。收益期分爲有限期和無限期（永續）。如無特殊情況，資產使用比較正常且沒有對資產的使用年限進行限定，或者這種限定是可以解除的，並可以通過延續方式永續使用，則可假定收益期爲無限期。如果資產的收益期限受到法律、合同等規定的限制，則應以法律或合同規定的年限作爲收益期。如中外合資經營企業在確定其收益期時，應以中外合資雙方共同簽訂的合同中規定的期限作爲企業整體資產收益期。當資產沒有規定收益期限的，也可以按其正常的經濟壽命確定收益期，即資產能夠給其擁有者帶來最大收益的年限。當繼續持有資產對擁有者不再有利時，從經濟上講該資產的壽命也就結束了。

四、收益法中的具體評估方法

收益法實際上是在預期收益還原思路下若干具體方法的集合。收益法中的具體方法可以分爲以下若干類：

（1）按評估對象未來預期收益有無限期劃分，可以分爲有限期的評估方法和無限期的評估方法。

（2）按評估對象預期收益額的多少劃分，可以分爲等額收益評估方法、非等額收益評估方法等。爲了便於學習收益法中的具體方法，在此對這些具體方法中所用的字符的含義做統一的定義。

P——評估值；

i——年序號；

P_n——未來第 n 年的預計變現值；

R_i——未來第 i 年的預期收益；

r——折現率或資本化率；

r_i——第 i 年的折現率或資本化率；

n——收益年期；

A——年金。

收益法的基本計算表達式爲：

$$P = \sum_{i=1}^{n} \frac{R_i}{(1+r_i)^i}$$

（一）淨收益不變，即 $R_i = A$ 的情況下

（1）在收益年期無限（永續），淨收益每年不變，r>0，各因素不變的情形下：

$$P = \frac{A}{r}$$

（2）在收益年期有限爲 n，淨收益每年不變，r>0 的情形下：

$$P = \frac{A}{r} \times \left[1 - \frac{1}{(1+r)^n} \right]$$

（3）在收益年期有限爲 n，淨收益每年不變，r=0 的情形下：

$$P = A \times n$$

（二）淨收益在若干年後保持不變

（1）無限收益年期，淨收益在 n 年（含第 n 年）以前有變化，淨收益在 n 年（不含第 n 年）以後保持不變，r>0 的情形下：

$$P = \sum_{i=1}^{n} \frac{R_i}{(1+r)^i} + \frac{A}{r} \cdot \frac{1}{(1+r)^n}$$

（2）有限收益年期，淨收益在 t 年（含第 t 年）以前有變化，淨收益在 t 年（不含第 t 年）以後保持不變，收益年期有限爲 n，r>0 的情形下：

$$P = \sum_{i=1}^{t} \frac{R_i}{(1+r)^i} + \frac{A}{r(1+r)^t} \times \left[1 - \frac{1}{(1+r)^{n-t}} \right]$$

這裡要註意的是，純收益 A 的收益年期是 (n-t) 而不是 n。

（3）已知未來若干年後資產價格，淨收益在第 n 年（含 n 年）前保持不變，第 n 年的價格爲 P_n，r>0 的情形下：

$$P = \frac{A}{r} \times \left(1 - \frac{1}{(1+r)^n} \right) + \frac{P_n}{(1+r)^n}$$

[例 2-3] 某收益性資產預計未來 5 年的收益額分別是 20 萬元、25 萬元、28 萬元、25 萬元和 28 萬元。假定從第 6 年開始，以後各年淨收益均爲 25 萬元，確定的折現率和資本化率均爲 10%。確定該收益性資產在持續經營下 40 年收益的評估值。

（1）永續經營（無限收益期）條件的評估過程：

首先，確定未來 5 年收益額的現值。

$$現值總額 = \frac{20}{1+10\%} + \frac{25}{(1+10\%)^2} + \frac{28}{(1+10\%)^3} + \frac{25}{(1+10\%)^4} + \frac{28}{(1+10\%)^5}$$

$$= 20 \times 0.9091 + 25 \times 0.8264 + 28 \times 0.7513 + 25 \times 0.6830 + 28 \times 0.6209$$

$$= 94.3386 （萬元）$$

其次，將第 6 年以後的收益進行資本化處理，即：

$25 \div 10\% = 250$（萬元）

最後，確定該企業評估值。

$$\text{企業評估價值} = 94.3386 + 250 \times \frac{1}{(1+10\%)^5}$$
$$= 94.3386 + 250 \times 0.6209$$
$$= 249.56 \text{（萬元）}$$

（2）40 年收益的價值評估過程：

$$\text{評估價值} = \frac{20}{1+10\%} + \frac{25}{(1+10\%)^2} + \frac{28}{(1+10\%)^3} + \frac{25}{(1+10\%)^4} + \frac{28}{(1+10\%)^5}$$
$$+ \frac{25}{10\% \times (1+10\%)^5} \times \left[1 - \frac{1}{(1+10\%)^{40-5}}\right]$$
$$= 94.3386 + 250 \times 0.6209 \times 0.9644$$
$$= 94.33864 + 149.7066$$
$$= 244.05 \text{（萬元）}$$

第四節　成本法

一、成本法的基本含義

成本法是指通過估測被評估資產的重置價值（也稱重置成本），以及被評估資產業已存在的各種貶值因素，並將貶值從重置價值中予以扣除而得到被評估資產價值的各種評估方法的總稱。成本法的計算公式爲：

$$\text{資產評估價值} = \text{資產的重置價值} - \text{資產實體性貶值} - \text{資產功能性貶值} - \text{資產經濟性貶值}$$

成本法的理論基礎是生產費用價值論，即資產價值取決於其在構建時的成本耗費。由於被評估資產取得成本的有關數據和信息來源較廣泛，並且資產重置價值與資產的現行市價及收益現值也存在着内在聯繫和替代關係，因而，成本法也是一種被廣泛應用的評估方法。

資產的價值是一個變量，影響資產價值量變化的因素，除了市場價格以外，還有因使用磨損和自然力作用而產生的實體性損耗，因技術進步而產生的功能性損耗，因資產外部環境因素變化而產生的經濟性損耗。因此，成本法中除計算按照全新狀態重新購建的全部支出及必要合理的利潤外，對於損耗造成的價值損失也是一並計算的。這裡需要特別提示的是：資產評估中資產的損耗不同於會計規定的折舊。資產評估中的損耗，是通過實地勘察確定的，反應資產價值的現實損失額。而會計上的折舊是依照會計核算要求和一般慣例來反應的損耗，是根據歷史成本對資產原始價值損耗的折扣，不一定能夠準確反應資產價值變化的現實狀況。

二、成本法的應用前提及適用範圍

（一）成本法的應用前提

成本法從再取得資產的角度反應資產價值，即通過資產的重置成本扣減各種貶值反應資產價值。只有當被評估資產處於繼續使用狀態下，再取得被評估資產的全部費用才能構成其價值的內容，即只有當資產能夠繼續使用並在持續使用中爲潛在的所有者或控制者帶來經濟利益，資產的重置成本才能被潛在的投資者和市場所承認和接受。因此，運用成本法的前提條件是：

（1）被評估資產處於繼續使用狀態或被假定處於繼續使用狀態。

（2）應當具備可利用的歷史資料。成本法的應用是建立在歷史資料的基礎上的，許多信息資料、指標需要通過歷史資料獲得；同時，現時資產與歷史資產具有相同性或可比性。

（3）被評估資產必須是可以再生或可複製的，不能再生或複製的被評估資產，如土地、礦藏則不能採用成本法。

（4）形成資產價值的耗費是必需的。耗費是形成資產價值的基礎，但耗費包括有效耗費和無效耗費。採用成本法評估資產，首先要確定這些耗費是必需的，而且應體現社會或行業的平均水平，而不應是某項資產的個別成本耗費。

（5）被評估資產的價值是隨著時間的推移而貶損的。

(二) 成本法的適用範圍

成本法既全面考慮資產的重置全價，又充分考慮了各種損耗，因而具有廣泛的應用性。一般來說，成本法適用於如下資產評估：

（1）以資產重置、補償爲目的的資產業務；

（2）企業整體轉讓需要提供單項資產的重估價值；

（3）由於企業管理混亂造成被評估資產的帳面歷史成本失實，又缺乏現行市場可以資料的資產評估；

（4）具有非經營性、專用性等特性的資產，比如學校、社會公共設施，以及爲特殊用途設計的專用設備等。

三、成本法的基本要素

從一般意義上講，成本法的運用涉及四個基本要素，即資產的重置成本、資產的實體性貶值、資產的功能性貶值和資產的經濟性貶值。在實際評估實踐中，或者說在具體運用成本法評估資產的項目中，不是所有的評估項目一定都存在三種貶值，這需要根據評估項目的具體情況來定。

(一) 資產的重置成本

一般意義上，資產的重置成本就是資產的重新建造或重新購置所支出的成本、費用。具體來說，重置成本可以分爲復原重置成本和更新重置成本兩種。

（1）復原重置成本是指採用與被評估對象相同的材料、建築或製造標準、設計、規格及技術等，以現時價格水平重新購建與被評估對象相同的全新資產所發生的費用。

（2）更新重置成本是指採用新型材料、現代建築或製造標準，新型設計、規格和技術等，以現行價格水平購建與被評估對象具有同等功能的全新資產所需的費用。

（二）資產的實體性貶值

資產的實體性貶值亦稱有形損耗，是指資產由於使用及自然力的作用導致的資產的物理性能的損耗或下降而引起的資產的價值損失。資產的實體性貶值通常採用相對數計量，即實體性貶值率，用公式表示爲：

$$實體性貶值率 = \frac{資產實體性貶值}{資產重置成本}$$

（三）資產的功能性貶值

資產的功能性貶值是指由於技術進步引起的資產功能相對落後而造成的資產價值損失。它包括由於新工藝、新材料和新技術的採用，而使原有資產的建造成本超過現行建造成本的超支額，以及由於技術的進步使原有資產超過新建資產的運營成本的超支額。

（四）資產的經濟性貶值

資產的經濟性貶值是指由於外部經濟環境的變化，如宏觀經濟政策調整、市場供求和市場競爭的變化等引起資產閒置、收益下降等造成的資產價值損失。

四、成本法中各主要參數及評估方法

通過成本法評估資產的價值不可避免地要涉及被評估資產的重置成本、實體性貶值、功能性貶值和經濟性貶值四大因素。成本法中的各種具體方法實際上都是在成本法總的評估思路的基礎上，圍繞上述因素採用不同的方式方法測算形成的。

（一）重置成本的測算方法

資產的重置成本可以通過若干種方法進行估算，在評估實務中應用較爲廣泛的有：

1. 重置核算法

重置核算法亦稱細節分析法、核算法等，是指利用成本核算的原理，按資產的成本、費用構成，以現行市價爲標準，逐項計算然後累加得到資產的重置成本的方法。

在實際測算過程中，按照資產來源，具體可以劃分爲購買型和自建型兩種類型。購買型是以購買資產的方式作爲資產的重置過程，購買的結果一般是資產的購置價。如果被評估資產屬於不需要運輸、不需要安裝的資產，購置價就是資產的重置成本，否則，還得加上運雜費、安裝調試費以及其他必要費用計算出資產的重置成本。自建型是把自建資產作爲資產重置方式，它根據重新建造資產所需的料、工、費及必要的資金成本和開發者的合理收益等分析和計算出資產的重置成本。

資產的重置成本應包括開發者的合理收益。一是重置成本是按在現行市場條件下重新購建一項全新資產所支付的全部貨幣總額，包括資產開發和製造商的合理收益；二是資產評估旨在瞭解被評估資產模擬條件下的交易價格，一般情況下，價格都應該含有開發者或製造者的合理收益部分。資產重置成本中收益部分的確定，應以現行行業或社會平均資產收益水平爲依據。其計算公式爲：

重置成本 = 直接成本 + 間接成本

[例2-4] 重置購建設備一臺，現行市場價格爲每臺15萬元，運雜費爲3 000元，直接安裝成本爲3 000元，其中原材料2 000元、人工成本1 000元。根據統計分析，計算求得安裝成本中的間接成本爲1 500元。該機器設備的重置成本爲：

直接成本 = 150 000 + 3 000 + 3 000 = 156 000（元）

間接成本 = 1 500（元）

重置成本 = 157 500（元）

2. 功能價值類比法

功能價值類比法也稱功能系數法、類比估價法，是指由於無法直接獲得處於全新狀態的被評估資產的現行市場價格，就只能尋找與被評估資產相似的、處於全新狀態的資產的現行市價或成本作爲參照，通過調整其功能差異獲得被評估資產重置成本的方法。其計算公式爲：

$$被評估資產重置成本 = 參照物重置成本 \times \frac{被評估資產生產能力}{參照物的生產能力}$$

或

$$被評估資產重置成本 = 參照物重置成本 \times \left(\frac{被評估資產生產能力}{參照物生產能力}\right)$$

3. 物價指數法

物價指數法也稱價格指數法。當既無法獲得處於全新狀態的被評估資產的現行市價，也無法獲得與被評估資產相類似的參照物的現行市價時，可以利用與資產有關的價格變動指數，將被評估資產的歷史成本（帳面價值）調整爲重置成本。其計算公式爲：

重置成本 = 資產的帳面原值 × 價格指數

或

重置成本 = 資產的帳面原值 ×（1 + 價格變動指數）

式中，價格指數可以是定基價格指數或環比價格指數。

$$定基價格指數 = \frac{評估基準日價格指數}{資產購建時的價格指數} \times 100\%$$

環比價格變動指數可以考慮按下式求得：

$X = (1 + a_1) \times (1 + a_2) \times (1 + a_3) \cdots \times (1 + a_n) \times 100\%$

式中：x——環比價格指數；

a_n——第n年環比價格變動指數，n = 1，2，3，…，n。

[例2-5] 某資產購建於2010年，帳面原值爲450000元，當時該類資產的價格指數爲97%，評估基準日該類資產的定基價格指數爲155%，則：

被評估資產重置成本 = 450 000 ×（155% ÷ 97%）× 100% ≈ 719072（元）

若被評估資產帳面價值爲500000元，2010年建成，2015年進行評估。經調查已知同類資產環比價格指數2011年爲12%，2012年爲14%，2013年爲20%，2014年爲4%，2015年爲7%，則有：

被評估資產重置成本 = 500 000 × (1 + 12%) × (1 + 14%) × (1 + 20%) × (1 + 4%)
× (1 + 7%) × 100%

= 500 000 × 170.49%

= 852 494 （元）

物價指數法所依據的歷史成本應當是原始購置所發生的支出，經評估調整後以及二手交易價格均不能作爲該方法使用的依據。

物價指數法與重置核算法是重置成本估算較常用的方法，但兩者具有明顯的區別：

（1）物價指數法估算的重置成本，僅考慮了價格變動因素，因而確定的是復原重置成本；而重置核算法既考慮了價格因素，也考慮了生產技術進步和勞動生產率的變化因素，因而可以估算復原重置成本和更新重置成本。

（2）價格指數法建立在不同時期的某一種或某類甚至全部資產的物價變動水平上；而重置核算法建立在現行價格水平與購建成本費用核算的基礎上。

4. 統計分析法

當被評估資產單位價值較低、數量較多時，爲了簡化評估業務、節省評估時間，還可以採用統計分析法確定某類資產重置成本。這種方法運用的步驟如下：

（1）在核實資產數量的基礎上，把全部資產按照適當標準劃分爲若干類別，如：房屋建築物按結構可以劃分爲鋼結構、鋼筋混凝土結構等；機器設備按有關規定可以劃分爲專用設備、通用設備、運輸設備、儀器、儀表；等等。

（2）在各類資產中抽樣選擇適量具有代表性的資產，應用功能價值法、價格指數法、重置核算法或規模經濟效益指數法等方法估算其重置成本。但需註意樣本量的適用性。

（3）依據分類抽樣估算資產的重置成本額與帳面歷史成本，計算出分類資產的調整系數。其計算公式爲：

$$K = \frac{R'}{R}$$

式中：K——資產重置成本與歷史成本的調整系數；

R'——某類抽樣資產的重置成本；

R——某類抽樣資產的歷史成本。

根據調整系數 K 估算被評估資產的重置成本。其計算公式爲：

被評估資產重置成本 = 某類資產帳面歷史成本 × K

某類資產帳面歷史成本可以從會計記錄取得。

[例 2-6] 評估某企業某類通用設備，經抽樣選擇具有代表性的通用設備 10 臺，估算其重置成本之和爲 200 萬元，而該類通用設備歷史成本之和爲 120 萬元，待評估通用設備帳面歷史成本之和爲 750 萬元。則：

$$K = \frac{200}{120} = 1.667$$

待評估通用設備重置成本 = 750 × 1.667 = 1 250 （萬元）

(二) 實體性貶值的測算方法

資產的實體性貶值也稱爲實體性損耗或有形損耗，是指由於使用和自然力的作用而使資產實體發生的損耗。資產的實體性貶值的測算一般可以選擇以下幾種方法：

1. 觀察法

觀察法又叫成新率法，是指由具有專業知識和豐富經驗的工程技術人員，通過對資產實體各主要部位的觀察以及儀器測量等方式進行的技術鑒定，並綜合分析資產的設計、製造、使用、磨損、維護、修理、大修理、改造情況和物理壽命等因素，將評估對象與其全新狀態相比較，考察由於使用磨損和自然損耗對資產的功能、使用效率帶來的影響，判斷被評估資產的成新率，從而估算實體性貶值的方法。其計算公式爲：

資產實體性貶值 = 重置價值 × 實體性貶值率

或

資產實體性貶值 = 重置價值 × (1 - 實體性成新率)

2. 使用年限法

使用年限法（或稱年限法）是指利用被評估資產的實際已使用年限與其總使用年限的比值來判斷其實體貶值率（程度），進而估測資產的實體性貶值的方法。

使用年限法的數學表達式爲：

$$資產實體性貶值率 = \frac{實際已使用年限}{總使用年限}$$

資產實體性貶值 = (重置成本 - 預計殘值) × 資產實體性貶值率

或

$$資產實體性貶值 = \frac{重置成本 - 預計殘值}{總使用年限} × 實際已使用年限$$

式中：預計殘值是指被評估資產在清理報廢時淨收回的金額。在資產評估中，通常只考慮數額較大的殘值，如殘值數額較小可以忽略不計。總使用年限指的是實際已使用年限與尚可使用年限之和。

其計算公式爲：

總使用年限 = 實際已使用年限 + 尚可使用年限

實際已使用年限 = 名義已使用年限 × 資產利用率

尚可使用年限是根據資產的有形損耗因素，預計資產的繼續使用年限。由於資產在使用中負荷程度的影響，必須將資產的名義已使用年限調整爲實際已使用年限。名義已使用年限是指資產從購進使用到評估時的年限。名義已使用年限可以通過會計記錄、資產登記簿、登記卡片查詢確定。實際已使用年限是指資產在使用中實際損耗的年限。實際已使用年限與名義已使用年限的差異，可以通過資產利用率來調整。資產利用率的計算公式爲：

$$資產利用率 = \frac{截至評估日資產累計實際利用時間}{截至評估日資產累計法定利用時間} × 100\%$$

(1) 當資產利用率 > 1 時，表示資產超負荷運轉，資產實際已使用年限比名義已使用年限要長；

（2）當資產利用率＝1時，表示資產滿負荷運轉，資產實際已使用年限等於名義已使用年限；

（3）當資產利用率＜1時，表示開工不足，資產實際已使用年限小於名義已使用年限。

在資產評估實踐中，資產利用率需要根據資產的開工情況、修理間隔時間、工作班次等方面進行確定。

[**例2－7**] 某資產在2005年2月購進、2015年2月評估時，名義已使用年限是10年。根據該資產的技術指標，在正常使用的情況下，每天應工作8小時，該資產實際每天工作5小時。則：

$$資產利用率 = \frac{10 \times 360 \times 5}{10 \times 360 \times 8} \times 100\% = 62.5\%$$

由此可確定其實際已使用年限爲6.25年。

使用年限法是一種應用較爲廣泛的評估技術。在資產評估實際工作中，評估人員還可以利用使用年限法的原理，根據被評估資產設計的總工作量和評估對象已經完成的工作量、評估對象設計行駛裡程和已經行駛的裡程等指標，利用使用年限法的技術思路測算資產的實體性貶值。因此，使用年限法可以利用許多指標評估資產的實體性貶值。

此外，在資產評估中經常遇到被評估資產是經過更新改造過的情況。對於更新改造過的資產而言，其實體性貶值的計量還應充分考慮更新改造投入的資金對資產壽命的影響，否則可能會過高地估計實體性貶值。對於更新改造問題，一般採取加權法來確定資產的實體性貶值。也就是說，先計算加權重置成本，再計算加權平均已使用年限。其計算公式爲：

加權更新成本＝已使用年限×更新成本（或購建成本）

$$加權平均已使用年限 = \frac{\sum 加權更新成本（或購建成本）}{\sum 更新成本（或購建成本）}$$

需要注意的是，這裡所涉及的成本可以是原始成本，也可以是復原重置成本。儘管各時期的投資或更新金額並不具有可比性，但從方便以及可以獲得的數據而言，採用原始成本比重新確定成本更具有可行性，同時也反應了各特定時期的購建或更新所經歷的時間順序。

3. 修復費用法

修復費用法是指假設設備所發生的實體性損耗是可以通過修理或更換損壞部分得到補償，利用恢復資產功能所支出的費用金額來直接估算資產實體性貶值的一種方法。所謂修復費用，包括資產主要零部件的更換或者修復、改造、停工損失等費用支出。如果資產可以通過修復恢復到其全新狀態，可以認爲資產的實體性損耗等於其修復費用。

(三) 功能性貶值的測算方法

功能性貶值是指由於技術相對落後造成的資產貶值。功能性貶值可以體現在兩個方面：一是從運營成本角度看，在產出量相等的情況下，被評估資產的運營成本要高於同類技術先進的資產；二是從產出能力角度看，在運營成本相類似的情況下，被評估資產的產出能力要低於同類技術先進的資產。在估算功能性貶值時，主要根據資產的效用、生產加工能力、工耗、物耗、能耗水平等功能方面的差異造成的成本增加或效益降低，相應確定功能性貶值額。同時，還要重視技術進步因素，注意替代設備、替代技術、替代產品的影響以及行業技術裝備水平現狀和資產更新換代的速度。在通常情況下，功能性貶值的估算可以按下列步驟進行：

(1) 將被評估資產的年運營成本與功能相同但性能更好的新資產的年運營成本進行比較。這裡的運營成本包含材料的損耗。

(2) 計算兩者的差異，確定淨超額運營成本。由於企業支付的運營成本是在稅前扣除的，企業支付的超額運營成本會引致稅前利潤額下降，所得稅額降低，使得企業負擔的運營成本低於其實際支付額。因此，淨超額運營成本是超額運營成本扣除其抵減的所得稅以後的餘額。

(3) 估計被評估資產的剩餘壽命。

(4) 以適當的折現率將被評估資產在剩餘壽命內每年的超額運營成本折現，這些折現值之和就是被評估資產的功能性損耗（貶值）。其計算公式爲：

$$\text{被評估資產的功能性貶值額} = \sum \text{被評估資產年淨超額運營成本} \times \text{折現系數}$$

其中：被評估資產年淨超額運營成本 = 年超額運營成本 × (1 - 所得稅稅率)

[例2-8] 某種機器設備，技術先進的設備比原有的陳舊設備生產效率高，節約工資費用，有關資料及計算結果如表2-2所示。

表2-2　　　　　　　　某設備的技術資料

項目	技術先進設備	技術陳舊設備
月產量	8 000 件	8 000 件
單件工資	1 元	1.5 元
月工資成本	8 000 元	12 000 元
月差異額		12 000 - 8 000 = 4 000 元
年工資成本超支額		4 000 × 12 = 48 000 元
減：所得稅（稅率爲25%）		12 000 元
扣除所得稅後年淨超額工資		36 000 元
資產剩餘使用年限		5 年
假定折現率爲10%，5年年金現值系數		3.790 8
功能性貶值額		136 468.8 元

應當指出，新、老技術設備的對比，運營成本所包含的各項內容均可能影響成本超額支出。除生產效率因素外，原材料消耗、能源消耗以及產品質量等指標都需全面關註，單因素的情形存在，多因素影響的情況也很多。

此外，功能性貶值的估算還可以通過超額投資成本的估算進行，即超額投資成本可視同爲功能性貶值。其計算公式爲：

功能性貶值＝復原重置成本－更新重置成本

（四）經濟性貶值的測算方法

經濟性貶值是指因資產的外部環境變化所導致的資產貶值，其表現形式有以下兩種：一是資產利用率下降，甚至閒置等；二是資產的運營收益減少。因此，經濟性貶值的計算也存在以下兩種方法：

1. 間接計算法（生產能力估算法）

該方法主要測算的是因資產利用率下降所導致的經濟性貶值。

經濟性貶值額＝（重置價值－實體性貶值－功能性貶值）×經濟性貶值率

$$經濟性貶值率 = \left[1 - \left(\frac{資產預計可被利用的生產能力}{資產原設計生產能力}\right)^x\right] \times 100\%$$

式中：x 是一個經驗數據，稱爲規模經濟效益指數（功能價值指數）。在美國，規模經濟效益指數一般在 0.4 和 1 之間，加工工業一般爲 0.7，房地產行業一般爲 0.9。

2. 直接計算法

該方法主要測算的是因收益額減少所導致的經濟性貶值。

經濟性貶值額＝資產年收益損失額 ×（1－所得稅稅率）×（P/A, r, n）

式中：（P/A, r, n）——年金現值係數。

[例 2-9] 某被評估生產線尚可使用 3 年，原設計生產能力爲年產 30 000 臺產品，因市場需求結構變化，在未來可使用年限內，每年產量估計要減少 10 000 臺左右，每臺產品淨利潤爲 100 元，企業所在行業的投資回報率爲 10%，所得稅稅率 33%。要求計算其經濟性貶值率和經濟性貶值。

根據上述條件，功能價值指數 x 取 0.6，則該生產線的經濟性貶值率及經性貶值額爲：

$$經濟性貶值率 = \left[1 - \left(\frac{20\,000}{30\,000}\right)^{0.6}\right] \times 100\%$$

$$= [1 - 0.784] \times 100\% = 21.6\%$$

經濟性貶值額＝[（30 000－20 000）×100]×（1－33%）×（P/A, 10%, 3）

＝1 000 000×（1－33%）×2.486 9

＝1 666 223（元）

在資產評估實踐中，對於成新率的計算一般多採用考慮了三種貶值情況後的綜合成新率。

第五節　評估方法的選擇

　　資產評估中的市場法、收益法和成本法以及由這三種基本評估方法衍生出來的其他評估方法共同構成了資產評估的方法體系。雖然各種方法從不同的途徑實現了對資產價值的客觀反應，但究其各種方法的內涵，構成資產評估方法體系的各種評估方法之間既存在着內在聯繫又各具特點。我國《資產評估準則——基本準則》要求評估人員恰當選擇評估方法，並不是要求評估人員在執行每一項評估業務時只能選擇一種資產評估基本方法，而是恰當選擇適用的評估方法。因此，正確認識資產評估基本方法之間的內在聯繫、各自的特點，以及各種方法所需要或適應的條件和狀況，是評估人員恰當地選擇評估方法，合理、高效地進行資產評估的重要前提。

一、評估方法之間的關係

　　（1）評估方法是實現評估目的的手段。對於特定經濟行為，在相同的市場條件下，對處在相同狀態下的同一資產進行評估，其評估值應該是客觀的。這個客觀的評估值不會因評估人員所選用的評估方法的不同而出現截然不同的結果。可以認為正是評估基本目的決定了評估方法間的內在聯繫。而這種內在聯繫為評估人員運用多種評估方法評估同一條件下的同一資產，並做相互驗證提供了理論根據。

　　（2）由於各種資產評估基本方法所體現的思路不同，其基本方法之間的區別是明顯的，它們是從不同角度和不同方面實現評估目的和目標的手段。

　　（3）從各種方法所要求具備的相應信息基礎看，對於由具體評估業務決定的特定目的、市場條件、評估對象功能和使用狀態，以及由上述條件決定的評估結果價值類型，在評估時點構成了既定的評估條件和信息基礎，不同的資產評估方法由於自身的特點對既定信息基礎和評估條件下的資產評估就存在着是否適應的問題，也就是說不同的方法對信息基礎的要求存在着明顯的差異。

二、資產評估方法的選擇

　　資產評估方法的選擇，首先要滿足評估的特定目的、資產價值類型、評估市場條件以及評估時對評估對象使用狀態設定的需要。從評估方法本身而言，由於其自身的特點，在評估不同類型的資產價值時，就有了效率上和直接程度上的差別，選擇最直接且最有效率的評估方法完成評估業務是其最終目的。同樣，不同的資產評估基本方法在評估不同資產，以及評估不同特定目的、不同評估條件和不同價值類型的相同資產的價值時，都存在效率上和風險程度上的差別。從這個意義上講，評估人員恰當選擇評估方法，既包含了對評估方法是否適合、直接、有效和能否防範風險的選擇，也包括了評估目的、評估條件和評估價值類型等對評估方法選擇的約束。參見表2-3。

表 2-3　　　　　　　　　　資產評估方法的比較

名稱	市場法	收益法	成本法
含義	市場法是指利用市場上同樣或類似資產的近期交易價格，經過直接比較或類比分析以估測資產價值的評估技術方法。	收益法是指通過估測被評估資產未來預期收益現值來判斷資產價值的各種評估方法的總稱。	成本法是指通過估測被評估資產的重置成本，以及被評估資產業已存在的各種貶值因素，並將貶值從重置成本中予以扣除而得到被評估資產價值的各種評估方法的總稱。
基本要素	參照物成交價格。	1. 被評估資產的預期收益； 2. 折現率或資本化率； 3. 被評估資產取得預期收益的持續時間。	1. 資產的重置成本； 2. 資產的實體性貶值； 3. 資產的功能性貶值； 4. 資產的經濟性貶值。
基本前提	1. 活躍的公開市場； 2. 公開市場上有可比的資產及其交易活動。	1. 被評估資產可持續使用或持續經營； 2. 被評估資產的未來預期收益可預測並用貨幣衡量； 3. 資產預期獲利年限可預測； 4. 資產擁有者獲得預期收益所承擔的風險可預測並用貨幣衡量。	1. 被評估資產處於繼續使用狀態或被假定處於繼續使用狀態； 2. 應當具備可利用的歷史資料； 3. 形成資產價值的耗費是必需的。
評價	利用市場法可以直接評估單項資產的價值，也適用於在市場法中估測評估對象與參照物之間某一種差異的調整系數或調整值。	適宜於形成資產的成本費用與其獲利能力不對稱，以及成本費用無法或難以準確計算的資產。收益法的局限性在於其操作含有較大成分的主觀性。	成本法主要適用於繼續使用前提下的資產評估。對於非繼續使用前提下的資產，如果運用成本法進行評估，需對成本法的基本要素做必要的調整。

　　資產評估人員在選擇和運用評估方法時，如果條件允許，應當考慮三種基本評估方法在具體評估項目中的適用性；如果可以採用多種評估方法時，不僅要確保滿足各種方法使用的條件要求和程序要求，還應當對各種評估方法取得的各種價值結論進行比較，分析可能存在的問題並做相應的調整，確定最終評估結果。

　　總之，資產評估方法的選擇和使用，實際上是專業評估人員根據實際條件約束下或模擬條件約束下的資產價值進行理性的分析、論證和比較的過程，通過這個過程做出有足夠理由支持的價值判斷。任何將評估方法選擇和運用的過程簡單地理解爲評估公式或評價模型的使用或計算過程的想法都是不正確的。恰當選擇評估方法，既包含了恰當選擇評估技術思路，以及實現該技術思路的具體評估技術方法的要求，也包括了在運用各種評估方法時對所涉及的經濟技術參數的恰當選擇。選擇恰當的評估技術思路與實現評估技術思路的具體方法同恰當選擇經濟技術參數共同構成了恰當選擇資產評估方法的內容。片面地強調某一個方面而忽略另一個方面，都有可能導致評估結果的失真和偏頗。因此，在評估方法的選擇過程中，應註意依據具體項目的具體情況分析確定，不可機械地按某種模式進行選擇。

本章小結

資產評估基本方法包括市場法、收益法、成本法。它們是資產評估的工具和手段，在資產評估中有着重要的作用。作爲資產評估的工具和手段，評估途徑和評估方法之間具有替代性和可比性。作爲獨立存在的評估工具，它們之間又有差別性。充分掌握每一種評估方法的內涵、應用前提條件以及對評估參數的要求，是正確理解和認識資產評估方法的基礎，同時也是正確運用評估途徑及其方法的基礎。

檢測題

一、單項選擇題

1. 教堂、學校、專用機器設備等資產的價值評估，一般適宜選用（　　）。
   A. 成本法　　　B. 收益法　　　C. 市場法　　　D. 殘餘法
2. 復原重置成本與更新重置成本的相同之處在於運用（　　）。
   A. 相同的原材料　　　　　　B. 相同的建造技術標準
   C. 相同的設計　　　　　　　D. 資產的現時價格
3. 運用成本法評估一項資產時，若分別選用復原重置成本與更新重置成本，則應當考慮不同重置成本情況下，具有不同的（　　）。
   A. 實體性貶值　　　　　　　B. 經濟性貶值
   C. 功能性貶值　　　　　　　D. 資產利用率
4. 通常情況下，可以用市場法進行評估的資產是（　　）
   A. 專利權　　　　　　　　　B. 專用機器設備
   C. 通用設備　　　　　　　　D. 專有技術

二、多項選擇題

5. 資產評估業務約定書的內容包括（　　）。
   A. 評估範圍　　　　　　　　B. 評估目的
   C. 評估假設　　　　　　　　D. 評估基準日
   E. 評估工作時間要求
6. 構成折現率的因素包括（　　）。
   A. 超額收益率　　　　　　　B. 無風險報酬率
   C. 風險報酬率　　　　　　　D. 價格變動率
   E. 平均收益率
7. 造成資產經濟性貶值的主要原因有（　　）。
   A. 該項資產技術落後　　　　B. 該項資產生產的產品需求減少
   C. 社會勞動生產率提高　　　D. 自然力作用加劇
   E. 政府公布淘汰該類資產的時間表

三、判斷題

8. 市場法的基本原理是資產的替代原理。　　　　　　　　　　　（　　）

9. 收益法用於企業的非經營性資產的評估，如附屬學校、醫院的資產、職工的福利住房等。　　　　　　　　　　　　　　　　　　　　　　　　　　（　　）

10. 成本法的基本前提之一是應當具備可利用的歷史成本資料。　　（　　）

四、思考題

11. 資產評估應按照什麼樣的程序進行？

12. 什麼是資產評估方法中的市場法、收益法和成本法？各自的適應前提是什麼？

13. 用不同評估方法對同一資產進行評估後其結果應如何處理？

第三章　資產評估信息的收集和分析

[學習內容]
　　第一節　信息收集與分析的意義
　　第二節　資產評估中的信息收集
　　第三節　資產評估中的信息分析

[學習目標]
　　本章的學習目標是使學生掌握資產評估中需要收集的信息的內容、信息收集的來源、信息收集的基本程序、信息收集的一般方法和信息的初步處理方法。具體目標包括：
　　◇ 知識目標
　　瞭解資產評估中信息收集與分析的意義；掌握資產評估需要收集的信息的內容、信息收集的來源、信息收集的基本程序。
　　◇ 技術目標
　　掌握資產評估信息收集的一般方法；理解資產評估信息分析的常用邏輯方法；掌握對收集到的資產評估信息的初步處理方法。
　　◇ 能力目標
　　能夠運用資產評估信息收集程序、方法，收集資產評估信息並對收集到的信息進行初步處理。

[案例導引]
　　珠海市××資產評估有限責任公司接受 A 公司的委託，對 A 公司因擬合資事宜而涉及的企業股東全部權益價值進行了評估工作，評估基準日爲 2015 年 1 月 1 日。根據國家有關資產評估的規定，本着客觀、獨立、公正、科學的原則，按照公認的資產評估方法和評估程序對委託評估的企業實施了實地查勘、財務、統計資料分析與詢證。根據委託方的要求以及評估人員對本次評估目的及相關條件的分析，同意將持續經營價值作爲本次評估結果的價值類型。評估中主要從以下幾個方面進行資料收集：
　　（1）被評估企業有關歷史資料的統計分析。對評估企業評估基準日以前年度的財務決算和有關資料進行了整理分析。評估人員採用的主要指標有銷售收入、成本、利潤以及企業淨現金流量。通過該製造廠工作人員的介紹以及現場調查，並根據該製造廠提供的近 3 年的財務、統計資料，在整理分析的基礎上，評估機構人員熟悉了該製造廠生產經營的現實狀況及發展前景，並進行了企業經營、財務與獲利能力分析。

（2）企業未來發展情況的分析、預測。經過數年的技術更新和改造，該製造廠的技術基礎已經基本達到中等先進水平，技術裝備處於同行業中的上等水平。如果能夠籌集到足夠的資金，經過兩年的努力，該製造廠將能追上中等發達國家同行業企業的技術水平。

（3）相關參數說明。爲了增強發展後勁，該製造廠在未來頭兩年將進一步加大技術改造方面的資金投入，到未來第三年基本掃尾，然後堅持追加發展投入。從未來的發展趨勢來看，該製造廠的收益在永續期仍將保持4%左右的增長速度。所得稅稅率按25%計算。

結合銀行利率爲參照的安全利率和行業平均風險報酬率，該製造廠所在行業的平均收益率水平大約爲11%。

案例思考：

（1）評估之前，評估人員需要收集哪些信息？通過哪些渠道或途徑收集所需的信息？

（2）對所收集如何進行篩選？如何進行初步處理分析？

從資產評估的過程來看，資產評估實際上就是對被評估資產的信息進行收集、分析判斷並做出披露的過程。對資產評估加以嚴格的程序要求，其目的也是要保證信息收集、分析的充分性和合理性。因此，註冊資產評估師應當瞭解信息的收集渠道、收集方法以及信息分析處理方法，並能熟練加以運用，以避免對資產評估的程序控制流於形式。

第一節　信息收集與分析的意義

在資產評估中，對信息資料的收集、分析和處理是一項基礎性工作，這項工作做得是否充分、合理，將直接影響着評估結果的公正性和客觀性。

一、信息收集與分析是進行資產評估的基礎

資產評估就其過程來看，實質上就是對資產的信息進行收集、分析、判斷並做出披露的過程。因此，資產評估人員首先要對所評估的資產採取一定的技術途徑和方法，去收集充分的數據資料。資產評估人員從什麼地方收集資料、對收集來的資料如何分類整理，怎麼進行歸納與分析，在相當大的程度上影響着資產評估報告的質量以及評估結果的有用性。由於所評估的資產在不同程度上存在着信息不對稱的問題，因此，評估人員要採取一切必要的措施和程序，在符合行業內公認的要求和慣例下，盡可能收集到完整、真實的信息資料，從而爲客觀、公正地進行資產評估提供保障。

二、信息收集與分析是解決資產信息不對稱的要求

在資產評估中，存在着資產信息不對稱的問題，其原因如下：

（1）由於資產信息在傳遞過程中存在傳遞的方法、路徑不同，使相關各方獲取信息的程度、時間不同，所以相關各方對資產存在着信息不對稱的問題。

（2）在資產評估實踐中，受資產的市場供求、行業價格影響、技術成熟程度、開發程度等不同方面的影響，在評估中會使得資產信息產生不對稱。

（3）通常，資產的所有者或信息的提供者掌握的信息資料比較多，而對於非所有者或信息的收集者則掌握的信息比較少，這樣也就形成信息不對稱。

第二節　資產評估中的信息收集

一、需要收集的信息

(一) 有關資產權利的法律文件或其他證明資料

（1）有關設備的購買合同、批文。

（2）有關房地產的土地使用證、房產證、建設規劃許可證、用地規劃許可證、項目批準文件、開工證明、出讓及轉讓合同、原始發票及購買合同等。

（3）有關工程項目規劃、批文。

（4）有關無形資產的專利證書、專利許可證、專有技術許可證、特許權許可證、商標註册證、版權許可證等。

（5）有關長、短期投資合同。

（6）有關銀行借款合同。

(二) 資產的性質、當前和歷史狀況信息

（1）有關設備的技術標準、生產能力、生產廠家、規格、型號、取得時間、啓用時間、運行狀況、大修理次數、大修理時間、大修理費用、設備和工藝要求的配套情況等。

（2）有關房地產的圖紙、預決算資料。

（3）有關在建工程的種類、開工時間、預計完工時間、承建單位、籌資單位、籌資方式、成本構成、工程基本說明或計劃等。

（4）有關存貨的數量、計價方式、存放地點、主要原材料近期進貨價格統計表等。

（5）有關應收及預付款的帳齡統計表、主要賒銷客戶的信譽及經營情況、壞帳準備情況、應收款回收計劃等。

（6）有關長期投資的明細表，包括被投資企業、投資金額、投資期限、起止時間、投資比例、收益分配方式、帳面成本等。

（7）評估基準日的會計報表、盤點表、對帳單、報廢資產情況說明及證明材料等。

（8）有關資產的剩餘經濟壽命和法定壽命信息。

（9）有關資產的使用範圍和獲利能力的信息。

（10）資產以往的評估及交易情況信息。

（11）賣方承諾的保證、賠償及其他附加條件。

（12）委託方證明，包括有關被評估資產所有權、處置權的真實性、產權限制以及所提供的數據資料真實性的承諾等。

（三）資產轉讓的可行性信息

資產轉讓的可行性是由資產的性質及市場狀況決定的，因此，評估人員通常要收集有關該資產本身的技術成熟程度、市場需求狀況、受讓方具備的應用、開發條件等信息。

（四）類似資產的市場價格信息

市場價格信息包括類似資產的市場價格信息和影響被評估資產市場供求關係的信息。

類似資產的市場價格信息包括類似資產的成交時間、結構功能、新舊程度和地理位置等。影響被評估資產市場供求關係因素的信息，如人口、就業、收入、利率和稅收等方面的統計資料等。

（五）影響資產價值的其他信息

影響資產價值的其他信息包括宏觀經濟前景信息、行業狀況前景信息和企業狀況前景信息。宏觀經濟和行業前景的好壞，對被評估資產所在企業的經營前景有着重大的影響。評估人員在正確、客觀分析預測宏觀經濟的前提下，分析判斷資產所在行業的發展趨勢，進而為被評估資產未來的前景預測奠定基礎。

二、信息收集的來源

在資產評估中，所需的信息通常由資產所有者或占有者的內部資料信息和外部資料信息構成。

（一）資產所有者或占有者的內部信息資料

資產所有者或占有者的內部信息資料通常是與被評估資產直接相關的信息。這些內部信息主要包括公司歷史沿革、組織結構、宣傳手冊及目錄、關鍵人物、客戶及供應商基數、合同義務、有關目標資產的歷史經營情況及未來發展前景的信息數據。一般情況下，分析人員應收集的信息資料還包括：能夠證明資產權利的法律文件或其他證明資料，如前面所述的房產證、土地使用證、購買合同或發票、專利證書等；使資產達到評估基準日時所花費的所有成本；作為現行企業經營的一部分資產的未來應用及效用；有關資產預期使用壽命方面的信息及有關法律、合同、物理、功能、技術、經濟等影響因素方面的信息。

對於資產所有者或占有者內部的信息資料，評估人員應事先編制好企業評估資料需求表，然後由資產所有者或占有者根據企業評估資料需求表提供評估所需要的信息。有些資源資產所有者或占有者可能還需要在評估人員的協助下進行調查才能獲得。

（二）資產所有者或占有者的外部信息資料

資產所有者或占有者的外部信息資料是指那些需要從被評估單位以外獲取的、與資產評估有關的數據資料。這些資料一般包括行業資料、技術發展趨勢、宏觀經濟狀況、市場交易定價資料等。

1. 市場信息

公開市場上的市場信息公開、直接，是評估人員獲得信息資料的最主要渠道。評估人員應註意掌握收集市場信息的必要的方法、渠道、及時獲得所需信息，並能在公開市場信息的基礎上對評估對象進行比較和調整，從而順利開展評估工作。

2. 政府部門

中國各級工商行政管理部門都保存有註冊公司的基本登記信息。政府部門還有相關產業的統計數據，從這些數據中可以分析出整個行業的生產和需求狀況，對分析產業的現狀和發展前景有着重要的意義。政府部門的有關數據有較高的權威性和可信度，但可能存在一定的時滯性。

3. 證券交易機構

中國所有公開上市的公司必須定期向監管部門和有關證券交易所披露相關信息，如提交年度財務、中期財務報告。在年度財務報告中要披露公司的概況、經營情況、公司的經營方針、公司重大的投資行爲、公司訂立的重要合同、公司發生的重大債務和未能清償的到期重大債務的違約情況等。通過這些財務報告，評估人員可以瞭解上市公司的概況，掌握上市公司基本經營情況以及所處行業的發展概況。同時，還可以與同一行業內的其他上市公司進行對比分析，找出有關的差異因素。

4. 媒體

媒體包括專業雜誌和新聞媒介等。資產評估人員可以查閱相關的專業雜誌上發表的文章。此外，評估人員也要註意從新聞媒介上收集有關的信息，這些報道通常也有一定的分析，但與專業雜誌相比，這些信息帶有一定的傾向性，收集這些信息時需要評估人員自身進行鑒別。

5. 行業協會或管理機構及其出版物

資產評估人員可以從行業協會得到有關產業的結構與發展情況、市場競爭信息情況等，同時還可以向行業的有關專家進行諮詢。行業協會的出版物也是一個重要的資料來源。如中國的證券交易機構出版的行業分析報告、資產評估協會出版的《中國資產評估》雜誌以及各種專業指南等，都可以爲評估人員瞭解整個行業動態提供很好的途徑。

6. 學術出版物

資產評估人員還可以從已出版的有關資產評估和經濟分析的文章中獲取信息。這些文章可以通過標準索引進行查詢，還可以查詢學術和行業出版的文章資料。通過相關的專業雜誌和書籍，可以收集到很多參考資料。

相關資料鏈接

信息資料收集方法與渠道

資料收集是個相當繁瑣與辛苦的工作，必須有很好的耐心及毅力才能找到滿意的資料。因此，分享以下信息資料收集渠道，提高研究工作人員收集資料質量與效率。

一、搜索引擎

搜索引擎是我們收集信息資料的最重要的渠道之一。用搜索引擎查找信息資料需要使用恰當的關鍵詞和一些搜索技巧。目前國內主要的搜索引擎有 10 個，近期還有較多行業型搜索引擎冒出來，如需找專業型行業資料可以使用行業型搜索引擎。

二、數據庫

數據庫是研究人員重要的數據來源之一，券商、基金研究研究機構都購買有商業數據庫。目前研究用的數據庫主要分爲兩大類：一是商業數據庫，二是學術數據庫。

（一）商業數據庫

商業數據庫大多爲金融投資所用，主要分爲國內與國外數據庫兩大類。

1. 國內商業數據庫

國內數據庫主要有萬德數據庫、恒生聚源數據庫、銳思數據庫、CSMAR 數據庫、巨潮數據庫等。目前萬德數據庫主要定位於國內高端客戶，市場占有率較高（占 80%），當然其售價也較高。恒生聚源數據庫也定位爲機構客戶，性價比較高，售價要比萬德數據庫便宜得多。CSMAR 數據庫定位於學術與高校，其中金融數據比較全。銳思數據庫定位於學術，質量一般。巨潮數據庫爲深交所旗下的數據庫，有一定的特殊優勢。

2. 國外商業數據庫

國外數據庫主要有彭博、路透社、CEIC、OECD、Haver Database、Thomson Financial One Banker 等。國外數據庫中彭博是比較全的，在國內銷售也較好，但是售價奇貴。一般不做國際市場研究，大多用不到國外數據庫，畢竟國外數據庫公司對國內的行業數據及公司數據不如本土的數據庫公司做得好。

（二）學術數據庫

學術數據庫基本爲高校、研究機構所用，也分爲國內與國外兩大類。學術數據庫中一些學術論文、行業數據、統計年鑒還是有用的，缺點就是其中有些數據相對滯後，無法做到實時更新。

1. 中國學術數據庫

中國知網：中國最大學術數據庫，包括期刊、學位論文、統計年鑒等。

萬方數據：僅次於中國知網，包括期刊、學位論文等。

人大復印資料：包括期刊、論文等。

維普：包括期刊、論文等。

中經網：有較多行業研究報告，宏觀數據較全。

國研網：數據較爲權威。

上海公共研發平臺：可以註冊，人工審核。

2. 國外學術數據庫

EBSCO：較全的一個數據庫，內包含較多的商業數據，好用。

Elsevier：學術文章全，更新速度快。

下面介紹一些免費可用的數據庫。

數據匯：http://www.shujuhui.com/database/；國內的宏觀數據，國外的也有一部

分，可以導出來，免費好用。

數據圈：http://www.shujuquan.com.cn/；免費共享平臺，行業研究報告、統計年鑒等。

FRED：http://research.stlouisfed.org/fred2/。

OECD：http://www.oecd-ilibrary.org/economics；聯合國圖書館。

臺灣學術數據庫：http://fedetd.mis.nsysu.edu.tw/；部分文章提供免費全文下載。

臺灣大學電子書：http://ebooks.lib.ntu.edu.tw/Home/ListBooks。

三、共享文庫

（1）百度文庫：http://wenku.baidu.com/；國內文檔數據量最大的共享文庫，綜合型。

（2）豆丁文庫：http://www.docin.com/；其收費的盈利模式導致用戶數量逐年減少，文檔質量也不如百度文庫。

（3）愛問共享：http://ishare.iask.sina.com.cn/；綜合型文庫，裡面也時常發現好的行業研究報告、電子書籍等。

（4）道客巴巴：http://www.doc88.com/；綜合型文庫，後起之秀，文檔數量和質量較好。

（5）智庫文檔：http://doc.mbalib.com/；以管理、行業文檔爲主，質量較好。

（6）文庫大全：http://www.wenkudaquan.com/；無須註冊，通過點擊廣告模式盈利，文檔內容多。

（7）IT168文庫：http://wenku.it168.com/；專業型文庫，以計算機及IT技術相關的文檔爲主。

（8）CSDN文庫：http://www.csdn.net/；全球最大的中文IT社區。

（9）呱仕網：http://www.guasee.com/；以創業投資、證券市場等文檔爲主的專業型文庫。

（10）新浪地產：http://dichan.sina.com.cn/；國內最大房地產類文庫，房地產相關策劃數據較全。

（11）Scribd：http://www.scribd.com；全球最大的文檔分享平臺。

（12）Docstoc：http://www.docstoc.com；在線文檔與圖片分享平臺。

四、專業論壇

（1）人大經濟論壇：http://bbs.pinggu.org/；經濟、學術型論壇，其中行業研究、統計年鑒數量多，更新速度快。

（2）經濟學家：http://bbs.jjxj.org/；經濟學專業論壇，其中統計年鑒、行業報告、國內外數據等有特色。

（3）隨意網-經濟論壇：http://economic.5d6d.net/；新建網站，有些內容尚可。

（4）理想在線：http://www.55188.com；股票券商研究報告。

（5）邁博匯金：http://www.hibor.com.cn/；股票券商研究報告。

（6）博瑞金融：http://www.brjr.com.cn/forum.php；金融行業專業型論壇。

（7）華爾街社區：http://forum.cnwallstreet.com/index.php；國內專業的金融論壇。

（8）投行先鋒論壇：http://www.thxflt.com/；爲投行人士相互探討交流而設立的專業型論壇。

（9）春暉投行在線：http://www.shenchunhui.com/；證券相關政策的匯編整合論壇。

（10）中華股權投資論壇：http://www.tzluntan.com/；pe投資專業型論壇。

五、政府部門

政府部門是國內公開數據的來源，查詢權威的數據可以到政府相關部門網站。以下介紹國內主要發布相關數據的政府部門。

（1）國家統計局：http://www.stats.gov.cn/。

（2）工業和信息化部：http://www.miit.gov.cn；較多數據在此發布，尤其是有關工業運行及信息化相關數據。

（3）中國人民銀行：http://www.pbc.gov.cn；中國金融市場政策及運行相關數據。

（4）中國銀監會：http://www.cbrc.gov.cn；銀行金融相關數據。

（5）中國海關：http://www.customs.gov.cn；中國進出口相關數據。

（6）國家知識產權局：http://www.sipo.gov.cn；專利相關查詢。

（7）中國證監會：http://www.csrc.gov.cn；相關政策及招股書披露平臺，以及擬上市公司排隊每周披露。

（8）巨潮信息網：http://www.cninfo.com.cn/；中國資本市場指定披露平臺，上市公司相關年報、季報及公告披露信息。

六、證券交易所

（1）上海證券交易所：http://www.sse.com.cn/。

（2）深圳證券交易所：http://www.szse.cn/。

（3）全國中小企業股份轉讓系統（新三板）：http://www.neeq.com.cn/。

（4）香港證券交易所：http://www.hkexnews.hk/index_c.htm。

（5）臺灣證券交易所：http://www.tse.com.tw/ch/index.php。

（6）新加坡證券交易所：http://www.sgx.com/。

（7）紐約證券交易所：http://www.nyse.com。

（8）納斯達克證券交易所：http://www.nasdaq.com。

資料來源：http://blog.sina.com.cn/s/blog_97e0e31f0101jvkd.html。

三、信息收集的基本程序

（一）明確收集信息的目標，制訂有效的收集計劃

收集信息最終的目標是爲了解決問題，因此，制訂信息收集計劃時，該計劃必須可以達到指導整個信息收集工作的作用。信息收集計劃包括：①確定信息收集的內容。不同類型、不同評估目的、不同資產所要收集的信息有區別，因此首先需要確定信息收集的內容。②選擇收集信息資料的來源。即所需要的信息從什麼渠道收集獲得。③明確信息收集的方法。在信息收集過程中，必須採用科學、合理的方法，避免走彎

路，浪費時間和精力。

（二）收集信息

信息的收集過程可以分爲以下四個步驟：

（1）按照所制訂的信息收集計劃多方面收集信息。

（2）補充和追蹤信息。由於在信息收集過程中，資產及外界的情況有可能在不斷地發生變化，這樣收集的計劃就有可能不全面、不準確。因此，在信息收集過程中，要求根據不斷變化的新情況、所出現的新問題進行補充性的資料收集或資料追蹤。

（3）鑒定信息的完整性和系統性。要把通過直接調查所收集到的信息和通過文獻資料中收集到的間接的信息結合起來。這樣，可以保證信息的完整性和系統性。

（4）對信息進行分類分析。

（三）提供信息資料

信息收集者最後要將有關資產的信息以文字等形式整理出來。常見的文字形式有統計報表、調查報告和資料匯編等。

四、信息收集的一般方法

（一）業務法

所謂業務法，是指只需要收集、提供與某項業務有關的信息的方法。主要環節包括調查和校驗。用這種方法收集信息時調查的目的明確，但是不容易保證整個評估工作中所收集的信息的系統性，容易重複或遺漏一些重要的信息。

（二）系統法

所謂系統法，是指有針對性地、系統地收集某一類或某幾類數據資料，從而使收集的數據資料能夠反應出時間變化情況的方法。例如，通過採用系統法可以把資產不同歷史時期的價格資料收集下來，從而得到某類資產的物價變動指數。

（三）調查統計法

所謂調查統計法，是指通過實物盤點、電話、傳真、信函等方式統計與資產評估有關的數據資料的方法。例如，通過調查統計法，評估人員可以獲得機器設備的數量、規格、型號等基本情況。

（四）預測法

所謂預測法，是指在占有大量事實性數據資料的基礎上，通過合理的分析、推理和計算，對尚未發生的情況的有關數據、狀況及屬性做出判斷的一種方法。例如，用預測法預測企業的收益、行業的發展前景、企業的發展趨勢等。

五、資產評估中信息的初步處理

對於較大型的評估項目，往往要收集大量的數據。因此，經常需要對所收集的信息資料進行可靠性鑒定、分類整理等初步的處理工作。

（一）數據資料的鑒定

由於收集資料的方法不同、渠道多樣，而收集回來的信息又龐雜，所以需要對信息首先進行可靠性鑒定。

信息來源的可靠性要通過以下幾個因素來考察判斷：①該渠道過去提供信息的質量如何；②該渠道能夠提供信息的動因；③渠道本身的可信度。而信息本身的可靠性則可以通過電話方式查詢，或者是多向一些人查證。對於一些數據資料的鑒定和識別通常還可以採用專家鑒定和實地調查相結合的方法來完成。

根據信息源的可靠性和信息的準確度，可以將收集的信息"定級"。

通常信息源的可靠性分爲：①完全可靠；②通常可靠；③比較可靠；④通常不可靠；⑤不可靠；⑥無法評價可靠性。

信息本身的準確度分爲：①經其他渠道證實；②很可能是真實的；③可能是真實的；④真實性值得懷疑；⑤很可能是不真實的；⑥無法評價真實性。

（二）數據資料的篩選、整理和分類

一般可將鑒定後的數據資料按兩重標準進行分類：一是可用性原則；二是使用時間原則。

1. 可用性原則

按照信息的可用性，可將鑒定後的數據分爲以下三類：①可用性資產信息資料。它是指在某一具體評估項目中能夠直接作爲評估依據的有關資產信息的資料。②有參考價值的資產信息資料。它是指所收集到的信息資料是在評估某個項目時需要注意和考慮的部分，具有一定的參考價值。③不可用信息資料。它是指所收集到的有關資產的信息資料與某一個具體的評估項目沒有直接聯繫或根本沒用的信息資料。

2. 使用時間原則

按使用時間的長短可將收集到的有關信息資料分爲以下兩種：①臨時性信息資料。如產權證、產權交易合同等資料只是起到證明作用的信息資料，只是涉及評估某一個具體的評估項目時使用，所以屬於臨時性的信息資料。②需長期保存的信息資料。一些涉及法律、法規、政策性文件的信息資料由於評估機構長期參照使用，所以需要長期保存。

第三節　資產評估中的信息分析

一、常用的邏輯方法

在對數據資料進行鑒定、分類的基礎上，還要對數據資料進行相關的分析。對數據資料進行分析的目的是：通過一定的方法把可用的數據資料和有參考價值的數據資料的可用性及可參考價值分析出來，爲資產評估提供準確的依據。對資產評估中所收集到的信息進行分析時通常採用的邏輯方法有下面幾種：

(一) 比較分析法

1. 比較分析法的定義

比較分析法就是指對照各個事物，以確定其間差異點和共同點的邏輯方法。

2. 使用比較分析法時應註意的問題

(1) 可比性。包括時間上的可比性、空間上的可比性和內容上的可比性。時間上的可比性主要是註意比較對象所處的時間必須是同期的，如對資產的性能、購買價格等進行對比；空間上的可比性是指要註意資產所處的國家、地區和行業的差異性；內容上的可比性則是指比較內容要一致。

(2) 比較方式的選擇。一般來說，時間上的比較可以反應出事物的動態變化趨勢，而空間上的比較則可以看出事物之間的水平差距。所以，可以根據實際情況確定比較方式。

(3) 比較內容的深度。比較時要分析比較內容的實質內容，不能被表象迷惑。

(二) 綜合分析法

1. 分析

分析是指在實際評估中，通過事物之間以及構成事物整體的各要素之間的特定關係，通過由此及彼、由表及裡的研究，以正確認識事物的一種邏輯方法。

2. 綜合

綜合是同分析相對立的一種方法。它是指人們在思考過程中將與研究對象有關的眾多片面分散的各個要素聯繫起來考慮，以從錯綜複雜的現象中探索它們之間的相互關係，從整體的角度把握事物的本質和規律的一種邏輯方法。

在資產評估中，綜合分析法是一種常用的方法。因為對一項資產進行評估時，評估人員需要多方面收集有關的信息資料，如機器設備的性能、型號、出廠日期、市場價格、使用年限、維修保養情況等。根據這些大量的信息資料，評估人員最後得根據情況綜合分析確定出被評估的機器設備的價值。

(三) 推理法

1. 推理法的定義

推理就是從一個或幾個已知的判斷推出一個新判斷的思維方式。它是指在掌握一定的已知事實、數據或因素相關性的基礎上，通過因果關係或其他相關關係依次、逐步的變化，最終得出新結論的一種邏輯方法。

2. 推理的要素

(1) 前提。即推理所依據的一個或幾個已知的判斷。

(2) 結論。即由已知的判斷推斷出的新的判斷。

(3) 推理過程。即由前提到結論的邏輯關係形式。

在使用推理法時，必須註意推理的前提是準確無誤的、推理的過程是合乎邏輯的。只有這樣，才能獲得正確的推理結論。

3. 常用的推理法

(1) 演繹推理。演繹推理是由一般到個別的推理方法。它以普遍性的事實或數據爲前提，通過一定程式的嚴密推論，最後得出新的、個別的結論。

演繹推理由大前提、小前提和結論三部分組成。大前提常常是指那些一般原理或原則，小前提則是個別對象。例如：大前提：居民消費支出增長可拉動經濟增長。小前提：降低利率可刺激居民消費支出增加。結論：降低利率可以拉動經濟增長。

（2）歸納推理。歸納推理是從個別到一般的推理，即由關於特殊對象的知識得出一般性的知識的過程。

在信息分析與預測中，常見的一種推理形式叫簡單枚舉推理。其基本原理是：通過簡單枚舉某類事物的部分對象的某種情況，在枚舉中又沒有遇到與此相矛盾的情況，從而得出這類事物的所有對象具有此種情況的歸納推理。

二、常用的分析方法

（一）SWOT矩陣分析法

1. SWOT分析的定義

SWOT分析是戰略管理的一種最常用的分析方法。SWOT是優勢（Strengths）、劣勢（Weaknesses）、機會（Opportunities）、威脅（Threats）四個英語單詞的字頭，是戰略管理最常用的、最有效的方法。這種方法通過調查分析並依照一定的次序按矩陣的形式把影響企業的各種主要的因素排列起來，然後運用系統分析的思想，把各種因素相互匹配起來加以分析，從中得出一系列相應的結論。

2. SWOT的內涵

分析企業的內部環境時，可以把它分爲兩項內容：一是企業有什麼優勢；二是企業有什麼劣勢。對企業外部環境我們也把它分成兩項：一項是企業有什麼機會；另一項是外界對企業自身有什麼威脅。

3. SWOT矩陣分析法

（1）優勢與機會矩陣——SO矩陣。利用這種矩陣分析企業有哪些優勢和機會。發揮企業內部優勢，利用企業外部機會去發展。SO矩陣就是如何發揮企業內部優勢，利用機會，發揮優勢。

（2）劣勢與機會矩陣——WO矩陣。在既沒有機會又處於劣勢的情況下，當然無法做了。但在有機會的情況下，一定要利用外部機會彌補內部弱點。

（3）優勢與威脅矩陣——ST矩陣。利用企業優勢回避或減輕外部威脅。

（4）劣勢與威脅矩陣——WT矩陣。減少內部弱點同時回避外部威脅。

評估人員根據SWOT矩陣分析法，可以分析目標企業在行業中所處的地位，在未來發展中所具有的優勢和機會，自身所存在的劣勢和可能會遇到的威脅，從而判斷企業未來的收益與風險，進而可以預測出目標資產的價值。對於很多單項資產，資產評估人員也可以採用SWOT矩陣分析法分析其在市場中的地位與發展前景。

（二）波特的五要素分析法

美國學者邁克爾·波特提出的五要素分析法對分析產業和競爭者提供了一個完整的分析框架。這種方法認爲，有五個方面的要素決定了一個產業內部的競爭狀態：供應商討價還價的能力、購買者討價還價的能力、新進入者的威脅、替代品的威脅和行業內現有競爭者之間的競爭威脅。

1. 供應商討價還價的能力

供方主要通過其提高投入要素價格與降低單位價值質量的能力，來影響行業中現有企業的盈利能力與產品競爭力。供方力量的強弱主要取決於他們所提供給買主的是什麼投入要素，當供方所提供的投入要素其價值構成了買主產品總成本的較大比例、對買主產品生產過程非常重要，或者嚴重影響買主產品的質量時，供方對於買主的潛在討價還價力量就大大增強。一般來說，滿足如下條件的供方會具有比較強大的討價還價力量：①供方行業為一些具有比較穩固市場地位而不受市場激烈競爭困擾的企業所控制，其產品的買主很多，以致每一單個買主都不可能成為供方的重要客戶。②供方各企業的產品各具特色，以致買主難以轉換或轉換成本太高，或者很難找到可與供方企業產品相競爭的替代品。③供方能夠方便地實行前向聯合或一體化，而買主難以進行後向聯合或一體化。

2. 購買者討價還價的能力

購買者主要通過其壓價與要求提供質量較高的產品或服務質量的能力，來影響行業中現有企業的盈利能力。一般來說，滿足如下條件的購買者可能具有較強的討價還價力量：①購買者的總數較少，而每個購買者的購買量較大，占了賣方銷售量的很大比例；②賣方行業由大量相對來說規模較小的企業所組成；③購買者所購買的基本上是一種標準化產品，同時向多個賣主購買的產品在經濟上也完全可行；④購買者有能力實現後向一體化，而賣主不可能實現前向一體化。

3. 新進入者的威脅

新進入者在給行業帶來新生產能力、新資源的同時，將有希望在已被現有企業瓜分完畢的市場中贏得一席之地，這就有可能會與現有企業發生原材料與市場份額的競爭，最終導致行業中現有企業盈利水平降低，嚴重的話還有可能危及這些企業的生存。競爭是否進入威脅的嚴重程度取決於兩方面的因素，即進入新領域的障礙大小與預期現有企業對於進入者的反應情況。

進入新領域的障礙主要包括規模經濟、產品差異、資本需要、轉換成本、銷售渠道開拓、政府行為與政策（如國家綜合平衡統一建設的石化企業）、不受規模支配的成本劣勢（如商業秘密、產供銷關係、學習與經驗曲線效應等）、自然資源（如冶金業對礦產的擁有）、地理環境（如造船廠只能建在海濱城市）等方面。這其中有些障礙是很難借助複製或仿造的方式來突破的。總之，新企業進入一個行業的可能性的大小，取決於進入者主觀估計進入所能帶來的潛在利益、所需花費的代價與所要承擔的風險這三者的相對大小情況。

4. 替代品的威脅

兩個處於不同行業中的企業，可能會由於所生產的產品是互為替代品，從而在它們之間產生相互競爭的行為，這種源自於替代品的競爭會以各種形式影響行業中現有企業的競爭戰略。

（1）現有企業產品售價以及獲利潛力的提高，將由於存在着能被用戶方便接受的替代品而受到限制。

（2）由於替代品生產者的侵入，使得現有企業必須提高產品質量，或者通過降低成本來降低售價，或者使其產品具有特色，否則其銷量與利潤增長的目標就有可能受挫。

（3）源自替代品生產者的競爭強度，受產品買主轉換成本高低的影響。總之，替代品的價格越低、質量越好、用戶轉換成本越低，其所能產生的競爭壓力就強；而這種來自替代品生產者的競爭壓力的強度，可以具體通過考察替代品銷售增長率、替代品廠家生產能力與盈利擴張情況來判斷和分析。

5. 行業內現有競爭者的競爭威脅

現有企業之間的競爭常常表現在價格、廣告、產品介紹、售後服務等方面，其競爭強度與許多因素有關。

一般來說，出現下述情況將意味著行業中現有企業之間競爭的加劇：①行業進入障礙較低，勢均力敵的競爭對手較多，競爭參與者範圍廣泛；②市場趨於成熟，產品需求增長緩慢；③競爭者企圖採用降價等手段促銷；④競爭者提供幾乎相同的產品或服務，用戶轉換成本很低；⑤一個戰略行動如果取得成功，其收入相當可觀；⑥行業外部實力強大的公司在接收了行業中實力薄弱的企業後，發起進攻性行動，結果使得剛被接收的企業成為市場的主要競爭者；⑦退出障礙較高，即退出競爭要比繼續參與競爭付出的代價更大。在這裡，退出障礙主要受經濟、戰略、感情以及社會政治關係等方面的影響。

在資產評估中，評估人員通過企業五種競爭要素的分析，對資產相關企業面臨的產業及競爭前景能夠有一個比較清晰的認識，從而為預期企業未來經營狀況提供依據。

（三）波士頓矩陣分析法

波士頓矩陣分析法是一種廣泛使用的組合分析法。這種方法通過描述某一具體業務單位相對於產業中最強的競爭對手的市場份額和該單位所在產業中扣除了年度通貨膨脹後的增長率來顯示公司的整個業務組合情況。具體的分析過程可以用圖3－1來描述。

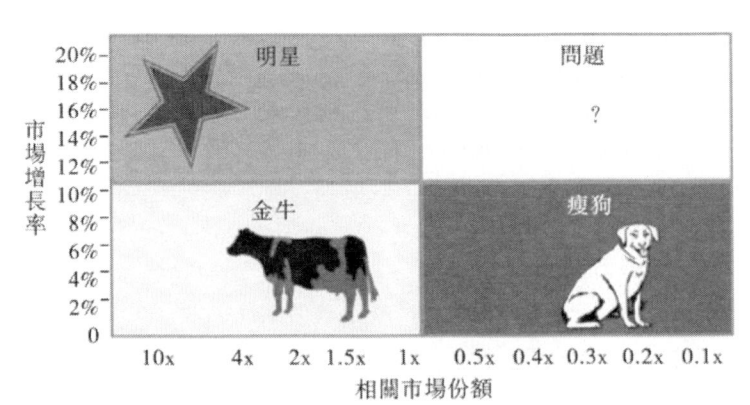

圖3－1

（1）高增長/低競爭地位的"問題業務"。這類業務通常處於最差的現金流量狀態。一方面，新創業的市場增長率高，企業需要大量的投資支持其生產經營活動；另一方面，其相對份額地位低，能夠生成的資金很小。因此，企業在對於"問題業務"的進一步投資上需要進行分析，判斷使其轉移到"明星業務"所需要的投資量分析其未來盈利，研究是否值得投資等問題。

（2）高增長/強競爭地位的"明星業務"。這類業務處於迅速增長的市場，具有較大的市場份額。在企業的全部業務當中，"明星業務"在增長和獲利上有着極好的長期機會，但它們是企業資源的主要消費者，需要大量的投資，爲保護或擴展"明星業務"在增長的市場中占主導地位，企業應在短期內優先供給它們所需的資源，支持它們繼續發展。

（3）低增長/強競爭地位的"金牛業務"。這類業務處於成熟的低速增長的市場之中，市場地位有利，盈利率高，本身不需要投資，反而能爲企業提供大量資金，用以支持其他業務的發展。

（4）低增長/弱競爭地位的"瘦狗業務"。這類業務處於飽和的市場當中，競爭激烈，可獲利潤很低，不能成爲企業資金的來源。如果這類經營業務還能自我維持，則應該縮小經營範圍，加強內部管理。如果這類業務已經徹底失敗，企業應及早採取措施，清理業務或退出經營。

在資產評估中，評估人員可能通過波士頓矩陣法對目標資產所屬企業的業務進行分析，從而判斷企業在行業中的地位及其業務組合情況和發展前景，進而預測企業未來的收益狀況。

（四）財務比率分析法

比率分析法，是指以同一期財務報表上的若干重要項目間的相關數據，互相比較，用一個數據除以另一個數據求出比率，據以分析和評估公司經營活動，以及公司目前和歷史狀況的一種方法。它是財務分析最基本的工具。由於公司的經營活動是錯綜複雜而又相互聯繫的，因而比率分析所用的比率種類很多，關鍵是選擇有意義的、互相關係的項目數值來進行比較。通常主要是選擇能夠從中瞭解公司的償債能力、獲利能力、資產管理能力等幾個方面的比率來進行分析。

1. 反應公司獲利能力的比率

反應公司獲利能力的比率主要有資產淨利率、銷售淨利率、股東權益報酬率、股利報酬率、每股帳面價值、每股盈利等。

2. 反應公司償債能力的比率

反應公司償還能力的比率可劃分爲以下兩類：

（1）反應公司短期償債能力的比率。反應公司短期償債能力的比率有流動性比率、速動比率、流動資產構成比率等。

（2）反應公司長期償債能力的比率。反應公司長期償債能力的比率有股東權益對負債比率、負債比率、舉債經營比率、產權比率、固定比率、固定資產與長期負債比率、利息保障倍數等。

3. 反應公司資產管理能力的比率

反應公司資產管理能力的比率主要有應收帳款周轉率、存款周轉率、固定資產周轉率、資本周轉率、總資產周轉率等。

評估人員在運用財務比率分析法時，要註意雖然比率分析用途廣，但也有局限：比率分析屬於靜態分析，對於預測未來並非絕對合理、可靠；比率分析所使用的數據為帳面價值，難以反應物價水平的影響。可見，在運用財務比率分析法時，一是要註意將各種比率有機聯繫起來進行全面分析，不可單獨地看某種或各種比率，否則便難以準確地判斷公司的整體情況；二是要註意結合公司的實際情況，而不光是着眼於財務報表；三是要註意結合差額分析。這樣才能對公司的歷史、現狀和將來有一個詳盡的分析、瞭解，達到財務分析的目的。

本章小結

在資產評估中，信息資料的收集、分析和處理是資產評估工作中一項極其重要的基礎性工作，這項工作的優劣直接影響着評估結果的客觀性、準確性和公平性。因此，評估人員從什麽地方收集數據資料、對收集來的數據資料如何進行分類整理、怎樣歸納和分析都決定着資產評估的質量。本章從資產評估中信息收集與分析的意義開始，首先介紹了資產評估中信息收集的內容、信息收集的來源、信息收集的基本程序、信息收集的一般方法，然後介紹了如何對信息進行初步處理，最後講解了如何對資產評估中的信息進行分析的方法。

檢測題

一、單項選擇題

1. 下列信息中，屬於資產所有者或占有者內部信息資料的是（　　）。
   A. 類似資產價格信息　　　　　　B. 市場信息
   C. 產權證明　　　　　　　　　　D. 證交所出版的行業分析報告
2. 下列信息資料中，屬於資產所有者外部信息資料的是（　　）。
   A. 資產預期壽命　　　　　　　　B. 客戶及供應商基數
   C. 委估資產交易情況　　　　　　D. 技術發展趨勢

二、多項選擇題

3. 資產評估中信息收集的主要內容包括（　　）
   A. 資產產權法律資料和其他證明材料
   B. 資產轉讓的可行性信息
   C. 資產的使用的現狀及歷史信息
   D. 類似資產價格的市場信息
4. 信息源的可靠性可以通過（　　）因素考慮判斷。
   A. 該渠道的可信度

B. 該渠道提供信息的動因
C. 該渠道過去提供信息的質量
D. 該渠道過去提供信息的多少
E. 該渠道是否被通常認爲是該種信息的合理提供者

5. 評估中常用的邏輯分析方法主要有（　　）。
   A. 比較　　　B. 聯繫　　　C. 分析與綜合　　D. 推理
   E. 判斷

6. 比較分析法是一種應用十分廣泛的方法，在比較時應註意（　　）。
   A. 可比性　　　　　　　　B. 比較方式的選擇
   C. 比較的程序　　　　　　D. 比較內容的深度
   E. 比較的現狀

三、判斷題

7. 根據時間原則可將收集的數據資料分爲可用性資料、不可用性資料和有參考價值的資料。（　　）

8. 資產評估中的信息收集過程中首先需要收集有關資產權利的法律文件或其他證明資料，如果資產權屬有糾紛或者權屬不符合法律要求，則不予評估。（　　）

四、思考題

9. 資產評估中需要收集的信息包括哪些？

10. 資產評估中對信息資料進行分析常用的具體分析方法有哪些？

第四章　機器設備評估

[學習內容]
　　第一節　機器設備評估概述
　　第二節　成本法在機器設備評估中的應用
　　第三節　市場法在機器設備評估中的應用
　　第四節　收益法在機器設備評估中的應用

[學習目標]
　　本章的學習目標是使學生掌握機器設備的定義、分類及評估的特點和機器設備評估基本步驟、基本思路和具體評估方法。具體目標包括：
　　◇ 知識目標
　　瞭解機器設備的定義、分類及評估的特點；掌握成本法、市場法和收益法在機器設備評估的適用條件和前提條件，以及熟悉測算構成各種評估技術方法的經濟技術參數。
　　◇ 技術目標
　　掌握評估各類機器設備的常用方法，掌握重置成本，實體性貶值、功能性貶值和經濟性貶值等指標的測算。
　　◇ 能力目標
　　能夠在理解機器設備價值影響因素及各類機器設備價格構成的基礎上，遵循設備評估程序，選擇恰當的評估方法，對機器設備進行評估。

[案例導引]
　　東南××有限公司擬轉讓其機器設備，委託天道資產評估有限公司對其進行評估，評估基準日為 2015 年 6 月 30 日。東南××有限公司以開發研制生產疾病治療儀器設備為主，兼產殺蟲劑等藥品。主要設備有 CWNS 系列燃油鍋爐、"麥克維爾"雙機頭離心式冷水機組、TH 系列多功能電子水處理儀、KG 系列新風機組、供水水泵，以及干式變壓器、高壓網櫃、低壓開關櫃等。在治療儀研制方面的設備有計算機、繪圖機、各種檢測儀器及無動力組裝生產線等。在生產殺蟲劑方面的設備有萬能粉碎機、無重力粒子混合機冷熱釜、超聲波塑料軟管封口機、超聲波發生器、罐裝機、遠紅外熱收縮包裝機等。此外，還有辦公生活設備，如計算機、復印機、傳真機、空調器、炊事設備、娛樂設備等。另外，公司有大型客車、旅行車、小客車計 6 輛。該公司的主要設備和生產科研使用的設備由於投產使用時間不長，目前技術狀態良好，但也有些辦公

設備由於購入時間較長，幾經搬遷，現已查找不到實物。

此次評估包括供暖鍋爐、制冷空調、變配電以及生產和辦公設備、車輛，共計167臺套。帳面原值爲4 109 004.80元，帳面淨值爲3 550 787.77元。其中：機器設備161臺，帳面原值爲3 892 595.80元，帳面淨值爲3 512 050.56元；車輛6臺，帳面原值爲216 409.00元，帳面淨值爲38 737.21元。

天道資產評估有限公司遵循獨立、公正、客觀、科學的原則，以被評估資產的產權利益主體變動爲前提，充分考慮資產的持續使用和可替代性等原則，依據該科技有限公司提供的資料和相關法律法規，對申報的設備進行評估。評估程序如下：

（1）聽取委託方對生產經營和設備運行、使用管理及維修情況等方面的介紹，瞭解設備管理狀況和主要設備的構成；

（2）依據委託方提供的委託評估資產清單，逐臺核對設備的型號、規格、主要參數、啓用年限、現實技術狀態以及使用維修和保養情況；

（3）進行市場調查，收集有關的市場價格信息；

（4）根據委託方提出的評估目的以及資產的性質特徵，確定此次評估採用成本法，以便於比較真實、準確地反應資產在評估基準日的價值；

（5）根據市場調查收集的價格信息和現場勘察記錄確定設備的評估原值及成新率，提出評估意見；

（6）歸集資料，寫出評估說明；

（7）專業負責人、項目負責人、機構負責人復核，修改評估結論及評估說明，完成評估工作。

評估結果見表4-1。

表4-1　　　　　　　　　　機器設備評估結果匯總表　　　　　　　　　　單位：元

科目名稱	調整後帳面值		評估價值	
	原值	淨值	原值	淨值
機器設備	3 892 595.80	3 512 050.56	4 172 564.20	3 926 193.13
車輛	466 409.00	288 737.21	1 924 100.00	726 280.00
設備類合計	4 359 004.80	3 800 787.77	6 096 664.20	4 652 473.13

機器設備作爲企業固定資產的重要組成部分，是生產經營的物質基礎，它的數量、功能和技術狀況決定着企業的經營規模和競爭能力。有時出於不同的目的，企業需要對全部或部分設備的價值進行評估。由於機器設備專業性較強，且在生產過程中價值補償和實物補償又不一致，因而評估十分複雜。這就需要我們在瞭解機器設備的基本原理和實際情況的基礎上，選擇有效的評估方法準確衡量其價值。

第一節　機器設備評估概述

一、機器設備的定義

自然科學領域所指的機器設備，是指將機械能或非機械能轉換爲便於人們利用的機械能，以及將機械能轉換爲某種非機械能，或利用機械能來做一定工作的裝備或器具。機械是機器和機構的泛稱。其共同特徵爲：由零部件組成、零部件之間有確定的相對運動、有機械能的轉換和機械能的利用。

資產評估中的機器設備是一個廣義的概念。它不僅包括自然科學領域所指的機器設備，也包括人們利用電子、電工、光學等各種科學原理製造的裝置。一般泛指機器設備、電力設備、電子設備、儀器、儀表、容器、器具等。

在《國際評估準則》中，對機器設備的有關定義如下：設備、機器和裝備是用來爲所有者提供收益的、不動產以外的有形資產。設備包括特殊性非永久性建築物、機器和儀器在內的組合資產；機器包括單獨的機器和機器的組合，是指使用或應用機械動力的器械裝置，由具有特定功能的結構組成，用以完成一定的工作；裝備是用以支持企業功能的附屬性資產。

我國的《資產評估準則——機器設備》第二條對機器設備的定義爲：機器設備，是指人類利用機械原理以及其他科學原理製造的、特定主體擁有或控制的有形資產，包括機器、儀器、器械、裝置，以及附屬的特殊建築物等資產。該準則對機器設備的定義包括自然屬性和資產屬性兩個方面。自然屬性，是指人類利用機械原理以及其他科學原理製造的裝置；資產屬性，是指被特定主體擁有或控制的、用於生產、經營或用於管理等目的的不動產以外的有形資產。準則以列舉的方式對上述定義進行了說明，包括機器、儀器、器械、裝置以及附屬的特殊建築物等資產。

二、機器設備的分類

機器設備的種類繁多，出於設計、製造、使用、管理和改善環境等不同的需要，有不同的分類標準和方法。從機器設備評估的角度考慮，應瞭解以下一些分類方式：

(一) 固定資產管理中使用的國家分類標準

目前，中國固定資產管理使用的是國家技術監督局 1994 年 1 月 24 日批准發布的《固定資產分類與代碼》國家標準（GB/T14885-94）。該標準是出於清產核資的需要，以及國有資產管理的標準化、科學化、計算機化的需要，由國務院清產核資辦公室和國家技術監督局聯合編制。該標準規定了固定資產的分類、代碼及計算單位。該標準按固定資產的屬性分類，並兼顧了行業管理的需要。

(二) 會計核算中使用的分類

我國現行財會制度按固定資產的使用特性將其分爲六種類型，對機器設備而言分為：

1. 生產經營用機器設備

生產經營用機器設備是指直接為生產經營服務的機器設備，包括生產工藝設備、輔助生產設備、動力能源設備等。

2. 非生產經營用機器設備

非生產經營用機器設備是指在企業所屬的福利部門、教育部門等非生產部門使用的設備。

3. 租出機器設備

租出機器設備是指企業出租給其他單位使用的機器設備。

4. 未使用機器設備

未使用機器設備是指企業尚未投入使用的新設備、庫存的正常周轉設備、正在修理改造尚未投入使用的機器設備等。

5. 不需用機器設備

不需用機器設備是指已不適合本單位使用、待處理的機器設備。

6. 融資租入機器設備

融資租入機器設備是指企業以融資租賃方式租入使用的機器設備。

(三) 按機器設備的組合形式分類

在《資產評估準則——機器設備》中，按機器設備的組合形式將作為評估對象的機器設備分為單臺機器設備和機器設備組合。

1. 單臺機器設備

單臺機器設備是指以獨立形態存在、可以單獨發揮作用或以單臺形式進行銷售的機器設備。

2. 機器設備組合

機器設備組合是指為了實現特定功能，由若干機器設備組成的有機整體（如生產線等）。

除了少部分單臺機器設備可以獨立用於經營、具有獨立獲利能力之外，大多數單臺機器設備所能夠獨立實現的價值形態是單臺、獨立銷售的變現價值。在大多數情況下，一個具有特定功能的運營組合需要由多臺機器設備組成，機器設備組合的市場價值也不一定等於組成該組合的各單臺機器設備獨立進行市場交易所能實現的市場價值之和。

(四) 按機器設備的技術性特點分類

1. 通用機器設備

通用機器設備，一般是指可以廣泛用於不同行業、企業的具有通用性的、標準化的設備。這類設備大多具有標準化的設計生產能力或技術指標，如企業中常用的機電加工設備、切削、壓力設備、鑄造、運輸、動力等設備。

2. 專用機器設備

專用機器設備，是指專門服務於不同行業的、具有較強行業特徵的機器設備。這類機器設備所體現的工程技術特點與所服務的行業直接相關，與其他行業的技術要求有較大差異。這類設備在各個行業中都有，一般可以按行業特性進一步分類，如冶金設備、礦山設備、隧道施工設備、石油石化專用設備、專用運輸設備、大型通信設備等。

  3. 非標準機器設備

  非標準機器設備，是指非國家定型設備，通常在市場上無法直接購買到，而是根據企業生產工藝或技術要求，由企業自製或提供設計要求交由外單位製造加工的各種設備。

（五）按機器設備的來源分類

  機器設備按來源劃分，通常可分為自製設備和外購設備兩種。外購設備中又有國內購置和國外引進設備之分。

（六）按機器設備價值大小分類

  機器設備價值大小是一個相對的概念，在不同的企業標準是不一樣的，這裡僅是一個參考值。按價值大小，機器設備可分為以下三類：

  (1) A 類設備。一般每臺價值大於 50 000 元的機器設備。

  (2) B 類設備。一般每臺價值在 5 000～50 000 元的機器設備。

  (3) C 類設備。一般每臺價值在 5 000 元以下的機器設備。

三、機器設備評估的特點

  評估機器設備是一種技術經濟分析活動。機器設備本身具有以下一些特徵：①單位價值大，使用壽命長，流動性差；②工程技術性強；③價值補償和實物更新不一致；④涉及專業面較廣泛。評估需要將設備固有的特徵與評估的要求相結合，設備本身的特點決定了機器設備評估的特點。

（一）以單臺、單件為評估對象

  機器設備的評估一般以單臺、單件作為評估對象。機器設備單位價值較高、種類規格型號繁多、性能與用途各不相同，為保證評估結果的真實性和準確性，一般對機器設備逐臺、逐件地評估。對數量多、單位價值相對較低的同類機器設備可以進行合理的分類，按類進行評估。對不可細分的機組、成套設備則可以採取一攬子評估的方式。

（二）以技術檢測為基礎

  由於機器設備技術性強，涉及的專業面比較廣泛，機器設備自身技術含量的多少直接決定了機器設備評估價值的高低，技術檢測是確定機器設備技術含量的重要手段。又由於機器設備使用時間長，並處於不斷磨損過程中，其磨損程度的大小又因機器設備使用、維修保養等狀況不同而造成一定的差異，通過技術檢測來判斷機器設備的磨損狀況及新舊程度。這是決定機器設備價值高低的最基本的因素。所以，必要的技術檢測是機器設備評估的基礎。

(三) 根據具體情況選擇相應的評估方法

機器設備品種繁多、規格型號各異，且各類設備的單項價值、使用時間、性能等差別較大。所以，在評估實踐中不能採用單一的計價方法，應結合實際情況選擇評估方法。對於市場比較成熟、交易比較活躍的機器設備如汽車、飛機、計算機等，一般採用市場法；對於生產線、成套設備等具有獨立獲利能力的機器設備可以採用收益法評估；對於更新換代快、易於發生各種貶值的機器設備，以及大多數專用設備，宜採用成本法進行評估。

(四) 要考慮使用狀態及使用方式

機器設備在評估時所處的狀態和評估時所假設或依據的狀態，如正在使用狀態、最佳使用狀態還是閒置狀態，對機器設備的評估價值影響重大。另外，被評估機器設備在評估時，是按機器設備在評估基準日正在使用的方式繼續使用下去，還是改變目前的使用方式作為其他用途繼續使用下去，或是將機器設備移到異地繼續使用，也將直接影響機器設備的評估價值。

(五) 合理確定被評估機器設備貶值因素

由於科技發展，機器設備更新換代較快，其貶值因素比較複雜，除實體性貶值因素外，往往還存在功能性貶值和經濟性貶值。科學技術的發展，國家有關的能源政策、環保政策等，都可能對機器設備的評估價值產生影響。

四、影響機器設備價值的因素

(一) 影響機器設備價值的自身因素

1. 機器設備的存在狀態影響其價值

機器設備可以作為整體資產的一個組成部分，也可以是獨立使用或單獨銷售的資產。前者所能夠實現的價值取決於該設備對整體的貢獻，後者只能實現該設備單獨銷售的變現價值。

2. 機器設備的移動性影響其價值

在機器設備中，一部分機器設備屬於動產，它們不需安裝，可以移動使用；另一部分機器設備屬於不動產或介於動產與不動產之間的固置物，它們需要永久或在一段時間內以某種方式安裝在土地或建築物上，移動這些資產將可能導致機器設備的部分損失或完全失效。

3. 機器設備的用途影響其價值

機器設備一般按某種特定的目的購置、安裝、使用，如果機器設備所生產的產品、工藝等發生變化，可能會導致一些專用設備報廢，或者要對這些專用設備進行改造，以適應新產品或新工藝的要求，還可能要求一些設備發生移動，這也會對某些機器造成損傷或致其完全報廢，使設備原有的安裝、基礎等完全失效。

4. 機器設備的使用維護保養狀況影響其價值

對於已經使用過的機器設備，其使用時間長短、負荷狀況、維修保養狀況如何，會對機器設備的磨損大小造成影響，從而導致其尚存價值發生變化。

因此，對機器設備進行評估時，應當考慮機器設備的存在狀態、移動性、用途和使用維護狀況對機器設備價值的影響。

(二) 影響機器設備價值的外部因素

1. 受所依賴的原材料資源有限性的影響

原材料資源的短缺可以導致設備開工率不足，原材料資源的枯竭可以導致機器設備的報廢。

2. 受所生產產品的市場競爭及市場壽命的影響

市場競爭的加劇，會導致設備開工不足，生產能力相對過剩；所生產產品的市場壽命終結也將導致生產該產品的某些專用設備的報廢。

3. 受所依附的土地和房屋建築物使用年限的影響

大部分機器設備需要以某種方式安裝在土地或建築物上，土地、建築物的使用壽命會對機器設備的價值產生影響。

4. 受國家的能源政策、環境保護政策的影響

機器設備在提高勞動生產率和提高人類物質文明的同時，也對自然環境起到了破壞作用，帶來了能源的大量消耗和環境的嚴重污染兩大社會問題。爲了節約能源、保護環境從而實現可持續發展，國家頒布的相關法律法規和產業政策都可能會對機器設備的價值評估產生影響。

因此，對機器設備進行評估時，應當考慮機器設備所依存資源的有限性、所生產產品的市場競爭及市場壽命、所依附土地和房屋建築物的使用期限、國家的法律法規以及環境保護、能源等產業政策對機器設備價值的影響。

第二節　成本法在機器設備評估中的應用

成本法是通過估算被評估機器設備的重置成本和各種貶值，用重置成本扣減各種貶值作爲資產評估價值的一種方法。它是機器設備評估中最常使用的方法之一。成本法的計算公式爲：

$P = RC - D_p - D_f - D_e$

式中：P——評估值；

　　　RC——重置成本；

　　　D_p——實體性貶值；

　　　D_f——功能性貶值；

　　　D_e——經濟性貶值。

一、重置成本的估算

採用成本法評估機器設備的第一步是確定機器設備的重置成本。機器設備的重置

成本通常是指按現行價格購建與被評估機器設備相同或相似的全新設備所需的成本。機器設備的重置成本可分為復原重置成本和更新重置成本兩種。復原重置成本是指按現行的價格購建一臺實際上完全相同的設備所需的成本。更新重置成本是指按現行的價格購建一臺不論何種類型，但都能提供同樣服務和功能的新設備替代現有設備所需的成本。

復原重置成本和更新重置成本雖然都屬於重置成本範疇，但兩者在成本構成因素上卻是有差別的。復原重置成本基本上是在不考慮技術條件、材料替代、製造標準等因素變化的前提下，僅考慮物價因素對成本的影響，即將資產的歷史成本按照價格變動指數或趨勢轉換成重置成本或現行成本。更新重置成本是在充分考慮了技術條件、建築標準、材料替代以及物價變動等因素變化的前提下所確定的重置成本或現行成本。兩種重置成本在成本構成要素上的差別，要求評估人員在運用成本法對機器設備估價時，準確把握所使用的重置成本的確切含義，特別注意兩種重置成本對機器設備功能性貶值及成新率的不同影響。

機器設備的重置成本包括購置或購建設備所發生的必要的、合理的直接成本、間接成本和因資金占用所發生的資金成本、合理利潤及相關稅費等。機器設備的直接成本一般包括設備本體的重置成本，即購買或建造費用以及設備的運雜費、安裝費、基礎費及其他合理成本；間接成本一般包括管理費、設計費、工程監理費、保險費等。間接成本和資金成本有時不能對應到每一臺設備上，一般按比例攤入。

(一) 設備本體的重置成本

設備本體的重置成本是指設備本身的價格，不包括運輸、安裝等費用。對於通用設備一般按現行市場銷售價格確定；對於自製設備是按當前的價格標準計算的建造成本，包括直接材料費、燃料動力費、直接人工費、製造費用、期間費用分攤、利潤、稅金以及非標準設備的設計費等。

1. 直接法

直接法是根據市場交易數據直接確定設備本體的重置成本的方法。這是一種最直接有效的方法。這種方法適用於容易取得市場交易價格資料的大部分通用設備。對於難以從市場直接取得交易價格資料的非標準設備和專用設備，通常需要採取其他的方法。獲得市場價格的渠道包括：

(1) 市場詢價。對於有公開市場價格的機器設備，大多數可以通過市場詢價來確定設備的現行價格。即評估人員直接通過電話、傳真、走訪等形式從生產廠商或銷售商那裡瞭解相同產品的現行市場銷售價格。機器設備的市場價格，生產廠商與銷售商，或者不同銷售商之間的售價很可能是不同的。根據替代性原則，在同等條件下，評估人員應該選擇可能獲得的最低售價。一般情況下，由於市場詢價所獲得的報價信息與實際成交的價格之間會存在一定的差異，因此，應該謹慎使用報價。對於由市場詢價得到的價格信息，評估師應考慮是否進行一定的調整。一些專用設備和特殊設備，由於只有少數廠家生產，市場交易也很少，一般沒有公開的市場價格。確定這些設備的現行市場價格，除了需要向生產廠家直接詢價外，評估人員還應該向近期購買該廠同類產品的其他客戶瞭解實際成交價,以判斷廠家報價的合理性和可用性。

(2)使用價格資料。價格資料包括生產廠家提供的產品目錄或價格表、經銷商提供的價格目錄、報紙雜誌上的廣告、權威部門出版的機電產品價格目錄、機電產品價格數據庫等。在使用價格資料時,應當注意數據的有效性、可靠性和時效性。

機電產品價格是隨時間而變化的,有些產品的價格相對比較穩定,其價格往往在幾個月或者相當長的一段時間內保持穩定;有些產品的價格變化比較快,如電子產品、計算機、汽車等,這些產品的價格每個月甚至每周都在變化。評估人員要注意價格資料的時效性,所使用的價格資料應該反應評估基準日的價格水平。

2. 物價指數法

物價指數法是以設備的歷史成本為基礎,根據同類設備的價格變動指數,來估測機器設備本體的重置價值的方法。對於二手設備,歷史成本是最初使用者的帳面原值,而非當前設備使用者的購置成本。物價指數可分為定基物價指數和環比物價指數。

(1)定基物價指數。定基物價指數是以固定時期為基期的物價指數,通常用百分比來表示。以100%為基礎,當物價指數大於100%時,表明物價上漲;當物價指數在100%以下時,表明物價下跌。

採用定基物價指數計算設備本體的重置成本的公式為:

$$設備本體重置成本 = 歷史成本 \times \frac{評估基準日定基物價指數}{設備購建時定基物價指數}$$

[例 4-1] 被評估設備2011年12月購置,原始成本為1200000元,評估基準日為2015年12月,估測評估基準日該設備本體重置成本。2010—2015年的定基物價指數見表4-2。

表4-2　　　　　　　　　2010—2015年的定基物價指數

年份	定基物價指數(%)
2010	100
2011	103
2012	105
2013	107
2014	110
2015	112

$$評估基準日該設備本體重置成本 = 1\,200\,000 \times \frac{112}{103}$$
$$= 1\,304\,854\,(元)$$

(2)環比物價指數。環比物價指數是以上期為基期的指數。如果環比期以年為單位,則環比物價指數表示該類產品當年較上年的價格變動幅度。該指數通常也用百分比表示。表4-2的定基物價指數用環比物價指數可以表示為表4-3。

表 4-3　　　　　　　　　2010—2015 年的環比物價指數

年份	環比物價指數（％）
2010	—
2011	103
2012	101.94
2013	101.90
2014	102.80
2015	101.82

採用環比物價指數計算設備本體的重置成本的公式爲：

設備本體的重置成本 = 歷史成本 $\times (P_1^0 \times P_2^1 \times \cdots \times P_n^{n-1})$

式中：P_n^{n-1}——n 年對 n-1 年的環比物價指數。

[例 4-2] 2011 年 12 月購置，歷史成本爲 1 200 000 元，評估基準日爲 2015 年 12 月，估測評估基準日該設備本體重置成本。2010—2015 年的環比物價指數見表 4-3。

評估基準日該設備本體重置成本 = 1 200 000 × (101.94% × 101.90% × 102.80% × 101.82%)

= 1 304 747（元）

在機器設備評估中，對於一些通過直接法難以獲得市場價格的機器設備，採用物價指數法是簡便可行的。但在使用時，評估人員應該關註以下問題：

①註意審查歷史成本的真實性。因爲在設備的使用過程中，其帳面價值可能進行了調整，當前的帳面價值已不能反應真實的歷史成本。

②選取的物價指數應與評估對象相配比，通常選擇某一類產品的分類物價指數，不可採用綜合物價指數。

③設備帳面歷史成本的構成內容一般還包括運雜費、安裝費、基礎費及其他費用。上述費用的物價變化指數與設備價格變化指數往往是不同的，應分別計算。

④單臺機器設備的價格變動與這類產品的分類物價指數之間可能存在一定的差異。因此，被評估設備的樣本數量會影響評估值的準確度。

⑤進口設備應使用設備出口國的分類價格指數。

⑥物價指數法只能用於確定設備的復原重置成本，不能用於確定更新重置成本。在使用時應註意考慮設備的功能性貶值。特別是對於已經使用了很長時間的設備，由於技術進步的原因，復原重置成本和更新重置成本的差異會較大。

3. 重置核算法

重置核算法是通過分別測算機器設備的各項成本費用來確定機器設備本體的重置成本的方法。該方法常用於估測非標準設備、自制設備的重置成本。機器設備本體的重置成本由生產成本、銷售費用、利潤、稅金組成。一般需要確定機器設備生產所需要的材料費、人工費用等相關成本費用以及相適應的利潤率與稅率等指標，來測算機器設備的重置成本。

4. 綜合估價法

綜合估價法是根據設備的主材費用和主要外購件費用與設備成本費用存在的一定的比例關係，在不考慮稅金的情況下，通過確定設備的主材費用和主要外購件費用，計算出設備的完全製造成本，並考慮企業利潤和設計費用，來確定設備本體的重置成本。其計算公式爲：

$$RC = (M_{rm}/K_m + M_{pm}) \times (1 + K_p) \times (1 + K_d/n)$$

式中：RC——設備本體的重置成本；

M_{rm}——主材費用；

K_m——成本主材費率；

M_{pm}——主要外購件費；

K_p——成本利潤率；

K_d——非標準設備的設計費率；

n——非標準設備的生產數量。

（1）主材費用 M_{rm}。主要材料是指在設備中所占的重量和價值比例較大的一種或幾種材料。主材費用 M_{rm} 可按圖紙分別計算出各種主材的淨消耗量，然後根據各種主材的利用率求出它們的總消耗量，並按材料的市場價格計算出每一種主材的材料費用。其計算公式爲：

$$M_{rm} = \sum \left(\frac{某主材淨消耗量}{該主材利用率} \times \frac{含稅市場價}{1 + 增值稅稅率} \right)$$

（2）主要外購件費 M_{pm}。主要外購件如果價值比重很小，可以綜合在成本主材費率 K_m 中考慮，而不再單列爲主要外購件。外購件的價格按不含稅市場價格計算。其計算公式爲：

$$M_{pm} = \sum \left(某主要外購件的數量 \times \frac{含稅市場價}{1 + 增值稅稅率} \right)$$

該方法只需依據設備的總圖，計算出主要材料消耗量，並根據成本主材費率即可估算出設備的售價，是機械工業概算中估算通用非標準設備時經常使用的方法。

[例4-3] 某三室清洗機爲非標準自製設備，於2009年1月建成，評估基準日爲2015年1月。估算該設備的重置成本（不考慮稅金）。估算過程如下：

根據被評估設備的設計圖紙，該設備主材爲鋼材，主材的淨消耗量爲22千克，評估基準日鋼材不含稅市場價爲3 800元/千克。另外，所需主要外購件（泵、閥、風機等）不含稅費用爲68 880元。主材利用率爲90%，成本主材費率爲47%，成本利潤率爲16%，設計費率爲15%，產量1臺。

首先確定設備的主材費用，該設備的主材利用率爲90%，則主材費用爲：

$M_{rm} = 22 \div 90\% \times 3\ 800 = 92\ 889$（元）

成本主材費率爲：$K_m = 47\%$

主要外購件費爲：$M_{pm} = 68\ 880$（元）

成本利潤率爲：$K_p = 16\%$

非標準設備設計費率爲：$K_d = 15\%$

非標設備的數量爲：n = 1（臺）

設備重置成本爲：

RC =（92 889 ÷47% + 68 880）×（1 + 16%）×（1 + 15%/1）

　　≈ 355 532（元）

5. 重量估價法

重量估價法以設備的重量爲計算基數，與以設計、加工等成本支出折算後的綜合費率相乘，同時考慮利潤，確定設備本體的重置成本（不考慮稅金），並根據設備的複雜系數進行適當調整。綜合費率通常根據相同或相似設備的統計資料或設計製造指標確定。其計算公式爲：

$$RC = W \times R_W \times K + P$$

或

$$RC = W \times R_W \times K \times (1 + r_p)$$

式中：RC——設備本體的重置成本；

　　　W——設備的淨重；

　　　R_W——綜合費率；

　　　K——調整系數；

　　　P——合理的利潤；

　　　r_p——利潤率。

該方法簡單，估價速度快，適用於材料單一、製造簡單、技術含量低的設備重置成本估算，如結構件和比較簡單的大型衝壓模具、成批量的箱體等。

6. 功能價值類比法

功能價值類比法是根據被評估機器設備的具體情況，尋找評估時點同類設備（參照設備）的市價或重置成本，然後根據參照設備與被評估設備功能（生產能力）的差異，比較調整得到被評估機器設備本體的重置成本。採用此方法應重點對被評估對象與所選擇的參照設備之間的功能與其價格或重置成本之間的關係進行分析判斷，根據不同的情況採取不同的評估方法。

（1）當該類設備的功能與其價格或重置成本之間呈線性關係或近似於線性關係時，可以採用生產能力比例法。其計算公式爲：

$$設備本體的重置成本 = 參照物設備的現行價格 \times \frac{被評估設備生產能力}{參照物設備生產能力}$$

（2）當該類設備的功能與其價格或重置成本呈指數關係時，可採用規模經濟效益指數法。其計算公式爲：

$$設備本體的重置成本 = 參照物設備的現行價格 \times \left(\frac{被評估設備生產能力}{參照物設備生產能力}\right)^x$$

式中：x 爲規模經濟效益指數。它是用來反應資產成本與其功能之間指數關係的具體指標。在國外經過大量數據的測算，取得的經驗數據是：指數 x 的取值範圍一般在 0.4 和 1.2 之間，在機器設備評估中取值範圍在 0.6 和 0.8 之間。目前，在我國比較缺乏這方面的統計資料。評估人員使用該方法時，需要通過該類設備的價格資料分析測算。如果能夠得到一組與被評設備相似或相近設備的價格與功能（生產能力）的實際資料，可以利用統計分析方法估算出這個指數的近似值。

$$x = \frac{\ln \dfrac{資產\ A\ 的價格}{資產\ B\ 的價格}}{\ln \dfrac{資產\ A\ 的生產能力}{資產\ B\ 的生產能力}}$$

評估人員根據所測算設備的價格資料，計算出 x 值，並在坐標上畫出 x 隨生產能力變化的曲線。

用上式計量 x 值時需要有足夠的樣本量和進行統計處理。特例，當 x = 1 時，被評估機器設備的價格與功能呈線性關係，即爲生產能力比例法。

[例 4-4] 某企業 2010 年購建一套年產 50 萬噸某產品的生產線，帳面原值 2 000 萬元，2015 年進行評估，評估時選擇了一套與被評估生產線相似的生產線。該生產線 2015 年建成，年產同類產品 75 萬噸，造價爲 5 000 萬元。經查詢，該類生產線的規模效率指數爲 0.7。根據被評估生產線與參照物生產能力方面的差異，調整計算 2015 年被評估生產線的重置成本爲：

重置成本 = 5 000 × （50 ÷ 75）$^{0.7}$ = 3 760 （萬元）

（二）運雜費

運雜費是機器設備從生產地到使用地之間的運輸、裝卸、保管等環節所發生的費用。有的機器設備的購置價中包含這部分費用，有的機器設備的購置價中則不包含這部分費用。

1. 國產設備運雜費

國產設備運雜費是從生產廠家到安裝使用地點所發生的裝卸、運輸、採購、保管、保險及其他有關費用。設備運雜費的計算一般有兩種方法：一種方法是根據設備的生產地點、使用地點以及重量、體積、運輸方式，根據鐵路、公路、船運和航空等部門的運輸計費標準計算；另一種方法是按設備原價的一定比率作爲設備的運雜費率，以此來計算設備的運雜費。其計算公式爲：

國產設備運雜費 = 國產設備原價 × 國產運雜費率

國產設備運雜費率可以參照有關權威部門制定的機械行業國產設備運雜費率表提供的基本費率，結合評估對象的實際情況加以確定。

2. 進口設備國內運雜費

進口設備國內運雜費是指進口設備從出口國運抵我國後，從所到達的港口、車站、機場等地，將設備運至使用的目的地現場所發生的港口費用、裝卸費用、運輸費用、保管費用、國內運輸保險費用等各項運雜費，不包括在運輸超限設備時發生的特殊措施費。

其中，港口費用是指進口設備從卸貨至運離港口所發生的各項費用，包括港口建設費、港務費、駁運費、倒垛費、堆放保管費、報關費、轉單費、監卸費等。

進口設備國內運雜費的計算公式爲：

進口設備國內運雜費 = 進口設備到岸價 × 進口設備國內運雜費率

公式中的進口設備國內運雜費率分爲海運方式和陸運方式兩種。相關的運雜費率可以參照有關權威部門制定的機械行業進口設備海運方式和陸運方式運雜費率表提供的基本費率，結合評估對象的實際情況加以確定。

(三) 設備安裝費

設備安裝費是指設備在安裝過程中發生的必要的、合理的人工費、材料費、機械費等全部費用。一般較大型的設備安裝以專門的安裝工程方式進行，若工期較長或設備安裝後至投入使用的時間較長，還應考慮和計算資金成本。

設備的安裝工程範圍包括以下幾個部分：①所有機器設備、電子設備、電器設備的裝配、安裝工程；②鍋爐及其他各種工業鍋窯的砌築工程；③設備附屬設施的安裝工程，如與設備相連的工作臺、梯子的安裝工程；④設備附屬管線的鋪設，如設備工作所需的電力線路、供水、供氣管線等；⑤設備及附屬設施、管線的絕緣、防腐、油漆、保溫等工程；⑥爲測定安裝工作質量進行的單機試運轉和系統聯動無負荷試運轉。設備的安裝費包括上述工程所發生的所有人工費、材料費、機械費等。設備安裝費可以用設備的安裝費率計算。

1. 國產設備安裝費

國產設備安裝費的計算公式爲：

國產設備安裝費 = 國產設備原價 × 國產設備安裝費率

公式中的設備安裝費率按所在行業概算指標中規定的費率計算。

2. 進口設備安裝費

進口設備安裝費的計算公式爲：

進口設備安裝費 = 進口設備到岸價 × 進口設備安裝費率

或

進口設備安裝費 = 相似國產設備原價 × 國產設備安裝費率

由於進口設備原價較高，進口設備安裝費率一般低於國產設備的安裝費率。機械行業建設項目概算指標中規定：進口設備的安裝費率在相同類型國產設備的 30% 和 70% 之間選用。進口設備的機械化、自動化程度越高，價值越大，安裝費率取值越低；反之，安裝費率取值越高。

(四) 基礎費

設備基礎是爲安裝設備而建造的特殊構築物。設備基礎費是指建造設備基礎所發生的人工費、材料費、機械費及全部取費。有些特殊設備的基礎列入構築物範圍，不按設備基礎計算。

1. 國產設備基礎費

國產設備基礎費的計算公式爲：

國產設備基礎費 = 國產設備原價 × 國產設備基礎費率

公式中的國產設備基礎費率按所在行業頒布的概算指標中規定的標準取值，行業標準中沒有包括的特殊設備的基礎費率，需自行測算。

2. 進口設備基礎費

進口設備基礎費的計算公式爲：

進口設備基礎費＝進口設備到岸價×進口設備基礎費率

或

進口設備基礎費＝相似國產設備原價×國產設備基礎費率

由於進口設備原價較高，進口設備基礎費率一般低於國產設備的基礎費率。機械行業建設項目概算指標中規定：進口設備的基礎費率在相同類型國產設備的 30% 和 70% 之間選用。進口設備的機械化、自動化程度越高，價值越大，基礎費率取值越低；反之，基礎費率取值越高。一些特殊情況，如進口設備的價格較高而基礎簡單的，應低於標準；反之，則高於標準。

（五）進口設備的從屬費用

進口設備的從屬費用包括國外運費、國外運輸保險費、關稅、消費稅、增值稅、銀行手續費、外貿手續費，對車輛還包括車輛購置附加費等。

（1）國外運費可按設備的重量、體積及海運公司的收費標準計算，也可按一定比例計取，取費基數爲設備的離岸價。其計算公式爲：

海運費＝設備離岸價×海運費率

海運費率：遠洋一般取 5%～8%，近洋一般取 3%～4%。

航空運輸一般按照距離和單價計算運費。

（2）國外運輸保險費的取費基數爲設備離岸價＋海運費。其計算公式爲：

國外運輸保險費＝（設備離岸價＋海運費）×保險費率

保險費率可以根據保險公司費率表確定，一般在 0.4% 左右。

（3）關稅的取費基數爲設備到岸價（CIF）。其計算公式爲：

關稅＝設備到岸價×關稅稅率

即　關稅＝關稅完稅價×關稅稅率

關稅的稅率按國家發布的進口關稅稅率表計算。

（4）消費稅的計稅基數爲關稅完稅價＋關稅＋消費稅。其計算公式爲：

$$消費稅 = （關稅完稅價＋關稅）\times \frac{消費稅稅率}{1-消費稅稅率}$$

消費稅稅率按國家發布的消費稅稅率表計算。

（5）增值稅的取費基數爲關稅完稅價＋關稅＋消費稅。其計算公式爲：

增值稅＝（關稅完稅價＋關稅＋消費稅）×增值稅稅率

即　增值稅＝到岸價(CIF)×(1＋關稅率)÷(1－消費稅率)×增值稅稅率

註：減免關稅，同時減免增值稅。

（6）銀行財務費的取費基數爲設備離岸價人民幣數。其計算公式爲：

銀行財務費用＝設備離岸價×費率

中國現行的銀行財務費率一般在 4‰ 和 5‰ 之間。

(7) 外貿手續費也稱為公司手續費，取費基數為設備到岸價人民幣數。其計算公式為：

外貿手續費＝設備到岸價×外貿手續費率

目前，中我國進出口公司的進口費率一般在%和1.5%之間。

(8) 車輛購置附加費的取費基數為到岸價人民幣數＋關稅＋消費稅。其計算公式為：

車輛購置附加費＝（到岸價人民幣數＋關稅＋消費稅）×費率

［例4-5］被評估進口設備離岸價格為10 000 000萬美元，國外海運費率為4%，境外保險費率為0.4%，關稅稅率為25%，增值稅稅率為17%，銀行財務費率為0.4%，公司代理費率為1%，國內運雜費率為1%，安裝費率為0.5%，基礎費率為1.5%。設備從訂貨到安裝完畢投入使用需要2年時間，第一年投入資金比例為40%，第二年投入資金比例為60%，假設每年資金均勻投入，不計復利，銀行貸款利率為5.8%，美元與人民幣匯率為1：7。試估算該設備的含稅重置成本。

該設備的重置成本包括：①設備離岸價；②海外運輸費；③海運保險費；④關稅；⑤銀行財務費；⑥公司代理手續費；⑦國內運雜費；⑧安裝費；⑨基礎費；⑩資金成本。其計算過程如下：

(1) 國外海運費＝10 000 000×4%＝400 000（美元）

(2) 國外運輸保險費＝（10 000 000＋400 000）×0.4%＝41 600（美元）

(3) 設備到岸價＝10 000 000＋400 000＋41 600＝10 441 600（美元）

　　10 441 600×7＝73 091 200（元）

(4) 關稅＝73 091 200×25%＝18 272 800（元）

(5) 增值稅＝（73 091 200＋18 272 800）×17%＝15 531 880（元）

(6) 銀行財務費＝10 000 000×0.4%＝40 000（元）

(7) 公司代理手續費＝73 091 200×1%＝730 912（元）

(8) 國內運雜費＝73 091 200×1%＝730 912（元）

(9) 安裝費＝73 091 200×0.5%＝365 456（元）

(10) 基礎費＝73 091 200×1.5%＝1 096 368（元）

資金合計＝73 091 200＋18 272 800＋15 531 880＋40 000＋730 912＋730 912

　　　　　＋365 456＋1 096 368

　　　　＝109 859 528（元）

(11) 資金成本＝109 859 528×40%×5.8%×1.5＋109 859 528×60%×5.8%×0.5

　　　　　　＝3 823 111.57＋1 911 555.79

　　　　　　＝5 734 667.36（元）

(12) 重置成本＝109 859 528＋5 734 667.36＝115 594 195.36（元）

相關資料鏈接

用價格指數法評估進口機器設備的幾點思考

採用重置成本法是機器設備評估中運用較為普遍的一種技術方法，其中關鍵在於確定機器設備重置價值。國產機器設備的詢價來源較多，而進口機器設備如果購置時間距評估基準日較遠，市場目前無銷售或者難以找到具有可比性的參照物，直接詢價往往比較困難，因此，價格指數法則成為確定進口機器設備重置價的一種特殊的替代方法。

我們認為資產的公允價值在理論上是客觀存在的，不論採用何種評估方法（即包括價格指數法在內的各種評估方法），最終所得到的評估結論都必定趨向於公允價值，且經得起市場成交結果的檢驗。

一、價格指數法的定義及適用性分析

根據目前行業中現有的研究成果，使用價格指數法可能適用於以下一些情況：

（1）在評估基準日，委估機器設備已不再生產或不再有交易市場，即無現行價格可詢；

（2）委估資產的現時重置成本數據無從獲取，即無法運用重置成本法測算重置成本；

（3）委估資產在技術上和功能方面仍未被淘汰，在評估基準日，委估資產仍具有使用價值。

二、進口機器設備歷史成本的公允性分析及價格指數的選擇

運用價格指數法進行評估的進口機器設備的進口時點一般距離評估基準日較遠，早期進口機器設備又多源於二手，其原始價格難以獲取，企業入帳價值可能已經是二手乃至多手機器設備的價格；由於國與國之間技術壁壘和生產力水平的巨大差異或者政治原因等因素的影響，特別是我國早期的經濟技術水平低，國際地位不高，當時的進口機器設備取得的價格遠遠要高於正常的市場價格；機器設備在購置和使用維護過程中，帳面價值可能已經進行了後續調整，當前的帳面價值可能已經不能反應真實的歷史成本。因此，機器設備本體的歷史成本難以取得，則無法保證運用價格指數調整後得到的重置成本的合理性。

運用價格指數法評估機器設備的關鍵是恰當的選取適宜的價格指數，價格指數的選取應當與委估資產相匹配。一般情況下，我們採用的是某一類產品的分類價格指數。事實上，分類價格指數是一個平均數，單臺機器設備的價格指數和分類價格指數之間可能存在差異。

另外，當進口機器設備的帳面價值除包含機器設備本身的價值外，還包含運雜費、安裝費、基礎費及從屬費用等成本，上述價格指數同機器設備本身的價格指數往往是不一致的，應當分別計算，得出的結果才能更加接近合理數值。

三、國內同類設備價格指數和生產國價格指數的差異

運用價格指數法評估進口機器設備時一般存在兩種情況：一是利用國產同類（類似）設備價格指數（國內同類設備價格指數）作為評估進口設備的價格指數；二是利用生產國價格指數作為評估進口設備的價格指數，再按照現時匯率進行調整。評估實務中，運用上述兩種價格指數得到的評估結果有時存在較大差異，我們需要分析其內在原因並考慮調整參數。

隨著經濟技術的發展，科學技術進步越來越快，機器設備的技術含量和技術水平是越來越高。將機器設備按照時點，分為存量機器設備、正在生產的機器設備以及未來生產的機器設備。隨著科學技術進步速度的加快，存量機器設備本身固有的技術含量和技術水平相對於整個機器設備是呈現下降趨勢，很多早期的進口機器設備已經在機器設備生產國被淘汰了，取而代之的是技術性能更為先進的更新換代型機器設備，一旦在技術上被淘汰，其市場價格就會大幅度下降。不可否認的是，在20世紀，機器設備的技術領先一直使海外發達國家處於優勢，新技術的傳遞一般是從國外傳遞到國內。當這些國家的技術進步週期越來越短，機器設備更新速度越來越快時，國內價格指數作為時間的函數是一個遞增的函數，國產存量機器設備中的技術含量和技術水平作為時間的函數是一個遞減的函數，而進口存量機器設備中的技術含量和技術水平相對於同一區間的時間變化，則有更大的遞減幅度。見圖4-1。

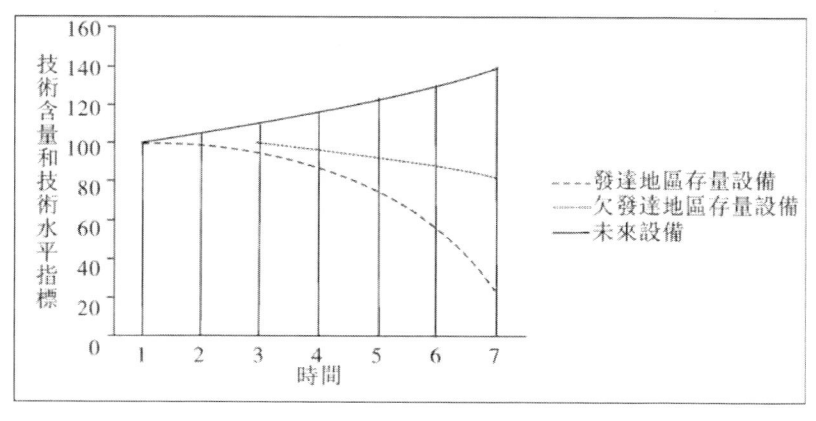

圖4-1

理論上可以考慮技術進步、國內外技術含量和技術水平的差異率，進而調整委估進口機器設備的重置成本。採用合理的方案將造成差異的因素數據化，對相關因素進行合理的調整。相信最終得到的評估結果應該是趨向一致，即趨近於客觀存在的公允價值。如果得出的結果差異不在合理範圍之內或者說甚至相反的，那麼很有可能是有參數未考慮全面，或者在調整過程中出現錯誤。

四、評估進口機器設備本身的價值同評估具有進口機器設備功能的機器設備的價值的差異

同國內同類（類似）機器設備相比，進口機器設備可能還存在品牌、精度、耐用性和美譽度等優勢，這些參數都應該作為考慮的因素，在評估操作中根據實際情況進行相應調整。

因此，無論採用何種評估方法，無論是利用國產同類（類似）機器設備價格指數，還是利用生產國價格指數評估進口機器設備，只要充分考慮了各種相關因素並經過合理的調整，所獲取的資產評估結果都應該是趨於客觀存在的公允價值。

資料來源：謝剛凱. 用價格指數法評估進口機器設備的幾點思考[J]. 中國資產評估，2015(11).

二、實體性貶值的估算

機器設備的實體性貶值（D_P）也稱為有形損耗。它包括兩種：①有形損耗是指設備在使用過程中，由於零部件受到摩擦、衝擊、振動或交變荷載的作用，使得零件或部件產生磨損、疲勞等破壞，其結果是零部件的幾何尺寸發生變化，精度降低，壽命縮短。②有形損耗是指設備在閒置過程中，由於受自然界中的有害氣體、雨水、射線、高溫、低溫等的侵蝕，出現腐蝕、老化、生鏽、變質等現象。設備的實體性貶值從設備製造完畢後就開始發生。即使設備沒有投入使用，在閒置和存放過程中也會產生損耗，這種損耗與閒置存放的時間、存放的環境、條件有關。設備在使用過程中產生的損耗與其工作負荷、工作條件、維修保養狀況有關。

設備的實體性貶值的程度可以用設備的價值損失與重置成本之比來反應，稱為實體性貶值率。全新設備的實體性貶值率為零，完全報廢且無任何利用可能的設備的實體性貶值率為100%。評估師可以根據設備的狀態來判斷貶值程度。用公式表示為：

$$\alpha_P = \frac{D_P}{RC}$$

式中：α_P——實體性貶值率。

成新率是反應機器設備新舊程度的指標，或理解為機器設備現實狀態與設備全新狀態的比率。成新率與實體性貶值率是同一事物的兩個方面，兩者的關係為：

成新率 = 1 - 實體性貶值率

設備的實體性貶值常用的確定方法包括觀察法、使用年限法和修復費用法。

（一）觀察法

觀察法就是評估人員通過現場對設備的技術監測及觀察機器設備的運轉狀況、整體狀態，查閱機器設備的歷史使用記錄、維修保養記錄、技術檔案等資料，向操作人員和設備管理人員詢問設備的使用情況、使用精度、故障率、磨損情況、維修保養情況、工作負荷等，對所獲得的信息進行分析、歸納、綜合，依據相關標準或經驗判斷設備的磨損程度及貶值率。有時也會使用一些簡單的測量手段作為判斷貶值的參考依據。

由於機器設備的工作機理和內部結構特徵等因素，其功能狀況在外觀上難以直接反應，在用觀察法評估時要觀察和收集以下信息：

（1）設備的現時技術狀態；

（2）設備的實際已使用時間；

（3）設備的正常負荷率；

（4）設備的原始製造質量；

（5）設備的維修保養狀況；

（6）設備的重大故障（事故）經歷；

（7）設備的大修、技改情況；

（8）設備的工作環境和條件；

(9) 設備的外觀和完整性。

在將上列信息轉換成實體性貶值率時可參考表4-4。

表4-4　　　　　　　　　機器設備的實體性貶值率評估參考表

設備類別	實體性貶值率	狀態說明	成新率
新設備及使用不久的設備	0~10%	全新或剛使用不久的設備。在用狀態良好，能按設計要求正常使用，無異常現象。	100%~90%
較新設備	11%~35%	已使用一年以上或經過第一次大修恢復原設計性能使用不久的設備。在用狀態良好，能滿足設計要求，未出現較大故障。	89%~65%
半新設備	36%~60%	已使用兩年以上或大修後已使用一段時間的設備。在用狀態較好，基本上能達到設備設計要求，滿足工藝要求，需經常維修以保證正常使用。	64%~40%
舊設備	61%~85%	已使用較長時間或幾經大修，目前仍能維持使用的設備。在用狀態一般，性能明顯下降，使用中故障較多，經維護仍能滿足工藝要求，可以安全使用。	39%~15%
報廢待處理設備	86%~100%	已超過規定使用年限或性能嚴重劣化，目前已不能正常使用或停用，即將報廢待更新。	15%以下

除上述評估操作之外，在實際判斷機械設備貶值率時，評估人員還可以通過諮詢行業和設備專家，聽取他們的意見與建議，對重要的、精密的、專業性強的設備進行有針對性的分析，使判斷更爲準確。對大型設備，爲了避免個人主觀判斷的誤差，可採用德爾菲法進行判斷。德爾菲法是在個人判斷和專家會議的基礎上形成的另一種直觀判斷方法。它是採取匿名方式徵求專家的意見，並將他們的意見加以綜合、歸納、整理，然後反饋給各個專家，作爲下一輪分析判斷的依據。直到通過幾輪反饋，意見逐步趨於一致爲止。

(二) 使用年限法

使用年限法是從使用壽命角度來估算貶值的，因此也稱爲壽命比率法。這種方法假設機器設備都存在一定的使用壽命，而且設備的價值隨著設備使用壽命的消耗而同比例損耗。因此，設備的實體性貶值率也可以用已使用年限與總使用年限之比來表示。若不考慮設備的殘值，其計算公式爲：

$$\alpha_p = \frac{L_1}{L}$$

式中：L_1——已使用壽命；

　　　L——總使用壽命。

若設備的殘值爲$\triangle$，則：

$$\alpha_p = (1 - \triangle) \times \frac{L_1}{L}$$

設備的使用年限根據不同設備的特徵有多種表達形式。有些設備的使用年限可以用時間單位表示，如柴油機、機床、加工設備、電子設備等，一般都用工作小時或年限來表示它們的使用壽命；有些設備的使用年限可以用使用次數來表示，如模具的使用年限一般按使用模具的次數來表示，汽車的使用年限可以用行駛裡程來表示。

運用使用年限法估測機器設備的成新率取決於以下兩個基本因素：已使用年限和尚可使用年限。但由於機器設備的具體情況不盡相同，如有些機器設備的投資是一次完成的，有些機器設備的投資可能分次完成，有些機器設備可能進行過更新改造和追加投資，因此，應採取不同的方法測算其已使用年限和尚可使用年限。

1. 簡單年限法

簡單年限法是假定機器設備的投資是一次完成的，沒有更新改造和追加投資等情況的發生，這對於許多機器設備的特定時期來說是符合實際的。

（1）機器設備已使用年限的確定。機器設備已使用年限是指機器設備從開始使用到評估基準日所經歷的時間。由於設備在使用中負荷程度及日常維護保養差別的影響，已使用年限可分為名義已使用年限和實際已使用年限。名義已使用年限是指會計記錄記載的資產的已提折舊的年限。實際已使用年限是指資產在使用中實際磨損的年限。其計算公式為：

實際已使用年限 = 名義已使用年限 × 設備利用率

$$設備利用率 = \frac{截至評估基準日設備累計實際利用時間}{截至評估基準日設備累計法定利用時間} \times 100\%$$

若設備利用率的計算結果小於1，表明開工不足，設備的實際已使用年限小於名義已使用年限；若設備利用率的計算結果大於1，表明資產超負荷運轉，設備的實際已使用年限大於名義已使用年限。

（2）機器設備尚可使用年限的測定。機器設備尚可使用年限是指從評估基準日開始到機器設備停止使用所經歷的時間，即機器設備的剩餘壽命。機器設備尚可使用年限受到已使用年限、使用狀況、維修保養狀況以及設備運行環境的影響，評估人員應對上述因素進行全面分析和審慎考慮，以便合理確定機器設備的尚可使用年限。

（3）設備總使用年限。機器設備的已使用年限加上尚可使用年限就是機器設備總使用年限。機器設備的總使用年限可以分為物理壽命、技術壽命和經濟壽命。①物理壽命是指機器設備從全新狀態開始使用，直到不能正常工作而予以報廢所經歷的時間。物理壽命的長短取決於機器設備的製造質量、使用強度、使用環境、保養和維護情況。有些設備可以通過恢復修理來延長其物理壽命。②技術壽命是指機器設備從開始使用到技術過時予以淘汰所經歷的時間，技術壽命很大程度上取決於技術進步和技術更新的速度和週期。③經濟壽命是指機器設備從開始使用到經濟上不合算而停止使用所經歷的時間。所謂經濟上不合算，即使用該設備的收益小於支出。機器設備的經濟壽命不但受機器本身的物理性能、技術進步速度、機器設備的使用情況的影響，而且還與原始投資成本、維護使用費用以及外部經濟環境變化等都有直接聯繫。

國際上的資產評估行業大多以機器設備的經濟壽命作為其總使用年限。但是，我國目前還缺乏機器設備的經濟壽命年限的相關數據資料。因而，在現實評估操作過程中，在符合機器設備設計規定的使用強度和技術要求的情況下，一般以設計使用年限作為其經濟壽命的替代。因此，設備的設計壽命年限可以作為確定其使用壽命年限的參考。

[例4-6] 某汽車按行駛裡程設計的總使用壽命為60萬千米，已運行9萬千米。要求計算實體性貶值率。

實體性貶值率為：

$$\alpha_P = \frac{L_1}{L} = \frac{9}{60} = 15\%$$

2. 綜合年限法

綜合年限法根據機器設備投資是分次完成、機器設備進行過更新改造和追加投資，以及機器設備的不同構成部分的剩餘壽命不相同等一些情況，經綜合分析判斷，並採用加權平均計算法，確定被評估機器設備的實體性貶值率。

（1）綜合已使用年限的確定。一臺機器設備由於分次投資、更新改造追加投資等情況，使不同部件的已使用年限不同，故確定整臺機器設備的已使用年限，應以各部件重置成本的構成作權重，對各部件參差不齊的已使用年限進行加權平均，確定綜合使用年限。其步驟如下：

①用價格指數法計算被評估設備的重置成本。具體做法是：用各年的原始投資額乘以相應的價格變動系數，得出各年投資的重置成本，再把各年投資的重置成本相加，即得到該設備的重置成本。

②扣減重複計算的原始成本，調整重置成本。計算重置成本應以資產各部件的現實存在為基礎，當各期投資更替了投入的部件時，應扣減該部件投入期的原始成本。

③計算加權投資成本。即用價格指數法求得的各次投資的重置成本乘以各次投資的年限。其計算公式為：

加權投資成本 = $\sum$（重置成本 × 投資年限）

④確定設備的綜合已使用年限（即加權投資年限）。用設備的加權投資成本除以設備的重置成本總和。其計算公式為：

加權投資年限 = $\dfrac{\sum 重置成本 \times 投資年限}{\sum 重置成本} \times 100\%$

[例4-7] 被評估設備購於2005年，原始價值為500 000元，2008年和2010年進行過更新改造，主要添置了一些自動化控制裝置，當年投資分別為30 000元和25 000元，2013年進行過一次大修，更換了一些原來的部件，投資額為185 000元。假設從2005—2015年每年的價格上升率為10%，試估測該設備2015年評估時的已使用年限。

其計算步驟及過程如下：

①用價格指數法計算被評估設備的重置成本。見表4-5。

表 4-5　　　　　　　　被評估設備的原始投資額和重置成本

投資日期	原始投資額(元)	價格變動系數	重置成本(元)
2005 年	500 000	$(1+10\%)^{10}=2.60$	1 300 000
2008 年	30 000	$(1+10\%)^{7}=1.95$	58 500
2010 年	25 000	$(1+10\%)^{5}=1.61$	40 250
2013 年	185 000	$(1+10\%)^{2}=1.21$	223 850
合　　計	740 000		1 622 600

②扣減重複計算的原始成本，調整重置成本。本例中2013年的被評估設備大修時換掉的那部分部件的成本計算了兩次，爲了對此進行矯正，可採用逆向價格變動趨勢分析，把重複投資部分去掉。把2013年的被評估設備大修理費用按1999年的價格重新計算如下：

$$185\ 000 \times \frac{1.21}{2.60} = 86\ 100\ （元）$$

重新計算調整後的被評估設備的原始投資額和重置成本見表4-6。

表 4-6　　　　重新計算調整後的被評估設備的原始投資額和重置成本

投資日期	原始投資額（元）	價格變動系數	重置成本（元）
2005 年	413 900	$(1+10\%)^{10}=2.60$	1 076 140
2008 年	30 000	$(1+10\%)^{7}=1.95$	58 500
2010 年	25 000	$(1+10\%)^{5}=1.61$	40 250
2013 年	185 000	$(1+10\%)^{2}=1.21$	223 850
合　　計	653 900		1 398 740

③計算加權投資成本。見表4-7。

表 4-7　　　　　　　　被評估設備的加權投資成本

投資日期	重置成本（元）	投資年限（年）	加權投資成本（元·年）
2005 年	1 076 140	10	10 761 400
2008 年	58 500	7	409 500
2010 年	40 250	5	201 250
2013 年	223 850	2	447 700
合　　計	1 398 740		11 819 850

④確定設備的綜合已使用年限。

設備的綜合已使用年限 = 11 819 850 ÷ 1 398 740 = 8.45（年）

（2）綜合尚可使用年限的確定。同已使用年限一樣，一臺機器設備各部件的尚可使用年限也可能有長有短，在評估時，可按重置成本對各部件的尚可使用年限進行加權平均，求得整臺機器設備的尚可使用年限。各部機件尚可使用年限可用簡單年限法進行評估。現舉例說明綜合尚可使用年限的評估。

[例4-8] 承[例4-7]現評估該設備的尚可使用年限。評估人員經現場勘查分析認為，該設備的主體框架比較合理，在正常使用及維護保養條件下，尚可使用12年，自控裝置已分別使用了5年和7年，預計2年後就要替換，還有約20%的結構部件在5年後要更換。則整臺機器設備的綜合尚可使用年限估算為9.89年。見表4-8。

表4-8　　　　　　　　被評估設備的綜合加權尚可使用年限

項　　目	重置成本(元)	投資百分比(%)	尚可使用年限(年)	綜合加權尚可使用年限(年)
主體框架	1 020 240	72.94	12	8.75
自動裝置	98 750	7.06	2	0.14
結構部件	279 750	20.00	5	1
合　　計	1 398 740	100		9.89

根據[例4-7]和[例4-8]，該被評估設備的實體性貶值率為：

實體性貶值率 = 8.45 ÷ (8.45 + 9.89) × 100% = 46.07%

(三) 修復費用法

修復費用法是假設設備所發生的實體性損耗是可以補償的，則設備的實體性貶值就應該等於補償實體性損耗所發生的費用。所用的補償手段一般是通過修理或更換損壞部分。在使用這種方法時，應註意以下兩點：

(1) 註意修復費用是否包括了對設備技術更新和改造的支出。由於設備的修復往往同功能改進一並進行，這時的修復費用很可能不全用在實體性損耗上，而有一部分用在功能性貶值因素上，因此，在評估時應註意不要重複計算機器設備的功能性貶值。

(2) 註意區分可修復性損耗和不可修復性損耗。這兩者的不同點在於：可修復的實體性損耗不僅在技術上具有修復的可能性，而且在經濟上是劃算的；不可修復的實體性損耗則無法以經濟上劃算的辦法修復。不可修復損耗不適合修復費用法，一般按觀察法或使用年限法進行評估。對於大多數情況，設備的可修復性損耗和不可修復性損耗是並存的，評估人員應註意區分並分別進行計算，這兩部分之和就是被評估設備的全部實體性貶值。其計算公式如下：

$$實體性貶值率 = \frac{修復費用 + 修復部分的實體性貶值}{重置成本}$$

[例4-9] 某企業的一臺加工爐，重置成本為320萬元，該加工爐已經使用6年。現在需要對爐內的耐火材料、一部分管道及外圍設備進行更換，更換後該加工爐能再運轉9年。經與設備維修和技術部門討論，可知更換耐火材料需投資30萬元，更換管道及外圍設備需投資14萬元，修復費用合計44萬元，其他部分工作正常。

該設備存在可修復性損耗和不可修復性損耗，爐內的耐火材料、一部分管道及外圍設備是可修復性損耗。我們用修復費用法計算其貶值，貶值額等於修復費用，約44萬元。另外，該機器運行6年，我們用年限法來確定由此引起的實體性貶值，此項貶值率爲40%（即$\frac{6}{15}$）。

所有實體性貶值及貶值率的計算過程如下：

重置成本：320萬元

可修復性損耗引起的貶值：44萬元

不可修復性損耗引起的貶值：（320－44）×40%＝110.4（萬元）

實體性貶值：44＋110.4＝154.4（萬元）

實體性貶值率：154.4÷320＝48.25%

三、功能性貶值的估算

機器設備的功能性貶值（D_f）是由於新技術發展的結果導致資產價值的貶損。它包括兩個方面：一是超額投資成本造成的功能性貶值；二是超額運營成本造成的功能性貶值。

（一）超額投資成本造成的功能性貶值

超額投資成本造成的功能性貶值即爲第I種功能性貶值。超額投資成本是由於技術進步，新技術、新材料、新工藝不斷出現，使得相同功能的新設備的製造成本比過去降低，它主要反應爲更新重置成本低於復原重置成本。復原重置成本與更新重置成本之差即爲第I種功能性貶值，即：

超額投資成本引起的功能性貶值＝復原重置成本－更新重置成本

[例4－10] 某設備復原重置成本爲1 000 000元，更新重置成本爲800 000元，則：

超額投資成本引起的功能性貶值＝1 000 000－800 000＝200 000（元）

在評估中，如果可以直接確定設備的更新重置成本，則不需要再計算設備的復原重置成本，超額投資成本造起的功能性貶值也不需要單獨計算。

（二）超額運營成本造成的功能性貶值

超額運營成本造成的功能性貶值即爲第II種功能性貶值。超額運營成本是由於新技術的發展，使得新設備在運營費用上低於老設備。超額運營成本引起的功能性貶值也就是設備未來超額運營成本的折現值。它很容易出現在下列場合：

(1) 使用高技術設備和製造高技術產品的工業企業；

(2) 新興產業；

(3) 長期以來不斷擴大規模的老企業；

(4) 擁有大量相同設備的企業；

(5) 擁有一些開工不足或閒置設備的企業；

(6) 加工處理大量材料的企業。

在評估中，分析研究設備的超額運營成本，應對比新老設備之間的以下差異因素：生產效率是否提高，維修保養費用是否降低，材料消耗是否降低，能源消耗是否降低，操作工人數量是否減少等。計算超額運營成本造成的功能性貶值的具體步驟如下：

(1) 對被評估設備的運營報告和生產統計進行分析。
(2) 選擇參照物，核定參照物與被評估對象在產量、成本方面的差異，並將參照物的年操作運營成本與被評估對象的年操作運營成本進行比較，計算被評估對象的年超額運營成本。
(3) 將年超額運營成本扣減採用新設備生產的新增利潤應繳的所得稅，得到被評估設備的年淨超額運營成本。
(4) 估測被評估設備的剩餘壽命。
(5) 選擇合適的折現率，把整個剩餘壽命期間的各年度淨超額運營成本折成現值，其現值和就是功能性貶值額。

[例 4-11] 計算某煉油廠鍋爐超額運營成本引起的功能性貶值。經分析該鍋爐正常運轉需 8 名操作人員，每名操作人員的年工資及福利費約為 12 000 元，鍋爐的年耗電量為 12 萬千瓦時。目前相同能力的新式鍋爐只需 5 個人操作，年耗電量為 8 萬千瓦時，電的價格為 1.3 元千瓦時，被評估鍋爐的尚可使用年限為 6 年，所得稅稅率為 25%，適用的折現率為 10%。
根據上述數據資料，被評估鍋爐的功能性貶值估測如下：
①被評估鍋爐的年超額運營成本為：
12 000×(8-5)+1.3×(120 000-80 000)=88 000（元）
②被評估鍋爐的年淨超額運營成本為：
88 000×(1-25%)=66 000（元）
③被評估鍋爐在剩餘壽命年限內的功能性貶值額為：
66 000×(p/A,10%,6)=66 000×4.355 3=287 449（元）

四、經濟性貶值的估算

機器設備的經濟性貶值（D_e）是由於外部因素引起的貶值。這些因素包括：由於國家有關能源、環境保護等限制使設備強制報廢，縮短了設備的正常使用壽命；原材料、能源等提價，造成成本提高，而生產的產品售價沒有相應提高；市場競爭的加劇，產品需求減少，導致設備開工不足、生產能力相對過剩等。

(一) 使用壽命縮短

引起機器設備使用壽命縮短的外部因素，主要是國家有關能源、環境保護等方面的法律法規。尤其近年來，由於環境污染問題日益嚴重，以及對部分行業規模的控制力度加強，使得部分設備不得不在國家規定限期內施行強制淘汰，且不得再次利用，這導致設備的正常使用壽命被縮短。

[例 4-12] 某化工生產設備已使用 12 年，按目前的技術狀態還可以正常使用 13 年。按年限法，該設備的貶值率為：

貶值率 = 12÷(12+13) = 48%

由於環保、能源控制的要求，國家新出臺的強制報廢政策規定該類化工設備的最長使用年限為 20 年，因此該設備使用 8 年後必須強制報廢。在這種情況下，該設備的貶值率爲：

  貶值率 = 12 ÷ 20 = 60%

  由此引起的經濟性貶值率爲 12%（60% - 48%）。如果該化工設備的重置成本爲 300 萬元，則經濟性貶值額爲：

  經濟性貶值 = 300 × 12% = 36（萬元）

（二）運營費用的提高

  引起機器設備運營成本增加的外部因素包括原材料成本增加、能源成本增加等。其中，國家對超過排放標準排污的企業要徵收高額的排污費，設備能耗超過限額的，按超過限額浪費的能源量加價收費，導致高污染、高能耗設備運營費用的提高。

  [例 4-13] 某加工爐，政策規定的可比單耗指標爲 600 千瓦小時/噸，該加工爐的實際可比單耗爲 680 千瓦小時/噸。該加工爐的年產量爲 3 000 噸，電單價爲 1.3 元/千瓦小時。政府規定超限額耗能 10%～20%（含 20%）的部分加價 2 倍。試計算因政府對超限額耗能加價收費而增加的運營成本。

  解：超限額的百分比 =（實測單耗 - 限額單耗）÷ 限額單耗

       = (680 - 600) ÷ 600

       = 13.33%

  $Y = Y_1 ×$（實測單耗 - 限額單耗）$× G × C$

  式中：Y——年加價收費總金額（單位：元）；

     Y_1——電單價（單位：元/千瓦小時）；

     G——年產量（單位：噸/年）；

     C——加價倍數。

  實際單耗和限額單耗的單位爲千瓦小時/噸。

  每年因政府對超限額耗能加價收費而增加的運營成本爲：

  Y = 1.3 × (680 - 600) × 3 000 × 2 = 624 000（元）

  將加工爐未來壽命期每年增加的上述運營成本按適當的折現率折算成現值，即爲該加工爐因超限額耗能加價收費引起的經濟性貶值。

  如果該加工爐的未來經濟壽命期爲 3 年，折現率爲 10%，企業所得稅稅率爲 25%，則該加工爐因超限額耗能加價收費引起的經濟性貶值爲：

  經濟性貶值 = 624 000 ×（1 - 25%）×（P/A, 10%, 3）

      = 468 000 × 2.486 9

      = 1 163 869（元）

（三）市場競爭的加劇

  由於市場競爭的加劇，導致產品銷售數量的減少，從而引起設備開工不足，生產能力相對過剩，也是引起經濟性貶值的主要原因。經濟性貶值的計算可使用規模經濟效益指數法。

  [例 4-14] 某企業的一條生產線，購建時設計生產能力爲每天生產 1600 件產品，

設備狀況良好，技術上也很先進。由於市場競爭加劇，使該生產線開工不足，每天只生產 1 200 件產品。經評估，該生產線的重置成本爲 800 萬元，規模效益指數取 0.7。如不考慮實體性貶值，試估算該生產線的經濟性貶值額。

經濟性貶值率 $= \left[1 - \left(\frac{1\ 200}{1\ 600}\right)^{0.7}\right] \times 100\% = (1 - 0.818) \times 100\% = 18.2\%$

經濟性貶值額 $= 800 \times 18.2\% = 145.6$（萬元）

在估測設備的經濟性貶值時，必須註意以下幾點：①經濟性貶值是由於外界因素造成的。如果一個工廠是因爲某些設備自身的原因而不能按原定生產能力生產，那麼這樣的能力閒置就可能是有形損耗的結果；如果是因爲工廠內部的生產能力不均衡，如同樣的人力、物力消耗，生產能力卻不同，那麼這樣的能力閒置就可能是功能性貶值問題。②設備的生產能力與經濟性貶值是指數關係，而非線形關係。③設備的預計實際生產能力是長時間閒置而非短期或臨時閒置或剩餘才出現經濟性貶值。而且，通常表現爲在尚可使用年限內的閒置。

第三節　市場法在機器設備評估中的應用

機器設備評估的市場法是指在市場上選擇相同或相類似設備爲參照物，以其近期市場成交價爲依據，通過對被評估設備與參照物設備的比較因素進行對比分析，調整兩者的差異對價格的影響，由此得出被評估設備評估價值的一種評估方法。

一、市場法在機器設備評估中的適用範圍和前提條件

市場法主要適用於機器設備自身價值或變現價值的評估，如果要評估機器設備的在用續用價值，則要考慮運輸費、安裝調試費等相關費用。機器設備自身價值和變現價值與在用續用價格的不同，不僅在於價格構成項目的不同，更主要的是受市場因素影響的程度不同。應用市場法評估必須具備以下前提條件：

（一）需要一個充分發育活躍的機器設備交易市場

這是運用市場法估價的基本前提。充分發育活躍的設備交易市場應包括三種市場：一是全新機器設備市場，它是常規性的生產資料市場；二是二手設備市場，即設備的舊貨市場；三是設備的拍賣市場。三種市場中影響設備交易價格的因素各不相同，而二手設備市場是否活躍、發達是運用市場法的首要前提。

（二）與被評估設備相同或相類似的參照物設備能夠找到

在設備市場中與被評估對象完全相同的資產是很難找到的，一般是選擇與被評估設備相類似的機器設備作爲參照物，參照物與被評估機器設備之間要具有可比性。這是決定市場法運用與否的關鍵。

二、運用市場法評估機器設備的基本步驟

(一) 收集有關機器設備交易資料

市場法的首要工作就是在掌握被評估機器設備基本情況的基礎上，進行市場調查，收集與被評估對象相同或類似的機器設備交易實例資料。所收集的資料一般包括機器設備的交易價格、交易日期、交易目的、交易方式、機器設備的類型、功能、規格、型號、已使用年限、設備的實際狀態等。對所收集的資料還應進行查實，確保資料的真實性和可靠性。

(二) 選擇可供比較的交易實例作為參照物

對所收集的資料進行分析整理後，按可比性原則，選擇所需的參照物。參照物選擇的可比性至少應關註交易情況的可比性和設備本身各項技術參數的可比性。比較因素是一個指標體系，它要能夠全面反應影響價值的因素。一般來講，設備的比較因素可歸納為四大類，即個別因素、交易因素、時間因素、地域因素。

設備的個別因素一般是指反應設備在結構、形狀、尺寸、性能、生產能力、安裝、質量、經濟性等方面差異的因素。在評估中，常用簡單的描述指標作為比較因素，如名稱、型號、規格、生產能力、製造廠家、技術指標、設備的出廠日期、役齡、安裝方式、實體狀態等。

設備的交易因素是指交易動機、背景對價格的影響，不同的交易動機和交易背景都會對設備的出售價格產生影響。例如，清償、快速變現或帶有一定優惠條件的出售，其售價往往低於正常的交易價格。另外，交易數量也是影響設備售價的一個重要因素，大批量的購買價格一般要低於單臺的購買價格。

設備的時間因素表現在不同交易時間的市場供求關係、物價水平等都會不同，評估人員應選擇與評估基準日最接近的交易案例，並對參照物的時間影響因素做出調整。

設備的地域因素是指由於不同地區市場供求條件等因素的不同，設備的交易價格也受到影響，評估參照物應盡可能與評估對象在同一地區。如評估對象與參照物存在地區差異，則需要做出調整。

(三) 量化和調整差異

設備的差異主要表現在交易情況、質量、功能、新舊程度、交易期日等方面，將被評估設備和參照物設備按可比因素進行比較，量化差異因素，逐一調整參照物的價格。

(四) 確定被評估機器設備的評估值

對差異因素量化調整後，得出初步評估結果。對初步評估結果進行分析，一般用多個參照設備調整後價格的算術平均值或加權平均值作為被評設備的評估值。

三、運用市場法評估機器設備的具體方法

運用市場法評估機器設備是通過對市場參照物進行價值調整完成的。常用的調整

方法有三種：直接匹配法、類比調整法和比率調整法。

(一) 直接匹配法

　　直接匹配法是根據與評估對象基本相同的市場參照物，通過直接比較來確定評估對象的價值。例如，評估一臺電腦時，如果二手電腦交易市場能夠找到與評估對象基本相同的電腦，它們的製造商、型號、年代、附件都相同，只有使用時間和實體狀態方面有些差異，在這種情況下，評估師一般直接將評估對象與市場上正在銷售的同樣的計算機做比較，確定評估對象的評估價值。直接匹配法相對比較簡單，評估結果能最客觀地反應設備的價值，但這種方法對市場參照物的可比性要求較高。直接匹配法的使用前提是評估對象與所選擇的參照物基本相同，需要調整的項目較少，差異不大，且差異對價值的影響可以直接確定。如計算機、汽車、飛機等，可以使用直接匹配法。

　　直接匹配法可用公式表示爲：

$$V = V' \pm \triangle i$$

　　式中：V——評估值；

　　　　　V'——參照物的市場價值；

　　　　　$\triangle i$——差異調整。

　　[例4-15] 被評估電腦與市場上正在交易的參照物電腦在型號、購置年月、中央數據處理器、硬盤及各主要系統的狀況上基本相同。只是評估對象需要更換內存，更換費用約爲300元；被評估電腦在購置後更換了顯卡，原配顯卡市場價爲400元，升級的顯卡價值900元。若該參照物的市場售價爲7 000元，則被評估計算機的評估價值爲：

$$V = V' \pm \triangle i$$
$$= 7\ 000 + 300 + 900 - 400$$
$$= 7\ 800\ (元)$$

　　直接匹配法的實質是因素調整法的一種"極端"情形。當所選擇的參照物具有高度的相似性，且差異因素較爲集中時，因素調整法就演變爲直接匹配法。

(二) 類比調整法

　　類比調整法是通過比較分析相似的多個市場參照物與被評估設備的可比因素差異，並分別對這些因素逐項做出調整，由此確定被評估設備的價值。這種方法是在無法獲得基本相同的市場參照物的情況下，以相似的參照物作爲分析調整的基礎。爲了減少調整時因主觀因素產生的誤差，所選擇參照物應盡可能與評估對象相似。從數量上講，一般應選擇三個或三個以上適用的參照物進行比較；從時間上來講，參照物的交易時間應盡可能接近評估基準日；在地域上，盡可能與評估對象在同一地區。

　　[例4-16] 評估對象爲擬購置的一臺某型號鍋爐，評估人員經過市場調查，原生產廠家已不再生產該種型號的鍋爐了，評估人員選擇本地區近幾個月已經成交的其他廠家生產的該種型號鍋爐的3個交易實例作爲比較參照物。評估對象及參照物的有關情況見表4-9。

表4-9　　　　　　　　　　　評估對象與參照物的情況

	評估對象	參照物 A	參照物 B	參照物 C
交易價格（元）		100 000	60 000	95 000
交易狀況	公開市場	公開市場	公開市場	公開市場
生產廠家	沈陽	上海	大連	上海
交易時間	2015年6月	2014年12月	2015年1月	2015年5月
已使用年限（年）	5	3	7	4
尚可使用年限（年）	15	17	13	16
成新率	75%	85%	65%	80%

評估人員經過對市場信息進行分析得知，3個交易實例都是在公開市場條件下銷售的，不存在受交易狀況影響使價格偏高或偏低的現象，影響售價的因素主要是生產廠家（品牌）、交易時間和成新率。

（1）生產廠家（品牌）因素的分析和修正。經分析參照物 A 和參照物 C 是上海一家機械廠生產的名牌產品，其價格同一般廠家生產的產品相比高20%左右，則參照物 A、參照物 B、參照物 C 的修正系數分別爲：100/120、100/100、100/120。

（2）交易時間因素的分析和修正。經分析近幾個月該類設備的銷售價格每月上升4%左右，則參照物 A、參照物 B、參照物 C 的修正系數分別爲：124/100、120/100、104/100。

（3）成新率因素的分析和修正。根據公式：成新率修正系數＝評估對象成新率÷參照物成新率，參照物 A、參照物 B、參照物 C 的成新率修正系數分別爲：75/85、75/65、75/80。

（4）計算參照物 A、參照物 B、參照物 C 修正後的價格，得出初步結果。

參照物 A 修正後的價格爲：$100\ 000 \times \frac{100}{120} \times \frac{124}{100} \times \frac{75}{85} = 91\ 176.47$（元）

參照物 B 修正後的價格爲：$60\ 000 \times \frac{100}{100} \times \frac{120}{100} \times \frac{75}{65} = 83\ 076.92$（元）

參照物 C 修正後的價格爲：$95\ 000 \times \frac{100}{120} \times \frac{104}{100} \times \frac{75}{80} = 77\ 187.5$（元）

（5）確定評估值。對參照物 A、參照物 B、參照物 C 修正後的價格進行簡單算術平均，求得被評估設備的評估值：

$(91\ 176.47 + 83\ 076.92 + 77\ 187.5) \div 3 \approx 83\ 814$（元）

（三）比率調整法

比率調整法是通過對大量市場交易數據的統計分析，掌握相似的市場參照物的交易價格與全新設備售價的比率關係，用此比率作爲確定被評估機器設備價值的依據。例如，在評估一臺甲公司生產的車床時，找不到同樣規格、同一廠家生產的車床的價格，但能找到類似規格不同廠家生產的車床的價格。經分析，認爲與被評估資產役齡和狀態相近的車床的售價是其重置成本的40%～50%。於是，有理由認爲被評估設備的價值也在其重置成本的40%～50%的範圍內。

第四節　收益法在機器設備評估中的應用

利用收益法評估機器設備是通過估算設備在未來的預期收益，並採用適當的折現率折算成現值，然後累加求和，得出機器設備評估值的方法。其基本計算公式爲：

$$P = \sum_{i=1}^{n} \frac{F_i}{(1+r)^i}$$

式中：P——評估值；

　　　F_i——機器設備未來第 i 個收益期的預期收益額；

　　　r——折現率；

　　　n——收益期限。

使用這種方法的前提條件是：①要能夠確定被評估機器設備的獲利能力、淨利潤或淨現金流量；②能夠確定資產合理的折現率。就單項機器設備而言，大部分不具有獨立獲利能力。因此，單項設備評估通常不宜採用收益法評估。對於自成體系的成套設備、生產線、以及可以單獨作業的車輛等具有獨立獲利能力的機器設備可以使用收益法評估。另外，在使用成本法評估整體企業價值時，收益法也經常作爲一種補充方法，用來判斷機器設備是否存在功能性貶值和經濟性貶值。收益法也可廣泛應用於租賃機器設備的評估。

對於租賃的設備，其租金收入就是收益。如果租金收入和折現率是不變的，則設備的評估值爲：

$$p = A \times \sum_{i=1}^{n} \frac{1}{(1+r)^i}$$

$$= \frac{A}{r}\left[1 - \frac{1}{(1+r)^n}\right]$$

式中：P——評估值；

　　　A——收益年金；

　　　r——折現率；

　　　n——收益期限。

用收益法評估租賃設備的價值，首先，確定租賃設備的收益。對租賃市場上類似設備的租金水平進行調查分析，經過比較調整後確定被評估設備的預期收益。調整的因素可能包括租賃時間、租賃方式、地點、規格和役齡等。對於在評估時，有租賃合同約定的出租設備，一般需考慮其合同約定。其次，確定收益期限。通常根據被評估機器設備的狀況，估計其剩餘經濟壽命年限，作爲確定收益年限的依據。最後，計算評估值。根據類似設備的租金及市場售價確定被評估設備的折現率，並根據被評估設備的收益年限，用相關公式計算評估值。

［例 4-17］試用收益法評估某租賃設備。

（1）測算預期收益。評估人員由租賃市場瞭解到被評估設備的三個參照物的年租金信息如表4-10所示。

表4-10

參照物	日期	租金（元/年）
A	上個月	12 000
B	上個月	12 000
C	去年	11 500

　　三個參照物和評估對象是相同的，前兩個參照物和被評估設備是同期租賃的，第三個參照物是前一年租賃的，由於物價上漲4%，第三個數據應調至每年11 960元（即11 500×1.04），因此預期年收益爲每年12 000元是合理的。

　　(2) 根據該機器設備的當前狀況，估測其尚可使用年限爲10年，10年後殘值爲零。

　　(3) 評估師通過對類似設備交易市場和租賃市場的調查，通過測算淨租售比的方式得到該類設備的折現率爲15%。

則該設備的評估值爲：

$$p = \frac{A}{r}\left[1 - \frac{1}{(1+r)^n}\right]$$

$$= 12\ 000 \times \frac{1}{15\%}\left[1 - \frac{1}{(1+15\%)^{10}}\right]$$

$$= 12\ 000 \times 20.304$$

$$= 243\ 648\ (元)$$

本章小結

　　資產評估中的機器設備不僅包括自然科學領域所指的機器設備，還包括人們利用電子、電工、光學等各種科學原理製造的裝置。一般泛指機器設備、電力設備、電子設備、儀器、儀表、容器、器具等。機器設備是企業重要的生產要素之一，納入設備評估範圍的是作爲固定資產管理的機器設備。

　　對機器設備進行評估可以採用成本法、市場法和收益法。

　　成本法是最常用的方法，它適用於繼續使用前提下的機器設備評估。它是通過估算機器設備的重置成本，然後扣減實體性貶值、功能性貶值、經濟性貶值，來確定機器設備評估價值。

　　市場法是根據現行市場上類似設備若干完成交易的價格資料，通過對被評估設備與參照設備的各種因素對比分析，進行差異量化對參照設備價格進行修正，確定被評估設備的價值。它通常用於交易頻繁的通用設備。它是設備評估的又一種重要方法。

　　收益法一般適用於具有獨立獲利能力的機器設備的評估，應合理確定收益期限、合理量化機器設備的未來收益、合理確定折現率。

檢測題

一、單項選擇題

1. 由於社會對產品的需要量降低使產品銷售困難，從而導致生產該產品的設備開工不足，並由此引起設備貶值，這種貶值成爲（　　）
   A. 功能性貶值　　　　　　　B. 實體性貶值
   C. 經濟性貶值　　　　　　　D. 無形損耗貶值

2. 用物價指數法估算的資產成本是資產的（　　）。
   A. 更新重置成本
   B. 復原重置成本
   C. 既可以是更新重置成本，也可以是復原重置成本
   D. 既不是更新重置成本，也不是復原重置成本

3. 被評估設備年生產能力爲100萬件，綜合成新率爲60%。已知一臺年生產能力爲80萬件的同類全新設備的價格爲120萬元，而且該類設備的價格與生產能力是線性關係。根據上述給定條件，被評估設備的評估值最接近於（　　）萬元。
   A. 58　　　　B. 90　　　　C. 120　　　　D. 150

二、多項選擇題

4. 設備的功能性貶值通常要表現爲（　　）。
   A. 超額重置成本　　　　　　B. 超額投資成本
   C. 超額運營成本　　　　　　D. 超額更新成本
   E. 超額復原成本

5. 進口設備的重置成本包括（　　）。
   A. 設備購置價格　　　　　　B. 設備運雜費
   C. 設備進口關稅　　　　　　D. 銀行手續費
   E. 設備安裝調試費

三、判斷題

6. 由於機器設備數量多、規格複雜、情況各異，所以設備評估以整套設備爲對象。（　　）

7. 實體性貶值與成新率是同一事物的兩面，實體性貶值用相對數來表示，它的餘數就是成新率。（　　）

8. 市場法的運用必須首先以市場爲前提，它是借助於參照物的市場成交價或變現價運作的（該參照物與被評估設備相同或相似）。（　　）

四、思考題

9. 機器設備評估中應用成本法時，其思路和基本步驟是什麼？

10. 運用市場法評估機器設備時，在選擇參照物時需考慮哪些可比因素？

第五章　房地產評估

[學習內容]
  第一節　房地產評估概述
  第二節　收益法在房地產評估中的應用
  第三節　市場法在房地產評估中的應用
  第四節　成本法在房地產評估中的應用
  第五節　其他評估方法在房地產評估中的應用

[學習目標]
  本章的學習目標是使學生瞭解房地產評估的對象、類別及相關概念；認識房地產的特性、房地產價格的影響因素及房地產評估的特點；掌握收益法、市場法、成本法在房地產評估中的應用；瞭解其他方法在房地產評估中的應用。具體目標包括：
  ◇ 知識目標
  瞭解房地產評估的對象、類別及相關概念；認識房地產的特性、房地產價格的影響因素及房地產評估的特點。
  ◇ 技術目標
  理解各種房地產評估方法的基本思路、適用條件；掌握收益法、市場法、成本法在房地產評估中的應用；瞭解其他方法在房地產評估中的應用。
  ◇ 能力目標
  能夠運用收益法、市場法、成本法等方法對房地產進行評估。

[案例導引]

法院查封行為引發4年糾葛

同一座大廈：不同機構評估相差7 000萬元

  凱立大廈（以下簡稱"大廈"）位於海口市黃金地段，建築面積兩萬餘平方米，已經封頂，且完成了大部分裝修。

  凱立大廈的所有者是海南凱立中部開發建設股份有限公司（以下簡稱"凱立公司"）。該公司曾因2001年將中國證監會告上法庭並最終勝訴而聞名。

  但是，法院的查封讓大廈裝修停工4年，雙方也糾葛了4年，甚至驚動了海南省主要領導。

  前腳高院解封，後腳中院查封

  大廈被查封，緣起凱立公司對海南長江旅業有限公司（以下簡稱"長旅公司"）

的一筆本金餘額爲3 047.81萬元貸款擔保訴訟，海口市中級人民法院一審判決：凱立公司的擔保無效，不承擔賠償責任。海南省高級人民法院2002年的終審同樣認定，凱立公司的擔保無效、不承擔連帶賠償責任，但凱立公司對長旅公司上述債務不能清償部分的損失，承擔40%的賠償責任。

海南省高級人民法院判決下達後，於2003年7月1日解除了對凱立大廈的保全查封，可兩天後，這座大廈卻又被海口市中級人民法院在查封長旅公司資產的同時，一並查封了。

海口市中級人民法院執行庭庭長李順華說，執行查封的依據是海南省高級人民法院的判決。但凱立公司反對稱：依據生效判決，凱立公司對長旅公司所欠債權人的債務不承擔連帶責任，只承擔有限的補充責任，且只有長旅公司未能全部清償，才是凱立公司履行判決義務的開始。故，在長旅公司清償債務期間，查封大廈是錯誤的。

凱立公司先後十餘次提出查封異議，要求解除查封未果，便向最高人民法院、海南省人大、海南省主管部門領導進行了反應，海南省政府辦公廳法制辦開始介入調查。

對此，海口市中級人民法院於2006年年底向海南省政府辦公廳遞交的報告稱：凱立大廈爲"一幢封了頂的半拉子樓房"，查封大廈是必須採取的執行措施，且查封是活封，即司法上的控制，不讓其轉移。這並不妨礙對其投資建設。然而海口市中級人民法院2006年11月23日在媒體刊登的公告稱：未經本院許可，任何單位和個人不得擅自對凱立大廈進行出租、抵押、出售、轉移等處置行爲。

據此，凱立公司認爲：連出租都不能進行的查封，怎麼能說是活封呢？正是因爲海口市中級人民法院的錯誤查封，才導致已開始裝修即將出售的凱立大廈相關業務陷入停滯。將大廈說成半拉子樓房的目的，不外乎是想以超低價格處理凱立大廈。

評估差價7 000餘萬元，凱立大廈究竟價值幾何

海口市中級人民法院2003年查封凱立大廈後，委託海南中力信資產評估公司的評估結論是：凱立大廈價值爲1 772萬元（即722元/平方米）。而凱立公司稱，建設凱立大廈，僅建設成本就投入1.3億元。

爲證明凱立大廈被法院超值查封的問題，2006年8月，凱立公司按照司法部的有關規定，委託具備司法鑒定資格的海南振華房地產評估諮詢有限公司（簡稱振華公司），對大廈當時的市值進行評估。評估結果爲9 067萬餘元。

2008年3月，海口市房產管理局主辦的海口住宅與房地產信息網公布的海口住宅簽約成交均價爲每平方米4 706.20元，簽約非住宅均價爲每平方米6 336.63元。海南在線的分類信息顯示，與凱立大廈相隔不足百米的龍泉家園小區，一些二手房價格也達到了4 400元/平方米。

對同一幢大廈的兩次評估，7 000萬元的懸殊差異如何解釋？

記者發現，中力信評估公司的評估報告第6頁註明：評估結論的有效期爲一年。

凱立公司感到很奇怪：爲何海口市中級人民法院2006年在給省政府辦公廳的報告中引用了一個失效的評估鑒定結果？而且該結果並未依據海南省高級人民法院《司法鑒定工作若干問題的暫行規定》第十五條經過聽證程序就被作爲證據採信，也沒有出過正式報告送達給當事人。

問題焦點：法院是否超值查封凱立大廈

海口市中級人民法院和凱立公司各自組織的評估結論，最終指向了法院是否超值查封凱立大廈的問題。

對凱立公司委託做的評估鑑定，海口市中級人民法院稱："這一評估結論與本院委託評估結論相差 7 000 餘萬元。由於未經本院依法定程序委託，該證據無法採信。"

凱立公司回應稱，依據司法部《司法鑑定程序通則》，公司可以委託司法鑑定機構評估凱立大廈，舉證證明大廈被海口市中級人民法院超值錯誤查封；如果海口市中級人民法院不能證明評估結果錯誤，就證明確實屬於超值查封。而超標的額查封是法律法規所明確禁止的。

但是，凱立公司與海口市中級人民法院就上述所有的異議經過交涉後均沒有結果。2007 年 11 月下旬，在海口市中級人民法院繼續查封資產的情況下，凱立公司提出一個折中的辦法：請求海口市中級人民法院允許凱立公司以下屬全資子公司價值 2 200 多萬元的經營性房產置換出被查封的在建項目凱立大廈。

但這一請求仍然沒有被許可。海口市中級人民法院執行庭庭長李順華在接受記者採訪時說，凱立公司要求置換的資產是其全資子公司的資產，但法律上並沒有"置換"這一說法。另外，申請執行人也不同意這種置換查封。

經過 4 年多的交涉，凱立公司和海口市中級人民法院的糾葛仍然在繼續。

資料來源：任明超. 法院查封行爲引發 4 年糾葛　同一座大廈：不同機構評估相差 7 000 萬元 [N]. 中國青年報，2008 - 04 - 01.

第一節　房地產評估概述

一、房地產評估的對象

房地產通常是指房屋建築物（含相關建築物和附着物）、承載房屋建築物的土地及其權屬的合稱，法律上稱爲"不動產"。對城鎮某宗房地產，通常稱爲"物業"。房地產從組成內容看，具有二元性，即土地和地上建築物。但在資產評估中，因具體評估項目和具體評估業務處理的需要，通常會將房地產評估分爲三種評估對象：單純評估土地價值、單純評估房屋建築物價值、評估房地合一價值（或稱房地產價值或物業價值）。

（一）土地及其價格構成和種類

土地是指地球表層的陸地部分，包括內陸水域和灘塗。從資產評估的角度，土地可進行如下分類：按土地權屬性質，分爲國有土地和集體土地；按土地的經濟用途，分爲工業用地、商業用地、住宅用地、其他用地（教育用地、交通用地、公共事業用地等）；按土地的經濟地理位置，分爲市中心區土地、城區土地、郊區土地、開發區土地等；按土地取得方式，分爲劃撥土地、出讓土地、轉讓土地、租賃土地等；按土地開發程度，分為生地、毛地、熟地。

土地的自然特性有：土地位置的固定性，即土地不隨其產權的流動而改變其空間的位置；土地質量的差異性，即因土地的位置不同而造成的自然差異及其土地級差地租；土地資源的不可再生性，即土地資源只有科學、合理地利用，才能供人類永續利用；土地效用的永續性，只要使用得當，土地的效用即利用價值會一直延續下去。

土地的經濟特性有：土地產權的可壟斷性，即土地的所有權和使用權都可以壟斷，在土地所有權或使用權讓渡時，必然要求實現其壟斷利益，在經濟上獲得收益；土地利用的多方向性，即土地的用途是多種多樣的，這也要求在房地產評估中需要確定土地的最佳用途；土地效益的級差性，即由於土地質量的差異性而使不同區位土地的生產力不同，從而在經濟效益上具有級差性。

1. 土地價格的構成

中國實行國有土地有償使用制度，國有土地所有權與使用權相分離，國有土地所有權不進入地產市場流轉，國有土地使用權可以流轉，因此評估中的地價一般是國有土地使用權的價格。土地價格一般由以下幾項構成：土地取得費、土地開發費、稅費、投資利息、利潤和土地所有權收益。

土地取得費是指為了取得土地使用權而付出的費用，視土地取得方式的不同，包括通過徵用集體土地而向農村經濟組織及個人支付的徵地費，或徵用城區土地而向原土地使用者支付的拆除原有建築物和設施及安置原有單位與居民的拆遷安置補償費。土地開發費是指為了滿足房地產開發的需要而對土地進行的改良性投資。城區土地開發費主要包括基礎設施配套費（通常指"三通一平"費、"五通一平"費、"七通一平"費）、公用事業配套建設費、小區開發配套費及對土地改良的投入。土地所有權收益也稱土地出讓金或土地增值收益，是指政府出讓土地除收回投資成本外，作為土地所有者應當取得的收益。

2. 土地價格的主要類型

（1）土地所有權價格和土地使用權價格

土地所有權價格實質上是土地的購買價格，反應的是土地所有權和使用權的一次性轉移價格，現實中表現為徵地價格。該價格只有在國家與農村集體發生徵地關係時才產生。土地使用權價格的本質是租賃價格，即土地使用者支付該價格後取得的僅僅是土地的使用權，土地的所有權仍屬於國家，現實中表現為土地出讓金。

國有土地使用權出讓可以採取協議、招標、拍賣和掛牌方式。國有土地使用權出讓最高年限按下列用途確定：居住用地70年；工業用地50年；教育、科技、文化、衛生、體育用地50年；商業、旅遊、娛樂用地40年；綜合或者其他用地50年。

（2）基準地價、標定地價、出讓底價、轉讓地價和租賃地價

①基準地價是按照城市土地級別或均質地域分別評估的商業、住宅、工業等各類用地和綜合土地級別的土地使用權的平均價格，基準地價評估以城市為單位進行。②標定地價也稱標準宗地價格，是指以基準地價為依據，根據土地使用年限、地塊大小、土地形狀、用途、容積率等條件確定具體宗地在一定時期內的價格。③出讓底價是指政府土地管理部門對國有土地在一定使用年限、用途、地產行情條件下確定的釋

出讓宗地或成片開發土地的最低控制價格。④轉讓價格是指土地使用者在使用期內將已取得的土地使用權依法轉讓給其他土地使用權人的土地價格。⑤租賃地價是指在不改變土地使用權屬性質的情況下，以支付租金的形式取得一定時期土地使用權的土地價格。上述土地價格中，前三個屬於土地一級市場價格，由政府組織確定；後兩個屬於土地二級市場價格，評估機構評估的就是這類性質的價格。

(3) 土地總價、單位地價和樓面地價

①土地總價是指一定範圍內土地的價格總額。②單位地價是指單位土地面積的價格，它是一定時期內土地價格的反應。③樓面地價又稱單位建築面積地價，是指平均每單位建築面積上的土地價格。樓面地價＝土地總價格÷建築總面積。因為，容積率＝建築總面積÷土地總面積，所以，樓面地價＝土地單價÷容積率。

(二) 房屋建築物及其價格構成和種類

房屋建築物通常是房屋和構築物的總稱。其中，房屋是指用建築平方米為主體單位，具有一定高度空間的建築物；構築物是指用建築施工方式形成的非房屋類建築，如圍牆、工業烟囪、溝槽、水池等建築設施。本書的房屋建築物僅指上述房屋。

房屋建築物通常由基礎、結構、設備和裝飾四個部分構成，主要的分類方式有兩種：按房屋的使用性質劃分，分為工業用房、商業用房、住宅、文教衛生用房、其他用房；按房屋的結構劃分，分為磚木結構、磚混結構、框架結構、剪力牆結構、框架—剪力牆結構。

1. 房屋建築物價格的構成

房屋建築物價格是指不含土地價格的純建築物價格，由房屋建築物建設成本和一定的利潤、稅金組成，主要包括前期費用、建築安裝工程費、配套費用、合理利潤、資金成本。前期費用包括項目規劃和可行性研究費、勘測及工程設計費、工程招投標費、鑒證費等。建築安裝工程費包括建築工程和安裝工程費，即房屋建設單位支付給建築商的建築成本。配套費用是指根據房屋建設所在地區規定需繳納的各種規定費用和建設中需要發生的各種必需費用，如檔案費、人防費、白蟻防治費、綠地建設費、監理費等。合理利潤是指開發房屋建築物應獲得的平均利潤。資金成本是指按房屋建築工程正常週期、平均投入資金計算的建設期利息。

2. 房屋建築物價格的種類

房屋建築物價格，按流通形式劃分，分為出售價格和租賃價格；按計算單位劃分，分為房屋建築物總價格和單位面積價格；按交房時間劃分，分為現房價格和期房價格；按經濟性質劃分，分為銷售價格、租賃價格、抵押價格、課稅價格和典當價格。

(三) 房地產的價格構成及種類

土地資源的有限性和固定性、建築物使用的長期性，使房地產具有了區域價格的差異性、滿足需要的限制性、長期性、保值增值性和投資風險性等特點。房地產因土地資源的有限性和固定性，造成區域間房地產價格因區域供求關係的差異；因滿足房地產需求尤其是對良好地段物業需求的限制性和對土地的改良與城市基礎設施的不斷完善，導致土地價格上漲。土地的增值性和建築物使用的長期性，使房地產成為投資回報率較高的行業，但房地產市場受國家和地區政策的影響較大，城市規劃、土地利用規劃、土地用途管制、住房政策、房地產信貸政策、房地產稅收政策等都會對房地產的價格產生直接或間接的影響，因此房地產投資風險也比較大。

1. 房地產價格的特徵

（1）房地產價格是權益價格。房地產交易的實質是轉移與房地產有關的各種權益，如所有權、使用權、抵押權、租賃權，因此會有各不相同的權益價格。

（2）房地產價格與用途相關。同樣一宗房地產，在不同的用途下，產生的收益是不一樣的。特別是土地，在不同的規劃用途下，其使用價值是不一樣的，土地價格與其用途相關性極大。

（3）房地產價格具有個別性。由於房地產的個別性、房地產交易的個別性、交易主體之間的個別性等，造成了房地產價格具有個別性。

（4）房地產價格具有可比性。房地產價格儘管具有與一般商品不同的許多特性，但人們可以根據房地產價格的形成規律，對影響房地產價格的因素進行比較，從而比較房地產的價格。

2. 房地產價格的種類

按房地產實物形態劃分，可分為土地價格、建築物價格和房地產價格；按房地產價格的形成方式劃分，可分為市場交易價格和評估價格；按房地產的交易方式劃分，可分為拍賣價格、招標價格和協議價格；按房地產的權屬性質劃分，可分為所有權價格、使用權價格和其他權利價格；按房地產價格的表示單位劃分，可分為總價格、單位價格和樓面地價。

房地產的使用權價格，是指房地產使用權的交易價格。抵押價格是指為房地產抵押而評估的房地產價格。租賃價格是指承租方為取得房地產使用權而向出租方支付的價格。一般情況下，房地產所有權價格高於房地產使用權價格。

土地價格是指取得土地使用權並使之能適應房地產開發需要所支付的全部成本及合理利潤。建築物價格是指純建築物部分的價格，不包含其占用的土地價格。房地產價格是指建築物連同其占用的土地的價格的合計數。

房地產的總價格是指一宗房地產的整體價格。房地產的單位價格有三種情況：對土地而言，是指單位土地面積的土地價格；對建築物而言，是指單位建築面積的建築物價格；對房地產單位價格而言，是指單位建築面積的房地產價格。房地產的單位價格能反應房地產價格水平的高低，而房地產的總價格一般不能反應房地產價格水平的高低。

二、房地產價格的影響因素

影響房地產價格的因素衆多而複雜。由於這些因素本身具有動態性，因此它們對房地產價格的影響也是動態的。隨著時間不同、地區不同、房地產用途的不同，這些因素的影響作用也不相同，本來是影響較小的因素，可能會成為主導因素，而主導因素也會成為次要因素。它們對房地產價格的影響程度有的可以量化，有的則難以量化，只能憑借評估師的經驗加以判斷。

資產評估

相關資料鏈接

新華視點："麵粉貴過麵包" 地價房價誰更瘋狂

新華網北京2007年11月27日電（"新華視點"記者陳芳、徐壽松、鄧華寧） 隨著國內房地產市場格局的不斷改變，房價上漲——地產股升值——巨額融資圈地——土地儲備充足抬高股價——高地價再拉高房價……一幅房、地、股聯動圖不時浮現在人們眼前。

2007年11月8日，上海郊區青浦區趙巷鎮一塊面積14.4公頃的地塊，掛牌底價為4億元左右，最終被重慶龍湖地產有限公司以15.42億元的"天價"一舉摘牌，創下上海郊區地價之最。每平方米過萬元的地價成本，遠超出當地住宅目前每平方米7 000元的售價。上海城區新江灣城出讓的第四幅住宅用地的地價也創出新高：土地出讓面積5.4公頃，容積率為1.2，出讓總價13.01億元，樓面地價每平方米高達2萬元。而4個月前新江灣城D_1地塊的"地王"價是每平方米12 500元，這次竟上漲了60%。

南京在2007年7月下旬誕生江寧"地王"之後，8月中旬再次誕生板橋"地王"。拍賣現場，南京市國土局三次提醒："希望各位開發商沉着冷靜，理性應價。"但最終這一地塊竟然還是從底價5.7億元一路拉升到22.5億元成交。

閃亮登場的"地王"不斷創造着新紀錄：北辰實業等以92億元拍得長沙新河三角洲地塊，創下國內單宗土地拍賣總價最高紀錄；蘇寧房地產開發有限公司拍得上海南京路地塊，樓面單價每平方米高達6.69萬元，成為國內單價最貴"地王"……

開發商緣何近乎瘋狂地去搶地？2007年以來，全國房價加速上漲，助推了開發商對後市的超樂觀預期。房地產上市公司冒險演繹"地價—股價"對賭格局，不斷加大融資投放到土地儲備上，因為這可以直接推高公司的未來發展評價。

2007年7月，金地集團定向增發1.73億A股，成功募資45億元；8月，金地集團又發布公告，擬發行不超過12億元人民幣的公司債；8月，萬科A股增發募集資金100億元，創下我國股市增發史上單次募資最高紀錄……地產股表現良好，給上市公司通過資本市場融資創造了機會。據不完全統計，2007年以來上市房地產公司通過增發、派股等方式，已合計融資超過1 000億元。資本市場與樓市發生了聯動：準備上市的房地產公司必須拼命儲備土地，以便提高IPO發行價格，從股市圈得更多資金。已經上市的房地產公司，通過IPO圈錢上百億元，或通過增發、派股、發債等方式，從股市再融資幾十億元、逾百億元，巨量資本在手，必須持續地儲地，否則中報、年報業績上不去，股價就維持不了，公司大股東、管理層的利益將會受損。

"房價上漲主要歸咎於土地供應太少？"江蘇華泰證券行業研究員張馳飛統計發現，按目前企業年開發量計算，在不新購土地的情況下，一些企業儲備用地足夠連續開發兩三年，多的可達四五年甚至六七年。在土地儲備成為拉抬地產股價格最主要賣點以及"要上市先拿地"的背景下，購地不再單純是企業為未來發展做儲備，更多的是為推高股價或籌備上市而圈占。而且，建設銀行一位信貸經理說，從股市融資成本非常低廉，無須還本、不用付息，風險卻由眾多投資者分擔。

開發商在土地市場瘋狂競拍會帶來什麼後果？記者在調查中發現，一是直接導致地價加速上漲。江蘇省統計局的統計數據顯示，2007年1~6月份全省房地產開發企業購置土地面積同比僅增長9.2%，而土地成交價款同比增幅高達60%以上。二是"麵粉漲價引發麵包漲價"。佑威地產研究中心分析師舉例說，上海楊浦區的合生江灣國際公寓，受11月8日新江灣城拍出樓面地價每平方米2萬元新"地王"的利好刺激，11月13日推出的公寓房源報價迅即由9月份上市時的每平方米1.7萬元，飆升到每平方米2.4萬元。

資料來源：新華視點："麵粉貴過麵包" 地價房價誰更瘋狂．［2007-11-27］http：//www.xinhuanet.com．

影響房地產價格的因素通常可劃分為一般因素、區域因素和個別因素。

（一）一般因素

一般因素是指影響一定區域範圍內所有房地產價格的一般的、普遍的、共同的因素。這些因素通常會對較廣泛地區範圍內的各宗房地產的價格產生全局性的影響，主要包括經濟因素、社會因素、行政因素和心理因素等。

有關研究表明，房地產業發展週期與國民經濟發展週期總體趨勢基本一致，房地產價格總水平與地區經濟發展狀況呈正相關關係；存、貸款利率，物價指數，稅率，貸款比例和土地資本化率等財政金融因素對房地產價格的形成也有着密切的關係；第三產業的比重增大，房地產價格會相應上升。經濟因素對房地產價格影響巨大。

研究表明：人口數量、家庭規模的小型化，與房地產價格的關係是正相關的；社會文明、人口平均文化程度、居民的修養、社會福利狀況和社會治安也間接地與房地產價格呈正相關關係。而房地產投機這種市場經濟下普遍的社會現象，也在投機者搶購或拋售房地產的行為中拉動或平抑着房地產的價格。可見，人口、家庭規模、教育科研水平、社會福利和治安、房地產投機等社會因素都會對房地產價格產生影響。

政府可根據對國民經濟或地區經濟宏觀調控的需要，調整地價政策。城市規劃、土地利用規劃、城市發展戰略對房地產價格影響極大。稅收制度、投資傾斜、優惠政策，也會影響房地產價格。行政因素通過有關房地產、土地利用的制度、政策和行政管理措施對房地產價格產生着影響。

一般情況下，一個地區政治局勢穩定，投資者信心會增強，對房地產的需求不斷增長，房地產價格會因此而升高；相反，土地或房地產價格也會下跌。但也有例外，如在伊拉克戰爭前，因很多投資者預期戰後將獲更大的投資回報，伊拉克部分城市的地價不降反升。可見，政治因素對房地產價格也有影響。

此外，購買或出售心態、對居住環境的認同度、個人欣賞趣味、時尚風氣、接近名家住宅、講究門牌號碼、講究風水、價值觀的變化等心理因素對房地產價格的影響也不可忽視。

（二）區域因素

區域因素是指房地產所在區域特定的自然、社會、經濟、行政等條件的綜合反應，可細分為商業繁華、道路通達、交通便捷、城市設施狀況和環境因素等。區域因素內容很複雜，各因素對房地產價格的影響程度不一樣，房地產利用方式不同，起作用的區域因素也不同，但它們都與地區的房地產價格水平呈正相關關係。

（三）個別因素

個別因素分為土地個別因素和建築物個別因素。

（1）土地個別因素，也叫宗地因素，是宗地自身的條件和特徵對該地塊價格產生影響的因素。它包括區位因素、面積因素、寬度因素、深度因素、形狀因素、地力因素、地質因素、地勢因素、地形因素、容積率因素、用途因素、土地使用年限因素。

區位也叫宗地位置，包括自然地理區位與經濟地理區位。當區位由劣變優時，地價會上升；相反，則地價下跌。一般來說，宗地面積必須適宜，規模過大或過小都會影響土地效用的充分發揮，從而降低單位地價。臨街寬度過窄，會影響土地使用和土地收益，從而降低地價。宗地臨街深度過淺、過深，都不適合土地最佳利用，從而影響地價水平。一般認為宗地形狀以矩形為佳，形狀不規則的土地，會因不便利用而降低地價。但也有特殊情況，如在街道的交叉口、三角形等不規則土地的地價也可能畸高。地力又稱土地肥沃程度或土地肥力，只與農業用地的價格呈正相關關係。地質條件決定着土地的承載力，對於高層建築和工業用地的地價影響尤其大，兩者呈正比例關係。地勢是指與相鄰土地、鄰近道路的高低關係，一般與地價呈正比例關係。地形是指地面的起伏形狀，土地平坦性一般與地價呈正比例關係。容積率是影響土地價格的主要因素之一，容積率越大，地價越高；反之，容積率越小，地價越低，但容積率與地價一般不呈線性關係。土地的用途對地價的影響相當大，同樣一塊土地，規劃為不同用途，則地價不相同。一般情況下，商業用地、居住用地、工業用地的地價是遞減的。在年地租不變的前提下，土地使用年限超長，地價越高。

（2）建築物的個別因素，包括面積、結構、材料、設計、設備、施工質量、法律限制、與周圍環境的協調性等。

建築物的建築面積、居住面積、高度、結構及建築材料質量、施工質量，不僅影響建築物的建設成本，更重要的是影響建築物的耐用年限和使用的安全性、方便性和舒適性，從而影響房地產價格。建築物的形狀、設計風格、建築裝潢、設備與使用目的、使用功能是否適應，城市規劃及建築法規對建築物高度的限制、消防管制、環境保護等，對建築物的價格都會產生影響。建築物與其周圍環境是否協調一致，是否達到最有效使用狀態，也會對房地產價格產生影響。

三、房地產評估的特點和原則

（一）房地產評估的特點

房地產評估，是專業評估人員為特定目的對房地產的特定權益在某一特定時點上的價值進行的估算。由於房地產商品的特殊性，房地產評估與其他有形資產評估相比，具有以下特點：

1. 非完全市場性

由於土地具有固定性、稀缺性、個別性等特性，房地產市場是一個不完全競爭的不充分市場。這種非完全競爭性，決定了房地產評估價值雖受同一供需圈總體價格的影響，但每一宗房地產的評估都有個別性。

2. 非成本因素的重要性

在一般有形資產評估中，成本因素通常是決定評估價值的主要因素，而房地產市場和房地產價格是政策性非常強的一個經濟領域，政府在房地產方面的政策、法規必須在評估中得到貫徹執行，影響房地產價格的各種宏觀、微觀因素必須充分考慮。因此，房地產價格評估需要特別重視對評估價值有影響的這些非成本因素。

3. 房地不可分割性

房地產是土地、房屋建築物及其相關權益的綜合體。因此，房地產評估必須高度關註房地產組成要素的不可分割性，進行綜合評估，在確定影響評估結果的重要參數，如剩餘年限時，要考慮房地產三個組成部分的一致性，即使在需要進行房、地分估的情況下也應一致；再如，確定綜合評估結果時要正確區分權利人各項權利的價值。

(二) 房地產評估的原則

房地產價格通常依交易要求個別形成，受許多個別因素的影響，因此評估師在進行房地產評估時，是在個人經驗的基礎之上對房地產市場價值做出判斷，是科學方法和經驗判斷的結合，必須接受行業行爲準則的約束，在一定的評估原則下開展評估活動。在進行房地產評估時，除了需要遵循供求原則、替代原則、貢獻原則等，還特別需要註意遵循最有效使用原則和合法原則等。

1. 最有效使用原則

因房地產在不同用途狀況的收益不相同，房地產權利人爲了獲得最大收益總是希望房地產達到最佳使用狀態，但房地產的最佳使用必須在法律法規允許的範圍內，必須受城市規劃的制約。因此，評估房地產價值時，不僅要考慮房地產現時的用途和利用方式，還要結合預期原則考慮房地產的最佳使用狀況，以最佳使用所能帶來的收益評估房地產的價值。

2. 合法原則

合法原則是指房地產評估應以評估對象的合法產權、合法使用和合法處分等爲前提進行。在分析房地產的最有效使用時，必須根據城市規劃及有關法律的規定，依據規定用途、容積率、建築高度與建築風格等確定該房地產的合法使用，如以合法經營用途測算房地產的淨收益而不能以臨時建築或違章建築的淨收益作爲測算依據。

(三) 房地產評估程序及評估資料的收集

收集被評估房地產的實體和權益資料是明確房地產評估基本事項的重要內容。對房地產實體的瞭解主要包括：土地面積、土地形狀、臨路狀態、土地開發程度、地質、地形及水文狀況；建築物的類型、結構、面積、層數、朝向、平面布置、工程質量、新舊程度、裝修和室內外的設施。對房地產權益狀態的瞭解主要包括：土地權利性質、權屬、土地使用權的年限、建築物的權屬、評估對象設定的其他權利狀況。

實地勘察是房地產評估工作的一項重要的步驟。房地產市場是地域性很強的市場，房地產交易都是個別交易，非經實地勘察難以對房地產進行評估。實地勘察就是評估人員親臨房地產所在地，對被評估房地產實地調查，以充分瞭解房地產的特性和所處區域環境。實地勘察要做記錄，形成工作底稿。

評估資料的收集在評估過程中是一項耗時較長而且艱苦細緻的工作。其內容涉及選用評估方法和撰寫評估報告時所需的資料數據，包括：①評估對象的基本情況；②有關評估對象所在地段的環境和區域因素資料；③與評估對象有關的房地產市場資料，如市場供需狀況、建造成本、租售價格等；④國家和地方涉及房地產評估的政策、法規和定額指標。獲得上述資料的途徑除了委託方提供外，主要通過現場的勘察和必要的調查訪問。

第二節　收益法在房地產評估中的應用

一、基本思路及適用範圍

收益法是房地產評估最直接、最有效的方法，是指通過估測房地產的未來收益，採用一定的折現率對其進行折現，從而確定房地產評估價值的方法。

收益的應用前提是：被評估房地產能夠在未來形成收益，所有可以合法取得這些收益。因此，收益法適用於有收益的房地產價值評估，如商場、寫字樓、旅館、公寓等，對於政府機關、學校、公園等公用、公益性房地產價值的評估大多不適用。

二、收益法在房地產評估中的基本模式

收益法被廣泛地運用於收益性房地產價值的評估，只要待評估對象具有連續的、可預測的純收益，則無論待評估對象是單純的土地、地上純建築物還是房地合一的房地產，均可運用收益法進行評估。假定房地產年收益等額，收益年限無限，則其基本模式為：

（一）評估房地合一的房地產價值

$$房地產評估值 = \frac{房地產年淨收益}{房地產綜合資本化率}$$

式中：房地產淨收益 = 房地產總收益 - 房地產總費用

房地產總費用 = 管理費 + 維修費 + 保險費 + 稅金

（二）單獨評估土地價值

（1）單純土地的評估。

$$土地評估值 = \frac{土地年淨收益}{土地資本化率}$$

式中：土地年淨收益 = 土地年總收益 - 土地年總費用

$$土地年總費用 = 年管理費 + 年維護費 + 年稅金$$

(2) 在房地合一的情況下，土地價值的評估。

$$土地評估值 = \frac{房地產年純收益 - 建築物年純收益}{土地還原率}$$

式中：建築物年純收益 = 建築物現值 × 建築物還原率

(三) 在房地合一的情況下，單獨評估建築物的價值

$$建築物評估值 = \frac{房地產年純收益 - 土地年純收益}{建築物資本化率}$$

運用以上公式求取房地產淨收益時，都是通過房地產總收益減去房地產總費用而得到的。在房地合一的條件下單獨評估土地或建築物價值時，要註意用來求取房地產淨收益的房地產總費用是否包含建築物折舊費；如果未包含，則建築物的資本化率還應加上其折舊率。

三、收益法基本參數的確定

(一) 淨收益的確定

淨收益是指歸屬於房地產的總收益扣除各種費用後的收益。總收益是指以收益為目的的房地產和與之有關的各種設施、勞動力及經營管理者要素結合產生的收益。總費用是指取得該收益所必需的各項支出，也就是為創造總收益所必須投入的正常支出，如維修費、管理費等。

在確定淨收益時，必須註意房地產的實際淨收益和客觀淨收益的區別。實際淨收益是指在現狀下被評估房地產實際取得的淨收益，實際淨收益由於受到多種因素的影響，通常不能直接用於評估。例如：當前收益權利人在法律上、行政上享有某種特權或受到特殊的限制，致使房地產的收益偏高或偏低，而這些權利或限制又不能隨同轉讓；當前房地產並未處於最佳利用狀態，收益偏低；收益權利人經營不善，導致虧損，淨收益為零甚至為負值；土地處於待開發狀態，無當前收益，同時還必須支付有關稅、費，淨收益為負值等。由於評估的結果是用來作為正常市場交易的參考，因此，必須對存在上述偏差的實際淨收益進行修正，剔除其中特殊的、偶然的因素，得到在正常的市場條件下，房地產用於法律上允許的最佳利用方式上的淨收益值，其中還應包含對未來收益和風險的合理預期。我們把這個收益稱為客觀淨收益。只有客觀淨收益才能作為評估的依據。

同理，求取房地產的總收益、總費用時，也應以房地產客觀收益（即正常收益）和客觀費用（即房地產正常支出）為基礎，而不能以實際收益和實際費用計算。

在計算以客觀收益為基礎的總收益時，房地產所產生的正常收益必須是其處於最佳利用狀態、最佳利用方式和最佳利用程度的正常收益。總費用也應該是客觀費用，是剔除了不正常費用支出後剩餘的正常支出費用。

用來求取房地產淨利益的房地產總費用通常不包含折舊費，包括管理費、維修費、保險費、稅金等。但與土地不同，房屋價值會隨使用而貶值。所以，在對房屋建築物

的未來收益進行折現時，評估師會在其資本化率基礎上增加其折舊率。

綜上所述，應用收益法對房地產進行評估，其淨收益的確定，應以客觀總收入減去客觀總費用，求取客觀淨收益。

(二) 資本化率的確定

房地產投資的資本化率又稱還原利率、折現率，它實際上是房地產投資的收益率，是將房地產未來收益折算成現值的比率，是決定評估價值的最關鍵的因素。資本化率的種類有房地產綜合資本化率、建築物資本化率和土地資本化率。房地產綜合資本化率（簡稱綜合資本化率），是評估房地產整體價值時，將土地和附著於其上的建築物看成一個整體評估對象所採用的資本化率。而建築物資本化率、土地資本化率則是分別對建築物、土地進行單獨評估時所採用的資本化率。

綜合資本化率、建築物資本化率和土地資本化率的關係，可用公式表示如下：

$$r = \frac{r_1 \times L + r_2 \times B}{L + B}$$

式中：r——綜合資本化率；

r$_1$——土地資本化率；

r$_2$——建築物資本化率；

L——土地價值；

B——建築物價值。

處於不同用途、不同區位、不同交易時間的房地產，由於投資風險各不相同，所以資本化率也各不相同。因此，在實際評估中，不能簡單地用銀行利率代替房地產投資的資本化率，而要綜合考慮很多因素來確定資本化率。一般有以下幾種方法：

1. 加總法

此方法是對資本化過程中所考慮的各因素設置一系列相互獨立的比率，各比率相加之和即為資本化率（還原率）。如美國聯邦住房管理委員會列出本金安全、收益確定性、收益均衡性、資金流動性、管理負擔五種風險類型，假定這五種風險因素的比率值分別為 3.00%、1.5%、1.25%、1.00%、0.75%，則其總資本化率（還原率）為 7.5%。

2. 淨收益與售價比率法

此方法是收集、選取市場上近期交易的多個（為避免偶然性，一般要求選取 3 個及以上）與被評估房地產相同或相近似的房地產的淨收益、價格等資料，反算出它們各自的資本化率，再根據實際情況，採取簡單算術平均值或加權算術平均值求取被評估房地產資本化率的方法。這種方法要求房地產市場發育比較充分、交易案例比較多，評估人員必須擁有充裕的資料，並盡可能採用與被評估房地產情況接近的資料作為參照，如表 5-1 所示。

表 5-1　　　　　　　　　　淨收益與售價交易實價

可比實例	淨收益（元/年・平方米）	交易價格（元/平方米）	資本化率（%）
1	418.9	5 900	7.1
2	450.0	6 000	7.6
3	393.3	5 700	6.9
4	459.9	6 300	7.3
5	507.0	6 500	7.8

對以上五個可比實例的資本化率進行簡單算術平均就可以得到資本化率：

$(7.1\% + 7.5\% + 6.9\% + 7.3\% + 7.8\%) \div 5 = 7.32\%$

3. 安全利率加風險調整值法

通常選擇銀行中長期利率作爲安全利率，然後根據影響被評估房地產的社會經濟環境狀況，估計投資風險程度，確定一個調整值，把它與安全利率相加。這種方法簡便易行，對市場要求不高，應用比較廣泛，但是風險調整值的確定主觀性較強，不容易掌握。

4. 各種投資收益率排序插入法

評估人員收集市場上各種投資的收益率資料，然後把各項投資按收益率的大小排隊。評估人員估計被評估房地產投資風險，並將它插入其中，然後確定資本化率的大小。

（三）收益期的確定

收益期即房地產評估中的預計收益年限。一般情況下，根據房地合一的原則，以土地使用權剩餘年限爲收益期，涉及房地產評估中的收益年限不能超過土地剩餘年限。

四、收益法應用案例

[例 5-1] 某房地產開發公司於 2009 年 3 月以有償出讓方式取得一塊土地 50 年的使用權，並於 2011 年 3 月在此地塊上建成一座磚混結構的寫字樓，當時造價爲每平方米 2 000 元，經濟耐用年限爲 55 年，殘值率爲 2%。目前，該類建築重置價格爲每平方米 2 500 元。該建築物占地面積爲 500 平方米，建築面積爲 900 平方米，現用於出租，每月平均實收租金爲 3 萬元。另據調查，當地同類寫字樓出租租金一般爲每月每建築平方米 50 元，空置率爲 10%，每年需支付的管理費爲年租金的 3.5%，維修費爲建築重置價格的 1.5%，土地使用稅及房產稅合計爲每建築平方米 20 元，保險費爲建築重置價格的 0.2%，土地資本化率爲 7%，建築物資本化率爲 8%。假設土地使用權出讓年限屆滿，土地使用權及地上建築物由國家無償收回。試根據以上資料評估該宗地 2015 年 3 月的土地使用權價值。

（一）選定評估方法

該宗房地產有經濟收益，適宜採用收益法。

（二）計算總收益

總收益應該為客觀收益而不是實際收益。

年總收益 = 50×12×900×（1 - 10%）= 486 000（元）

（三）計算總費用

(1) 年管理費 = 486 000×3.5% = 17 010（元）

(2) 年維修費 = 2 500×900×1.5% = 33 750（元）

(3) 年稅金 = 20×900 = 18 000（元）

(4) 年保險費 = 2 500×900×0.2% = 4 500（元）

(5) 年總費用 = (1) + (2) + (3) + (4)

= 17 010 + 33 750 + 18 000 + 4 500

= 73 260（元）

（四）計算房地產淨收益

年房地產淨收益 = 年總收益 - 年總費用

= 486 000 - 73 260

= 412 740（元）

（五）計算房屋淨收益

(1) 計算年貶值額。年貶值額本應根據房屋的耐用年限來確定，但本例的土地使用年限小於房屋耐用年限，一般情況下，按土地使用年限確認房屋可使用年限，房屋重置價格必須在可使用期限內全部收回。因此，房地產使用者可使用的年期為 48 年（50 - 2）。假定無殘值，房屋年貶值額的計算為：

$$年貶值額 = \frac{房屋重置價格}{使用年限}$$

$$= \frac{2\ 500 \times 900}{48}$$

$$= 46\ 875（元）$$

(2) 計算房屋現值。

房屋現值 = 房屋重置價格 - 年貶值額×已使用年數

= 2 500×900 - 46 875×4

= 2 062 500（元）

(3) 計算房屋淨收益（假定房屋收益年限無限）。

房屋淨收益 = 房屋現值×房屋資本化率

= 2 062 500×8%

= 165 000（元）

（六）計算土地淨收益

年土地淨收益 = 年房地產淨收益 - 年房屋淨收益

= 412 740 - 165 000

$$= 247\ 740\ (元)$$

（七）計算土地使用權價值

土地使用權在 2015 年 3 月的剩餘使用年期爲 44 年（50 - 6）。

$$p = \frac{247\ 740}{7\%} \times \left[1 - \frac{1}{(1+7\%)^{44}}\right]$$

$$= 3\ 358\ 836.15\ (元)$$

$$單價 = \frac{3\ 358\ 836.15}{500}$$

$$= 6\ 717.67\ (元)$$

（八）評估結果

本宗土地使用權在 2015 年 3 月的土地使用權價值爲 3358 836.15 元，單價爲每平方米 6 717.67 元。

第三節　市場法在房地產評估中的應用

一、基本思路及適用範圍

市場法是指在評估房地產價值時，依據替代原理，將被評估房地產與類似房地產的近期交易（包括買賣、租賃等）價格進行對照比較，通過對交易情況、交易日期、房地產狀況等因素的修正，得出被評估房地產評估值的方法。市場法是房地產評估方法中最常用的基本方法之一，也是目前國內外廣泛應用的評估方法。市場法又稱買賣實例比較法、交易實例比較法、市場比較法、市場資料比較法、現行市價法等。

市場法在房地產評估中的評估對象一般爲土地和房地合一的房地產。在房地產評估中，市場法的適用範圍比收益法要廣，不僅適用於以收益爲目的的土地和房地產，也適用於以非收益爲目的的土地和房地產，只要有適合的類似房地產交易實例即可適用市場法。在同一地區或同一供求範圍內的類似地區中，與被評估房地產相類似的房地產交易越多，市場法應用越有效。而在下列情況下，市場法往往難以適用：

(1) 沒有發生房地產交易或在房地產交易發生較少的地區；
(2) 某些類型很少見的房地產或交易實例很少的房地產，如古建築等；
(3) 很難成爲交易對象的房地產，如教堂、寺廟等；
(4) 風景名勝區土地；
(5) 圖書館、體育館、學校用地等。

二、市場法的基本評估模式

市場法通過與近期交易的類似房地產進行比較，並對一系列因素進行修正，而得到被評估房地產在評估基準日的市場價值。市場法的待修正因素主要有交易情況因素、交易日期因素、房地產狀況因素三類。市場法的基本計算公式爲：

$$\frac{被評估房地產}{評估價值} = \frac{可比實例}{交易價格} \times \frac{交易情況}{修正系數} \times \frac{交易日期}{修正系數} \times \frac{個別因素}{修正系數}$$

通過交易情況修正，將可比交易實例修正爲正常交易情況下的價格；通過交易日期因素修正，將可比交易實例價格修正爲評估基準日下的價格；通過房地產狀況因素修正，將可比交易實例價格修正爲被評估對象房地產狀況下的價格。房地產狀況修正可以分爲區位狀況修正、權益狀況修正和實物狀況修正。其中，容積率和土地使用年期這兩個因素比較重要，一般會單獨進行修正。

相關資料鏈接

地價飛漲、需求膨脹　中國樓市集體"發燒"

一直被看成調控"執行年"的2007年匆匆過半，房地產調控卻正遭遇新一輪房價集體上漲帶來的嚴峻考驗。

●長沙、北京房企拼搶"地王"

92億元、785 198.96平方米！這樣的價格和這樣的出讓面積足以讓這塊地配得上"地王"的頭銜，但在此前恐怕很難有人會料想到這則新聞的發生地竟然是之前並不在樓市關註焦點範圍內的湖南長沙。

●北海"來了不看房是你的錯"

這樣的廣告牌印證了一個現實：在北海，外地人已經成爲當地樓市最重要的消費群體之一。而這也不難解釋，爲什麼在國家發展和改革委員會、國家統計局等部門發布的房價調查中，北海房價漲幅能超過深圳、北京等一線城市占據首位，其中4月份的漲幅甚至達到23.6%。

●深圳樓市再創新"速度"

如今的"深圳速度"幾乎成了2007年深圳房價不斷上揚的專屬名詞。多家機構統計，2007年上半年，深圳房價累計漲幅超過50%，關內新房很多突破一平方米2萬元。

●原因

在中原地產華北區董事、總經理李文杰看來，2002年國土資源部要求土地出讓實行"招、拍、掛"直到2004年的"8·31"，土地出讓方式的轉變幾乎可以被看成房價上漲的一個"分水嶺"。"招、拍、掛"淨化了市場的交易秩序，但價高者得的土地出讓規則以及並不富裕的土地供應量在很大程度上使地價連連攀高，反思房價，不得不對這種出讓方式進行反思。

資料來源：高彤. 地價飛漲、需求膨脹　中國樓市集體"發燒"［N］. 北京青年報, 2007-08-02.

三、差異修正的方法

用市場法評估房地產價值，差異修正是其技術難點。除少數差異能夠直接測定偏差度外，大多數偏差的測度很大程度依賴於評估人員的經驗、判斷能力及對市場交易信息的把握。常用的差異修正方法如下：

(一) 交易情況修正

房地產市場是一個不完全競爭市場，房地產交易中存在諸多非正常交易。如：有特殊利害關係（親友、關聯關係、公司與本單位職工）的經濟主體間，通常會以低於市價的價格進行交易；有急於脫售或急於購買的特殊交易情況、買方或賣方不瞭解市場行情及其他特殊交易的情形（如將契稅轉嫁給賣方、採用拍賣、招標等方式交易）等，往往使房地產交易價格偏高或偏低。因此，運用市場法進行房地產評估，需要對選取的交易實例進行交易情況修正，將交易中由於個別因素所產生的價格偏差予以剔除，使其成為正常價格。

交易情況修正通常的做法是估計出一個偏離正常交易價格水平的修正系數對其進行量化。其計算公式為：

$$交易情況修正系數 = \frac{正常交易情況指數}{可比實例交易情況指數} = \frac{100}{(\quad)}$$

如果可比實例交易時的價格低於正常情況下的交易價格，則分母小於100；反之，則大於100。

(二) 交易日期修正

交易實例的交易日期與待評估房地產的評估基準日往往有一段時間差。在這一期間，房地產市場可能不斷發生變化，房地產價格可能升高或降低。因此，需要根據房地產價格的變動率，將交易實例房地產價格修正為評估基準日的房地產價格。這就是交易日期修正，也稱期日修正。

利用價格指數進行交易日期修正的公式如下：

$$交易日期修正系數 = \frac{評估基準日價格指數}{可比實例交易時價格指數} = \frac{(\quad)}{100}$$

(三) 房地產狀況修正

交易實例房地產狀況與被評估房地產的狀況是不可能完全相同的，應將交易實例房地產狀況與被評估房地產狀況加以比較，找出由於房地產狀況的差別而引起的交易實例房地產與待評估房地產價格的差異，對交易實例房地產價格進行修正。其計算公式為：

$$房地產狀況修正系數 = \frac{待評估房地產狀況指數}{可比實例房地產狀況指數} = \frac{100}{(\quad)}$$

(四) 個別因素修正

比較交易實例與被估房地產之間的差別，確定個別因素修正內容，然後對每一項造成交易實例價格差異的個別因素進行分析，求出修正系數。

1. 容積率修正

容積率與地價的關係並非呈線性關係，需根據具體區域的情況具體分析。

容積率修正系數可採用下式計算：

$$容積率修正系數 = \frac{待評估宗地容積率修正系數}{可比實例容積率修正系數}$$

121

2. 土地使用年期修正

土地使用年期修正系數可採用下式計算：

$$k = \frac{1 - \frac{1}{(1+r)^m}}{1 - \frac{1}{(1+r)^n}}$$

式中：k——土地使用年期修正系數；
　　　r——資本化率；
　　　m——被評估對象的使用年限；
　　　n——可比實例的使用年限。

四、市場法應用案例

[例5-2] 有一個待評估宗地 G 需評估，現收集到與待評估宗地條件類似的於 2012 年進行交易的 6 宗地塊，具體情況如表 5-2 所示。

表 5-2

宗地	成交價(元/平方米)	交易時間	交易情況	容積率	土地狀況
A	680	4月	+1%	1.3	+1%
B	610	4月	0	1.1	-1%
C	700	3月	+5%	1.4	-2%
D	680	5月	0	1.0	-1%
E	750	6月	-1%	1.6	+2%
F	700	7月	0	1.3	+1%
G		7月	0	1.1	0

該城市 2012 年該類地產的地價指數表如表 5-3 所示。

表 5-3

時間	1月	2	3	4	5	6	7	8	9	10	11	12
指數	100	103	107	110	108	107	112	109	111	108	109	113

另據調查，該市此類用地的容積率與地價的關係為：當容積率在 1 和 1.5 之間時，容積率每增加 0.1，宗地單位地價比容積率為 1 時的地價增加 5%；當容積率超過 1.5 時，超出部分的容積率每增長 0.1，單位地價比容積率為 1 時的地價增加 3%。對交易情況、土地狀況的修正，都是案例宗地與被評估宗地比較，表 5-2 中的負號表示案例宗地條件比待評估宗地差，正號表示案例宗地條件優於被評估宗地，數值大小代表對宗地地價的修正幅度。

試根據以上條件，評估該宗土地 2012 年 7 月的價值。

評估過程如下：

(1) 建立容積率地價指數表，見表 5-4。

表 5-4

容積率	1.0	1.1	1.2	1.3	1.4	1.5	1.6
地價指數	100	105	110	115	120	125	128

（2）案例修正計算。

A. $680 \times \dfrac{112}{110} \times \dfrac{100}{101} \times \dfrac{105}{115} \times \dfrac{100}{101} = 620$

B. $610 \times \dfrac{112}{110} \times \dfrac{100}{100} \times \dfrac{105}{105} \times \dfrac{100}{99} = 627$

C. $700 \times \dfrac{112}{107} \times \dfrac{100}{105} \times \dfrac{105}{120} \times \dfrac{100}{98} = 623$

D. $680 \times \dfrac{112}{108} \times \dfrac{100}{100} \times \dfrac{105}{100} \times \dfrac{100}{99} = 748$

E. $750 \times \dfrac{112}{107} \times \dfrac{100}{99} \times \dfrac{105}{128} \times \dfrac{100}{102} = 638$

F. $700 \times \dfrac{112}{112} \times \dfrac{100}{100} \times \dfrac{105}{115} \times \dfrac{100}{101} = 633$

（3）評估結果。

經分析判斷，案例宗地 D 的值為異常值，應予剔除。其他結果較為接近，取其平均值作為評估結果。

因此，待評估宗地 G 的評估結果為：

$(620+627+623+638+633) \div 5 = 628$（元/平方米）

第四節　成本法在房地產評估中的應用

一、基本思路及適用範圍

運用成本法是指對房地產進行評估，將待評估建築物以重新建造待評估房地產或同類房地產的建築物部分所需花費的成本為基礎，扣除與新建築相比的價值損耗，加上房屋建築物基地地價來確定待評估房地產價值的一種方法。

運用成本法對房地產進行評估，其基本思路通常是：分別評估單純土地價值和房屋建築物價值，以兩者之和作為房地產評估價值。由於房屋與其所依附的土地具有不同的自然、經濟特性，房屋是人類勞動的產物，一般隨時間變化會發生貶值，而城市土地既是自然的產物，同時又由於人類的改造而凝結着人類勞動，因此房產價值評估與土地價值評估的成本法計算公式並不相同。

土地評估值＝待開發土地取得費＋土地開發費＋利息＋稅費＋利潤＋土地增值收益

房屋建築物評估值＝房屋建築物重置成本×房屋建築物成新率

房地產評估值＝土地評估值＋房屋建築物評估值

成本法與其他評估方法相比具有特殊用途，特別適用於房地產市場發育不成熟、成交實例不多，無法利用市場法、收益法進行評估的情況。對於既無收益又很少進入市場交易的政府辦公樓、學校、醫院、圖書館、機場、博物館、紀念館、公園等，以及新開發土地、軍隊營房、特殊工業用房、學校用房等的評估比較適用，在確定抵押、拍賣的房地產"底價"和拆遷房地產補償等特殊房地產估價中也較適用。

相關資料鏈接

3 110萬元拍來的房產竟獲億元拆遷補償

位於浙江金華市區的一幢商務樓因房主銀行貸款逾期遭法院執行拍賣。在房主對房屋評估價值過低提出異議的情況下，法院仍以3 110萬元將該商務樓拍賣。成交不到一年，新房主就在金華市二七新村區塊改造工程中獲得了1億餘元拆遷補償。

"新華視點"記者調查證實，在低價購買該商務樓並獲得高額拆遷補償的過程中，時任金華市二七新村區塊改造工程指揮部副總指揮沈兆春的家人占有15%的股份，以此獲利千萬元。

快要拆遷的商務樓被低價拍賣

2011年，浙江高恒集團有限公司因經營所需將位於金華市解放西路298號的一幢九層商務樓抵押給金華銀行。2013年貸款逾期，金華銀行通過訴訟，由金華市婺城區人民法院做出判決，對抵押房產進行評估拍賣。

婺城區法院委託金華市立盛資產評估公司對該房屋進行評估，評估價為4 043.93萬元。對此，高恒集團提出評估異議，認為這一價格嚴重失真，遠低於市場價格，希望能夠延緩執行，待拆遷後用拆遷補償款償還貸款。"金華市二七新村改造工程指揮部此前已經對該房屋進行了摸底排查，預評估價為9 000多萬元。"高恒集團負責人告訴記者。

婺城區法院執行局局長胡建紅在接受記者採訪時表示，接到高恒公司的書面異議後，法院司法技術管理部門做出復函，認為評估程序合法、價格符合實際。對於當事人提出房屋將要拆遷的情況，法院也向有關部門查詢，金華市建設局2013年7月16日回復"目前該地塊還不屬於徵收範圍"，實際確定拆遷的時間為2014年9月1日。

此後，法院以網路拍賣的形式將該商務樓拍賣，2014年1月13日與虞某等四名聯合參與競拍者簽訂《拍賣成交確認書》，成交價格為3 110萬元。

拆遷副總指揮隱身幕後

法院拍賣結束後不到一年，金華市二七新村區塊改造工程正式啟動。該商務樓被金華市二七新村區塊改造工程指揮部指定另外一家評估公司評估，評估價格為9 400餘萬元，結合其他補償，該商務樓新業主共獲得1.003億元拆遷補償。

時隔不到一年，房地產市場未出現巨大波動，為何兩家評估公司對同一幢房屋的評估價格相差一倍多？房產評估專業人士認為，儘管法院拍賣的評估價格會比市場價格有所下浮，而拆遷時的評估往往就高不就低，兩家評估公司的評估價格出現差異是正常的，但相差一倍、高達數千萬元的差距顯然存在問題。

金華市二七新村區塊改造工程指揮部徵收處有關負責人表示，二七區塊改造是金華市重點棚戶區改造項目，拆遷工作備受關注，拆遷補償按照統一標準，必須做到公平公正，不可能存在過高補償的情況。

據高恒集團介紹，截至目前，該房產仍在高恒集團名下尚未辦理過戶手續，而依照國家相關法律法規以及拆遷條例，根本不應將拆遷補償款給他人。

據記者瞭解，拍得高恒集團商務樓的四名自然人並非實際購買人，真正的購買者另有其人。當金華市二七新村區塊改造工程指揮部副總指揮沈兆春因涉嫌拆遷腐敗被檢察機關調查後，幕後黑手逐漸顯露出來。

信息不對稱成"致富金礦"

記者從金華市婺城區檢察院證實，時任金華市二七新村區塊改造工程指揮部副總指揮沈兆春的妻子以他人代持的方式，擁有高恒集團商務樓拍賣房產15%的股份。以此計算，沈及家人獲利千萬元。

據瞭解，沈兆春涉嫌犯罪均與其遷拆工作崗位相關。他在擔任杭長線副總指揮、城東街道書記，在城東街道上浮橋村拆遷過程中，得知杭長線建設要經過上浮橋村的拆遷安置小區，隨即讓其妻以他人名義獲取上浮橋拆遷安置地塊，再通過拆遷補償獲利數百萬元，這些款項全部匯到了沈兆春妻子的帳號。

沈兆春和妻子目前已被檢察部門批捕，相關司法程序正在進行中。

"從涉及拆遷腐敗的案例來看，不少腐敗官員都是利用信息不對稱來獲取利益。"浙江金道律師事務所王全明律師認爲，由於職務原因，這些負責拆遷的官員可以提前掌握拆遷的準確信息，從而提前布局從中獲利。在實際操作中，腐敗官員往往以親友的名義藏身幕後進行操作，很難掌握證據。

身處其中的資產評估，客觀上起着幫凶的作用！

資料來源：方列. 3 110 萬元拍來的房產竟獲億元拆遷補償 [N]. 新華每日電訊，2016-06-15.

二、成本法在土地價值評估中的應用

運用成本法評估土地價值，基本的思路是：把土地的取得費和開發費兩項對土地的投資作爲基本成本，加上投資行爲的利息、稅費及其相應的利潤，形成土地價格的基礎部分，再加上土地所有權的經濟實現部分——地租收益，從而求得土地的評估價值。

（一）土地取得費用

土地取得費用是取得開發用地所需的費用、稅金等。根據房地產開發中土地使用權獲得的途徑，土地取得成本的構成有以下幾種：

（1）通過徵用農地取得土地，土地取得成本包括農地徵用費和土地使用權出讓金，按國家和當地政府規定徵地補償標準和土地出讓金標準計算。

（2）通過城市房屋拆遷取得土地，土地取得成本包括房屋拆遷補償安置費和土地使用權出讓金，按國家和當地政府規定拆遷安置補償費標準和土地出讓金標準計算。

(3) 通過市場交易取得土地，土地取得成本包括土地價款和買地繳納的稅費（手續費、契稅等）。土地取得成本可按實際支出額或通過與類似土地進行比較分析後確定。

(二) 土地開發費用

如前所述，土地開發費用涉及基礎設施配套費、公共事業建設配套費和小區開發配套費，其成本視項目大小而異、與用地規模有關，各地情況不一，評估時基礎設施配套費視實際情況而定，公共事業建設配套費和小區開發配套費可根據各地方政府及相關職能部門確定的適合當地用地情況合理的項目標準計算。

(三) 投資利息

運用成本法評估土地價值時，投資包括土地取得費和土地開發費兩大部分，而土地取得和開發過程中所必須支付的稅負和費用，也應視作土地投資。由於資金的投入時間和占用時間不同，土地取得費在土地開發動工前即要全部付清，在開發完成銷售後方能收回，因此，計息期應爲整個開發期和銷售期。土地開發費和相關稅費在開發過程中逐步投入，銷售後收回，假定土地開發費是均勻投入，則計息期爲開發期的一半。因此，本項土地成本的計算公式爲：

土地開發利息 = 土地取得費 × 開發期(年) × 年貸款利率 + (土地開發費 + 稅費)
× 開發期(年) ÷ 2 × 年貸款利率

(四) 投資利潤

投資利潤計算的關鍵是確定利潤率或投資回報率，評估中一般按行業平均投資利潤率確定。利潤計算的基數可以是土地取得費和土地開發費，也可以是開發後土地的地價。計算時，要註意所用利潤率的內涵。

(五) 土地所有權收益

土地所有權收益的比率通常按土地成本［即以上（一）項至（四）項之和］的20%～25%計算。

三、成本法在房屋建築物價值評估中的應用

運用成本法評估房屋建築物價值，其思路是：通過估算建築物在全新狀態下的重置成本，扣減由於各種損耗因素造成的貶值，求取建築物的評估值。一般適用於單獨評估不改變用途、持續使用的房屋建築物價值的情況。其計算公式爲：

房屋建築物評估值 = 房屋建築物重置成本 × 房屋建築物成新率

或

房屋建築物評估值 = 房屋建築物重置成本 − 實體性貶值 − 功能性貶值 − 經濟性貶值

(一) 房屋建築物重置成本的估算

房屋建築物重置成本的計算公式爲：

房屋建築物重置成本 = 建築安裝工程費 + 前期及配套費用 + 資金成本

1. 建築物安裝工程費的估算

建築物安裝工程費或稱工程造價是房屋建築物重置成本估算的關鍵，常用的估算方法有如下幾種：

（1）重編預算法。即按工程預算的編制方法，對待評估建築物成本構成項目重新估算工程造價。

$$\text{建築物工程造價} = \text{定額直接費} + \text{間接費} + \text{稅金及利潤}$$

$$= \sum[（實際工程量 \times 現行定額單價）\times（1 + 現行費率）\pm 材料及人工差價] + 按現行標準計算的間接費、稅金和利潤$$

（2）預決算調整法。根據房屋建築物建設的預、決算資料對工程量、價差、定額差異進行調整得到工程造價的方法。

（3）典型房屋建築物調整法。利用各地評估基準日近期公布的典型房屋造價，比較待估房屋與典型房屋在主要技術指標特徵上的差異，量化並調整差異得到待評估房屋價值的方法。

（4）造價指數法。根據各地公布的房屋建築物工程造價物價指數（定基指數或環比指數）進行調整。採用這一方法的前提是房屋原始成本比較準確，實物工程量沒有改變以及房屋建成時間距評估基準日年代較近；否則差異會很大。

2. 前期和配套費用的估算

前期和配套費用根據當地公布執行的項目、費率標準和計算方法估算，如有的費用是按建築平方米計算收取，有的費用是按建安造價的一定費率收取。

3. 資金成本的估算

資金成本即房屋建築物建設期貸款利息，一般按下式估算：

$$\text{資金成本} = (\text{建安工程費} + \text{前期和配套費用}) \times \text{建設期} \times \frac{1}{2} \times \text{年貸款利率}$$

(二) 房屋建築物成新率的估算

房屋建築物成新率或有形損耗率的估算，主要有使用年限法和技術測定法。

1. 使用年限法

使用年限法是指以建築物的實際使用年限占建築物全部使用壽命的比率作爲建築物的有形損耗率，或以估計出的建築物尚可使用年限占建築物總使用壽命的比率作爲成新率。其計算公式爲：

$$\text{建築物成新率} = \frac{\text{建築物尚可使用年限}}{\text{建築物尚可使用年限} + \text{建築物實際已使用年限}} \times 100\%$$

運用年限法的關鍵在於，測定一個較爲合理的建築物尚可使用年限。它需要評估人員具有過硬的專業知識和豐富的評估經驗，根據房屋建築物的技術特徵、實際形態和維修保養情況進行估算。在房屋建築物成色較新、使用年限較短的情況下，可參考各類建築物可使用壽命年限的參考數據（目前國家無統一標準）扣除實際已使用年限得到。

2. 技術測定法

這一方法的基本做法是：首先依據評估對象的實際技術情況，結合房屋建築物不同成新率或有形損耗的評分標準，進行現場查勘，按房屋建築物的結構、裝修、設備三個部分及各個部分的組成部分，分別評分；然後，按下述公式計算成新率：

成新率 = 結構部分合計得分 × G + 裝修部分合計得分 × S + 設備部分合計得分 × B

式中：G——結構部分的評分修正系數；
　　　S——裝修部分的評分修正系數；
　　　B——設備部分的評分修正系數。

表 5-5 列出了不同結構類型房屋損耗率的評分修正系數，可供參考。

表 5-5

結構類別 修正系數 類別	鋼筋混凝土結構 結構部分 G	鋼筋混凝土結構 裝修部分 S	鋼筋混凝土結構 設備部分 B	混合結構 結構部分 G	混合結構 裝修部分 S	混合結構 設備部分 B	磚木結構 結構部分 G	磚木結構 裝修部分 S	磚木結構 設備部分 B	其他結構 結構部分 G	其他結構 裝修部分 S	其他結構 設備部分 B
單層	0.85	0.05	0.10	0.7	0.2	0.1	0.8	0.15	0.05	0.87	0.1	0.03
二、三層	0.8	0.1	0.1	0.6	0.2	0.2	0.7	0.2	0.1			
四至六層	0.75	0.12	0.13	0.55	0.15	0.3						
七層以上	0.8	0.1	0.1									

以上介紹了房屋建築物成新率估算的兩種常用方法，實際應用中需要結合被評估房屋建築物的具體情況做出恰當的選擇。一般情況下，同時採用兩種方法進行成新率測定，根據不同方法測定出的成新率計算出綜合成新率。其計算公式為：

房屋建築物綜合成新率 = A_1 × 技術測定成新率 + A_2 × 年限法成新率

式中：A_1、A_2 是權重系數。

如果建築物存在用途、使用強度、設計結構、裝修、設備裝置等不合理造成的建築功能不足或浪費，以及外界條件變化影響了建築物效用的發揮等，還需考慮其功能性、經濟性貶值。如果這些貶值嚴重，可按本書前面介紹的方法進行單獨估算，一般情況下為簡化方便，可對綜合成新率進行適當調整，不再單獨估算。

[例 5-3] 評估案例：某綜合廠房的建築面積為 4 863.25 平方米，分廠房、展示大廳、辦公用房三個功能區，現接受委託，對展示大廳和辦公用房進行評估。展示大廳與辦公用房為一體，建築面積共計 888.13 平方米，展示大廳為全鋼結構，三面鋁合金玻璃牆體，一面為二層辦公用房。展示大廳東向檐高 12.9 米，西向檐高 6.0 米，弧形屋面，大廳北側有全鋼製跑梯通二樓辦公區，已安裝自動噴淋、烟感、消防設施，中央空調系統（已供熱，製冷尚未啟用），全部已做中檔裝修，瓷磚地面，吊頂，塑鋼窗，木製包門。

評估情況如下：考慮到建築物的整體性，首先採用重置成本法評估出全部建築物的價值，然後折算出展示大廳及辦公用房的評估值。

（1）重置完全成本的估算。

①綜合造價。根據評估收集到的部分工程資料及決算資料，參考近期××市典型工業廠房工程造價，結合委估建築物實際建設情況，調整得到單位建築面積直接定額費為880元/平方米，委估建築物直接定額估計值為4 279 660元（4 863.25×880），並以此得到綜合造價的評估值，詳見表5－6。

表5－6　　　　　　　　　建築工程造價計算程序表　　　　　　　　　單位：元

序號	費用項目	計算公式	費率（%）	費用
（一）	直接工程費	(1)＋(2)		4 386 652
（1）	定額直接費			4 279 660
（2）	其他直接費	(1)×費率	2.5	106 992
（二）	間接費	(3)＋(4)＋(5)		791 737
（3）	施工管理費	(1)×費率	13	556 356
（4）	臨時設施費	(1)×費率	2	85 593
（5）	勞動保險費	(1)×費率	3.5	149 788
（三）	主材差價			94 153
（四）	計劃利潤	［（一）＋（二）＋（三）］×利潤率	6	316 353
（五）	稅金	［（一）＋（二）＋（三）＋（四）］×稅率	3.54	197 847
（六）	建築工程造價	（一）＋（二）＋（三）＋（四）＋（五）		5 786 742

②前期及其他費用。按照××市評估基準日執行的收費標準，計算前期及其他費用，具體見表5－7。

表5－7　　　　　　　　　　　前期及其他費用

序號	項目	費用標準	計費基礎	備註
1	勘測設計費	2.55%	建安工程造價	原國家物價局、建設部（1992）價費字375號文件
2	城市工程建設招（議）標服務費	0.06%	中標價	××價費字（1992）232號文件
3	標底審查費	0.1%	中標價	××價費字（1992）232號文件
4	工程質量監督費	0.18%	建安工程造價	××價房地字（1993）9號文件
5	工程建設監理費	1.4%	建安工程造價	原國家物價局、建設部（1993）9號文件
6	工程項目規劃管理費	0.24%	投資概算	××價函字（1995）9號文件
7	建設工程竣工檔案保證金	1%	總投資（12萬元封頂）	××價費字（1995）6號文件
8	城市基礎設施配套費	80元/平方米	按建築面積計算	××市政府（1997）20號文件
9	人防易地建設費	14元/平方米	按建築面積計算	××市政府（1997）20號文件

表5-7(續)

序號	項目	費用標準	計費基礎	備註
10	城市公共消防設施配套費	5元/平方米	按建築面積計算	××市政府（1997）20號文件
11	白蟻防治費	1.4元/平方米	按建築面積計算	×價費字（1992）232號文件
12	抗震審查費	0.05元/平方米	按建築面積計算	×價房地字（1993）號文件

由表5-7可知，該廠房按建安造價計算的比例為5.53%，按建築面積計算的單價為100.45元/平方米，有：

前期及其他費用 = 5 786 742 × 5.53% + 4 863.25 × 100.45 = 808 520（元）

③資金成本。

資金成本 =（工程綜合造價 + 前期及其他費用）× 貸款利率 × 建設期 ÷ 2

該建築物工程期為一年，取建設銀行的貸款利率為5.31%，故：

資金成本 =（5 786 742 + 808 520）× 5.31% × 1 ÷ 2 = 175 104（元）

④重置完全價值。

重置完全價值 = 工程綜合造價 + 前期及其他費用 + 資金成本

= 5 786 742 + 808 520 + 175 104

= 6 770 366（元）

每平方米重置完全成本為：6 770 366 ÷ 4 863.25 = 1 392.15（元/平方米）

(2) 計算綜合成新率。

①運用年限法計算成新率。該廠房系一年前建成投入使用，混合結構，設計耐用年限按建設部（1999）48號文件規定為50年，尚可使用年限為49年，故：

成新率 = 49 ÷（49 + 1）× 100% = 98%

②運用現場勘測法計算成新率。為了準確地確定建築物的成新率，評估人員對委估廠房進行實地勘測，按結構、裝飾、設備分項記錄、評定、打分（見表5-8），參考《資產評估常用數據與參數手冊》（第二版）的有關規定綜合計算，求得現場勘測成新率。

表5-8

項目	結構部分						裝飾部分					設備部分	
	基礎	承重構件	非承重牆	樓地面	屋面	外粉飾	內粉飾	頂棚	細木裝修	門窗	水衛	電照
標準分	25	25	15	15	20	20	20	20	15	25	62	38
評估分	25	24	15	14	20	18	18	18	13	23	60	35

結構部分評估：98分。

裝飾部分評估：90分。

設備部分評估：95分。

該廠房爲二層混合結構建築物，參照不同結構類型房屋建築物成新率評分修正表及結合被評估建築物實際情況，調整並取結構、裝飾、設備三部分的加權係數分別爲60%、30%、10%，故現場勘測成新率爲：

$(98 \times 60\% + 90 \times 30\% + 95 \times 10\%) \div 100 = 95.3\%$

③計算綜合成新率。

綜合成新率 $= 98\% \times 0.4 + 95.3\% \times 0.6 = 96.38\%$

取整數96%。

（3）計算評估值。

評估值 = 重置價值 × 綜合成新率

$= 6\ 770\ 368 \times 96\%$

$= 6\ 499\ 553$ （元）

所以，每平方米評估值爲：$6\ 499\ 553 \div 4\ 863.25 = 1\ 336.46$ （元）

（4）辦公用房的評估值。

分析展示大廳及辦公用房與廠房的結構及建築差異，參與工業廠房不同構造類型對工程造價的影響參數（結構及建築差異修正係數表），取調整係數1.8。即展示大廳和辦公用房的每平方米估計值爲：$1.8 \times 1\ 336.46 = 2\ 405.63$ （元）。展示大廳及辦公用房建築面積爲888.13平方米。故展示大廳及辦公用房的評估值爲：$2\ 405.63 \times 888.13 = 2\ 136\ 512.17$ （元）。取大數213.65萬元。

第五節　其他評估方法在房地產評估中的應用

一、剩餘法

剩餘法又稱假設開發法、倒算法，是指在評估具有開發潛力的房地產價值時，通過估計被評估對象開發完成後可以實現的預期收益，扣除預計的正常開發成本、管理費用、投資利息、銷售稅費、開發利潤和投資者購買待開發房地產應承擔的稅費等，以此估算評估對象的客觀、合理的價格或價值的方法。假設開發法適用於具有投資開發或再開發潛力的房地產的評估，包括生地、毛地、熟地和在建工程等。

（一）剩餘法的計算公式

剩餘法的計算公式表現形式較多，根據其基本思路，以在待開發土地上建造房屋建築物然後出租或出售爲例，剩餘法的基本公式是：

土地評估價格 = 房地產預期收入 − 建築總成本 − 投資利息 − 開發商合理利潤 − 正常稅費 − 其他費用

式中：房地產預期收入是指待開發房地產預期的出售、出租或以其他方式經營的收入；其他費用是指房地產出售、出租或經營中發生的費用，如銷售費用、管理費用等。

剩餘法在實際應用中，是一個簡單地以一元一次方程求解地價的過程，但應註意以下幾點：①若房地產開發中涉及土地的開發改良、拆遷、補償等費用，應計入開發成本中；②以上計算公式中樓價、建築總成本、利息、稅費、利潤等的實際發生時間各不相同，應考慮資金的時間價值因素，將各個時期發生的收入、費用等通過等值運算統一轉化至評估基準日的時點上。

（二）剩餘法的操作步驟

　　1. 設計土地最佳利用方式

首先要明確待評估土地的內外條件，包括土地的自然物理性狀、社會環境條件、有關土地利用的法規、規劃限制等，在此基礎上根據最有效利用原則，通過預測未來社會需求狀況設計土地用途以及建築物設計布局等。

　　2. 預測房地產開發完成後的樓價

在正確掌握房地產市場行情及供求關係的基礎上，結合市場比較法預測樓價。如果開發建設的房地產是收益性質的，開發商能夠較準確的預期其收益，也可以根據收益法確定樓價。

　　3. 估算房屋建築物建設成本

如前所述，房屋建築物的總成本包括建築安裝成本、前期及配套費用、投資利息、相關稅費、房地產租售費用。房地產租售費用主要是指建成後房地產銷售或出租的中介代理費、市場行銷廣告費用、買賣手續費等，一般以房地產總價或租金的一定比例計算。其他費用的估算已在本章第四節詳細介紹，此處不再贅述。

　　4. 確定開發商的合理利潤

開發商的合理利潤一般以房地產總價或預付總投資的一定比例計算。投資回報利潤率的計算基數一般為地價、開發費和專業費三項，銷售利潤率的計算基數一般為房地產售價。

二、基準地價修正法

基準地價修正法，是指利用當地政府制定頒布的城鎮基準地價和基準地價修正系數表等評估成果，按照替代原則，將被評估宗地的區域條件和個別條件等與其所處區域的平均條件相比較，並對照修正系數表選取相應的修正系數對基準地價進行修正，從而求取被評估宗地在評估基準日價值的方法。

（一）基準地價修正法的基本原理和適用範圍

基準地價修正法的基本原理是替代原理，即在正常的市場條件下，具有相似條件和使用功能的土地，在正常的房地產市場中，應當具有相似的價格。基準地價，是某級別或均質地域內不同用途的土地使用權平均價格，基準地價相對應的土地條件，是土地級別或均質地域內該類用途土地的平均條件。因此，通過被評估宗地條件與級別或區域內同類用地平均條件的比較，並根據兩者在區域條件、個別條件、使用年期、容積率和價格期日等方面的差異，對照因素修正系數表選取適宜的修正系數，對基準地價進行修正，即可得到被評估宗地地價。

由於基本地價的制定考慮了當時當地的地價市場水平，因此基準地價修正法是市場法的一種特殊形態，修正因素主要爲時間因素、個別因素、容積率因素和土地使用年限因素等。

基準地價修正法適用於完成基準地價評估的城鎮土地的評估，即該城市具備基準地價和相應修正體系成果，可在短時間內快速、方便地進行大面積的數量衆多的土地價值評估。

(二) 基準地價修正法的評估程序

1. 收集、整理土地定級估價成果資料

定級估價資料是採用基準地價修正法評估宗地地價必不可少的基礎性資料。因此，在評估前必須收集當地定級估價的成果資料，主要包括土地級別圖、基準地價圖、樣點地價分布圖、基準地價表、基準地價修正系數表和相應的因素條件說明表等，並歸納、整理和分析，作爲宗地評估的基礎資料。

2. 確定修正系數表

根據被評估宗地的位置、用途、所處的土地級別、所對應的基準地價，確定相應的因素條件說明表和因素修正系數表，以確定地價修正的基礎和需要調查的影響因素項目。

3. 調查宗地地價影響因素的指標條件

按照與被評估宗地所處級別和用途相對應的基準地價修正系數表與因素條件說明表中所要求的因素條件，確定宗地與修正系數表中的因素一致的調查項目，開展調查並根據調查結果整理歸納宗地地價因素指標數據。

4. 制定被評估宗地因素修正系數

根據每個因素的指標值，查對相對應用途土地的基準地價影響因素指標說明表，確定因素指標對應的優劣狀況；按優劣狀況再查對基準地價修正系數表，得到該因素的修正系數。對所有影響宗地地價的因素都同樣處理，即得到宗地的全部因素修正系數。

各種修正系數的估算方法在市場法中已有詳細介紹，這裡不再贅述。

5. 評估宗地地價

依據前面的分析和計算得到的修正系數，按公式求算待評估宗地地價。

三、路線價法

路線價法是指對特定街道且接近性相等的市街地設定標準深度，求取該深度上的數宗地的平均單價，即特定街道的路線價，再以該路線價爲基礎，利用深度指數表和其他修正率表，用數學方法計算面臨同一街道的其他宗地地價的方法。

路線價法認爲市區內各宗土地的價值與其臨街深度的大小關係很大，土地價值隨臨街深度而遞減，一宗地越接近道路部分的價值越高，離開街道愈遠價值愈低。臨街同一街道的宗地根據其地價的相似性，可劃分爲不同的地價區段。在同一路線價區段內的宗地，雖然地價基本接近，但由於宗地的深度、寬度、形狀、面積、位置等仍有差異，地價也會出現差異，所以需制定各種修正率，對路線價進行調整。因此，路線價法的理論基礎也是替代原理。路線價是標準宗地的單位地價，可看成比較實例，對路線價進行的各種修正可視為因素修正。

(一) 路線價法的計算公式和適用範圍

路線價法的計算公式有不同的表現形式，常用的計算公式為：

宗地地價 = 路線價 × 深度指數率 × 臨街寬度

如果宗地條件特殊，如宗地屬街角地、兩面臨街地、三角形地、梯形地、不規則形狀地、袋地等，則需依下列公式計算：

宗地總價 = 路線價 × 深度指數率 × 臨街寬度 × 其他條件修正率

或

宗地總價 = 路線價 × 深度指數率 × 臨街寬度 ± 其他條件修正額

路線價法的適用範圍包括：一般的土地評估方法如收益法、市場法僅適宜於對單宗地進行評估，路線價法則適宜於同時對大量土地進行評估，特別適宜於土地課稅、土地重劃、徵地拆遷等需要在大範圍內對大量土地進行評估的情況。路線價法是否運用得當，還依賴於較為完整的道路系統和排列整齊的宗地以及完善、合理的深度修正率表和其他條件修正率估算。

(二) 路線價法的程序

路線價法的操作步驟主要包括以下內容：路線價區段的劃分、標準宗地的確定、路線價的評估、深度百分率表的製作、計算宗地價值。

1. 路線價區段的劃分

地價相近、地段相連的地段一般劃分為同一路線價區段，路線價區段為帶狀地段。街道兩側接近性基本相等的地段長度稱為路線價區段長度。路線價區段一般以路線價顯著增減的地點為界。原則上街道不同的路段，路線價也不相同，如果街道一側的繁華狀況與對側有顯著差異，同一路段也可劃分為兩種不同的路線價。繁華街道有時需要附設不同的路線價，住宅區用地區位差異較小，所以住宅區的路線價區段較長，甚至幾個街道的路線價區段都相同。

路線價區段劃分完畢，求取每一路線價區段內標準宗地的平均地價，附設於該路線價區段上。

2. 標準宗地的確定

路線價是標準宗地的單位價格，路線價的設定必須先確定標準宗地面積。標準宗地是指在城市一定區域沿主要街道的宗地中選定的具有標準深度、寬度和形狀的宗地。標準深度是指標準宗地的臨街深度。臨街深度是指宗地離開街道的垂直距離。標準宗地的面積大小隨各國而異。美國為使城市土地的面積單位計算容易，把位於街區中間寬1英尺（0.304 8米）、深100英尺（30.48米）的細長形地塊作為標準宗地。日本的標準宗地為寬3.63米、深16.36米的長方形土地。實際評估中的標準深度，通常是路線價區段內臨街各宗土地深度的眾數。

3. 路線價的評估

路線價的評估主要採取兩種方法：一種是由熟練的評估員依買賣實例用市場法等基本評估方法確定；另一種是採用評分方式，將形成土地價格的各種因素分成幾類分別加以評分，然後合計、換算成附設於路線價上的點數。第一種方法是各國通用的方法。根據選定的標準宗地的形狀、大小，然後評估標準宗地價格，根據標準宗地價格水平及街道狀況、公共設施的接近情況、土地利用狀況劃分等地價區段，附設路線價。標準宗地價格計算適用宗地地價計算方法，如收益法、市場法等方法。在應用市場法評估標準宗地價格時，應對評價區域調查的買賣實例宗地進行地價影響因素分析，實例宗地條件如果與標準宗地條件不同，應對不同條件部分進行因素修正，由此求得標準宗地的正常買賣價格。不同地段標準宗地價格應能反應區位差異，互相均衡。

4. 深度百分率表的製作

深度百分率又稱深度指數，深度百分率表又稱深度指數表。深度百分率，是地價隨臨街深度長短變化的比率。深度百分率表的製作，是路線價法的難點和關鍵所在。

世界各國有多種深度指數的確定方法，著名的有四三二一法則、蘇慕斯法則（克利夫蘭法則）、霍夫曼法則、哈柏法則、愛迪生法則等。

5. 計算宗地價值

依據路線價和深度百分率及其他條件修正率表，運用路線價法計算公式，則可以計算得到宗地價值。

(三) 幾個歐美路線價法則介紹

1. 四三二一法則

四三二一法則（4—3—2—1Rule）是將標準深度100英尺（30.48米）的普通臨街地，與街道平行區分爲四等分，即由臨街面算起，第一個25英尺（7.62米）的價值占路線價的40%，第二個25英尺（7.62米）的價值占路線價的30%，第三個25英尺（7.62米）的價值占路線價的20%，第四個25英尺（7.62米）的價值占路線價的10%。如果超過100英尺（30.48米），則需九八七六法則來補充。即超過100英尺（30.48米）的第一個25英尺（7.62米），價值爲路線價的9%；第二個25英尺（7.62米），價值爲路線價的8%；第三個25英尺（7.62米），價值爲路線價的7%；第四個25英尺（7.62米），價值爲路線價的6%。

應用四三二一法則評估，簡明易記，但因深度劃分過分粗略，可能出現評估不夠精細的問題。

[例5-5] 現有臨街A、B、C、D、E 5宗地（見圖5-1），深度分別爲25英尺（7.62米）、50英尺（15.24米）、75英尺（22.86米）、100英尺（30.48米）和125英尺（38.1米），寬度分別爲10英尺（3.048米）、10英尺（3.048米）、20英尺（6.096米）、20英尺（6.096米）和30英尺（9.144米）。路線價爲2 000元/英尺（6 561.68元/米），設標準深度爲100英尺（30.48米），試運用四三二一法則，計算

各宗土地的價值。

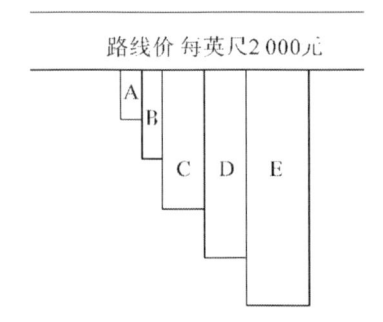

圖 5-1 路線價法算例

A = 2 000 × 0.4 × 10 = 8 000（元）

B = 2 000 × 0.7 × 10 = 14 000（元）

C = 2 000 × 0.9 × 20 = 36 000（元）

D = 2 000 × 1.0 × 20 = 40 000（元）

E = 2 000 ×（1.0 + 0.09）× 30 = 65 400（元）

2. 蘇慕斯法則

蘇慕斯法則（Somers Rule）是由蘇慕斯（Willam A. Somers）根據其多年實踐經驗並經對衆多的買賣實例價格調查比較後創立的。蘇慕斯經過調查表明，100 英尺（30.48 米）深的土地價值，前半臨街 50 英尺（15.24 米）部分占全宗地總價的 72.5%，後半 50 英尺（15.24 米）部分占全宗地總價的 27.5%，若再深 50 英尺（15.24 米），則該宗地所增加的價值僅爲 15%。其深度百分率即在這種價值分配原則下所擬定。由於蘇慕斯法則在美國俄亥俄州克利夫蘭市應用著名，因此一般將其稱爲克利夫蘭法則（Cleveland Rule）。

3. 霍夫曼法則

霍夫曼法則（Hoffman Rule）是 1866 年紐約市法官霍夫曼（Hoffman）所創造的，是最先被承認對於各種深度的宗地評估的法則。霍夫曼法則認爲：深度 100 英尺（30.48 米）的宗地，在最初 50 英尺（15.24 米）的價值應占全宗地價值的 2/3。在此基礎上，則深度 100 英尺（30.48 米）的宗地，最初的 25 英尺（7.62 米）等於 37.5%，最初的一半，即 50 英尺（15.24 米）等於 67%，75 英尺（22.86 米）等於 87.7%，全體的 100 英尺（30.48 米）等於 100%。在霍夫曼之後，有尼爾（Nell）修正霍夫曼法則，由此創造所謂霍夫曼—尼爾法則（Hoffman Nell Rule）。

4. 哈柏法則

哈柏法則（Harper Rule）創設於英國，該法則認爲一宗土地的價值與其深度的平方根成正比。即深度百分率爲 100 英尺（30.48 米）的深度平方根的 10 倍，即深度百分率 =（10 × $\sqrt{深度}$）%。例如，一宗 50 英尺（15.24 米）深的土地的價值，相當於 100 英尺（30.48 米）深的土地價值的 70%，因爲深度百分率 =（10 × $\sqrt{50}$）%，約等於 70%。但標準深度不一定爲 100 英尺（30.48 米），所以經修訂的哈柏法則認爲：

深度百分率 = $\sqrt{\text{所給深度}} \times 100\% \div \sqrt{\text{標準深度}}$

本章小結

　　土地及其定着物通稱爲不動產。土地的特性包括自然特性和經濟特性兩個方面。

　　房地產是土地和房屋及其權屬的總稱。房地產一般具有如下特性：位置固定性、供求區域性、使用長期性、投資大量性、保值與增值性、投資風險性、難以變現性、政策限制性。

　　進行房地產評估時，除了需要遵循供求原則、替代原則、貢獻原則等，還特別需要注意遵循最有效使用原則和合法原則等。

　　房地產評估一般應依照以下程序進行：明確評估基本事項、簽訂評估合同、制訂工作計劃、實地勘察與收集資料、測算被評估房地產的價值、確定評估結果和撰寫評估報告。

　　房地產價格有各種表現形式，可根據其權益、形成方式和交易方式等加以分類。影響房地產價格的因素通常可劃分爲一般因素、區域因素和個別因素。

　　收益法、市場法和成本法是進行房地產評估最常用的方法。此外，還有假設開發法、基準地價修正法和路線價法。

　　收益法適用於有收益的房地產價值評估，市場法適用於有類似房地產交易實例的房地產評估，成本法適用於房地產市場發育不成熟、成交實例不多、無法利用市場法和收益法等方法進行評估的情況，但是在土地評估中應用範圍受到一定限制。剩餘法主要適用於評估待開發土地的價值。基準地價修正法適用於完成基準地價評估的城鎮的土地評估。路線價法適宜於同時對大量土地進行評估，特別適宜於土地課稅、土地重劃、徵地拆遷等需要在大範圍內對大量土地進行評估的情況。

檢測題

一、單項選擇題

1. 城鎮土地的基準地價是（　　）。
   A. 某時點城鎮土地單位面積價格
   B. 某時期城鎮土地單位面積價格
   C. 某時點城鎮區域性土地平均單價
   D. 某時期城鎮區域性土地平均單價

2. 如果某房地產的售價爲 1 000 萬元，其中建築物價格爲 600 萬元，地價爲 400 萬元。該房地產的年客觀收益爲 72 萬元，建築物的資本化率爲 8%，那麼土地的資本化率最接近於（　　）。
   A. 8%　　　　B. 7.5%　　　　C. 6%　　　　D. 5%

3. 某待估宗地剩餘使用年限爲30年，還原利率爲6%，比較實例價格爲3 000元/平方米，剩餘使用年限爲40年。若不考慮其他因素，則評估標的的單價接近於（　）元/平方米。

  A. 2 250 B. 2 744 C. 3 279 D. 4 000

4. 不論採用什麼方法評估在建工程，其基本前提條件是（　　）。

  A. 項目仍然在建設中 B. 建成後的項目有效益性

  C. 預計項目能夠建成 D. 建成後能夠形成生產能力

二、多項選擇題

5. 房地產評估的原則包括（　　）。

  A. 供需原則 B. 替代原則

  C. 最有效使用原則 D. 貢獻原則

  E. 合法原則

6. 房地產評估收益法的計算公式爲：房地產價格＝純收益÷資本化率。其成立的前提條件是（　　）。

  A. 純收益每年不變 B. 資本化率固定

  C. 收益期限爲法定最高年限 D. 收益年限爲無限期

7. 應用假設開發法評估地價時，從房屋預期租售價格中應扣除的費用項目有（　　）。

  A. 徵地費用 B. 建築總成本

  C. 利潤 D. 稅金

  E. 利息

三、判斷題

8. 用於資產評估的房地產的收益應該是實際收益。（　　）

9. 用成本法評估房地產價格，計算投資利息時，計息期應爲整個開發期。（　　）

10. 基準地價系數修正法實質是一種市場法。（　　）

四、思考題

11. 房地產價格的影響因素包括哪些？請說明其對房地產價格的具體影響。

12. 請說明房地產評估常用方法的適用範圍及程序。

第六章　流動資產評估

[學習內容]

　　第一節　流動資產評估概述
　　第二節　實物類流動資產評估
　　第三節　貨幣資產、應收帳款及其他流動資產的評估

[學習目標]

　　本章的學習目標是使學生掌握流動資產評估的目的、評估特點、評估程序以及不同流動資產的評估方法。具體目標包括：

　　◇ 知識目標

　　瞭解流動資產的特點；掌握流動資產評估的特點和程序，以及流動資產中實物類流動資產、貨幣類流動資產、債權類流動資產的具體評估方法。

　　◇ 技術目標

　　掌握流動資產中實物類流動資產、貨幣類流動資產及債權類流動資產的常用評估方法。

　　◇ 能力目標

　　能夠結合各種流動資產的特點，運用具體評估方法對實物類、貨幣類及債權類流動資產進行評估。

[案例導引]

物價指數或已進入下行通道

　　中國國家統計局日前發布的 2016 年 5 月份全國居民消費價格指數（CPI）和工業價格指數（PPI：指工業企業生產的產品第一次進入流通領域的銷售價格，不含增值稅、運費、關稅等）數據顯示，CPI 環比下降 0.5%，同比上漲 2.0%；PPI 環比上漲 0.5%，同比下降 2.8%。

　　招商證券首席宏觀分析師謝亞軒預測 6 月通貨膨脹將破 "2"，或跌至 1.8%，2016 年全年通貨膨脹水平爲 2%。他表示，經濟上行並不強勁，"一行三會"加強對通道業務監管、貨幣供給增速受限，央行僅通過各種貨幣工具維持相對穩定的流動性環境，貨幣政策基調更偏中性，通貨膨脹上行的動力不足。基數原因導致通貨膨脹從 6 月會逐步回落直至 8 月，年底小幅回升。

　　交通銀行首席經濟學家連平認爲，夏季大量蔬菜生產供應，全國多地投放儲備凍豬肉，生豬存欄量略微回升，三季度之後豬肉價格有可能不再持續上漲。綜合判斷，

CPI 上行壓力減小，近期有一定程度的上行可能，三季度末可能再次回調。

此外，5 月份，全國工業生產者出廠價格環比上漲 0.5%，漲幅比上月縮小 0.2 個百分點。同比下降 2.8%，降幅比上月收窄 0.6 個百分點。其主要原因是隨著去產能全面實施，積極穩妥化解鋼鐵煤炭行業過剩產能，2016—2017 年兩年壓減 10% 左右現有產能，供給的減少將有助於影響市場預期、提振價格。財政資金加快預算執行進度，穩增長項目的落實提升對工業產品的需求。綜合判斷，未來 PPI 跌幅可能持續收縮，但由於 2015 年基數下降趨勢減緩，未來同比跌幅收窄的進度將放緩。

在對原材料、在產品、產成品、低值易耗品等實物類流動資產進行評估時，在市場途徑和成本途徑中均應用到了價格指數法這一具體的評估技術方法。由於評估工作中評估師收集到的有關價格指數的經濟內涵不同，價格指數所體現的價格隨著時間的推移的變化規律不同，決定了計算價格變動系數的具體方法也不同。

資料來源：林遠. 物價指數或已進入下行通道 [N]. 經濟參考報，2016-06-13.

第一節　流動資產評估概述

一、流動資產的種類、特點

（一）流動資產的概念及種類

1. 流動資產的概念

流動資產是指企業在一年內或超過一年的一個經營週期內變現或耗用的資產。

2. 流動資產的種類

流動資產可分為貨幣資金、應收款項、存貨及其他流動資產等。

（1）貨幣資產包括庫存現金、銀行存款及其他貨幣資金；

（2）應收款項包括應收票據、應收帳款、預付帳款及其他應收款；

（3）存貨是企業在生產經營中為銷售或耗用而儲備的資產，包括庫存商品、產成本、在產品、原材料、燃料、包裝物、低值易耗品等；

（4）其他流動資產包括待攤費用、待處理流動資產淨損失等。

（二）流動資產的特點

流動資產的特點主要體現在它的周轉方式、存在形態、變現速度等，與固定資產、無形資產等有較大的區別。流動資產具有以下特點：

1. 周轉快，流動性好

流動資產一般都直接參加商品生產和流通的整個過程，在企業的再生產過程中它依次經過購買、生產、銷售三個階段，並分別採取貨幣資產、儲備資產、生產資產和產品資產等形態，不斷地循環流動。因此，流動資產具有流動性大、周轉期限短、形態變化快等特點，其價值也會在生產和流通中一次性消耗、轉移和實現。

2. 存在形態的多樣性

企業的流動資產包括品種繁多、形態各異、內容豐富的貨幣資金、債權資產和實物資產等，其形式具有多樣性。不同的行業由於生產經營的特點，又決定了其流動資產的構成及其占用的比重有很大的不同，特別是具有實物形態的流動資產，其形式的多樣性特徵更明顯。

3. 變現能力強

各種形態的流動資產都能在較短的時間內出售或變現，具有較強的變現能力，是企業資產區別於其他資產的標誌。

二、流動資產評估的目的、評估特點及評估程序

(一) 流動資產評估的目的

前已述及，中國企業資產評估是爲滿足改革開放、加強資產管理和適應企業合並、重組等客觀需要而開展，在保護資產所有者、使用者、經營者的合法權益等方面具有極爲重要的現實意義。

具體而言，流動資產評估的目的，一般是爲了滿足以下需求：①企業產權變動；②企業清算；③清產核資；④資產變賣；⑤保險理賠；⑥會計核算。

(二) 流動資產評估的特點

與固定資產相比，流動資產在周轉方式、存在形態、性能、變現難易程度等方面具有明顯的區別。這些區別使得流動資產評估具有以下特點：

1. 可供選擇的評估時點的有限性

由於流動資產不斷處於流動狀態，使它不能長久地保持爲一種使用狀態，而是隨著生產過程的進行，不斷地由一種形態轉化爲另一種形態，並且能夠在較短的時間內變爲現金。這些特點決定了可供選擇的評估時點是有限的、短暫的，要求在評估流動資產時要準確把握，合理確定評估時點。流動資產評估基準日應盡可能選擇在會計期末，並嚴格在規定時點進行資產清查，確定被評估資產的數量，避免出現重複登記或遺漏現象。

2. 流動資產評估主要是單項資產評估

流動資產不具有綜合獲利能力，對流動資產一般不需要以其綜合獲利能力進行綜合性的價值評估，而是以單件、單項流動資產爲評估對象進行價值評估。

3. 帳面價值的可參考性

流動資產中以本幣形式表示的貨幣資產一般無須重估價值。而材料、在產品、產成品等存貨資產的使用時間、存放時間較短，其價值受通貨膨脹和技術進步因素的影響較小，在物價水平相對穩定的情況下，其帳面價值或歷史成本基本上可以反應出流動資產的價值。尤其是對非實物性流動資產的評估，主要是利用其帳面資料所反應的帳面價值或帳面餘額進行價值評估。同時，評估流動資產價值時，一般不考慮資產的功能性損耗因素，其有形損耗的計算也只適用於低值易耗品、呆滯、積壓存貨類流動資產的評估。

4. 對會計核算資料的依賴性

由於流動資產種類繁多、數量巨大，使得許多價格因素只有通過會計資料才能瞭解，因此對會計核算資料存在較高的依賴性。對流動資產評估時，既要認真進行資產清查，又要分清主次、掌握重點。但因其數量大、品種多的特點，只能結合企業客觀實際，在評估資產中做到重點突出，兼顧一般，選擇不同的方法進行清查和評估。

(三) 流動資產評估的程序

1. 明確評估對象和評估範圍

(1) 正確劃分流動資產與其他資產的界限。在進行流動資產評估時，首先應明確流動資產的評估範圍，必須註意劃清流動資產與非流動資產的界限，防止將不屬於流動資產的機器設備等作為流動資產，也不得把屬於流動資產的低值易耗品等作為非流動資產，以避免重複或遺漏評估。

(2) 驗證被評估流動資產的基礎資料。對被評估流動資產進行抽查核實，做到帳實相符。一份準確的被評估資產清單是正確評估資產價值的前提，被評估資產清單應以實存數量為依據，而不能以帳面紀錄為準。

(3) 對具有實物形態的流動資產進行質量和技術狀況調查。對需要評估的材料、半成品、產成本、庫存商品等實物類流動資產進行質量檢測和技術鑒定，以便瞭解其質量狀況，確定其是否還具有使用價值，並核對其技術情況和等級與被評估資產清單上的記錄是否相符。特別是對那些失效性較強的存貨，如有保鮮期要求的食品，有有效期要求的藥品、化學試劑等，如果在存放期內質量發生變化，會直接影響其變現能力和市場價格。因此，對各類存貨進行技術質量調查尤其重要。

(4) 對企業債權情況進行分析。應對被評估企業與債務人經濟往來活動中的經濟情況進行調查瞭解，對每一項債權資產的經濟內容、發生時間的長短及未清理的原因進行調查，綜合分析確定各項債權回收的可能性、回收時間及回收時將要發生的費用等。

2. 核查被評估流動資產的產權

下列流動資產雖然在評估時為企業所占有，但因其所有權並不屬於企業，故不應予以評估，不屬於評估範圍。

(1) 接受委託方的委託代委託方加工，委託方交來的材料、半成品等；

(2) 外單位委託本企業銷售的商品、產品，如代銷、寄銷的商品、產品等；

(3) 代管材料物資，如借入或其他企業寄存的材料、包裝物、商品等；

(4) 已開出發貨票，但在評估基準日仍存放在企業的商品、產品、材料，以及銷貨退回待修、待換的商品或產品等；

(5) 租入的包裝物；

(6) 錯發到本企業或來源不明的材料物資。

因此，在進行流動資產評估之前，應進行清查核實，確保被評估流動資產的產權清晰。

3. 合理選擇評估方法

選擇流動資產的評估方法時，需考慮評估目的，還要根據不同種類流動資產的特點來選擇。對於實物類流動資產，也可以採用市場法或成本法；對於貨幣類流動資產，以清查核實後的帳面價值作為評估值；對於債權類流動資產，宜採用可變現淨值進行評估。對於其他流動資產應區別不同情況進行評估。

4. 評定估算流動資產，得出評估結論

經過上述評估程序對有關流動資產進行評估後，即可得出相應的評估結論。

第二節　實物類流動資產的評估

一、實物類流動資產評估概述

(一) 實物類流動資產的涵義

實物類流動資產是指企業在日常活動中持有以備出售的產成品或商品、處於生產過程中的在產品、在生產過程或提供勞務過程中耗用的材料、燃料和其他物料等。

(二) 實物類流動資產的分類

實物類流動資產主要包括各種原材料、在產品、產成品、低值易耗品、包裝物及庫存商品等。

二、原材料、燃料、低值易耗品、包裝物的評估

(一) 原材料價值的評估

原材料包括原料及主要材料、輔助材料、修理用備件等。外購原材料的成本，包括購買價款、相關稅費、運輸費、裝卸費、保險費以及其他可歸屬於外購原材料採購成本的費用。

由於購進時間的長短不同，所以在對原材料進行評估時，可以根據購進情況選擇相適應的方法。

1. 近期購進的原材料

近期購進的原材料時間較短、周轉快，在市場價格變化不大的情況下，其帳面價值與現行市價基本接近，在評估時，可以取原帳面成本作為評估值。

[例6-1] 對某企業兩周前購買的庫存化工原料甲進行評估，庫存量為5噸，經技術鑒定沒有發生質量變化，能滿足生產需要，根據評估人員調查的情況，該原材料購買價格為每噸2萬元，每噸的運費為200元，合理的分裝入庫費為每噸100元。評估人員根據上述資料對甲原料進行評定估算如下：

甲原料的採購價格 = 20 000 × 5 = 100 000（元）

甲原料的運費及分裝費 = (200 + 100) × 5 = 1 500（元）

甲原料的評估價值 = 100 000 + 15 000 = 101 500（元）

2. 購進批次時間長、價格變化較大的原材料

對這類原材料，可以直接以市場價格或最接近市場價格的帳面成本為基礎計算

評估。

[例6-2] 某企業的甲材料是分兩批購進的，第一批購進時間爲2014年9月，購進數量爲600噸，單價爲2 500元/噸；第二批在2015年4月購進，數量爲200噸，單價爲2 800元/噸。2015年5月1日進行評估。經核實，2014年購進的甲材料尚存160噸，2015年購進的甲材料尚未使用。據瞭解，目前市場上甲材料價格爲2 600元/噸，購置費率爲1%，則：

甲材料評估值 = (160 + 200) × 2 600 × (1 + 1%) = 945 360（元）

3. 購進時間早、市場已脫銷，目前無明確的市場價格可供參考的原材料

這種方法是按同類外購原材料的現行市場價格，尋找這種替代品的價格變動資料來修正材料價格；也可分析市場上該項材料的供需關係，以此修正材料價格；還可通過市場上同類商品的平均物價指數進行評估。同時需考慮變現的風險及變現的成本確定評估價。

[例6-3] 某企業準備與另一家企業聯營，原生產的產品準備下馬，改生產其他產品，專門用於老產品維修的專用配件庫存量爲5 000件。這種專用配件預計需要兩年的時間才能全部銷售完。每月雇用人工將貨物分送各維修點需支付工費200元，倉庫的各種管理費用爲每月30元，該配件最有可能接受的市場價格爲每件40元。

根據上述資料進行評估：

評估值 = 5 000 × 40 - 24 × 200 - 24 × 30 = 194 480（元）

4. 呆滯的原材料

呆滯材料是指從企業庫存材料中清理出來需要進行處理的材料。由於這類材料長期積壓，時間較長，可能會因爲自然力作用或保管不善等原因造成使用價值下降。對這類資產的評估，首先應對其數量和質量進行核實與鑒定，然後區別不同情況進行評估。對其中失效、變質、殘損、報廢、無用的，應通過分析計算，扣除相應的貶值數額後，確定其評估值。

某類外購原材料評估價值 = 某類外購原材料原始成本 × (1 - 短失率) × (1 - 貶值率)
　　　　　　　　　　× (1 ± 價格變動系數)

上式中的價格變動系數，通常根據該類外購原材料中最有代表性的或可得到的幾種價格變動幅度，考慮外購原材料的構成加權測定。

[例6-4] 某機械加工企業庫存一批外購標準件，規格品種繁多，單價不高。該企業對原材料按計劃單位成本核算，市內運輸費、採購人員工資和倉庫保管費未列入採購成本，而是納入管理費用核算。企業財務帳面反應，該標準件計劃單位成本爲100萬元，材料成本差異爲超支20萬元（其中上期應攤未攤10萬元），納入企業管理費用核算的購置費用部分相當於納入材料帳戶核算的採購成本的5%。資產清點時未逐一核對，經抽查表明，數量短失率爲5%，另有10%的標準件因生鏽、撞擊而需加工後才能使用，加工費相當於現價的30%。經市場調查與原材料帳核對，該標件價格上漲率爲3%。經測算，材料採購費用率爲10%。該企業實行產權轉讓後，仍需使用這些標件。

該批標準件的評估值可經過以下五個步驟來估算確定：

(1) 該批標準件的歷史成本

原材料採購帳户標準件餘額：　　　　100 萬元
加：材料成本差異：　　　　　　　　20 萬元
減：上期應攤未攤的材料成本差異：　10 萬元
加：未納入材料成本核算的費用：　　5.5 萬元（110×5%）
標準件的歷史成本：　　　　　　　　115.5 萬元

(2) 扣除數量短失部分後實有標準件的歷史成本

$\quad$ ＝標準件的歷史成本×（1－短失率）
$\quad$ ＝115.5×（1－5%）
$\quad$ ≈110（萬元）

(3) 實存標準件的重置成本

$\quad$ ＝實存標準件的原始成本×（1＋價格調整系數）
$\quad$ ＝110×（1＋3%）
$\quad$ ＝113.3（萬元）

(4) 實存標準件的貶值額

貶值標準件的歷史成本＝實存標準件的歷史成本×貶值率
$\qquad$ ＝110×10%
$\qquad$ ＝11（萬元）

貶值標準件的現行市價＝貶值標準件的重置成本×（1－材料採購費率）
$\qquad$ ＝11.3×（1－10%）
$\qquad$ ＝10（萬元）

貶值額＝貶值標準件的現行市價×加工費率
$\quad$ ＝10×30%
$\quad$ ＝3（萬元）

(5) 實存標準件的重置淨價即評估值

實存標準件的重置淨價即評估值＝實存標準件的重置成本－貶值額
$\qquad$ ＝113.3－3
$\qquad$ ＝110.3（萬元）

(二) 外購燃料價值的評估

外購燃料是指企業爲進行生產經營而耗用的一切從外單位購進的各種固定、液體和氣體燃料。

外購燃料與外購原材料在價值（帳面成本或帳面價值）構成方面存在極大的相似性。因此，對企業外購燃料價值的評估，可在採用市場法和成本法的基礎上，借鑒（使用）外購原材料價值評估的單項評估法、綜合單價法、價格指數法和特殊評估法。

(三) 低值易耗品價值的評估

1. 低值易耗品的含義與範圍

低值易耗品是指使用年限不滿一年，或單位價值在規定限額以下的勞動資料，如工具、模具、勞保用品、玻璃器皿等都屬於低值易耗品。低值易耗品可以多次參加生產過程而不改變其原有實物形態，在使用過程中需要進行維護、修理，報廢時也有一定的殘值。這些都類似於固定資產，但是其價值比較低，有的又容易損壞，因此被視同材料進行管理。

2. 低值易耗品價值的評估方法

低值易耗品價值的評估方法，既有相似於固定資產評估的一面，又有相似於材料評估的一面。低值易耗品按使用情況，可以分為在庫低值易耗品和在用低值易耗品，進行資產評估時，應區分不同情況分別評估。

(1) 在庫低值易耗品價值的評估

在庫低值易耗品價值的評估方法與外購原材料價值的評估方法類似，可以根據具體情況分別採用歷史成本法、物價指數法、重置成本法或現行市價法進行評估。

①對於購進時間不長、市場價格變化不大的低值易耗品，可以採用歷史成本法評估其價值。

②對於購進時間較長、市場價格變化較大的低值易耗品，可以採用物價指數法評估其價值。評估的計算公式為：

評估價值＝帳面價值×資產評估時的物價指數÷資產取得時的物價指數

③對於購置時間較長、市價變化較大，但能知道市場近期交易價格或特定物價指數的低值易耗品，可以採用重置成本法評估其價值。具體方法有：

第一、對能取得市場近期交易信息的外購低值易耗品，可以按其現行市價評估；

第二、對於企業可以自製的低值易耗品，可以按購進材料價格加上加工費評估；

第三、對於可以取得特定物價指數的低值易耗品，可以按特定物價指數調整帳面價值評估。評估的計算公式為：

評估價值＝帳面價值×資產評估時的特定物價指數÷資產取得時的特定物價指數

④對於購進時間長、價格變動較大，而又不具備現行市場交易價格或特定物價指數的低值易耗品，可以按市場類似資產的交易價格為參照資產來確定被評估資產的價值。評估的計算公式為：

評估價值＝低值易耗品數量×市場同類低值易耗品價格×（1±調整系數）

(2) 在用低值易耗品價值的評估

在用低值易耗品價值的評估方法類似於固定資產的評估方法，可以根據不同情況分別採用歷史成本法、物價指數法、重置成本法或現行市價法進行評估。它與在庫低值易耗品評估的區別就在於在用低值易耗品已經發生了部分損耗，不能按原值評估，只能按淨值評估。具體的評估方法如下：

①重置成本法。該方法要求，首先評估低值易耗品的完全重置成本，然後分類計算出低值易耗品的成新率，最後計算低值易耗品的重置淨值。運用這種方法的關鍵是

要合理確定低值易耗品的成新率。一般來說，成新率可以按如下公式確定：

$$成新率 = \left(1 - \frac{實際已使用次數或時期}{估計可使用次數或時期}\right) \times 100\%$$

或

$$成新率 = \frac{低值易耗品帳面價值}{低值易耗品帳面原值} \times 100\%$$

低值易耗品的會計攤銷法並不能完全反應其實際損耗程度，因此，成新率主要由評估人員通過經驗觀測的方法予以確定。低值易耗品的成新率確定後，便可以採用重置成本法，按以下公式進行評估：

低值易耗品評估價值 = 市場現價 × 成新率

②系數調整法。該方法主要根據低值易耗品的帳面價值，按一定的系數調整確定在用低值易耗品的重置淨價。調整系數需根據低值易耗品市場價格的波動幅度及低值易耗品實際價值與帳面價值之間的差異，並採用分類抽樣的方法測定。評估結果只是重置價格，沒有數量清單。評估的計算公式為：

在用低值易耗品的重置淨價 = (在用低值易耗品帳面餘額 + 材料差價) × (1 + 綜合價格波動幅度) × 在用低值易耗品實際成本 ÷ 在用低值易耗品帳面歷史成本

(四) 包裝物價值的評估

1. 包裝物的含義與範圍

包裝物是指用於包裝本企業商品、產品，並隨同商品、產品一同出售、出租或出借的各種包裝容器，如桶、箱、瓶、壇等。各種包裝材料和作為固定資產或低值易耗品使用的包裝物不在此列，不對外出租、出借、出售的包裝物也不在此列。

2. 包裝物的評估特點

包裝物評估不同於外購原材料、燃料的一個特點是，必須考慮其周轉性。出租、出借的包裝物，在形式和實際上都是可以回收的，因而它需要進行價值的攤銷，從而也就可能會因攤銷程序的原因而引起帳實不符，這與低值易耗品類似。包裝物不同於低值易耗品的地方在於：在出租或出借包裝物時，為保證包裝物的按期及時收回，一般都要收取押金。押金的金額通常都高於其成本。一旦包裝物不能收回，押金就歸企業所有，押留的金額就成為包裝物的變現價值。

3. 包裝物價值的評估方法

鑒於以上特點，包裝物的評估，除採用類似固定資產或低值易耗品的評估方法、對實際在用的包裝物進行評估外，重點是對包裝物退還的可能性進行評估。根據這種可能性確定哪些包裝物按實際在用的包裝物估價，哪些按押金估價。評估方法根據經驗數據測算出各類出售、出借的包裝物回收的概率，回收率餘數與押金的乘積就是相應的包裝物的評估價值。

三、在產品、產成品的評估

(一) 在產品價值的評估

在產品包括生產過程中尚未加工完成的在制品、已經加工完畢但不能單獨對外出售的半成品。在對這部分存貨資產進行評估時，一般採用成本法和市場法。

1. 成本法

成本法是指根據技術鑒定和質量檢測的結果，按評估時的相關市場價格及費用水平重置同等級的在產品及半成品所需合理的料、工、費計算出評估值。這種評估方法只適用於生產週期較長的在產品的評估。對生產週期較短的在產品，主要以其實際發生的成本作爲估值依據，在沒有變現風險的情況下，可以根據其帳面價值進行調整。具體評估方法有以下幾種可供選擇使用：

（1）根據價格變動系數調整原成本

此方法主要適用於生產經營正常、會計核算水平較高的企業的在產品的評估，可以參照在產品實際發生的原始成本，根據評估日的市場價格變動情況，調整爲重置成本。具體評估方法和步驟如下：

①對被評估在產品進行技術鑒定，將其中不合格在產品的成本從總成本中剔除。

②分析原始成本構成，將其不合理的費用從總成本中剔除。

③分析原始成本構成中的材料成本從其生產準備開始到評估日止市場價格變動情況，並測算出價格變動系數。

④分析原始成本中的工資、燃料、動力費用以及製造費用從開始生產到評估日，有無大的變動，是否需要進行調整；如需調整，測算出調整系數。

⑤根據技術鑒定、原始成本構成的分析及價值變動系數的測算，調整成本，確定評估值，必要時，從變現的角度修正評估值。

評估價值計算的基本公式如下：

在產品的評估價值 = 原合理材料成本×(1＋價格變動系數)＋原合理工資、費用×(1＋合理工資、費用變動系數)

需要說明的是，在產品成本包括直接材料、直接人工和製造費用三個部分。製造費用屬於間接費用，直接人工儘管是直接費用，但也同間接費用一樣較難測算。因此，在評估時可將直接人工和製造費用合併爲一項費用進行測算。

（2）根據社會平均消耗定額和現行市價計算評估值

採用此方法即按重置同類資產的社會平均成本或平均消耗定額和現行市價計算評估值。運用此方法對在產品進行評估需要掌握以下資料：

①被評估在產品的完工程度；

②被評估在產品有關工序的工藝定額；

③被評估在產品耗用物質資料的近期市場價格；

④被評估在產品的合理工時及單位工時的取費標準，而且合理的工時及其取費保證應按正常生產經營情況進行測算。

採用此方法計算評估值的基本公式為：

某在產品的評估價值 = 在產品實有數量 ×（該工序單件材料工藝定額 × 單位材料現行市價 + 該工序單件工時定額 × 正常工資費用）

對於工藝定額的選取，如果有行業的平均物料消耗標準的，按行業標準計算；如果沒有行業統一標準的，按企業現行的工藝定額計算。

（3）按在產品的完工程度計算評估值法

採用此方法是在計算產成品重置成本的基礎上，按在產品完工程度計算確定在產品評估值。其計算公式為：

在產品評估值 = 產成品重置成本 × 在產品約當產量

在產品約當產量 = 在產品數量 × 在產品完工率

在產品約當產量、完工率可以根據其完成工序與全部工序比例、生產實際完成時間與生產完成所需標準時間比例確定。當然，確定時應分析完成工序、完成時間與其成本耗費的關係。

2. 市場法

採用這種方法是按同類在產品和半成品的市價，扣除銷售過程中預計發生的費用後計算評估值。一般來說，如果被評估資產通用性好，又能夠作為產成品的部件，或用於維修等，其評估的價值就較高。對既不能繼續生產又無法從市場調劑出去的專用配件，只能按廢料回收價格進行評估。對此類在產品計算評估值的基本公式為：

某在產品的評估值 = 該種在產品實有數量 × 市場可接受的不含稅的單價 - 預計銷售過程中發生的費用

如果在調劑過程中有一定的變現風險，還要考慮設立一個風險調整係數，計算可變現評估值。

某報廢在產品評估值 = 可回收廢料的重量 × 單位重量現行的回收價格

(二) 產成品價值的評估

產成品與庫存商品是指已完工入庫和已完工並經過質量檢驗但尚未辦理入庫手續的產成品及商品流通企業的庫存商品等。對此類存貨應依據其變現能力和市場可接受的程度進行評估，適用的方法主要有成本法和市場法。

1. 成本法

採用成本法對生產及加工企業的產成品評估，主要根據生產、製造該項產成品全過程發生的成本費用確定評估值。具體應用過程中，可分為以下兩種情況進行：

（1）評估基準日與產成品完工時間接近

當評估基準日與產成品完工時間較接近、成本變化不大時，可以直接按產成品的帳面成本確定其評估值。其計算公式為：

產成品評估值 = 產成品數量 × 產成品單位成本

（2）評估基準日與產成品完工時間間隔較長

當評估基準日與成品完工時間相距較遠、產成品的成本費用變化較大時，產成品評估可按下列兩種方法計算：

①產成品評估值＝產成品實有數量×（合理材料工藝定額×材料單位現行價格＋合理工時定額×單位小時合理工時工資、費用）

②產成品評估值＝產成品實際成本×（材料成本比例×材料綜合調整系數＋工資費用成本比例×工資、費用綜合調整系數）

2. 市場法

運用市場法評估產成品價值，其基本原理是相同的，但選擇市場可參照的價格時應考慮以下幾個因素：

（1）產成品的使用價值。根據對產品本身的技術水平和內在質量的技術鑒定，確定產品是否具有使用價值以及產品的實際等級，以便選擇合理的市場價格。

（2）分析市場供求關係和被評估產成品的前景。

（3）選擇的價格應是在公開的市場上所形成的近期交易價格，非正常交易價格不能作為評估的依據。

（4）對於產品技術水平先進，但產成品外表存在不同程度的殘缺，可以根據其損害程度通過調整系數予以調整。

採用市場法評估產成品時，由於現行市價中包含了成本、稅金和利潤的因素，所以對市價中待實現的利潤和稅金要做妥善處理。對這一問題應做具體分析，如果產成品是以出售為目的，直接以現行市價作為評估值，對於買方來說是不能夠接受的。另外，對於繳納增值稅的產成品來說，其銷項稅額儘管是向購買方收取，但並不構成產成品價格。而且，對於買方來說，支付給賣方的銷項稅額為自身的進項稅額，在它買進的產成品再賣出時，所支付的稅款是銷項稅款與進項稅款的差額，本身意味着稅款的扣除。在對企業以投資為目的進行產成品評估時，由於產成品在新的企業中按市價銷售後，流轉稅金和所得稅等就要流出企業，追加的銷售費用也應得到補償，因此，在這種情況下，應從市價中扣除各種稅金和利潤後，作為產成品評估值。

第三節　貨幣資產、應收帳款及其他流動資產的評估

一、貨幣資產的評估

（一）貨幣資產的概念

在學習貨幣資產評估方法之前，需要明確貨幣性資產與非貨幣性資產、貨幣資產與貨幣性資產之間的關係，以準確界定貨幣資產的評估範圍，選擇恰當的評估方法，得到客觀、公允的評估結果。

1. 貨幣性資產與非貨幣性資產

（1）貨幣性資產，是指企業持有的貨幣資金和將以固定或可確定的金額收取的資產，包括現金、銀行存款、應收帳款和應收票據以及準備持有至到期的債券投資等。

（2）非貨幣性資產，是指貨幣性資產以外的資產，如存貨、固定資產和無形資

產等。

 2. 貨幣資產與貨幣性資產

 (1) 貨幣資產，亦稱貨幣資金，是指企業擁有的、處於貨幣形態、可隨時用於支付的資產，如硬幣、紙幣、存於銀行或其他金融機構的存款以及信用證、本票和匯票等交換媒介物。企業的貨幣資產包括庫存現金、銀行存款及其他貨幣資金。它是企業中最活躍的資金，流動性強，是企業的重要支付手段和流通手段。

 (2) 貨幣性資產。前已述及，貨幣性資產由貨幣資產、應收帳款、應收票據等債權性資產和準備持有至到期的債券投資等構成。貨幣資產是貨幣性資產的一個重要組成部分。

(二) 貨幣資產的範圍

 企業的貨幣資產由庫存現金、銀行存款和其他貨幣資金三個部分組成。

 1. 庫存現金

 庫存現金是指單位為了滿足經營過程中零星支付需要而保留的現金。庫存現金包括：硬幣和紙幣；人民幣現金和外幣現金。

 2. 銀行存款

 銀行存款是指企業存入銀行或其他金融機構的款項。

 3. 其他貨幣資金

 其他貨幣資金是指企業除庫存現金、銀行存款以外的其他各項貨幣資金。其他貨幣資金就其性質而言，與庫存現金和銀行存款一樣，同屬於企業的貨幣資產，只是存放地點不同，而且往往都有特定的用途，企業不能任意動用。其他貨幣資金包括外埠存款、銀行匯票存款、銀行本票存款、信用證保證金存款、信用卡存款、存出投資款等。

(三) 貨幣資產的評估

 企業的貨幣資產只要求確定評估基準時點的準確金額，無須進行特殊的評估。具體處理要以庫存現金、銀行存款和其他貨幣資金的帳簿記錄為準，逐項核實、計算，即按核實後的帳面餘額作為其評估價值。

二、應收帳款、應收票據及預付帳款的評估

(一) 應收帳款的評估

 應收帳款是指企業因銷售商品、提供勞務等業務，應向購貨單位或個人收取的款項，是由於企業賒銷商品或提供勞務而形成的一種短期債權，通常是賒欠一兩個月，最長不超過一年的債權。對應收帳款的評估可採用因素分析法來計算。在使用因素分析法計算時，應先計算壞帳損失額，然後再按貼現率來計算應收帳款的現值。

 估計壞帳損失額的方法主要有直接按銷貨或賒銷淨額百分比估計和間接按應收帳款估計兩種。

 1. 直接按銷貨或賒銷淨額百分比估計法

 這種方法並不考慮有哪些應收帳款將會變成壞帳，而是根據以往經驗，估計出壞

帳損失占銷貨或賒銷淨額的大概百分比，然後用本期實際銷貨或賒銷淨額乘以百分比，就可以求出可能發生的壞帳損失額。評估的計算公式爲：

$$估計壞帳百分比 = \frac{前期壞帳損失}{前期賒銷(或銷貨)淨額} \times 100\%$$

本期壞帳損失 = 本期實際銷貨或賒銷淨額 × 估計壞帳百分比

[例6-4] 某企業於2015年年底進行應收帳款資產的評估，2015年全年賒銷金額爲3 000萬元。企業前三年實際發生的壞帳損失平均金額與年度平均賒銷金額的比率爲3%。

在評估企業應收帳款的壞帳損失金額時，可以參照前三年實際發生的壞帳損失平均金額與年度平均賒銷金額的比率（3%）來計算。計算過程爲：

本期壞帳損失 = 3 000 × 3% = 90（萬元）

應收帳款的評估值 = 3 000 - 90 = 2 910（萬元）

2. 間接按應收帳款估計法

它主要有個別估計法、帳齡分析法兩種方法。

（1）個別估計法

個別估計法，也稱個別認定法，是指逐一根據客戶的償債能力和信用程度來估計壞帳損失額的方法。這種方法的優點是比較客觀，缺點是手續麻煩。

在採用帳齡分析法、直接按銷貨或賒銷淨額百分比估計法等方法的同時，是否需要採用（或者需要採用）個別估計法，應視具體情況而定。如果某項應收帳款的可收回性與其他各項應收帳款存在明顯的差別（如債務單位所處的地區很特殊等），導致該項應收帳款如果按照與其他各項應收帳款同樣的方法估計壞帳損失，將無法真實地反應其可收回金額的，可對該項應收帳款採用個別估計法估計壞帳損失金額。

在進行應收帳款價值評估時，應根據應收帳款的實際可收回情況，合理估計壞帳損失金額，不得低估或高估；否則，將會導致應收帳款價值評估失去公允性和準確性。

（2）帳齡分析法

帳齡分析法是指根據應收帳款的帳齡長短來估計壞帳損失的方法。經驗表明，應收帳款帳齡越長，發生壞帳損失的可能性越大。因此，可以將企業的應收帳款按帳齡的長短劃分成幾組，按組估計壞帳損失的可能性，進而計算出壞帳損失金額。

[例6-5] 某企業2015年6月30日的應收帳款帳齡及估計壞帳損失表見表6-9。

表6-9　　　　　　　　　　　　　　　　　　　　　　　　　　　　　　單位：元

應收帳款帳齡	應收帳款金額	估計損失（%）	估計損失金額
未到期	300 000	0.5	1 500
過期1個月	200 000	1	2 000
過期3個月	150 000	2	3 000
過期6個月	100 000	3	3 000
過期12個月	50 000	5	2 500
過期12個月以上	10 000	10	1 000
合　計	810 000		13 000

如表 6-9 所示，企業 2015 年 6 月 30 日的應收帳款應估計的壞帳損失金額為 13 000 元，應收帳款的評估值為 797 000 元。

(二) 應收票據的評估

票據是由出票人簽名（或蓋章），承諾在指定日期無條件支付一定金額給收款人或持票人的書面憑證。它分為本票、匯票和支票三種。本節所稱票據，主要是指商業匯票。在中國，商業票據一般為不帶息票據，可通過背書方式轉讓。

應收票據是指企業持有的還沒有到期、尚未兌現的商業票據。對應收票據應區分下列幾種情況分別評估：

1. 到期無息應收票據的評估

由於無息票據到期後，只能按票面金額收回款項，所以其評估的價值等於票面金額。

2. 到期有息應收票據的評估

到期有息票據的評估價值，應在票面金額的基礎上加上利息。其計算公式為：

票據評估價值 = 票據票面金額 + 利息
= 票據票面金額 × (1 + 票面利率)

[例 6-6] 甲公司 2015 年 6 月 30 日持有乙公司簽發的 6 月期商業匯票一張，票面金額為 100 000 元，票面利率為 4%，評估時恰好到期。

該公司持有的乙公司應收票據的評估值 = 100 000 × (1 + 4% ÷ 2) = 102 000（元）

3. 按應收票據貼現值計算

應收票據的評估值即在評估基準日到銀行申請貼現的貼現票值，計算公式如下：

[例 6-7] 某企業持有一張為 6 個月的商業承兌匯票一張，票面金額為 500 萬元，2015 年 6 月 1 日對該匯票進行評估。該匯票於 4 月 10 日簽發並承兌，到期日為 2015 年 10 月 10 日。已知貼現率為月利率 6‰，要求計算其評估值。

貼現期 = 122 天
貼現息 = 500 × 6‰ × 122 ÷ 30 = 12.2（萬元）
應收票據評估價值 = 500 - 12.2 = 487.8（萬元）

(三) 預付帳款的評估

預付帳款是企業對供貨單位或勞務提供單位形成的一項待結算債權，其性質與應收帳款基本相同，只是該債權的結算是以企業收受供貨單位提供的材料物資或勞務供應單位提供的勞務為標的，而不是一定金額的貨幣，債權全額結清的概率很多，發生呆帳、甚至壞帳的可能性極低。因此，對預付帳款的評估價值，可以按照經核實的企業預付帳款的帳面餘額確定。

三、預付費用和待攤費用的評估

(一) 預付費用的評估

預付費用是指企業按照合同規定，預先向銷售方或服務提供方支付的款項。在評估基準日，預付費用已經實際支付，並在將來的某個時期或時點能夠產生效益。如預付的報紙訂閱費、預付的財產保險費、預付的租金等。

預付費用的價值可依據其未來可產生的效益及其時間來評估。如果預付費用的效益已在評估日前全部體現，只因發生的數額過大而採用分期攤銷（確認）的方法，這種預付費用不應在評估中作價。只有那些在評估日之後仍將發揮作用的預付費用，才能作爲評估的對象，並按照將來可獲得經濟效益及其時間距離來確定其評估值。

[例6-8] 評估基準日爲2014年9月30日，有關資料如下：

企業於2014年年初，預付全年保險金96 000元，已攤銷70 000元，帳面餘額26 000元；企業於2014年4月30日租用倉庫一間，租約規定租期3年，租約生效之日預付租金144 000元。該筆租金企業已攤銷120 000元，帳面餘額24 000元。要求計算預付保險金和預付租金的評估價值。

每月應分攤的保險金數額 = 96 000/12 = 8 000（元）

預付保險金評估值 = 8 000 × 3 = 24 000（元）

每月應分攤的租金 = 144 000/（3×12）= 4 000（元）

預付租金評估值 = 4 000 × 19 = 76 000（元）

(二) 待攤費用的評估

待攤費用是指企業已經發生或支付，但應由本月和以後月份分擔的費用。待攤費用本身不是資產，它是已耗用資產的反應。因此，對於待攤費用的評估，原則上應按其形成的具體資產的價值來確定。如企業發生的固定資產大修理費用，會延長固定資產正常使用的時間，甚至會延長其使用壽命，使得該固定資產的評估值增大。因此，待攤費用的評估值往往依附在特定的其他資產之上，而無須單獨體現其評估值。

本章小結

企業的流動資產一般包括貨幣資金、存貨、應收款項和預付費用等。我國流動資產評估的目的，一般是爲了滿足企業產權變動、企業清算、清產核資、資產變賣、保險理賠和會計核算的需要。在流動資產評估實踐中，一般根據評估目的和被評估資產的實際情況，確定評估依據和原則。

流動資產評估程序一般包括：①確定評估目的；②確定評估對象和評估範圍；③清查核算流動資產，並對實物資產進行質量檢測和技術鑒定；④合理選擇評估方法；⑤與被評估企業溝通，形成評估結論。

對企業外購原材料價值的評估，通常採用市場法和成本法進行評估。針對評估對象可以採用單項評估法、分類評估法和特殊評估法。對包裝物、低值易耗品等周轉材料的評估，可以根據不同情況分別採用歷史成本法、物價指數法、重置成本法或現行市價法進行評估。對在產品存貨資產進行評估時，一般可以採用成本法和市場法。對產成品與庫存商品的評估應依據其變現能力和市場可接受的程度進行評估，適用的方法主要有成本法和市場法。

企業的貨幣資產只要求確定評估基準時點的準確金額，無須進行特殊的評估。

對應收帳款的評估可以採用因素分析法來計算。在使用因素分析法計算時，應先計算壞帳損失額，然後再按貼現率來計算應收帳款的現值。估計壞帳損失額的方法主要有直接按銷貨或賒銷淨額百分比估計和間接按應收帳款估計兩種。對應收票據的評估一般要區分是否帶息和是否到期等情況分別評估。預付費用的價值可依據其未來可產生的效益及其時間來評估。對於待攤費用的評估，原則上應按其形成的具體資產的價值來確定。

檢測題

一、單項選擇題

1. 某企業要求對其庫存的 A 材料進行價值評估。該材料分兩批購進，第一批購進時間為本年 6 月 30 日，數量為 2 000 噸，單價為 1 500 元/噸；第二批購進時間為本年 10 月 30 日，數量為 1 200 噸，單價為 1 800 元/噸。評估基準日為本年 11 月 1 日。經核實，6 月 30 日購進的材料尚餘 1 000 噸，10 月 30 日購進的材料尚餘 500 噸，各批購進時的價格都屬正常市場價格，企業存貨核算為先進先出法。則 A 材料評估值最接近於（　　）元。

   A. 2 250 000　　　B. 2 400 000　　　C. 2 610 000　　　D. 2 700 000

2. 被評估企業有某種零件的在產品 1 000 件，完工程度並不完全相同，如果按已完工工時與該種零件全部工序所需工時的比例進行分類，1 000 件在產品中有 400 件已完成 40%，有 600 件完成 60%。已知評估基準日該種零件的產成品成本為每件 200 元，其中材料費占 60%、人工及其他費用占 40%。假設材料開工時一次投入，各工序每小時的人工及其他費用相同，不考慮其他因素，則該批在產品的評估值最接近於（　　）元。

   A. 104 000　　　B. 143 200　　　C. 161 600　　　D. 183 500

3. 在採用市場法評估產成品及庫存商品時，其中工業企業的產成品評估一般以（　　）為依據。

   A. 賣出價　　　B. 買入價　　　C. 中間價　　　D. 成本價

4. 被評估企業是一家藥品公司，庫存藥品價值 265.25 萬元。其中，A 種藥 250 箱，每箱單價為 7 000 元；B 種藥 50 箱，每箱單價為 3 650 元；C 種藥 150 箱，每箱單價為 4 800 元，經清關檢查帳物相符。A 種藥為近期生產的暢銷藥品；B 種藥品為滯銷藥品，而且評估基準日正是該種藥品的失效日期；C 種藥為國家下令淘汰而企業尚未處理的藥品。如不考慮其他因素，則上述庫存藥品評估值最接近於（　　）萬元。

   A. 175　　　B. 193　　　C. 234　　　D. 265

二、多項選擇題

5. 關於材料的評估可分為五類，下列說法中正確的有（　　）。

   A. 近期購進庫存材料，只能採用市場法
   B. 購進批次間隔時間長、價格變化大的庫存材料評估，採用最接近市場價格

的材料價格或直接以市場價格作爲其評估值

C. 購進時間早、市場已經脫銷、沒有準確市場現價的庫存材料評估,可以通過尋找替代品的價格變動資料來修正材料價格;可以在市場供需分析的基礎上,確定該項材料的供需關係,並以此修正材料價格;也可以通過市場同類商品的平均物價指數進行評估

D. 呆滯材料首先應對其數量和質量進行核實和鑒定,然後區分不同情況進行評估。對其中失效、變質、殘損、報廢、無用的,應通過分析計算,扣除相應的貶值額後,確定其評估值

E. 盤盈、盤虧材料的評估,應以有無實物存在爲原則進行評估,並選用相適應的評估方法

6. 運用市場法對在產品、產成品進行評估應考慮的因素主要是（   ）。
   A. 市場價格　　　　　　　　B. 變現費用
   C. 管理費用　　　　　　　　D. 實體性損耗
   E. 財務費用

7. 對產成品和庫存商品應根據（   ）進行評估。
   A. 獲利能力　　　　　　　　B. 變現能力
   C. 市場可接受的價格　　　　D. 帳面成本
   E. 重置成本

三、判斷題

8. 對於購進時間早、市場已脫銷、沒有準確市場現價的庫存材料,可以根據材料的帳面價值進行評估。　　　　　　　　　　　　　　　　　　　　（   ）

9. 流動資產的實體性貶值只適用於低值易耗品及呆滯、積壓流動資產的評估,而在其他流動性資產的評估中一般不予計算。　　　　　　　　　　（   ）

10. 對於商業企業的庫存商品,一般以可變現淨值作爲評估值。　　（   ）

四、思考題

11. 請簡述流動資產評估的特點和基本程序。

12. 請分別說明原材料、在產品、產成品、低值易耗品和應收帳款等流動資產的評估有哪些常用方法?

第七章　長期投資性資產評估

[學習內容]
　　第一節　長期投資性資產評估的特點與程序
　　第二節　債券評估
　　第三節　長期股權投資的評估
　　第四節　其他長期性資產的評估

[學習目標]
　　本章的學習目標是使學生掌握長期投資性資產評估的特點與基本程序，債券、長期股權投資、其他長期性資產的特點及評估方法。具體目標包括：
　　◇ 知識目標
　　瞭解長期投資性資產的概念及類別；認識長期投資性資產評估的特點與基本程序；掌握債券、長期股權投資、其他長期性資產的特點及評估方法。
　　◇ 技術目標
　　掌握上市債券與非上市債券、優先股與普通股、股權投資、長期待攤費用的評估方法；掌握普通股在固定紅利模型、紅利增長模型、分段式模型下評估收益的測算。
　　◇ 能力目標
　　能夠運用資產評估方法對債券、長期股權投資、其他長期性資產進行評估，能夠理解長期投資性資產評估的特點及程序。

[案例導引]

弘高設計 28 億元借殼東光微電　淨資產評估增值 25 億元

　　東光微電重組預案顯示，公司計劃通過資產置換和發行股份的方式，收購北京弘高建築裝飾工程設計有限公司（以下簡稱弘高設計）100%的股權。發行完成後，公司主營業務將變更為建築裝飾類。

　　重組框架協議顯示，東光微電將以除 6 000 萬元現金外的全部資產和負債，與北京弘高慧目投資有限公司、北京弘高中太投資有限公司、北京龍天陸房地產開發有限公司、李曉蕊合計持有的弘高設計 100%的股份進行置換。

　　經預估，上述置出資產的預估值約為 6.46 億元，置入資產弘高設計 100%的股權的預估值約為 28 億元，增值率為 556.51%。而置入資產與置出資產的差額部分，將由東光微電發行股份購買。差額部分約為 21.54 億元，按發行價 7.98 元/股計算，東光微電向弘高設計全體股東合計發行股份約 2.7 億股。

重組完成後，交易對方弘高慧目、弘高中太、龍天陸和李曉蕊將分別持有公司約30.46%、29.44%、5.07%和1.02%的股權，其中弘高慧目和弘高中太構成一致行動人，將合計持有公司59.90%的股權並成爲公司的控股股東；何寧及其夫人甄建濤爲弘高慧目和弘高中太的控股股東，將成爲上市公司新的實際控制人。

資料顯示，東光微電的主要產品爲半導體器件、其他電子元器件及LED驅動電源等。受國內外經濟增速放緩、電子元器件行業整體疲軟以及原材料價格上漲等因素的影響，公司盈利能力削弱。2013年，公司營業收入爲22 427.68萬元，歸屬於母公司所有者的淨利潤爲-1 592.69萬元，淨利潤指標較2012年大幅減少310.14%。正是在這種情況下，東光微電才引進了弘高設計。

淨資產增值25.49億元

公開資料顯示，早在2010年下半年，5個具備IPO資格的顧問團隊進駐弘高設計指導上市準備工作。不過等到2013年，弘高設計開始改道借殼。

評估報告顯示，經過資產基礎法評估，弘高設計於評估基準日2013年12月31日市場狀況下，股東全部權益價值爲人民幣27.73億元。其中，總資產的帳面價值爲2.61億元，評估價值高達28.10億元。同帳面價值相比，評估增值額高達25.49億元，增值率爲977.47%。淨資產的帳面價值爲2.24億元，評估價值爲27.73億元。同帳面價值相比，評估增值額爲25.49億元，增值率爲1 139.81%。

一家淨資產僅有2.24億元的裝修公司，到底是如何翻身變成淨資產爲27.73億元，評估增值高達25.49億元的公司呢？

"有些企業很難有統一的評估標準，而主營傳統業務的公司在被評估時往往以高速發展時期的各項財務指標進行評價。"中投顧問高級研究員任浩寧表示，評估標註、評估方案、評估人員對評估結果的影響巨大，我國評估機構的獨立性明顯不足，常常出現"唱讚歌"的情況。

那麼，弘高設計28億元借殼東光微電是否也有"唱讚歌"的情況出現呢？

評估匯總表顯示，弘高設計長期股權投資淨額的增值率最高（爲2 923.74%），從8 712.59萬元的帳面價值增加了25.47億元，其最後的評估價值爲26.34億元。

對於長期股權投資帳面值增加了25.47億元的原因，公司解釋稱，主要爲弘高設計持有的弘高裝飾評估增值，增值原因爲弘高設計持有弘高裝飾100%的股權。因此，對其持有股權的評估是採用資產基礎法和收益現值法進行整體評估，以公允價值計價，而長期股權投資帳面值則是採用成本法核算，以取得股份所支付的成本來計價，故導致評估增值。

弘高設計高估值之謎

由此可見，弘高設計的高估值主要來自於其持有的弘高裝飾。那麼，弘高裝飾到底是怎樣的公司可以讓弘高設計評估增值如此之高呢？

資料顯示，弘高裝飾主要從事承接酒店、辦公樓、大型商業空間、高端公寓住宅、醫院、體育館、圖書館等大型公共建築裝飾裝修工程的設計、施工及配套設施的安裝。截至2013年12月31日，弘高裝飾有1家全資子公司和18家分公司，子公司爲遼寧弘高建築裝飾設計工程有限公司。

據瞭解，弘高裝飾曾有過四次股權轉讓，第四次股權轉讓是2013年12月25日，弘高裝飾召開股東會並同意何寧將持有的10%弘高裝飾股權（對應註冊資本500萬元）轉讓給弘高設計。也就是説，轉讓後，弘高設計對弘高裝飾的出資金額僅有5 000萬元。

那麼，一家出資金額僅有5 000萬元的公司又是如何讓弘高設計的長期股權投資帳面值增值了25.47億元的呢？

有數據顯示，弘高裝飾在評估基準日2013年12月31日股東全部權益價值爲人民幣2.76億元。其中，總資產的帳面價值爲12.26億元，評估價值爲12.26億元。淨資產的帳面價值爲2.76億元，評估價值爲2.76億元，同帳面價值相比，評估增值額爲52.06萬元，增值率爲0.19%。

公告顯示，弘高裝飾長期股權投資帳面值爲800萬元，評估價值爲896.54萬元，增值額爲96.54萬元，增值率爲12.07%。其增值原因是，其持有的遼寧弘高工程100%的股權評估增值。增值的主要原因爲遼寧弘高工程通過經營實現的企業增值及帳面的無形資產——軟件按照市場價格進行評估後出現增值。

由此可見，弘高裝飾本身的增值率並不高，遠遠不能支撐弘高設計關於長期股權投資帳面值增值了25.47億元的原因。

值得註意的是，由於弘高裝飾没有房屋和土地資產，辦公地址由母公司弘高設計公司長期租賃取得，弘高裝飾可以長期使用，同時，弘高裝飾也没有未來購置房產和土地的計劃，故本次評估不需預測相關支出，但也没有相關收入。那麼，弘高設計的評估增值到底從何而來，更加成爲一個謎。

資料來源：矯月.弘高設計借殻東光微電　淨資產評估增值25億元[N].證券日報，2014-06-19.

本案例中，弘高設計評估增值高達25.49億元，主要原因在於其長期股權投資增值25.47億元，增值率達到2 923.74%。該長期股權投資評估增值的原因是什麼？是否合理？這需要我們在瞭解長期投資性資產評估的基本原理和方法的基礎上，結合案例的實際情況進行合理判斷。

第一節　長期投資性資產評估的特點與程序

一、長期投資性資產的概念及類別

長期投資性資產通常是指不準備隨時變現，持有時間超過一年的投資性資產。企業一般不將其短期轉讓，也不作爲資金調度手段。它是企業以獲取投資權益和收入爲目的，向那些並非直接爲本企業使用項目投入資產的行爲。

長期投資性資產按其投資的性質，可分爲長期股權投資、持有至到期投資和其他長期性資產。長期股權投資是指爲了獲取其他企業的權益或淨資產所進行的投資，如對其他企業的股票投資、爲獲取其他企業股權的聯營投資等。持有至到期投資是指企業的長期債權，如購買國庫券、其他公司債券或金融債券等所實現的投資。其他長期性資產則是債權投資和股票投資以外的投資，如購買的可轉換公司債券等兼有股權和債權雙重性質的投資等。

二、長期投資性資產評估的特點

由於長期投資性資產是以對其他企業享有的權益而存在的，因此，長期投資性資產的評估主要是對長期投資性資產所代表的權益進行評估。這決定了長期投資性資產評估具有以下特點：

(一) 長期投資性資產評估是對資本的評估

企業的長期投資雖然有不同的目的動機、投資類型、出資方式和存在形式，但總是以其各類資產作爲資本金對外投放的，而用於長期投資的資產則發揮着資本的功能。如將企業的閒置資金或專項資金投資於有價證券獲取利息收入，所投資金發揮着生息資本的作用，即爲取得債權收益的投資實質上是一種借貸資本。以實物資產或股票形式獲取受資方的股權或產權，是資本收益性投資，所投資產則成爲受資方的法人資本金。從此意義上講，對長期投資性資產的評估實際上是對資本的評估。

(二) 長期投資性資產評估是對被投資企業獲利能力的評估

長期投資的根本目的是爲了獲取投資收益和實現投資增值，它的價值也主要體現在它的獲利能力上。此時，長期投資性資產的獲利能力與投資企業本身沒有直接聯繫，而主要取決於被投資企業、單位等的獲利能力，以及與此相聯繫的風險。例如，對以股權投資形式存在的長期投資，投資方更多關心的是能否獲得豐厚的股利和投資增值，這就需要被投資企業有良好的經營能力、財務狀況和盈利能力。

(三) 長期投資性資產評估是對被投資企業償債能力的評估

由於長期投資中的持有至到期投資到期應收回本息，被投資企業償債能力的大小直接影響着投資企業債權到期收回本息的可能性。因此，被投資企業償債能力就成爲持有至到期投資評估的決定因素。

從某種意義上講，長期投資性資產評估已經超出了對被評估企業自身的評估。有時需要對被投資企業或單位進行審計、驗資和評估。但這要受現行有關法律、法規、制度等的制約。因此，在有些情況下，長期投資性資產的評估會受到某些限制。充分利用資產評估的"替代原則"，採用切實可行的評估途徑和評估方法對長期投資性資產進行合理的估價，是長期投資性資產評估的另一個特點。

三、長期投資性資產評估的基本程序

(一) 明確長期投資性資產項目的具體內容

在進行長期投資性資產的評估時，應明確長期投資性資產的種類、原始投資額、評估基準日餘額、投資收益計算方法、歷史收益額、長期股權投資佔被投資企業實收資本的比例以及相關會計核算方法等。

(二) 進行必要的職業判斷

在進行長期投資性資產評估時，應審核鑒定長期投資性資產的合法性和合規性，以及長期投資性資產帳面金額、各期投資收益計算的正確性和合理性，判斷被評估的長期投資性資產餘額、投資收益率等參數的準確性。而這些參數的合理性是長期投資性資產評估的基礎和基本依據。

(三) 根據長期投資性資產的特點選擇合適的評估方法

將長期投資性資產分爲可流通交易和不可流通交易兩類，對於可以在證券市場上市交易的股票和債券一般應採用市場途徑以及市場法進行評估，按評估基準日的收盤價確定評估值；對於不可以上市交易的股票和債券一般應先考慮採用收益途徑及其相應的方法進行評估，當然也可以採用評估人員認爲其他可行的評估途徑及其方法進行評估。

(四) 測算長期投資性資產價值，得出評估結論

根據影響長期投資性資產價值的各種因素，選擇相應的評估方法，通過分析判斷得出評估結論。

第二節　債券評估

一、債券的特點

(一) 債券概述

(1) 債券是政府、企業、銀行等債務人爲了籌集資金，按照法定程序發行、並向債權人承諾於指定日期還本付息的有價證券。

(2) 債券面值是指設定的票面金額。它代表發行主體借入並且承諾於未來某一特定日期償付給債券持有人的金額。

(3) 債券票面利率是指票面金額一年的利息率。通常，債券上要註明發行者每年要支付一筆固定的利息給持有人，而債券的票面利率就等於每年的利息除以債券面值的比率。

票面利率不同於實際利率。實際利率通常是指按復利計算的一年期的利率。債券的計息和付息方式有多種，包括使用單利或復利計息。利息支付包括半年一次、一年一次或到期日一次總付。這就使得票面利率不等於實際利率。

(4) 債券的到期日是指償還本金的日期。債券一般都規定到期日，以便到期時歸還本金。

(5) 債券的分類。按發行主體不同，債券可分爲政府債券、金融債券和公司債券；按期限長短分類，債券可分爲短期債券、中期債券和長期債券；按利率是否固定，債

券可分爲固定利率債券和浮動利率債券；按是否記名，債券可分爲記名債券和無記名債券；按已發行時間，債券可分爲新上市債券和已流通在外債券；按是否上市流通，債券可分爲上市債券和非上市債券。

(二) 債券投資的特點

債券投資與股權投資相比較，具有如下特點：

1. 投資風險較小，安全性較高

在正常情況下，不論是政府、企業還是銀行發行債券都須按國家有關債券發行的規定嚴格執行。政府發行債券要有國家財政擔保；銀行發行債券要以銀行的信譽及資產做後盾；發行債券的企業通常是有發展前途的，並有企業資產擔保。通常銀行發行的金融債券和企業發行的企業債券的期限較短，加之有財產擔保，投資風險相對較小。當然，債券投資也具有一定的風險，一旦債券發行主體出現財務困難，債券投資者有發生損失的可能。但是，相對於股權投資，債券投資具有較高的安全性，即使債券發行企業破產，在破產清算時，債券持有者也有優先受償權。

2. 到期還本付息，收益相對穩定

債券收益主要受兩大因素制約：債券面值和債券票面利率。這兩大因素通常都是事先規定好的。債券利率並不隨市場利率變動而變動。在一般情況下，債券發行主體爲了吸引投資者，通常要把債券利率定得高於同期銀行儲蓄利率。只要債券發行主體不發生較大變故，債券的收益是相當穩定的。

二、債券評估

(一) 上市交易債券的評估

上市交易債券是指可以在證券市場上交易、自由買賣的債券。對此類債券一般採用市場法（現行市價）進行評估，按照評估基準日的收盤價確定評估值。當長期投資中的債券作爲評估對象時，如果該種債券可以在市場上流通買賣，並且市場上有該種債券的現行價格，那麼，該種債券的現行市價仍然是確定該種債券評估價值的最重要依據。當然，在某些特殊情況下，如證券市場投機嚴重、債券價格嚴重扭曲、債券價格與其收益現值嚴重背離等，對上市債券的評估才可以拋開債券的市場價格進行客觀的評價，具體評估方法可以參照非上市債券的評估方法。

可上市流通債券的現行市價，一般是以評估基準日的收盤價爲準。評估人員需在評估報告中說明可上市流通債券的評估方法、評估依據以及評估結果的時限性。

在市場法下，上市交易債券價值的計算公式爲：

債券的評估值 ＝ 債券數量×評估基準日該債券收盤價

[例7-1] 被評估企業持有2015年發行的三年期國庫券3 000張，每張面值爲100元，年利率爲9.5％。評估時，2015年發行的國庫券的市場交易價，面值爲100元的，市場交易價爲110元。評估人員認定在評估基準日該企業持有的2015年發行的國庫券的評估值爲：

3 000×110＝330 000（元）

(二) 非上市交易債券的評估

對於非上市交易債券不能直接採用市價進行評估，應該採取相應的評估方法進行價值評估。通常是收益法，即通過債券本利和的現值確定評估值。具體運用時，對距評估基準日一年內到期的可以根據債券本金加上持有期利息確定評估值；超過一年到期的可以根據債券本利和的現值確定評估值。但對於不能按期收回本金和利息的債券，評估人員應在調查取證的基礎上，通過分析判斷，合理確定評估值。

根據非上市債券的種類和非上市債券還本付息的方式，非上市債券可以分為分期付息、到期還本債券和到期一次性還本付息債券兩大類。對每一類債券採取不同的評估方法。

(1) 到期一次性還本付息債券的評估。到期一次性還本付息債券，是指平時不支付利息，到期後連本帶利一次性返還的債券。此類債券的評估可以按下列公式計算：

$$P = F(1+r)^{-n}$$

式中：P——債券的評估值；

F——債券到期時本利和；

n——從評估基準日到債券到期日的間隔（以年或月為單位）；

r——折現率。

關於本利和 F 的計算要視債券利息是採用單利還是採用複利計算而定。

① 採用單利計算時：

$$F = P_0(1+mt)$$

式中：P_0——債券面值；

m——債券計息期限；

t——債券利息率。

② 採用複利計算時：

$$F = P_0(1+t)^m$$

式中：符號的含義同上。

[例7-2] 被評估企業擁有紅星機械廠發行的 4 年期一次性還本付息債券 10 000 元，年利率為 18%，不計復利，評估時債券的購入時間已滿 3 年，當時的國庫券利率為 10%。評估人員通過對紅星機械廠的瞭解，認為該債券風險不大，將風險報酬率定為 2%、折現率定為 12%。紅星機械廠的債券評估過程如下：

$$P = F(1+r)^{-n}$$

$$F = 10\ 000 \times (1 + 18\% \times 4) = 17\ 200\ (元)$$

$$P = 17\ 200 \times (1 + 12\%)^{-1}$$

$$= 17\ 200 \times 0.892\ 9 = 15\ 358\ (元)$$

(2) 分期付息、到期還本債券的評估。每年（期）支付利息、到期還本債券的評估，採用收益法，用公式表示為：

$$P = \sum_{i=1}^{n}[R_i(1+r)^{-i}] + p_0(1+r)^{-n}$$

式中：P——債券的評估值；

R_i——債券在第 i 年的預期收益（利息）；

r——適當的折現率；

P₀——債券的面值或本金；

i——年期序號；

n——評估基準日距到期還本日期限。

由於債券利率和還本期都是事先規定好的，計算債券的預期收益並不困難。債券評估的折現率是由以下兩部分內容構成的：無風險報酬率和風險報酬率。無風險報酬率通常以銀行儲蓄利率、國庫券利率及國家公債利率為準。而風險報酬率的高低則取決於債券發行主體的具體情況。國庫券、金融債券等有良好的擔保條件，其風險報酬率一般較低。如債券發行主體是企業，那麼企業的經營情況和業績、企業的競爭能力、企業的財務狀況，以及企業所在行業的風險等都是影響債券風險報酬率的因素。如果發行企業經營業績較好，有足夠的還本付息能力，則風險報酬率較低；否則，應以較高的風險報酬率調整。

[例7-3] A 企業擁有 B 企業發行的債券 10 萬元，期限 5 年，年利率為 12%，按年付息，到期還本，至評估基準日債券已購入滿 2 年（前 2 年利息已收帳）。要求用收益法確定該債券的評估價值。

評估人員經調查分析，取得了下列資料和結論：

（1）當前國庫券利率為 10%，即無風險報酬率為 10%；

（2）根據有關研究機構分析預測結果，今後三年內社會物價水平基本穩定，年均通貨膨脹率可以控制在 0.8% 左右。此外，該債券經信用等級評估機構評定其信用等級為 A 級，同時考慮到該債券為非上市交易債券，不能隨時變現，故另考慮 1% 的風險報酬率，合計風險報酬率為 1.8%。

由（1）（2）的資料確定的折現率為：

r = 10% + 1.8% = 11.8%

$$P = \sum_{i=1}^{3} 100\,000 \times 12\% \times (1 + 11.8\%)^{-i} + 100\,000 \times (1 + 11.8\%)^{-3}$$

= 100 481（元）

[例7-4] 如果 [例7-3] 中改為到期一次還本付息，其餘條件不變，則：

P = 100 000 × (1 + 12% × 5) × (1 + 11.8%)$^{-3}$ = 114 496（元）

如果債券在一年中還要分期支付利息，則公式可延伸為：

$$P = \sum_{i=1}^{nj} \frac{R_i}{j} \times \left(1 + \frac{r}{f}\right)^{-i} + P_0(1 + r)^{-n}$$

式中：j——每年付息次數。其他符號的含義同上。

[例7-5] 如果 [例7-3] 中改為每半年付息一次，其餘條件不變，則：

$$P = \sum_{i=1}^{3 \times 2} \frac{100\,000 \times 12\%}{2} \times \left(1 + \frac{11.8\%}{2}\right)^{-i} + 100\,000 \times (1 + 11.8\%)^{-3}$$

= 101 158(元)

第三節　長期股權投資的評估

　　長期股權投資包括兩種投資形式：一種是直接投資形式，投資主體通常以現金、實物資產及無形資產等直接投入被投資企業，並取得被投資企業出具的出資證明書，確認股權；另一種是間接投資形式，投資主體通常是在證券市場上，通過購買股票發行企業的股票實現股權投資的目的。對股權投資的評估將按直接投資和間接投資分別討論。

一、間接股權投資的評估

　　股權投資中的間接投資主要是股票投資。股票投資是指通過購買等方式取得被投資企業的股票而實現的投資行為。股票投資具有以下特點：投資收益高但不穩定，投資風險較大等。股票的種類很多，可以按不同的標準進行分類。按票面是否記名，股票可分為記名股票和不記名股票；按有無票面金額，股票可分為有面值股票和無面值股票；按股票持有人享有權利和承擔風險大小，股票可分為普通股、優先股和後配股；按股票是否上市，股票可分為上市股票和非上市股票。股票不僅種類繁多，而且有各種價格，包括股票的票面價格、發行價格、帳面價格、清算價格、內在價格和市場價格。股票評估與股票的票面價格、發行價格及帳面價格的關係並不十分緊密，而與股票的內在價格、清算價格和市場價格有關。

　　股票清算價格是公司清算時公司的淨資產與公司股票總數的比值。如公司真正到了清算地步，對於公司股票清算價格的評估實質等於對公司淨資產的評估，並要考慮公司清算費用等因素。

　　股票的內在價格是一種理論價格或模擬市場價格，它是根據評估人員對股票未來收益的預測經過折現得到的股票價格。股票的內在價格的高低主要取決於公司的發展前景、財務狀況、管理水平及獲利風險等因素，當然也包括了評估人員對公司前景的個人判斷。

　　股票的市場價格是證券市場上買賣股票的價格。在證券市場發育比較成熟的條件下，股票的市場價格就是市場對公司股票的一種客觀評價。在某種程度上可以將市場價格直接作為股票的評估價值。但是，在證券市場發育不成熟的條件下，股市交易非正常情況下形成的市場價格是不公允的，這不能完全代表其內在價值。評估時，評估師應該注意到影響股票的內在價格的因素具有一定程度的不確定性。因此，在具體進行股票價值評估時，也就不能不加分析地將其市場價格作為股票的評估值。

　　由於股票有上市和非上市之分，股票評估也將按上市股票和非上市股票兩大類進行。

(一) 上市股票的評估

　　上市股票是指企業公開發行的、可以在證券市場上自由交易的股票。上市股票在正常情況下隨時都有市場價格。因此，在股市發育完全、股票交易比較正常的情況下，股票的市場價格基本上可以作爲評估股票的基本依據，即按照評估基準日的收盤價確定被評估股票的價值。用公式表示爲：

上市股票評估值＝股票股數×評估基準日該股票市場收盤價

在股市發育不完全、股市交易不正常的情況下，股票投資的價值就不能完全取決於不正常的股票市場價格，而應以股票的"內在價值"或"理論價值"爲基本依據，以發行股票企業的經濟實力、獲利能力等來判斷股票的價值。另外，以控股爲目的長期持有的上市公司股票，一般宜採用收益法評估其內在價值。以股票的理論價格爲依據的評估可參見非上市股票的評估方法。

(二) 非上市股票的評估

非上市股票一般採用收益法評估，即綜合分析股票發行主體的經營狀況、歷史利潤水平和分紅情況、行業收益及風險等因素，合理預測股票投資的未來收益，並選擇合理的折現率確定評估值。

評估非上市股票時要對普通股和優先股採用不同的評估方法。普通股沒有固定的股利，投資人能夠取得的股利完全取決於企業的經營狀況和盈利水平；優先股是在股利分配和剩餘財產分配上優先於普通股的股票。優先股的股利是固定的，一般情況下，都要按事先確定的股利率支付股利，這一點與債券很相似。只是債券的利息是在所得稅前支付，而優先股的股利是在所得稅後支付。

1. 優先股的評估

在正常情況下，優先股在發行時就已規定了股息率。評估優先股主要是判斷股票發行主體是否有足夠的稅後利潤用於優先股的股息分配。這種判斷是建立在對股票發行企業的全面瞭解和分析的基礎上，包括股票發行企業生產經營情況、利潤實現情況、股本構成中優先股所占的比重、股息率的高低以及股票發行企業負債情況等。如果股票發行企業資本構成合理，實現利潤可觀，具有很強的支付能力，那麼優先股就基本上具備了"準企業債券"的性質，優先股的評估就變得不很複雜了。評估人員就可以以事先已經確定的股息率計算出優先股的年收益額，然後進行折現或資本化處理。其計算公式爲：

$$P = \sum_{i=1}^{\infty} [R_i(1+r)^{-i}] = A/r$$

式中：P——優先股的評估值；

R_i——第 i 年的優先股的收益；

r——折現率；

A——優先股的年等額股息收益。

[例 7-6] 被評估企業持有某紡織廠 1 000 股累積性、非參加分配優先股，每股面值爲 100 元，股息率爲年息 18%。評估人員在對紡織工廠進行調查的過程中，瞭解到紡織廠的資本構成不盡合理，負債率較高，可能會對優先股股息的分配產生消極影響。因此，評估人員對紡織廠優先股的風險報酬率定爲 5%，無風險報酬率爲 10%，折現率

爲15%。根據上述數據，該優先股的評估值爲：

$$P = \frac{A}{r}$$

$$= 1\,000 \times 100 \times 18\% \div (10\% + 5\%)$$

$$= 120\,000 \text{（元）}$$

如果非上市優先股有上市的可能，持有人又有轉售的意向，那麼這類優先股可參照下列公式評估：

$$P = \sum_{i=1}^{n} [R_i(1+r)^{-i}] + F(1+r)^{-n}$$

式中：F——預期優先股的變現價格；

　　　n——優先股的持有年限。

其他符號的含義同前。

2. 普通股的評估

對非上市普通股的評估，實際是對普通股的預期收益折算成評估基準日的價值。要合理預測普通股的收益，就需要對股票發行企業進行全面、客觀的瞭解分析。具體包括：①股票發行企業歷史上的利潤水平、收益分配政策；②股票發行企業的發展前景；③所在行業穩定性；④股票發行企業管理人員的素質和能力；⑤股票發行企業經營風險、財務風險預測；⑥股票發行企業預期收益預測。

爲了便於普通股的評估，根據普通股收益的幾種趨勢情況，把普通股評估收益分爲三種類型：固定紅利模型、紅利增長模型和分段式模型。

（1）固定紅利模型。固定紅利模型是針對經營一直比較穩定的企業普通股的評估設計的。它根據企業經營及紅利分配比較穩定的趨勢和特點，以假設的方式認定企業今後分配的紅利穩定地保持在一個相對固定的水平上。根據這些條件可運用固定紅利模型評估普通股的價值。在這種假設條件下，普通股股票評估值的計算公式爲：

$$P = \frac{R}{r}$$

式中：P——股票的評估值；

　　　R——被評估股票未來收益額；

　　　r——折現率或資本化率。

[例7-7] A企業擁有B企業發行的法人股（普通股）股票1萬股，每股面值爲100元，B企業前三年的股票年收益率分別爲15%、17%、18%。評估人員經過分析調查瞭解到，B企業經過三年的發展目前生產經營狀況比較穩定，企業所處的行業也相對比較穩定，預計今後能保持每年平均16%的收益率，當前國庫券預計利率爲10%、考慮到通貨膨脹等因素確定風險報酬率爲4%、折現率爲14%。則股票的評估價值爲：

$$P = \frac{10\,000 \times 100 \times 16\%}{14\%} = 1\,142\,857 \text{（元）}$$

（2）紅利增長模型。紅利增長模型適用於成長型企業的股票評估。成長型企業發展潛力很大，追加投資能夠帶來新的收益，導致收益率提高。紅利增長模型是假設股票發行未將企業的全部剩餘收益以紅利的形式分給股東，而是留下一部分用於追加投資擴大生產經營規模、增加企業的獲利能力。這樣，就使得股票的潛在獲利能力增大，紅利呈增長趨勢。根據成長型企業股票紅利分配的特點，可按紅利增長模型評估股票價值。在這種假設條件下，普通股股票評估值的計算公式爲：

$$P = \frac{R_1}{r-g} \quad (r>g)$$

式中：P——股票評估值；

R₁——評估下一年該股票的收益額；

r——折現率；

g——股利增長率。

股利增長率一般綜合以下各因素來確定：①企業發展前景及利潤趨勢；②影響企業經營的內部因素和外部環境；③企業負債和股本的比例；④企業追加投入計劃；⑤企業領導者素質和管理水平等。其測定有兩種基本方法：一種是歷史數據分析法；另一種是發展趨勢分析法。歷史數據分析法是建立在對企業歷年紅利分配數據分析的基礎上，利用多種方法（算術平均法、幾何平均法和統計平均法）計算出股票紅利歷年的平均增長速度，作爲確定股利增長率的基本依據。發展趨勢分析法主要是依據股票發行企業股利分配政策，以企業剩餘收益中用於再投資的比率與企業股本利潤率的乘積確定股利增長率。

[例7-8] 春華紡織廠擁有長安織衣公司面值共50萬元的非上市普通股票。從持股期間來看，每年股利分派相當於票面價格的10%左右。評估人員經調查瞭解到：長安織衣公司在所實現的稅後利潤中只拿出80%用於股利發放，另20%用於企業擴大再生產。評估時，長安織衣公司已創出一個較爲知名的商標。經趨勢分析，長安織衣公司將保持4%左右的經濟增長速度，股本利潤率將保持在15%的水平上，風險報酬率爲2%，無風險報酬率爲10%。這樣，春華紡織廠擁有的長安織衣公司的股票評估值爲：

$R_1 = 500\,000 \times 10\% = 50\,000$（元）

$r = 10\% + 2\% = 12\%$

$g = 20\% \times 15\% = 3\%$

$p = \dfrac{50\,000}{12\% - 3\%} = 555\,556$（元）

（3）分段式模型。分段式模型是針對前兩種模型過於極端化、很難運用於所有股票評估這一特點，有意將股票的預期收益分爲兩段，以針對被評估股票的具體情況靈活運用。第一段時間的長短通常以能較爲客觀地估測出股票收益爲限，或以股票發行企業的某一生產經營週期爲限對各預期收益直接逐年折現。第二段通常是以不直接估測出股票具體收益的時間爲起點，採取趨勢分析法分析確定或假定第二段時間的股票收益再分別運用固定紅利模型或紅利增長模型進行評估，然後將兩段時間的股票收益的現值相加，得到股票的評估值。

[例7-9] 某資產評估公司受託對A公司的資產進行評估，A公司持有某一公司非上市交易的普通股300 000股，每股股票面值爲1元。在持有期間，每年股利收益率

均在12%左右，評估人員對發行股票公司進行調查分析後認爲，前3年可保持12%的收益率。從第4年起，一條大型生產線交付使用後，可使收益率提高3%，並將持續下去。評估時，國庫券利率爲4%，該股份公司的風險報酬率爲2%，折現率爲6%。則該股票的評估值爲：

股票的評估值＝前三年收益的折現值＋第四年後收益的折現值
$$= 300\ 000 \times 12\% \times (P/A, 6\%, 3) + (300\ 000 \times 15\% \div 6\%)$$
$$\times (1 + 6\%)^{-3}$$
$$= 36\ 000 \times 2.673\ 0 + 45\ 000 \div 6\% \times 0.839\ 6$$
$$= 96\ 226 + 629\ 700$$
$$= 725\ 926\ （元）$$

二、直接股權投資的評估

直接股權投資是投資主體以現金、實物資產或無形資產等直接投入被投資企業，組成聯營企業、合資合作或股份企業等，取得被投資企業的股權，從而從被投資企業獲取收益的投資行爲。

對直接股權投資的評估，首先需要瞭解具體投資形式、收益獲取方式和占被投資企業實收資本或所有者權益的比重，根據不同情況，採取不同方法進行評估。投資收益的分配形式，比較常見的方式有以下幾種：

（1）按投資方的投資額占被投資企業實收資本的比例，參與被投資企業淨利潤的分配；

（2）按被投資企業銷售收入或利潤的一定比例提成；

（3）按投資方出資額的一定比例支付資金使用報酬等。

投資合同或協議一般規定投資期限，有期限的投資在投資期屆滿時對投入資本的處理方式通常有以下幾種：①按投資時的作價金額以現金返還；②返還實投資產；③按期滿時的實投資產的變現價格或續用價格作價以現金返還。

對於非控股長期投資評估，基本上採用收益法，即根據歷史上的收益情況和被投資企業的未來經營情況及風險，預測未來收益，再用適當折現率折算爲現值得出評估值。

（1）對於合同、協議明確約定了投資報酬的長期投資，可將按規定應獲得的收益折爲現值，計作評估值。

（2）對到期收回資產的實物投資情況，可按約定或預測出的收益折爲現值，再加上到期收回的資產的價值，計算評估值。

（3）對於不是直接獲取資金收入，而是取得某種權利或其他間接經濟效益的，可通過瞭解分析，測算相應的經濟效益，折現計算評估值。

（4）對於明顯沒有經濟利益，也不能形成任何經濟權利的按零值計算。

（5）在未來收益難以確定時，也可以採用重置價值法進行評估。即通過對被投資企業進行評估，確定淨資產數額，再根據投資方應占的份額確定評估值。如果該項投資發生時間不長，被投資企業的資產帳實基本相符，則可以根據核實後的被投資企業資產負債表上的淨資產數額，再根據投資方應占的份額確定評估值。非控股的股權投資也可以採用成本法評估。

對於控股的長期投資，應對被投資企業進行整體評估後再測算股權投資的價值。整體評估以收益法爲主，但也可以採用市場法，基準日與投資方的評估基準日相同。

控股和非控股的長期投資，都要單獨計算評估值，並記到長期投資項目下，不要把被投資企業的資產和負債與投資方合併處理。

在股權評估過程中，要特別註意少數股權和控股股權對股權價值的影響，在一般情況下，少數股權可能有價值貼水，而控股股權可能有價值溢價。評估人員應該在評估報告中披露是否考慮了控股權和少數股權等因素產生的溢價或折價。

[例7－10] 甲企業兩年前曾與乙企業進行聯營，協議約定聯營期爲10年，按投資比例分配利潤。甲企業投入現金10萬元，廠房建築物作價20萬元，總計30萬元，占聯營企業總資本的30％。期滿時返還廠房投資，房屋年折舊率爲5％，殘值率爲5％。評估前兩年的利潤分配情況是：第一年實現淨利潤15萬元，甲企業分得4.5萬元；第二年實現淨利潤20萬元，甲企業分得6萬元。目前，聯營企業生產已經穩定，今後每年收益率20％是保證的，期滿後廠房折餘價值10.5萬元。經調查分析，折現率定爲15％。則甲企業擁有乙企業的股權投資的評估值爲：

$P = 30\ 000 \times 20\% \times (P/A, 15\%, 8) + 105\ 000 \times (1 + 15\%)^{-8}$

$= 60\ 000 \times 4.487\ 3 + 105\ 000 \times 0.326\ 9$

$= 303\ 562.5$（元）

第四節　其他長期性資產的評估

一、其他長期性資產的構成

其他長期性資產是指不能包括在流動資產、長期股權投資、持有至到期投資、固定資產、無形資產等以外的資產，主要包括長期待攤費用和其他長期資產。長期待攤費用是指企業已經支出，但攤銷期在1年以上（不含1年）的各項費用，包括固定資產大修理支出、股票發行費用、籌建期間費用（開辦費）等。其他長期資產是指除長期待攤費用以外的其他資產，包括特準儲備物資、銀行凍結存款、凍結物資以及涉及訴訟的財產等。

二、長期待攤費用的評估

企業的其他長期性資產主要是長期待攤費用。長期待攤費用本質上是一種費用，其攤餘價值不能單獨對外交易或轉讓，只有當企業發生整體產權變更時，才可能涉及對其價值的評估。

長期待攤費用能否作爲評估對象，取決於它能否在評估基準日後給產權主體帶來經濟利益。所以，在評估時，要瞭解其合法性、合理性、真實性和準確性，瞭解費用支出和攤餘情況，瞭解形成新資產和權利尚存情況。其評估值要根據評估目的實現後資產占有者還存在的且與其他評估對象沒有重複的資產和權利的價值確定。按此原則，對於尚存資產或權利的價值難以準確計算的開辦費等，可按其帳面餘額計算評估值；對沒有尚存資產和權利所對應的長期待攤費用不計算評估值；對於在其他類型資產中已計算過的，也不計算評估值。例如，固定資產大修理費用攤餘價值，評估時已體現在固定資產中，因此對固定資產進行評估後就不能再計算固定資產大修理費的評估值；否則，會造成重複評估。在實地評估時，應註意長期待攤費用與其他資產評估的協調，防止重評或漏評。

從理論上講，對長期待攤費用（如股票發行費用、租入固定資產改良支出等）的評估，應依據其對企業未來收益的影響、費用的受益時間以及貨幣的時間價值等因素確定評估值。貨幣的時間價值因素應根據費用的受益時間的長短而定，一般對受益期超過一年的應合理計算利息。但從實踐上看，由於這些費用對未來產生收益的能力和狀況並不能準確界定，如果物價總水平波動不大，可以將其帳面價值作爲其評估價值，或者按其發生額的平均數計算。

[例 7－11] 某企業因產權變動需進行整體評估。該企業長期待攤費用餘額爲 52 萬元。其中：辦公樓裝修攤餘費用 30 萬元，租入固定資產改良支出攤餘 12 萬元，設備大修理費用 10 萬元。據評估人員調查瞭解，辦公樓裝修費已包含在房屋評估值中，實現了增值，因此，長期待攤費用就不能重複評估；設備大修理費用同樣也體現在設備評估值中，也不能重複計算；租入固定資產改良支出費用發生總額爲 28 萬元，已攤銷 16 萬元，租賃協議中設備租入期爲 2 年，已租入 1 年，尚有 1 年的使用期。則長期待攤費用的評估值爲：

$$評估值 = \frac{28}{2} \times 1 = 14 （萬元）$$

本章小結

長期投資性資產是指除短期投資以外的投資，包括持有時間準備超過一年（不含一年）的各種股權性質的投資、不能變現或不準備隨時變現的持有至到期投資和其他長期投資性資產。

持有至到期投資主要是指債券投資，包括其他企業發行的債券、金融機構發行的債券和政府發行的債券。上市交易的債券通常採用市場法評估，非上市交易的債券的評估則以收益法爲主。

長期股權投資包括直接股權投資和間接股權投資。後者是指股票投資。股票評估分爲上市交易股票評估和非上市交易股票評估。上市交易股票按照評估基準日的收盤價確定被評估股票的價值。非上市交易股票分爲優先股和普通股，具體評估方法存在差異。普通股評估根據股票未來收益的不同特徵等，分別採用固定紅利模型、紅利增長模型和分段式模型進行評估計算。

長期待攤費用能否作爲評估對象，取決於它能否在評估基準日後給產權主體帶來經濟利益。

檢測題

一、單項選擇題

1. 被評估債券爲2014年發行，面值100元，年利率爲10%，3年期。2016年評估時，債券市場上同種同期債券，面值100元的交易價爲110元。該債券的評估值最接近於（　　）元。

   A. 120　　　　B. 98　　　　C. 100　　　　D. 110

2. 被評估債券爲非上市企業債券，3年期，年利率爲17%，按年付息到期還本，面值100元，共1 000張。評估時債券購入已滿一年，第一年利息已經收帳，當時一年期國庫券利率爲10%，一年期銀行儲蓄利率爲9.6%。該被評估企業債券的評估值最接近於（　　）元。

   A. 112 159　　　　B. 117 000　　　　C. 134 000　　　　D. 115 470

3. 受托對某企業進行評估，帳面非上市普通股20萬股，每股面值1元，系C企業發行，每年股票收益率13%。已知C企業將保持3%的經濟發展速度，每年以淨利潤的50%發放股利，另50%用於追加投資，其淨資產收益率將保持16%的水平。企業的股票風險報酬率均爲4%，國庫券利率爲10%，則該企業非上市普通股評估值爲（　　）元。

   A. 466 667　　　　　　　　B. 433 333

   C. 185 714　　　　　　　　D. 472 727

4. 作爲評估對象的長期待攤費用的確認標準是（　　）。

   A. 是否已攤銷　　　　　　B. 攤銷方式

   C. 能否帶來預期收益　　　D. 能否變現

二、多項選擇題

5. 長期性投資資產評估的特點有（　　）。

   A. 長期投資性資產評估是對資本的評估
   B. 長期投資性資產評估是對投資企業的償債能力的評估
   C. 長期投資性資產評估是對被投資企業的償債能力的評估
   D. 長期投資性資產評估是對投資企業的獲利能力的評估
   E. 長期投資性資產評估是對被投資企業的獲利能力的評估

6. 股票評估通常與股票的（　　）估測有關。

   A. 內在價值　　　　　　　B. 帳面價值

   C. 市場價格　　　　　　　D. 清算價格

   E. 票面價格

7. 非上市普通股票評估的基本類型有（　　）。

   A. 到期一次還本型　B. 紅利增長型

   C. 固定紅利型　　　D. 分段型

   E. 逐期分紅、到期還本型

三、判斷題

8. 上市交易的證券可按現行市價法以其在評估基準日證券市場的中間價確定評估值。（　　）
9. 上市交易的股票最適合運用收益法進行評估。（　　）
10. 已經在固定資產評估中體現價值的固定資產大修理費不再計算評估值。（　　）

四、思考題

11. 簡述長期投資評估的程序。
12. 控股股權與少數股權在評估上有哪些區別？

第八章 無形資產評估

[學習內容]

  第一節 無形資產評估概述
  第二節 無形資產評估的方法
  第三節 專利權和非專利技術評估
  第四節 商標權評估
  第五節 版權評估
  第六節 商譽評估
  第七節 非常規無形資產的評估

[學習目標]

  本章的學習目標是使學生掌握各類無形資產評估的特點以及各種評估方法在無形資產評估中的應用；熟悉無形資產的基本概念和內容；熟悉無形資產評估的基本思路和方法。具體目標包括：

  ◇ 知識目標

  熟悉無形資產的定義、功能特性及分類；熟悉影響無形資產評估價值的因素；瞭解無形資產評估的程序、評估的前提假設及對象。

  ◇ 技術目標

  掌握無形資產價值評估的思路以及方法；掌握收益法評估無形資產時確定收益額的直接估算法、差額法、分成率法和要素貢獻法；掌握折現率及無形資產收益期限的確定方法。

  ◇ 能力目標

  能夠運用適當的方法評估各類無形資產的價值。

[案例導引]

文化企業無形資產評估不再"霧裡看花"

  2016年4月15日，在中國中宣部和財政部的組織和指導下，中國資產評估協會（以下簡稱中評協）制定並發布了《文化企業無形資產評估指導意見》（以下簡稱《指導意見》），對文化企業無形資產評估的內容和方法做出詳細規定。目前，我國文化企業無形資產評估存在哪些問題？《指導意見》出臺的意義、總體思路、主要特點和內容有哪些？《指導意見》的創新之處有哪些？對此，財政部文資辦、中評協有關負責人進行了回應。

1. 六大難題文化企業無形資產評估面臨的窘境

近年來隨著國家對文化產業重視和文化產業蓬勃發展，文化企業無形資產評估需求日益增多，部分評估機構無形資產評估業務量占總業務量的比重，已從2011年的6%提升至2014年的20%。在無形資產交易方面，上海和深圳文化產權交易所無形資產交易額從2011年的0.28億元增長至2014年的46.1億元，其中著作權交易額從2011年的0.22億元增長至2014年的20.8億元。

無形資產是文化企業的核心資產和重要資源。然而，由於其數量大、形式多樣、價值波動大、確定難等特性，文化企業無形資產的評估面臨六大問題。

以影視企業產品爲例，在製作、發行和放映的不同階段，不僅涉及著作權，而且還涉及銷售網路、客戶關係及衍生品價值等方面，其中著作權又可以分解爲多種不同形式的單項財產權利。對於人們所關註的明星效應、團隊價值，其歸屬於哪一類無形資產也存在爭議。它反應了文化企業的無形資產不僅有細分行業的不同，在產業鏈的不同環節，也會以不同形式體現，識別起來十分複雜。

在評估方法方面，專家表示目前成本法、市場法和收益法三種評估的基本方法，在進行文化企業無形資產評估中也存在一些困難。如成本法在揭示無形資產價值方面存在局限性，無形資產的製作成本與其帶來的經濟利益並不是正相關關係，投資報酬率確定難；市場法缺少可類比的參照物，修正指標精準量化難，難以普遍應用；收益法存在較多不確定因素，對於未來現金流量和折現率的確定具有較大主觀性，難以保證無形資產價值評估的可靠性。另外，有關專家還指出，以網路視頻、動漫、手遊、互聯網內容等爲代表的新興文化企業，使得評估遇到了技術上的瓶頸；一些體現文化企業核心競爭力的新型無形資產價值難以根據現行會計準則在企業資產負債表中體現；資產評估行業缺乏具體體現文化企業資產特點的評估規範……這些問題都成爲文化企業無形資產評估亟待解決的難題。

2. 三大特點全方位破解無形資產評估難的問題

中評協有關負責人指出，《指導意見》有三個主要特點：一是明確評估文化企業無形資產，應當關註不同類型的文化企業在政治導向、文化創作生產和服務、受眾反應、社會影響、內部制度和隊伍建設等方面產生的社會效益對其無形資產價值的影響。二是註重突出文化企業的特點，體現文化企業相對其他行業在無形資產評估方法上的特殊性，明確各細分文化行業不同類型無形資產的範圍和特徵，以及評估需要考慮的各方面因素。三是註重對評估實踐的指導，突出操作性。部分條款以舉例的形式介紹了文化企業的典型案例，爲評估的實施提供針對性強的指導。

3. 三大創新註重評估的指導性和可操作性

《指導意見》對評估方法的運用做出了明確規定，提出了文化企業無形資產評估業務的三種評估方法，包括成本法、收益法、市場法。其中，成本法重點考慮重置成本與貶值，收益法重點考慮無形資產帶來的預期收益、收益年限以及折現率等，市場法重點考慮類似交易案例的交易信息等。

在內容上，《指導意見》針對文化企業無形資產評估的特點，首次在資產評估準則中提出了評估文化企業無形資產要關註社會效益。同時，還特別強調了在文化企業無形資產評估中有效識別無形資產的要點以及必要的調查程序，明確了評估師承接文化企業無形資產評估的要求，便於評估師有序開展無形資產評估現場調查和資料收集工作。

在方法上，由於文化企業無形資產識別難度大，影響因素多，《指導意見》通過規範文化企業無形資產評估中的具體問題，為評估師提供解決實際操作問題的方法和標準，並總結歸納了互聯網信息服務企業專利、專有技術資產評估等十五個重點難點評估實例，對部分條款進行解讀。

對於社會較為關注的人力資源價值的體現問題，有關專家指出，人力資源通常納入商譽範疇進行評估，在特定情形下也可能表現為經紀服務合同約定的權益，其價值主要取決於在約定期限內所獲得的連續性經濟利益。例如，當著名導演、演員等能為影視企業帶來持續的經濟利益時，其與影視企業簽署的經紀服務合同形成的合同權益屬於可辨認無形資產。根據法律法規以及相關監管機構規定，可以進行交易、融資等行為的，合同權益才可以進行評估，但評估對象不是導演或演員本人，而是與導演、演員相關的符合無形資產定義的合同權益，其價值經過專業測算後由市場決定。

資料來源：李慧，鐘超. 無形資產評估不再"霧裡看花"［N］. 光明日報，2016-04-21.

第一節　無形資產評估概述

一、無形資產的概念

無形資產是指特定主體所控制的，不具有實物形態，對生產經營與服務長期能持續發揮作用且能帶來經濟利益的資源，是與有形資產相對應的概念。

理解無形資產的定義，必須把握以下幾個基本點：

（一）非實體性

無形資產沒有實物形態，卻又依附於一定的實體。這是區別於有形資產的重要特徵。如工業產權、專有技術等，與廠房、機器、設備等多項有形資產相比，無形資產最顯著的特徵就是沒有實物形態。因此，無形資產的評估需要考慮其依託的實體。

（二）排他性

無形資產要能為企業的生產經營持續地產生效益，而且是由特定主體排他占有，凡不能排他或者不需要任何代價即能獲得的，都不是無形資產。無形資產的排他性可以通過企業自身保護取得，也可以是以適當公開其內容作為代價來取得廣泛而普遍的法律保護，有的則是借助法律保護並以長期生產經營服務中的信譽取得社會的公認。

（三）效益性

無形資產必須能夠以一定的方式，直接或間接地為其控制主體（所有者、使用者或投資者）創造效益，而且必須能夠在較長時期內持續產生經濟效益。這是無形資產存在的前提條件。

二、無形資產的功能特性

無形資產是各類資產或企業整體資產中的一種資產，它與有形資產有着一般的共性，但由於發揮作用的方式明顯區別於有形資產，因而它的價值又有其自身的特點。

（一）附着性

附着性是指無形資產往往附着於有形資產而發揮其固有功能。例如，製造某產品的專有技術要體現在專用機械生產線、工藝設計之上。各種知識性的資產一般都要物化在一定的實體之中。

（二）共益性

共益性是指無形資產可以作爲共同財富，由不同的主體同時共享。但是，由於市場的有限性和競爭性，在知識產品由不同主體共享時，由於追求自身利益的需要，又會形成各主體的相互排斥性。這表明當無形資產的使用者超出一定規模，就會引起競爭，給本企業產品在市場上實現價值造成困難，從而妨礙壟斷利潤和超額利潤的實現。這就是機會成本。因此，考慮無形資產的公益性，就是要求在資產評估時考慮機會成本的補償問題。

（三）積累性

積累性體現在兩個方面：一是無形資產的形成往往建立在一系列其他成果之上，在生產經營的一定範圍內發揮特定的作用；二是無形資產自身的發展也是一個不斷積累和演進的過程。

（四）替代性

替代性是指一種技術取代另一種技術，一種工藝替代另一種工藝，其特性不是共存或積累，而是替代、更新。一種無形資產總會被更新的無形資產所取代。因而，在無形資產評估中必須考慮它的作用期間，尤其是尚可使用年限。這主要取決於該領域內技術進步的速度，取決於無形資產帶來的競爭。

三、無形資產的分類

（一）按企業取得無形資產的方式分類

按企業取得無形資產的方式分類，無形資產可以分爲企業自創的無形資產和外購的無形資產。前者是由企業自己研製創造獲得的以及由於客觀原因形成的，如自創專利、非專利技術、商標權、商譽等；後者則是企業以一定代價從其他單位購入的，如外購專利權、商標權等。

（二）按期限分類

按期限分類，無形資產可以分爲有期限的無形資產和無期限的無形資產。有期限的無形資產是指資產的有效期為法律所規定，如專利權、商標權等。它們的成本都要在其有效期內予以攤銷。無期限的無形資產是指資產的有效期限法律上並無規定，如商譽。

(三) 按無形資產能否獨立存在分類

按無形資產能否獨立存在分類，無形資產可以分為可確指的無形資產和不可確指的無形資產。凡是那些具有專門名稱，可單獨取得、轉讓或出售的無形資產，稱為可確指的無形資產，如專利權、商標權等；凡是那些不可辨認、不可單獨取得，離開企業整體就不復存在的無形資產，稱為不可確指的無形資產，如商譽。

(四) 按無形資產有無專門法律保護分類

按無形資產有無專門法律保護分類，無形資產可以分為有專門法律保護的無形資產和無專門法律保護的無形資產。專利權、商標權等均受到國家專門法律保護，無專門法律保護的無形資產有非專利技術等。

(五) 按作用領域分類

按作用領域分類，無形資產可以分為促銷型無形資產、製造型無形資產和金融型無形資產。這是美國評值公司的分類。

國際評估準則委員會在其頒布的《無形資產評估指南》中，將無形資產分為權利型無形資產（如租賃權）、關係型無形資產（如顧客關係、客戶名單等）、組合型無形資產（如商譽）和知識產權型無形資產（包括專利權、商標權和版權等）。

目前，在我國作為評估對象的無形資產通常包括專利權、非專利技術、生產許可證、特許經營權、租賃權、土地使用權、礦產資源勘探權和採礦權、商標權、版權、計算機軟件及商譽等。

四、影響無形資產評估價值的因素

進行無形資產評估，首先要明確影響無形資產評估價值的因素。一般說來，影響無形資產評估價值的因素主要有以下幾個：

(一) 獲利能力因素

成本是從對無形資產補償角度考慮的，但無形資產更重要的特徵是其創造收益的能力。一項無形資產，在環境、制度允許的條件下，獲利能力越強，其評估值越高；反之，其評估值越低。

(二) 剩餘經濟使用年限

無形資產的剩餘經濟使用年限越長，其價值相對就越高。無形資產的剩餘經濟使用年限的長短，取決於該無形資產在評估基準日的先進程度、無形損耗的程度、剩餘法律保護期的長短等因素。無形資產在實際的評估中，除了應考慮法律保護期限外，更主要的是考慮其具有實際超額收益的期限。

（三）技術成熟程度

一般科技成果都有一個發展—成熟—衰退的過程。這是競爭規律作用的結果。科技成果的成熟程度如何，直接影響到評估值的高低。其開發程度越高，技術越成熟，運用該技術成果的風險性越小，評估值就會越高。

（四）無形資產的取得成本

無形資產與有形資產一樣，其取得也有成本。對企業的無形資產來說，外購無形資產較易確定成本，自創無形資產的成本計量較為困難。一般來說，自創無形資產的成本項目包括創造發明成本、法律保護成本、發行推廣成本等。

（五）風險因素

無形資產從開發到受益會遇到多種類型的風險，包括開發風險、轉化風險、實施風險、市場風險等。這些風險因素使無形資產價值的實現存在一定的不確定性，從而對無形資產價值產生影響。

（六）無形資產權利的內容

無形資產權利的內容豐富程度影響到其價值的高低。比如：一項無形資產所有權的價值高於其使用價值；一項可以在較廣闊地域範圍使用的無形資產權利的價值，高於使用範圍相對狹小的無形資產權利的價值。

（七）市場供需狀況

市場供需狀況，一般反應在兩個方面：①無形資產市場需求及其適用程度情況。對於可出售、轉讓的無形資產，其價值隨市場需求的變動而變動。市場需求大，則價值就高；反之，則價值就低。②是否有同類無形資產替代品。同類無形資產供給越大，替代無形資產越多，無形資產評估的價值就越低。

（八）同類無形資產的價格水平

同類無形資產的市場價格以及與無形資產相關的產品或行業的市場狀況會影響無形資產的價值。與待評估無形資產相關的無形資產的市場價格，直接制約著待評估無形資產的價值。

此外，無形資產評估值的高低，還取決於無形資產交易、轉讓的價款支付方式、各種支付方式的提成基數、提成比例等。在評估無形資產時，應綜合考慮。

五、無形資產評估的前提及對象

無形資產評估一般以產權變動為前提；無形資產的評估對象是對其獲利能力的評估。

（一）無形資產評估的前提

（1）無形資產的擁有者或控制者以無形資產的完全產權或部分產權進行轉讓交易或對外投資，需要對無形資產進行評估。這種情況一般表現為單項無形資產的評估。

(2) 企業整體或部分發生變動時，如企業股份制改造、合作、兼併等，對企業資產中包括的無形資產進行評估，這種情況要複雜些。比如，企業股份制改造，往往帳面資產沒有列示無形資產，要分析企業是否存在無形資產。對於以無形資產進行成本核算攤銷爲目的的評估，因受到現行財務會計制度和稅收制度的限制和約束，除非得到有關部門的批準，通常不能開展。因此，無形資產評估應主要以產權變動爲前提。

(二) 無形資產的評估對象

無形資產的價值從本質上來說，是能爲其持有主體帶來經濟利益的能力，即該無形資產的獲利能力。因此，無形資產評估就是對獲利能力的評估。需要說明的是，無形資產能夠帶來超額收益，是一種理論抽象，即指在其他條件保持社會平均水平的情況下，能夠獲得高於社會平均水平的收益。而在實際生活中，由於評估參照對象並不一定保持着社會平均經營水平，因而超額收益也就不一定表現爲高於社會平均水平的利潤，而是往往表現爲帶來的追加利潤。在實踐中，應根據無形資產對利潤增長的影響來評估無形資產的價值。另外，某些無形資產能夠帶來壟斷利潤，即通過壟斷價格實現壟斷利潤。在這種情況下，就可以根據市場壟斷的不同條件，通過利潤的測算，評估無形資產的價值。

第二節　無形資產評估的方法

由於無形資產存在着非實體性、價值形成的積累性、開發成本界定的複雜性、價值的不確定性等特點，因而對無形資產價值進行評估的難度較大，評估結果的精確度相對較低。運用收益法、成本法、市場法評估無形資產的適用程度依次降低。雖然無形資產預期收益的實現具有較大的不確定性，但從邏輯上和實踐上看，收益法還是最爲適宜於無形資產評估的方法。

一、無形資產評估中收益法的應用

(一) 無形資產評估中收益法的應用形式

根據無形資產轉讓或許可使用選取參數的渠道不同，收益法在應用上可以表示爲下列兩種方式：

1. 無形資產的轉讓方的收益來源於使用該無形資產的總收益分成

其計算公式爲：

$$P = \sum_{t=1}^{n} \frac{K \cdot R_t}{(1+r)^t}$$

式中：P——無形資產評估價值；

　　　K——無形資產分成率；

　　　R_t——第 t 年使用無形資產帶來的收益；

　　　t——收益預測年期；

r——折現率；

n——收益預測期限。

2. 無形資產的轉讓方的收益來源於使用該無形資產的超額收益

其計算公式爲：

$$P = \sum_{t=1}^{n} \frac{R_t}{(1+r)^t}$$

式中：P——無形資產評估價值；

R_t——未來第 t 個收益期的預期收益額；

r——資本化率（本金化率、折現率）；

t——收益預測年期；

n——收益預測期限。

(二) 收益法應用中各項技術經濟指標的確定

1. 無形資產收益額的確定

無形資產收益額的測算，是採用收益法評估無形資產的關鍵步驟，無形資產收益額一般採用淨利潤口徑。如前所述，無形資產收益額是由無形資產帶來的超額收益。同時，無形資產附着於有形資產發揮作用並產生共同收益，因此，關鍵問題是如何從這些收益中分離出無形資產帶來的收益額。

下面介紹一些常用的方法：

(1) 直接估算法

通過使用無形資產的前後收益情況對比分析，確定無形資產帶來的收益額。在許多情況下，從無形資產爲特定持有主體帶來的經濟利益上看，我們可以將無形資產劃分爲收入增長型和費用節約型。

收入增長型無形資產，是指無形資產應用於生產經營過程時，能夠使產品的銷售收入大幅度增大。增大的原因在於：①生產的產品能夠以高出同類產品的價格銷售；②生產的產品採用與同類產品相同價格的情況下，銷售數量大幅度增加，市場占有率擴大，從而獲得超額收益。

第一種原因，在銷售量不變、單位成本不變的情況下，形成的超額收益可以參考下式計算：

$R = (P_2 - P_1)Q(1-T)$

式中：R——超額收益；

P_2——使用被評估無形資產後單位產品的價格；

P_1——未使用被評估無形資產前單位產品的價格；

Q——產品銷售量；

T——所得稅稅率。

第二種原因，在單位價格和單位成本不變的情況下，形成的超額收益可以參考下式計算：

$R = (Q_2 - Q_1)(P-C)(1-T)$

式中：R——超額收益；
Q_2——使用被評估無形資產後產品的銷售量；
Q_1——未使用被評估無形資產前產品的銷售量；
P——產品價格；
C——產品的單位成本；
T——所得稅稅率。

因爲銷售量增加不僅可以增加銷售收入，而且還會引起成本的增加。因此，在估算銷售量增加形成收入增加，從而形成超額收益時，必須扣減由於銷售量增加而增加的成本。

費用節約型無形資產，是指無形資產的應用，使得生產產品中的成本費用降低，從而形成超額收益。假定銷售量不變、價格不變時，可以用下列公式計算爲投資者帶來的超額收益。

$$R = (C_1 - C_2)Q(1 - T)$$

式中：R——超額收益；
C_1——未使用無形資產前產品的單位成本；
C_2——使用無形資產後產品的單位成本；
Q——產品銷售量；
T——所得稅稅率。

實際上，收入增長型無形資產和費用節約型無形資產的劃分，是假定在其他資產因素不變的情況下，爲了明晰無形資產形成超額收益來源情況的人爲劃分方法。通常，無形資產應用後，其超額收益是收入變動和成本變動共同形成的結果。評估者應根據上述特殊情況，加以綜合性的運用和測算，以科學地測算超額收益。

（2）差額法

當無法將使用了的無形資產和未使用的無形資產的收益情況進行對比時，採用無形資產和其他類型資產在經濟活動中的綜合收益與行業平均水平進行比較，可得到無形資產獲利能力，即"超額收益"。

①收集有關使用無形資產的產品生產經營活動財務資料，進行盈利分析，得到經營利潤和銷售利潤率等基本數據。

②對上述生產經營活動中的資金占用情況（固定資產、流動資產和已有帳面價值的其他無形資產）進行統計。

③收集行業平均資金利潤率等指標。

④計算無形資產帶來的超額收益。

無形資產帶來的超額收益 ＝ 淨利潤 － 淨資產總額 × 行業平均收益率

或

無形資產帶來的超額收益 ＝ 經營利潤 － 資產總額 × 行業平均資金利潤率

或

無形資產帶來的超額收益 ＝ 銷售收入 × 銷售利潤率 － 銷售收入 ÷ 每元銷售收入平均占用資金 × 行業平均資金利潤率

使用這種方法，應註意這樣計算出來的超額收益，有時不完全由被評估無形資產帶來（除非能夠認定只有這種無形資產存在），往往是一種組合無形資產超額收益，還須進行分解處理。

(3) 分成率法

無形資產收益通過分成率來獲得，是目前國際和國內技術交易中常用的一種實用方法。即：

無形資產收益額＝銷售收入(利潤)×銷售收入(利潤)分成率

對於銷售收入（利潤）的測算已不是較難解決的問題，重要的是確定無形資產分成率。既然分成對象是銷售收入或銷售利潤，因而，就有兩個不同的分成率。實際上，由於銷售收入與銷售利潤有內在的聯繫，所以可以根據銷售利潤分成率推算出銷售收入分成率；反之亦然。

因爲：

收益額＝銷售收入×銷售收入分成率
　　　＝銷售利潤×銷售利潤分成率

所以：

銷售收入分成率＝銷售利潤分成率×銷售利潤率

$$銷售利潤分成率＝\frac{銷售收入分成率}{銷售利潤率}$$

在資產轉讓實務上，一般是確定一定的銷售收入分成率，俗稱"抽頭"。例如，在國際市場上一般技術轉讓費不超過銷售收入的3%～5%，如果按社會平均銷售利潤率10%推算，則技術轉讓費爲銷售收入的3%，利潤分成率爲30%。從銷售收入分成率本身很難看出轉讓價格是否合理，但是，如果換算成利潤分成率，則可以加以判斷。實際轉讓實務上因利潤額不夠穩定也不容易控制和核實，因而，按銷售收入分成是可行的。

①直接估算法

直接估算法是通過未使用無形資產與使用無形資產的前後收益情況對比分析，確定無形資產帶來的收益額。在許多情況下，從無形資產爲特定持有主體帶來的經濟利益上看，我們可以將無形資產劃分爲收入增長型和費用節約型。

②差額法

當無法將使用了無形資產和沒有使用無形資產的收益情況進行對比時，採用無形資產和其他類型資產在經濟活動中的綜合收益與行業平均水平進行比較，可得到無形資產獲利能力，即"超額收益"。

③分成率法

無形資產收益通過分成率（提成率）來獲得，是目前國際和國內技術交易中常用的一種實用方法。即：

無形資產收益額＝銷售收入(利潤)×銷售收入(利潤)分成率

④要素貢獻率

在無形資產已成爲生產經營的必要條件，同時其帶來的超額收益又很確定的情況下，可以根據構成生產經營的各要素在生產經營活動中的貢獻，從正常利潤中粗略估計出無形資產帶來的收益。我國理論界通常採用"三分法"，即主要考慮生產經營中的三大要素：資金、技術和管理。

（4）要素貢獻法

有些無形資產，已經成為生產經營的必要條件，由於某些原因不可能或很難確定其帶來的超額收益，因此可以根據構成生產經營的要素在生產經營活動中的貢獻，從正常利潤中粗略估計出無形資產帶來的收益。我國理論界通常採用"三分法"，即主要考慮生產經營活動中的三大要素：資金、技術和管理。這三大要素的貢獻在不同行業是不一樣的。一般認為，對資金密集型行業，這三者的貢獻依次是50%、30%、20%；對技術密集型行業，這三者的貢獻依次是40%、40%、20%；對一般行業，這三者的貢獻依次是30%、40%、30%；對高科技行業，這三者的貢獻依次是30%、50%、20%。這些數據，可供確定無形資產收益額時參考，而不能直接用於評估無形資產收益額。

2. 無形資產評估中折現率的確定

折現率的內涵是指與投資於該無形資產相適應的投資報酬率。折現率的一般理論已在本書第二章中做了詳細介紹，需要進一步說明的是，折現率一般包括無風險利率和風險報酬率。一般來說，無形資產投資收益高，風險性強。因此，無形資產評估中的折現率往往要高於有形資產評估中的折現率。評估時，評估者應根據該項無形資產的功能、投資條件、收益獲得的可能性條件和形成概率等因素，科學地測算其風險利率，以進一步測算出其適合的折現率。

另外，折現率的口徑應與無形資產評估中採用的收益額的口徑保持一致。如果收益額採用淨利潤，則折現率應選擇資產收益率；如果收益額採用淨現金流，則折現率應選擇投資回收率（淨現金流量/資產平均占用額）。

3. 無形資產收益期限的確定

無形資產收益期限或稱有效期限，是指無形資產發揮作用，並具有超額獲利能力的時間。無形資產不像有形資產那樣存在由於使用或自然力作用形成的有形損耗，它只存在無形損耗。無形損耗產生的原因主要有以下三種：

（1）新的、更為先進和更經濟的無形資產替代原有的無形資產使其價值喪失。

（2）無形資產傳播面擴大，其他企業普遍掌握這種無形資產，獲得這項無形資產已不需要任何成本，使擁有這種無形資產的企業不再具有獲取超額收益的能力的時間。例如，某種藥品專利過了保護期，各國都能免費使用該專利，則該專利權的價值大幅度貶低或喪失，該藥品的價格也可能大幅度降低。

（3）含有某種無形資產的商品由於種種原因，如消費者偏好的改變、國家制定的環保政策限制其產量等導致產品銷售量驟減，需求大幅度下降，這時無形資產價值就會減少，以致完全喪失。

在資產評估實踐中，預計和確定無形資產的有效期限，可依照下列方法確定：

（1）法律或合同、企業申請書等規定法定有效期限和受益年限的，可按照法定有效期限與受益年限孰短的原則確定。一般來說，版權、專利權、專營權、進出口許可證、土地使用權、礦業權等，均具有法定或合同規定的期限。這時關鍵問題是分析法定（合同）期限內是否還具有剩餘經濟壽命，按其剩餘經濟壽命來確定其有效期限。

（2）法律未規定有效期限，企業合同或企業申請書中規定有受益年限的，可按照規定的受益年限確定。

（3）法律和企業合同或企業申請書均未規定有效期限和受益年限的，按預計受益期限確定。預計受益期限可以採用統計分析或與同類資產比較得出。

二、無形資產評估的成本法應用

（一）無形資產的成本特性

採用成本法評估無形資產價值，首要的問題是瞭解無形資產在成本上具有的特殊屬性。由於中國現行會計制度的有關規定以及無形資產形成的特點、造成無形資產成本明顯區別於有形資產。

1. 不完整性

無形資產的成本應包括無形資產研制或取得、持有期間的全部物化勞動和活勞動的費用支出。而與自創無形資產相對應的各項費用是否計入無形資產的成本，是以費用支出資本化爲條件的。我國現行財務制度一般把科研費用從當期生產經營費用中列支，而不是先對科研成果進行費用資本化處理。這種辦法簡便易行，大體上符合實際，並不影響無形資產的再生產。但這樣一來，企業帳簿上反應的無形資產成本就是不完整的，大量帳外無形資產的存在是不可忽視的客觀事實。

另外，即使是按國家規定進行費用支出資本化的無形資產的成本核算一般也是不完整的。無形資產的創立有大量的前期費用，如培訓、基礎開發或相關試驗等，往往不計入該無形資產的成本。因此，無形資產帳面成本與實際發生成本不相符的現象是客觀存在的。

2. 弱對應性

無形資產的創建經歷基礎研究、應用研究和工藝生產開發等許多階段，成果的出現帶有較大的隨機性、偶然性和關聯性。一次成功的背後有著無數次的失敗，如果讓某項成果負擔以往無數次相關或不相關的失敗所造成的損失，作爲該項成果的成本，顯然不夠合理。所以，無形資產的成本費用與相應的某項無形資產難以一一對應，這就形成了無形資產成本與相應的無形資產成果的弱對應性。

3. 虛擬性

由於無形資產的成本往往是相對的，特別是一些無形資產的內涵已經遠遠超出了它的外在形式的含義，這種無形資產的成本只具有象徵意義。如商標，其成本核算的是商標設計費、登記註冊費、廣告費等，而商標的內涵是標示商品內在質量信譽、獲利能力等，其價值已遠遠超過商標成本所體現的價值。這種無形資產實際上包括了該商品使用的特種技術、配方和多年的經驗積累，而商標形式本身所支付的成本只具有象徵性或稱虛擬性。

(二) 成本法在無形資產評估中的應用

採用成本法評估無形資產的公式為：

無形資產評估值 = 無形資產重置成本 × 成新率

從這一公式可以看出，估算無形資產重置成本（又稱重置完全成本）和成新率，是評估者所面臨的重要工作。

1. 自創無形資產重置成本的估算

自創無形資產的成本是由創制該資產所消耗的物化勞動和活勞動費用構成的。如果自創無形資產所發生的成本費用已作資產化處理，即已有帳面價格，則可以按照定基物價指數做相應調整，即得到重置成本。在評估實務中，自創無形資產往往無帳面價格，需要進行評估。其方法主要有以下兩種：

(1) 成本核算法

核算法的基本計算公式為：

無形資產重置成本 = 直接成本 + 間接成本 + 資金成本 + 合理利潤

直接成本按無形資產創制過程中實際發生的材料、工時消耗量，按現行價格和費用標準進行估算。即：

$$無形資產直接成本 = \sum \left(\begin{array}{c} 物質資料 \\ 實際耗費量 \end{array} \times \begin{array}{c} 現行 \\ 價格 \end{array} \right) + \sum \left(\begin{array}{c} 實耗 \\ 工時 \end{array} \times \begin{array}{c} 現行費 \\ 用標準 \end{array} \right)$$

這裡，評估無形資產直接成本不是按現行消耗量而是按實際消耗量來計算。

自創無形資產重置成本的計算中一般需要考慮合理利潤。合理利潤來源於自創無形資產的直接成本、間接成本和資金成本之和與外購同樣的無形資產的平均市場價格之間的差額。如果不是評估無形資產的公允市價，僅僅是為了估算其創制成本，則可以不考慮合理利潤。

(2) 倍加系數法

對於投入智力比較多的技術型無形資產，考慮到科研勞動的複雜性和風險，可用以下公式估算無形資產重置成本：

$$無形資產重置成本 = \frac{C + \beta_1 V}{1 - \beta_2} \times (1 + L)$$

式中：C——無形資產研制開發中的物化勞動消耗；

V——無形資產研制開發中的活勞動消耗；

β_1——科研人員創造性勞動倍加系數；

β_2——科研的平均風險系數；

L——無形資產投資報酬率。

2. 外購無形資產重置成本的估算

外購無形資產一般有購置費用的原始記錄，也有可能參照現行交易價格，評估相對比較容易。外購無形資產的重置成本包括購買價和購置費用兩部分。

其估算方法有以下兩種：

(1) 市價類比法

在無形資產交易市場中選擇類似的參照物，再根據功能和技術先進性、適用性對其進行調整，從而確定其現行購買價格，購置費用可以根據現行標準和實際情況核定。

（2）物價指數調整法

物價指數調整法是以無形資產的帳面歷史成本爲依據，用物價指數進行調整，進而估算其重置成本。其計算公式爲：

$$無形資產重置成本 = 無形資產帳面成本 \times \frac{評估時物價指數}{購置時物價指數}$$

[**例8－1**] 某企業2013年外購的一項無形資產帳面值爲90萬元，2015年進行評估。試按物價指數調整法估算其重置完全成本。

分析：經鑑定，該無形資產系運用現代先進的實驗儀器經反復試驗研製而成，物化勞動耗費的比重較大，可以適用生產資料物價指數。根據資料，此項無形資產購置時的物價指數和評估時的物價指數分別爲120%和150%，故該項無形資產的重置完全成本爲：

$$90 \times \frac{150\%}{120\%} = 112.5 （萬元）$$

3. 無形資產成新率的估算

無形資產成新率的確定，可以採用專家鑑定法和剩餘經濟壽命預測法進行。

（1）專家鑑定法

專家鑑定法是指邀請有關技術領域的專家，對被評估無形資產的先進性、適用性做出判斷，從而確定其成新率的方法。

（2）剩餘經濟壽命預測法

剩餘經濟壽命預測法是指由評估人員通過對無形資產剩餘經濟壽命的預測和判斷，從而確定其成新率的方法。其計算公式爲：

$$成新率 = \frac{剩餘使用年限}{已使用年限 + 剩餘使用年限} \times 100\%$$

公式中，已使用年限比較容易確定，關鍵是確定無形資產的剩餘使用年限，具體預測方法可以參照收益法中有關"無形資產收益期限的確定"。

三、無形資產評估的市場法

雖然無形資產具有非標準性和唯一性的特徵限制了市場法在無形資產評估中的應用，但這並不排除在評估實踐中仍有應用市場法的必要性和可能性。國外學者認爲，市場法強調的是具有合理競爭能力的財產的可比性特徵。如果有充分的源於市場的交易案例，可以從中取得作爲比較分析的參照物，並能對評估對象與可比參照物之間的差異做出合適的調整，就可以應用市場法。運用市場法評估無形資產時應注意以下事項：

（一）具有合理比較基礎的類似的無形資產

作爲參照物的無形資產與被評估無形資產至少要滿足形式相似、功能相似、載體相似及交易條件相似的要求。國際資產評估準則委員會頒布的《無形資產評估指南》指出："使用市場法必須具備合理的比較依據和可進行比較的類似的無形資產。參照物與被評估無形資產必須處於同一行業，或處於對相同經濟變量有類似反應的行業。這種比較必須有意義，並且不能引起誤解。"

(二) 收集交易信息

　　收集類似的無形資產交易的市場信息以及無形資產以往的交易信息作爲橫向和縱向比較的基礎。關於橫向比較，評估人員需要收集參照物與被評估無形資產的形式、功能和載體方面的基本資料；同時，應盡量收集致使交易達成的市場信息，即要涉及供求關係、產業政策、市場結構、企業行爲和市場績效的內容。對於縱向比較，評估人員既要看到無形資產具有依法實施多元和多次授權經營的特徵，使得過去交易的案例成爲未來交易的參照依據。同時也應看到，時間、地點、交易主體和條件的變化等影響被評估無形資產的未來交易價格。

(三) 市場價格信息應滿足相關、合理、可靠和有效的要求

　　無論是橫向比較，還是縱向比較，參照物與被評估無形資產都會因時間、空間和條件的變化而產生差異，評估人員應對此做出言之有理、持之有據的調整。

第三節　專利權和非專利技術評估

　　技術類無形資產主要包括專利資產和非專利技術。雖然專利資產和非專利技術屬於不同的概念，具有各自的特點，但它們同屬於技術型無形資產，是知識產權型無形資產的重要組成部分。兩者在評估目的、評估方法方面具有相同性。

一、專利權的概念、特點及其評估目的

(一) 專利權的概念

　　專利權是國家專利機關依法批準的，發明人或其權利受讓人對其發明成果在一定期間內享有的獨占權或專有權。任何人如果要利用該項專利進行生產經營活動或出售使用該項專利製造的產品，需事先徵得專利權所有者的許可，並付給報酬。

　　我國依法保護的專利同世界各國大體相同，分爲發明、實用新型、外觀設計三種。

(二) 專利權的特點

　1. 排他性

　　專利權的排他性是指由法律賦予專利所有人一段時間對該資產的壟斷。這是該專利獲得超額收益的保證。並且同一內容的技術發明只授予一次專利，對於已取得專利權的技術，任何人未經許可不得進行營利性實施。如要實施其專利，必須與專利權人簽訂書面合同，向專利權人支付專利使用費。

　2. 地域性

　　任何一項專利只在其授權範圍內才有法律效力，在其他地域範圍內不具有法律效力。

　3. 時間性

　　依法取得的專利權在法定期限內有效，受法律保護。期滿後，專利權人的權利自

行終止。中國《專利法》規定，發明專利的保護期限爲 20 年，實用新型和外觀設計的保護期限爲 10 年。

4. 可轉讓性與共享性

專利權可以轉讓，由當事人訂立合同，並經原專利登記機關或相應機構登記和公告後生效，專利權一經轉讓，原發明者不再擁有專利權，購入者繼承專利權。共享性是指專利權人可以許可多家在同一時間共同使用同一專利資產。

(三) 專利權的評估目的

專利權的評估目的包括一般的轉讓、投資、清算、法律訴訟等。這裡主要闡述專利權的轉讓。專利權的轉讓形式很多，但總的來說，可以分爲全權轉讓和使用權轉讓。使用權轉讓往往通過技術許可貿易形式進行，這種使用權的權限、時間期限、地域範圍和處理糾紛的仲裁程序都是在許可證合同中加以確認的。

1. 使用權限

按技術使用權限的大小，可分爲獨家使用權、排他使用權、普通使用權、回饋轉讓權。

2. 地域範圍

技術許可證合同大多數都規定明確的地域範圍，如某個國家或地區，買方的使用權不得超過這個地域範圍。

3. 時間期限

技術許可證合同一般都規定有效期限，時間的長短，因技術而異。一項專利技術的許可期限一般要和該專利的法律保護期相適應。

4. 法律和仲裁

技術許可證合同是法律文件，是依照參與雙方所在國的法律來制定的，因此受法律保護。當一方違約時另一方可遵循法律程序追回損失的權益。

二、專利權的評估程序

資產評估機構接受委託者委託以後，一般按下列程序進行評估：

(一) 明確評估目的

技術型無形資產的評估目的主要有：①產權變更；②轉讓使用權；③投資入股；④技術型資產的攤銷；⑤對確定侵犯他人知識產權的損害賠償值。

(二) 證明和鑒定專利權的存在

一般應收集證明專利權存在的資料有：

(1) 專利說明書；

(2) 權利要求書；

(3) 專利證書；

(4) 有關法律性文件、當年度繳費證明等。

專利資產的確認，包含以下三個方面：由有關專家鑒定該項專利的有效性、保護範圍和專利權人。

(三) 收集相關資料，確定評估方法

依據無形資產評估的操作規範，我國專利資產一般採用以下三種評估方法：成本法、收益法和市場法。在評估專利資產時，由於專利資產的特性，實際選取評估方法時必須考慮其使用前提條件及評估的具體情況。①對還不能確認為資產的技術（如處於研制階段），以及對委估技術能否達到發明目的不確定的，不能進行評估；②對處於研制、小試階段，技術研制仍未完成，但可預見其技術能取得成功，對未來市場參數、財務參數、投資參數的不確定性較大時，不宜採用收益法進行評估；③對於評估專利資產的發明與研制成本無關而重要的是發明思想的情形，不應選取成本法進行評估。

專利權評估最常用的評估方法是收益法。收益法的運算過程在前面已經詳述，重要的任務是收集相關資料，主要包括技術資料、經濟及市場資料、法律法規資料、資產占有方管理方面的資料，分析確定方法運用中的各項技術參數和指標。

(四) 信息資料核查分析，評定估算

(1) 技術狀況分析，包括對技術先進性確認、技術成熟程度與壽命週期的分析等。
(2) 收益能力分析，包括是否具有獲利能力，獲利表現為收入增長型或費用降低型等分析。
(3) 市場分析，包括應用該專利技術的產品市場需求總量分析、市場占有率分析。
(4) 風險分析，包括技術風險、市場風險、經營風險、資金風險分析。

(五) 確定評估參數，完成評估報告

評估報告是專利權評估結果的最終反應，但這種結果是建立在各種分析、假設基礎之上的，為了說明評估結果的有效性和適用性，評估報告中應詳盡說明評估中的各有關內容。

三、專利權的評估方法

專利權的評估主要採用收益法，但在一些特殊情況下也可以採用成本法。

(一) 收益法

收益法應用於專利權評估，計算技巧已在前面的有關章節中做了詳細介紹，根本的問題還是如何尋找、判斷、選擇和測算評估中的各項技術指標和參數，即專利權的收益額、折現率和獲利期限。

專利權的收益額是指直接由專利權帶來的預期收益。對於收益額的測算，通常可以通過直接測算超額收益和利潤分成率獲得。採用利潤分成率測算專利技術收益額，即以專利技術投資產生的收益為基礎，按一定比例（利潤分成率）分成確定專利技術的收益。利潤分成率反應專利技術對整個利潤額的貢獻程度。利潤分成率確定為多少合適，根據聯合國工業發展組織對印度等發展中國家引進技術價格的分析，認為利潤分成率在 16% 和 27% 之間是合理的。1972 年在挪威召開的許可貿易執行協會上，多數代表提出利潤分成率為 25% 左右較為合理。美國一般認為利潤分成率在 10% 和 30% 之間是合理的。中國理論工作者和評估人員通常認爲利潤分成率在 25% 和 33% 之間較合適。這些基本分析在實際評估業務過程中具有參考價值，但更重要的是對被評估專利技術進行切合實際的分析，確定合理的、準確的利潤分成率。

利潤分成是將資產組合中的專利對利潤的貢獻分割出來，實際操作過程中通常採用一種變通的方法，即以銷售收入分成率替代利潤分成率，相應的分成基礎也就由利潤變成銷售收入了。儘管銷售收入分成率和利潤分成率之間存在一定關係，並可以通過數學關係進行互換，但銷售收入分成率合理性的基礎仍然是利潤分成率。這是必須明確的。

至於專利權的評估中折現率和收益期限的確定，在本章第二節中已有說明，這裡不再詳述。下面通過案例說明其評估過程。

[例 8-2] A 企業擬轉讓其擁有的某產品的專利技術使用權，該專利技術產品單位市場售價爲 1 000 元/臺，比普通同類產品售價高 100 元/臺，擬購買專利技術的 B 企業年生產能力 100 000 臺，雙方商定專利技術使用許可期爲 3 年，被許可方 B 企業使用該專利技術的產品年超額利潤的 30% 專利技術特許權使用費（不考慮稅收因素），每年支付一次，3 年支付完價款，折現率爲 10%。

解：年銷售利潤 = 100 × 100 000 = 10 000 000（元）
年使用費 = 10 000 000 × 30% = 3 000 000（元）
專利技術使用權價格 = 3 000 000 ×（A,0% ,3）
$\qquad$ = 3 000 000 × 2.486 9
$\qquad$ = 7 460 700（元）

[例 8-3] 某公司於 2012 年開發研制了一項新技術方法並取得了專利權，通過 2 年的使用具有較好的經濟效益。2015 年準備將該專利技術的所有權出售給昌達公司，昌達公司因購買後進行會計帳面攤銷需要進行評估。買賣雙方共同協商認爲，該專利技術的剩餘經濟使用年限爲 4 年，專利技術的價格按實際年銷售收入的一定比例分年支付，收入分成率爲 25%。預期今後 4 年的銷售收入分別爲 500 萬元、700 萬元、800 萬元、800 萬元。折現率爲 20%。該專利技術的價值估算如下：

未來 4 年的銷售收入分成收益額爲：

第一年：500 × 25% ×（1 - 25%）= 93.75（萬元）
第二年：700 × 25% ×（1 - 25%）= 131.25（萬元）
第三年：800 × 25% ×（1 - 25%）= 150（萬元）
第四年：800 × 25% ×（1 - 25%）= 150（萬元）

未來 4 年收益額的現值爲：

$$\frac{93.75}{1.2} + \frac{131.25}{1.2^2} + \frac{150}{1.2^3} + \frac{150}{1.2^4} = 328.43（萬元）$$

(二) 成本法

成本法應用於專利技術的評估，重要的在於分析計算其重置完全成本構成、數額以及相應的成新率。專利分爲外購和自創兩種。外購專利技術的重置成本確定比較容易。自創專利技術的成本構成，如圖 8-1 所示。

```
                    ┌ 材料費用：完成技術研制所耗費的各種材料費用
                    │ 工資及福利費：參與技術研制的科研人員的費用
                    │ 專用設備費：研制開發技術所購置或專用設備的攤銷
                    │ 資料費：研制開發技術所需圖書、資料、文獻、印刷等費用
              ┌直接成本│ 諮詢鑒定費：爲完成該項目發生的技術諮詢、技術鑒定費用
              │     │ 協作費：項目研制開發過程中某些零部件的外加工費以及使用
              │     │     外單位資源的費用
              │     │ 培訓費：爲完成本項目，委派有關人員接受技術培訓的費用
     ┌研制成本 │     │ 差旅費：爲完成本項目發生的差旅費用
     │        │     └ 其他費用
     │        │     ┌ 管理費：管理、組織本項目開發所負擔的管理費用
     │        └間接成本│ 非專用設備折舊費：採用通用設備、其他設備負擔的折舊費
     │              └ 應分攤的公共費用及能源費用
┌────┤              ┌ 技術服務費：賣方爲買方提供專家指導、技術培訓、設備儀器安裝調試及
│    │              │     市場開拓費
│    │交易成本        │ 交易過程中的差旅費及管理費：談判人員和管理人員參加技術洽談會及
│    │              │     在交易過程中發生的食宿費及交通費
│    │              │ 手續費：有關的公證費、審查註冊費、法律諮詢費
│    │              └ 稅金：無形資產交易、轉讓過程中應繳納的營業稅
└ 專利費：爲申請和維護專利權所發生的費用，包括專利代理費、專利申請費、實質性審查請求費、
       維護費、證書費、年費等
```

圖 8-1　自創的專利技術的成本構成

專利技術評估中的成新率的估算方法，詳見本章第三節的內容。下面舉例說明成本法用於專利技術評估的過程。

[例8-4] 某實業股份有限公司於 2012 年 12 月自行研制開發成功並獲專利的實用新型專利技術，2015 年 1 月因出售需要對其價值進行評估。經過財務核算表明，該專利技術的開發研制花費 4 年時間，總費用爲 20 萬元。2013—2014 年生產及生活資料物價上漲 5%，無風險投資報酬率爲 6%，該類專利技術開發研制的平均風險率爲 70%。經專家鑒定該專利技術的剩餘經濟使用年限爲 6 年。試計算該專利技術的價值。

該專利技術的價值估算過程如下：

該專利技術的重置成本爲：

$20 \times (1+6\%)^{\frac{4}{2}} \times (1+5\%) \div (1+70\%) = 78.65$（萬元）

該專利技術的成新率爲：$\frac{6}{2+6} = 75\%$

該專利技術的評估價值爲：$78.65 \times 75\% = 59$（萬元）

四、非專利技術的評估

(一) 非專利技術的概念及特點

非專利技術，又稱專有技術、技術秘密，是指未經公開、未申請專利的知識和技巧，主要包括設計資料、技術規範、工藝流程、材料配方、經營訣竅和圖紙、數據等

技術資料。

一般來說，企業中的某些設計資料、技術規範、工藝流程、配方等之所以能作為非專利技術存在，是根據以下特性判斷的：

1. 實用性

非專利技術的價值取決於其是否能夠在生產實踐過程中操作，不能應用的技術不能稱為非專利技術。

2. 新穎性

非專利技術所要求的新穎性與專利技術的新穎性不同，非專利技術並非要具備獨一無二的特性不可，但它也決不能是任何人都可以隨意得到的東西。

3. 獲利性

非專利技術必須有價值，表現在它能為企業帶來超額利潤。價值是非專利技術能夠轉讓的基礎。

4. 保密性

保密性是非專利技術的最主要特性。如前所述，非專利技術不是一種法定的權利，其自我保護是通過保密性進行的。

(二) 非專利技術評估值的影響因素分析

在非專利技術評估中，應註意研究影響非專利技術評估值的各項因素。這些因素主要包括：

1. 非專利技術的使用期限

非專利技術依靠保密手段進行自我保護，沒有法定保護期限。因此，評估者應根據本領域的技術發展情況、市場需求情況及技術保密情況進行估算，也可以根據雙方合同的規定期限、協議情況估算。

2. 非專利技術的預期獲利能力

非專利技術的價值則在於非專利技術的使用所能產生的超額獲利能力。因此，評估時應充分研究分析非專利技術的直接和間接獲利能力，這是確定非專利技術評估值的關鍵，也是評估過程中的困難所在。

3. 非專利技術的市場情況

在科學技術高速發展的情況下，技術更新換代的速度加快，無形損耗加大，非專利技術的成熟程度和可靠程度對其價值量也有很大的影響。技術越成熟、可靠，其獲利能力越強，風險越小，賣價越高。

4. 非專利技術的開發成本

非專利技術取得的成本，也是影響非專利技術價值的因素。評估中應根據不同技術特點，研究開發成本和其獲利能力的關係。

(三) 非專利技術的評估方法

非專利技術的評估方法與專利權的評估方法基本相同，這裡僅通過例題加以說明。

1. 收益法

[例8-5] 某飲料生產企業將其飲料生產專有配方轉讓給另一家飲料生產企業。由

於該配方具有一定的先進性，生產的飲料口感特別受消費者的喜愛，預計使用該配方生產出的飲料會比較暢銷。雙方簽訂合同，約定受讓方在未來 4 年内，每年從其銷售毛收入中提取 10% 給該配方的持有企業，作爲該配方的轉讓費。折現率爲 15%。試計算該配方的轉讓評估價值。

該配方的轉讓評估價值的估算過程如下：

預測使用該配方後未來 4 年的銷售收入分別爲 80 萬元、90 萬元、95 萬元、95 萬元。該配方的轉讓評估價值爲：

$10\% \times (80 \div 1.15 + 90 \div 1.15^2 + 95 \div 1.15^3 + 95 \div 1.15^4) \times (1 - 33\%) = 17$（萬元）

[**例 8 - 6**] 某評估公司對中佳股份有限公司準備投入中外合資企業的一項非專利技術進行評估。根據雙方協議，確定該非專利技術的收益期限爲 5 年。試根據有關資料確定該非專利技術的評估值。

評估過程如下：

（1）預測、計算未來 5 年的收益（假定評估基準日爲×××年 12 月 31 日）。預測結果見表 8 - 1。

表 8 - 1　　　　　　　　　　未來 5 年非專利技術收益預測表

項　　目	第一年	第二年	第三年	第四年	第五年	合　計
銷售量（件）	35	45	45	45	45	215
銷售單價（萬元）	2.2	2.2	2.2	2.2	2.2	
銷售收入（萬元）	77	99	99	99	99	473
減：成本、費用（萬元）	21.84	27.935	27.935	27.935	27.935	133.58
利潤總額（萬元）	55.16	71.065	71.065	71.065	71.065	339.42
減：所得稅（萬元）	0	0	0	12.442 5	12.442 5	24.885
稅後利潤（萬元）	55.16	71.065	71.065	58.622 5	58.622 5	314.535
非專利技術分成率（%）	40	40	40	40	40	
非專利技術收益（萬元）	22.064	28.426	28.426	23.449	23.449	125.814

（2）確定折現率。根據銀行利率確定安全利率爲 6%，根據技術所屬行業及市場狀況確定風險率爲 14%，由此確定折現率爲 20%（6% + 14%）。

（3）計算確定評估值。

$$\text{非專利技術的評估值} = \sum_{t=1}^{5} \frac{\text{各年非專利技術收益}}{(1+r)^t}$$

$= 22.064 \times 0.833\ 3 + 28.426 \times 0.694\ 4 + 28.426 \times 0.578\ 7$

$\quad + 23.449 \times 0.482\ 3 + 23.449 \times 0.401\ 9$

$= 75.308\ 6$（萬元）

2. 成本法

[**例 8 - 7**] 某機械加工企業有 5 000 張機械零件工藝設計圖紙，已使用 500 張。經專家對工藝設計紙的設計先進性和保密性等方面鑒定認爲，有 4 500 張圖紙仍然可以作

爲有效的非專利技術資產，預計剩餘經濟使用年限爲4年。根據該類圖紙的設計、製作耗費估算，當前每張圖紙的重置成本爲250元。試計算該批圖紙的價值。

解：該批圖紙的重置成本爲：$4\,500 \times 250 = 1\,125\,000$（元）

該批圖紙的成新率爲：$\dfrac{4}{4+5} \times 100\% = 44.4\%$

該批圖紙的價值爲：$1\,125\,000 \times 44.4\% = 499\,500$（元）

第四節　商標權評估

一、商標與商標權

（一）商標及其分類

商標是商品的特定標記。它是商品生產者或經營者爲了將自己的商品區別於他人的同類商品，在商品上使用的一種特殊標記。這種標記一般由文字、圖案或兩者組合而成。

商標的種類很多，可以依照不同標準予以分類。

1. 按商標是否具有法律保護的專用權分類

按商標是否具有法律保護的專用權分類，可以分爲註册商標和未註册商標。我國《商標法》規定："經商標局核準註册的商標爲註册商標，包括商品商標、服務商標和集體商標、證明商標；商標註册人享有商標專用權，受法律保護。"我們所說的商標權的評估，指的是註册商標專用權的評估。

2. 按商標的構成分類

按商標的構成分類，可以分爲文字商標、圖形商標、符號商標、文字圖形組合商標、色彩商標、三維標誌商標等。

3. 按商標的不同作用分類

按商標的不同作用分類，可以分爲商品商標、服務商標、集體商標和證明商標等。

（二）商標權及其特點

商標權是商標所有人在一定時期內依法對這種特定的標誌用於其商品上的一種專有權。各國商標法的內容，主要都是圍繞商標權的取得和行使，商標權的期限、續展和終止，商標權的轉讓和使用許可，商標權的保護等問題做出的相應規定。

商標權具有以下主要特點：專有性、時間性、地域性和轉讓性。

（三）商標的價值

從商標的成本構成看，商標的價值由以下四個部分組成：一是生產作爲商標標誌物的勞動，包括設計文字圖形、製作印刷等過程中所花費的勞動量；二是法律上取得商標專有權的費用，包括申請費、註册費、變更費、續展費等；三是註册商標的所有人或使用人爲了使自己的商標的內在質量優於其他人的同類商品，而使用的特種技術、配方、選料、款式設計、包裝、打開銷路、占領、開拓市場等方面的勞動和費用；四是註冊商標的所有人或使用人為建立自己的信譽、商譽、知名度而耗費的勞動，如廣告費、公益事業資助費等。但是，商標之所以成為轉讓、投資的對象，關鍵在於它可以為其所有者和使用者帶來超額收益。這種超額收益來源於商標所代表的商品（包括服務）的質量、信譽。

二、商標權評估的程序

（一）明確評估目的

商標權評估目的是商標權發生的經濟行為。與商標權有關的資產業務主要有：①商標權轉讓；②商標權許可使用；③商標權變更經營主體或經營性質；④商標權投資入股；⑤清產核資中商標權的攤銷；⑥對侵犯商標權的侵權賠償。

（二）向委託方收集有關資料

向委託方收集的資料主要包括：①委託方概況；②商標概況；③商標產品的歷史、現狀與展望；④商標的廣告宣傳等情況；⑤委託方未來經營規劃；⑥未來財務數據預測；⑦相關產業政策、財稅政策等宏觀經濟政策對其影響。

（三）市場調研和分析

市場調研和分析的主要內容包括：

(1) 產品市場需求量的調研和分析；

(2) 商標現狀和前景的分析；

(3) 商標產品在客戶中的信譽、競爭情況的分析；

(4) 商標產品市場占有率的分析；

(5) 財務狀況分析；

(6) 市場環境變化的風險分析；

(7) 其他相關信息資料的分析。

（四）確定評估方法，收集確定有關指標

商標權評估較多採用收益法，但也不排斥採用市場法和成本法。由於商標的單一性，同類商標價格獲取的難度大，使得市場法應用受到限制；商標權的投入與產出具有弱對應性。因此，採用成本法評估商標權時必須慎重。

（五）計算、分析、得出結論，完成評估報告

三、商標權的評估方法

商標權評估採用的方法一般為收益法。下面主要介紹說明收益法在商標權評估中的應用。

[例8-8] 某企業將一種已經使用50年的註冊商標轉讓。根據歷史資料，該企業近5年使用這一商標的產品比同類產品的價格高0.7元/件，該企業每年生產100萬件。

該商標目前在市場上有良好趨勢，產品基本上供不應求。根據預測估計，如果在生產能力足夠的情況下，這種商標產品每年生產150萬件，每件可獲得超額利潤0.5元，預計該商標能夠繼續獲取超額利潤的時間是10年。前5年保持目前超額利潤水平，後5年每年可獲取的超額利潤為32萬元。評估這項商標權的價值。

（1）首先計算其預測期內前5年中每年的超額利潤：

$150 \times 0.5 = 75$（萬元）

（2）根據企業的資金成本率及相應的風險率，確定其折現率為10%。

（3）確定該項商標權的價值：

商標權的價值 $= 75 \times [(1+10\%)^5 - 1] \div 10\% (1+10\%)^5 + 32$
$\times [(1+10\%)^5 - 1] \div 10\% (1+10\%)^5 \times 1 \div (1+10\%)^5$
$= 75 \times 3.7907 + 32 \times 3.7907 \times 0.6209$
$= 284.3 + 75.3167$
$= 359.6167$（萬元）

由此確定商標權的評估值為359萬元。

[例8-9] A電風扇廠將紅花牌電風扇的註冊商標使用權通過許可證合同允許給B廠使用，使用時間為5年。雙方約定由乙廠每年按使用該商標新增利潤的25%支付給甲廠，作為商標使用費。試求該商標在使用期間內的商標使用權的評估價值。

評估過程如下：

（1）預測使用期限內的新增利潤。由於紅花牌電風扇銷路好、信譽高，B廠預測第一年將生產20萬臺、第二年將生產25萬臺、第三年將生產30萬臺、第四年將生產35萬臺、第五年將生產40萬臺。預測每臺新增利潤10元，則由此確定每年新增淨利潤為：

第一年：$20 \times 10 = 200$（萬元）

第二年：$25 \times 10 = 250$（萬元）

第三年：$30 \times 10 = 300$（萬元）

第四年：$35 \times 10 = 350$（萬元）

第五年：$40 \times 10 = 400$（萬元）

（2）確定分成率。按許可證合同中確定的25%作為分成率。

（3）確定折現率。假設折現率為14%。

由此，可以計算出每年新增淨利潤的折現值（見表8-2）。

表8-2　　　　　　　　每年新增淨利潤的折現值

年份	新增淨利潤額（萬元）	折現系數	折現值（萬元）
1	200	0.8772	175.4
2	250	0.7695	192.2
3	300	0.6750	202.5

表8-2(續)

年份	新增淨利潤額（萬元）	折現系數	折現值（萬元）
4	350	0.592 1	207.2
5	400	0.519 4	207.8
合計			985.3

最後，按25%的分成率計算確定商標使用權的評估值爲：

985.3×25% = 246.325（萬元）

第五節　版權評估

版權也稱著作權，是指文學、藝術作品和科學作品的創作者依照法律規定對這些作品所享有的各項專有權利。它是知識產權的一個重要組成部分，也是現代社會發展中不可缺少的一種法律制度。中國真正意義上的《中華人民共和國著作權法》（以下簡稱《著作權法》）是1991年頒布的，從1991年6月1日起實施。隨著科學進步、社會文化的發展，爲了適應新的社會及經濟格局的變化，2001年，中國對《著作權法》進行了第一次修改，新的《著作權法》從2001年12月1日起實施。

版權保護對象的範圍很廣，從人們比較熟悉的傳統文學藝術領域，如美術、音樂等作品，到經濟活動中涉及的計算機軟件、工程、產品設計圖紙和模型，以及容易被人們忽視的演講等口述作品。由於中國實施版權保護的時間相對較短，而且長期以來實行計劃經濟，特別是對文化及媒體傳播的管理，使人們對版權的瞭解還不夠全面。目前，中國已經逐漸向市場經濟轉化，並在2001年年底加入了世界貿易組織，人們對版權日益重視，版權在經濟領域中的作用也愈來愈顯著。特別是近年來國際文化交流的增多，以及計算機軟件產業的迅速發展，版權逐漸展現出獨特的風採，爲權利人帶來豐厚的經濟收益，目前已逐漸成爲經濟發展中的重要組成部分。中國當前興起的文化創意產業，爲版權評估的市場開闢了廣闊的空間。

在本節中，首先介紹版權的基本概念並分析它的特徵。在版權評估中，計算機軟件類版權的價值評估是一個重要的部分，而且計算機軟件與一般的文藝類版權相比較，具有其自身的特點，因此將計算機軟件評估單獨列出來進行介紹。

一、版權的基本概念

版權亦稱著作權，是指作者對其創作的文學、藝術和科學技術作品所享有的專有權利。

(一) 版權中的經濟權利

作品的版權包括精神權利和財產權利。對於評估而言，一般考慮的是權利人擁有的財產權利，因此，在此將重點對版權中的財產權利進行分析。版權中的財產權利是指能夠給版權人帶來經濟利益的權利，可以說，它是《著作權法》關鍵的部分。

著作權以及與著作權有關權利財產權益的權利種類具體包括：

（1）複製權，即以印刷、復印、拓印、錄音、錄像、翻錄、翻拍等方式將作品製作一份或者多份的權利；

（2）發行權，即以出售或者贈與方式向公衆提供作品的原件或者複製件的權利；

（3）出租權，即有償許可他人臨時使用電影作品和以類似攝製電影的方法創作的作品、計算機軟件的權利，計算機軟件不是出租的主要標的的除外；

（4）展覽權，即公開陳列美術作品、攝影作品的原件或者複製件的權利；

（5）表演權，即公開表演作品，以及用各種手段公開播送作品的表演的權利；

（6）放映權，即通過放映機、幻燈機等技術設備公開再現美術、攝影、電影和以類似攝製電影的方法創作的作品等的權利；

（7）廣播權，即以無線方式公開廣播或者傳播作品，以有線傳播或者轉播的方式向公衆傳播廣播的作品，以及通過擴音器或者其他傳送符號、聲音、圖像的類似工具向公衆傳播廣播的作品的權利；

（8）信息網路傳播權，即以有線或者無線方式向公衆提供作品，使公衆可以在其個人選定的時間和地點獲得作品的權利；

（9）攝製權，即以攝製電影或者以類似攝製電影的方法，將作品固定在載體上的權利；

（10）改編權，即改變作品，創做出具有獨創性的新作品的權利；

（11）翻譯權，即將作品從一種語言文字轉換成另一種語言文字的權利；

（12）匯編權，即將作品或者作品的片段通過選擇或者編排，匯集成新作品的權利；

（13）出版者對其出版的圖書、期刊的版式設計的權利，即出版者轉讓或許可他人使用其出版的圖書、期刊的版式設計的權利；

（14）表演者對其表演享有的權利，即表演者轉讓或許可他人現場直播和公開傳送其現場表演的權利，錄音錄像的權利，複製、發行錄有其表演的錄音錄像制品的權利和通過信息網路向公衆傳播其表演的權利；

（15）錄音、錄像製作者對其製作的錄音、錄像制品享有的權利，即錄音、錄像製作者轉讓或許可他人複製、發行、出租、通過信息網路向公衆傳播的權利；

（16）廣播電臺、電視臺對其製作的廣播、電視所享有的權利，即廣播電臺、電視臺轉讓或許可將其播放的廣播、電視轉播的權利，將其播放的廣播、電視錄制在音像載體上以及複製音像載體的權利；

（17）應當由著作權人和與著作權有關權利人享有的其他權利。

（二）版權的保護期

版權中作者的署名權、修改權、保護作品完整權的保護期不受限制，永遠歸作者所有。公民作品的發表權、使用權和獲得報酬權的保護期爲作者終生至死亡後50年，若爲合作作品至最後死亡的作者死亡後50年。單位作品的發表權、使用權和獲得報酬權的保護期爲首次發表後50年。電影、電視、錄像和攝影作品的發表權、使用權和獲

199

得報酬權的保護期為首次發表後的 50 年。

計算機軟件的保護期限，在新修改的《計算機軟件保護條例》中做了修改。根據新的《計算機軟件保護條例》，軟件版權自軟件開發完成之日起產生。自然人的軟件版權，保護期為自然人終生及其死亡後 50 年，截止於自然人死亡後第 50 年的 12 月 31 日；軟件是合作開發的，截止於最後死亡的自然人死亡後第 50 年的 12 月 31 日。法人或者其他組織的軟件版權，保護期為 50 年，截止於軟件首次發表後第 50 年的 12 月 31 日，但軟件自開發完成之日起 50 年內未發表的，本條例不再保護。

二、版權的價值影響因素

影響版權（亦稱著作權）資產價值的因素包括：

（1）作品作者和著作權權利人的基本情況；

（2）作品基本情況，包括作品創作完成時間、首次發表時間、複製、發行、出租、展覽、表演、放映、廣播、信息網路傳播、攝製、改編、翻譯、匯編等使用情況；

（3）作品的類別，包括文字作品、口述作品、音樂、戲劇、曲藝、舞蹈、雜技藝術作品，美術、建築作品，攝影作品，電影作品和以類似攝製電影的方法創作的作品，工程設計圖、產品設計圖、地圖、示意圖等圖形作品和模型作品，計算機軟件，法律、行政法規規定的其他作品；

（4）作品的創作形式，包括原創或者各種形式的改編、翻譯、註釋、整理等；

（5）作品的題材類型、體裁特徵等情況；

（6）著作權和與著作權有關權利的情況及其登記情況；

（7）各種權利限制情況，包括相關財產權利在時間、地域方面的限制以及質押、訴訟等方面的限制；

（8）與作品相關的其他無形資產權利的情況；

（9）作品的創作成本、費用支出；

（10）著作權資產以往的評估和交易情況，包括轉讓、許可使用以及其他形式的交易情況；

（11）著作權權利維護情況，包括權利維護方式、效果，歷史上的維護成本費用支出等；

（12）宏觀經濟發展和相關行業政策與作品市場發展狀況；

（13）作品的使用範圍、市場需求、經濟壽命、同類產品的競爭狀況；

（14）作品使用、收益的可能性和方式；

（15）同類作品近期的市場交易及成交價格情況。

三、版權價值評估程序

（1）瞭解委估版權資產的法律、產業市場因素及企業發展規劃等狀況；

（2）與委託方就評估目的和意願作充分溝通；

（3）簽訂資產評估業務約定書，明確評估目的、範圍、評估基準日及委託方的各項要求；

（4）指導委託方填報版權評估價值評估資料；

（5）市場調研、資料檢索、分析相關市場需求、技術指標、經濟指標、產業政策、行業信息等；

（6）專家論證、評定估算、三級審核；

（7）出具版權價值評估報告徵求意見稿，與委託方交換意見，完善報告；

（8）出具正式評估報告。

四、版權價值評估方法

（一）成本法

基本計算公式爲：

評估值＝重置成本×（1－成新率）

（二）收益法

（1）直接法：

基本計算公式爲：

收益＝總收入－成本－總收入×成本利潤率

（2）間接法——"版稅節約法"：

基本計算公式爲：

著作權收入＝總收入×（版稅率－應納所得稅稅率）

[例8-10] 某音像出版社錄制一樂曲音帶，某一年發行量爲40 000盒，每盒的批發價爲4元，該社付給同類型音帶的版稅率爲15%，應納所得稅稅率爲10%。求該年著作權收入。

著作權收入＝4×40 000×（15%－10%）＝8 000（元）

[例8-11] 某攝影作家有2 000幅攝影作品，均已有攝制著作權，現許可某公司出版作品集、印刷年歷及舉辦展覽，許可合同期限爲3年。通過對攝影作品在合同期3年內的用途及收益情況的預測可知，該2 000幅作品可用於：出版作品集3次，每一年1次；印制年歷3次，每年1次；在合同簽訂的當年（第1年）舉辦展覽1次。這三項用途的獲利情況爲：出版作品集的收益分別爲第1年19.6萬元、第2年16.5萬元、第3年13.5萬元。印制年歷的收益分別是第1年15.5萬元、第2年14.5萬元、第3年12.5萬元。舉辦展覽的當年收益爲12萬元。折現率取12%，評估其價值。（其3年的折現系數分別爲0.892 9、0.797 2、0.711 8）

該攝影作品按收益現值法評估的評估值P爲：

P＝(19.6＋15.5＋12)×0.892 9＋(16.5＋14.5)×0.797 2＋(13.5＋12.5)×0.711 8

＝42.06＋24.71＋18.51

＝79.08（萬元）

五、計算機軟件評估

隨著計算機技術的迅猛發展和應用領域的極大擴展，計算機軟件的重要性日益凸顯，保護知識產權的呼聲日益高漲，計算機軟件的價值也越來越爲人們所重視。國外評估界有關軟件價值的評估方法經過多年發展，正逐漸趨於成熟。與軟件行業發展相似，中國關於計算機軟件評估較之軟件行業發達國家起步要晚，現階段正處於軟件等高新技術交易市場的起步建設過程中。另外，由於中國正處於計劃經濟向市場經濟轉軌的特定階段，我們所面臨的是與西方發達國家不同的評估背景。因此，在考慮評估方法時，應使評估標準、評估方法的選擇及評估目的相匹配，從而使計算機軟件的評估更切合實際。

與其他作品的版權評估一樣，計算機軟件（也包括電子數據庫）同樣得到《著作權法》的保護，而且還受到《中華人民共和國專利法》等法規的保護。但軟件評估又和一般文學作品、藝術作品等版權評估存在區別。

(一) 計算機軟件的無形資產評估的特點

1. 計算機軟件的特點

計算機軟件價值評估中，應首先關注計算機軟件所具有的無實物形態但以實物爲載體、容易被複製、高智力投入而且需長期持續投入等特點。

2. 計算機軟件價值評估的特殊性

由於計算機軟件成本具有明顯的不完整性和弱對應性，給企業帶來的經濟效益也可能受各種因素的影響而具有明顯的不確定性。當前我國軟件技術交易市場還很不成熟，這給軟件評估帶來了許多困難。

3. 計算機軟件評估方法的特點

(1) 運用成本法評估計算機軟件的特點：①以工作量或程序語句行數爲軟件成本的度量，軟件成本主要體現在人員工資上。②國際上一般使用成本法進行軟件評估。③對計算機軟件進行評估時，對於專用（即用戶只有一個或若干個）軟件以及雖屬於通用軟件但尚未投入生產、銷售的，一般採用成本法進行評估。④特別對於諸如自用型軟件，不存在市場或市場容量少，難以通過銷售軟件使用許可權獲得收益的情況，採用成本法較爲可行。另外，對於未開發完成的軟件，一般採用成本法進行評估也比較有說服力。⑤適用於軟件的整體轉讓、定價等經濟行爲。⑥成本法對於軟件創造性價值考慮較少。⑦軟件維護成本較高，持續時間較長，軟件維護成本預測的準確性對軟件價值影響較大。⑧評估工作量大。

(2) 運用市場法評估計算機軟件的特點：①存在着具有可比性的參照軟件。②價值影響因素明確，可以量化。③用得較多的是功能類比法。④多用於軟件產品定價、軟件整體價值評估等。⑤其他軟件的市場數據比較難採集，目前在我國可操作性不強。⑥在市場數據比較公開化的前提下，工作量一般。

(3) 運用收益法評估計算機軟件的特點：①資產與經營收益之間存在穩定的比例關係。②未來收益可以預測。③軟件的收益期限較其他技術類產品短。④收益額受軟件技術水平、技術風險、市場前景等因素的影響與作用，因此收益額預測的準確與否對軟件評估值的影響很大。⑤對於已經生產並投放市場的諸如財務軟件、人事工資管理軟件等通用軟件，具有市場容量的專業應用軟件，以及對信息企業的價值評估，可以採用收益現值法。⑥自行開發生產、獨家轉讓並可投入生產的軟件也可以採用收益現值法進行評估。⑦可操作性較強、工作量較大。

(二) 計算機軟件價值評估方法

1. 市場法

市場法對於計算機軟件市場、技術市場和資產市場比較發達的國家和地區，是一種常用的有效方法。這種評估方法主要是通過計算機軟件市場或技術市場、資產市場上選擇相同或近似的資產作爲參照物，針對各種價值影響因素，主要是計算機軟件的功能類比，將被評估計算機軟件與參照物計算機軟件進行價格差異的比較調整，分析各項調整結果，確定評估計算機軟件資產的評估值。其計算公式爲：

$V = \alpha\beta V_r$

式中：V——委託評估計算機軟件的價值；

V_r——參照物計算機軟件的價值；

α——生產率調整系數；

β——價值調整系數。

2. 成本法

對於大型系統軟件，一般可以採用成本法進行評估。對於計算機軟件產品定價，或者以計算機軟件合資入股，確定計算機軟件價值時，可以考慮採用成本法。成本法是指按被評估資產的現時完全重置成本減去損耗或貶值來確定被評估資產的價格。其基本公式爲：

評估價值＝重置全價－貶值

成本法評估計算機軟件價值的基本模型有開發成本要素、開發過程成本或語句行數三種成本評估模型。國內的評估界，在採用成本法評估計算機軟件的時候，將以上三種方法結合起來，並參考國外評估理論，總結出一套操作性較強、目前評估實際應用比較廣泛的計算機軟件成本評估模型——參數成本法模型。該成本評估方法最初由美國參數成本預測計算機軟件計費發展而來。美國從20世紀50年代開始了參數成本計費的研究，80年代基本形成了參數成本計費的基本理論和實踐體系，90年代初期開始推廣運用。

該模型對於系統軟件、大型專業應用軟件、剛開發完成還沒有進入市場的計算機軟件產品以及不存在交易市場的自用計算機軟件都可以採用。

其基本公式和原理如下：

$P = C_1 + C_2$

式中：P——計算機軟件成本評估值；

C_1——計算機軟件開發成本；

C_2——計算機軟件維護成本。

計算機軟件開發成本 Q 由計算機軟件工作量 M 和單位工作量成本 W 所決定，其基本公式爲：

$C_1 = M \times W$

式中：C_1——計算機軟件開發成本；

　　　M——工作量，單位人·月；

　　　W——單位工作量成本。

此處，計算機軟件工作量 M 爲在現時以及現有條件下，重新開發此計算機軟件所需工作量，爲一般水平下的計算機軟件勞動工作量。單位工作量成本 W 爲待估軟件開發公司實際投入的成本除該計算機軟件實際工作量，體現的是該軟件公司開發該計算機軟件的實際生產能力。因此，可以認爲系統軟件的開發成本按其工作量及單位工作量成本來測算是可行的。

3. 收益法

收益法是通過估算待估軟件在未來的預期收益，並採用適宜的折現率折算成現值，然後累加求和，得出軟件價值的一種評估方法。

運用收益法評估軟件價值與其他技術類無形資產評估（如專利技術、專有技術等）類似。其基本公式爲：

$$P = \sum_{i=1}^{n} \frac{R_i}{(1+r)^i}$$

式中：P——無形資產評估值；

　　　R_i——第 i 年收益期內的預期收益額；

　　　n——收益可以持續的年限；

　　　r——適用的折現率。

採用收益法進行評估，首先要解決的就是關於 R_i、n、r 等參數的選取問題。軟件作爲一種特殊的技術產品，其採用收益法評估與其他技術類無形資產評估的參數選取具有一定的區別。

軟件評估中所涉及的收益通常是指銷售或者購入軟件所取得的收益。

軟件產品的收益預測值存在一個一般的趨勢，即使用者對新推出軟件的適用性和穩定性有一個認識過程，所以，第一階段收益相對較低，處於市場開拓期間；第二階段有所上升，處於發展期；第三階段達到峰值，屬於穩定期；以後由於功能更強的新一代軟件的推出或者市場容量的飽和，先進性相對減弱，收益發生下滑，至此爲衰減期。

第六節　商譽評估

一、商譽及其特點

商譽通常是指企業在一定條件下，能獲取高於正常投資報酬率的收益所形成的價值。這是企業由於所處地理位置的優勢，或由於經營效率高、管理基礎好、生產歷史悠久、人員素質高等多種原因，與同行業企業相比較，可獲得超額利潤。現在所稱的商譽，則是指企業所有無形資產扣除各單項可確指無形資產以後的剩餘部分。因此，商譽是不可確指的無形資產。商譽具有如下特性：

（1）商譽不能離開企業而單獨存在，不能與企業可確指的資產分開出售；

（2）商譽是多項因素作用形成的結果，但形成商譽的個別因素，不能以任何方法單獨計價；

（3）商譽本身不是一項單獨的、能產生收益的無形資產，而只是超過企業可確指的各單項資產價值之和的價值；

（4）商譽是企業長期積累起來的一項價值。

二、商譽評估的方法

（一）割差法

割差法是根據企業整體評估價值與各單項資產評估值之和進行比較確定商譽評估的方法。其基本計算公式爲：

$$商譽評估值 = \frac{企業整體}{資產評估值} - \frac{企業的各單項資產評估值}{之和(含可確指的無形資產)}$$

[例8-12] 某企業進行股份制改組，根據企業過去經營情況和未來市場形勢，預測其未來5年的淨利潤分別是13萬元、14萬元、11萬元、12萬元和15萬元，並假定從6年開始，以後各年淨利潤均爲15萬元。根據銀行利率及企業經營風險情況確定的折現率和本金化率均爲10%。並且，採用單項資產評估方法，評估確定該企業各單項資產評估之和（包括有形資產和可確指的無形資產）爲90萬元。試確定該企業商譽評估值。

（1）採用收益法確定該企業整體評估值

$$\begin{aligned}企業整體\\評估值\end{aligned} = 13 \times 0.909\,1 + 14 \times 0.826\,4 + 11 \times 0.751\,3 + 12 \times 0.683\,0 + 15 \times 0.620\,9$$

$$+ 15 \div 10\% \times 0.620\,9$$

$$= 49.161\,7 + 93.135$$

$$= 142.296\,7\ （萬元）$$

因爲該企業各單項資產評估值之和爲90萬元，由此可以確定商譽評估值，即：

（2）商譽的價值 = 142.296 7 - 90 = 52.296 7（萬元）

（二）超額收益法

商譽評估值指的是企業超額收益的本金化價格。把企業超額收益作爲評估對象進行商譽評估的方法稱爲超額收益法。超額收益法視被評估企業的不同，又可分爲超額收益本金化價格法和超額收益折現法兩種具體方法。

1. 超額收益本金化價格法

超額收益本金化價格法是指把被評估企業的超額收益經本金化還原來確定該企業商譽價值的一種方法。其計算公式爲：

$$商譽的價值 = \frac{\left(\begin{array}{c}企業預期\\年收益額\end{array} - \begin{array}{c}行業平均\\收益率\end{array} \times \begin{array}{c}該企業的單項\\資產評估值之和\end{array}\right)}{適用本金化率}$$

或

$$商譽的價值 = \frac{被評估企業單項資產評估價值之和 \times \left(\dfrac{被評估企業}{預期收益率} - \dfrac{行業平均}{收益率}\right)}{適用本金化率}$$

式中：$\dfrac{被評估企業}{預期收益率} = \dfrac{企業預期年收益額}{企業單項資產評估價值之和} \times 100\%$

[例8-13] 某企業的預期年收益額為20萬元，該企業的各單項資產的評估價值之和為80萬元，企業所在行業的平均收益率為20%，並以此作為適用資產收益率。

商譽的價值 =（200 000 - 800 000 × 20%）÷ 20%

= 40 000 ÷ 20%

= 200 000（元）

或

商譽的價值 = 800 000 ×（200 000 ÷ 800 000 - 20%）÷ 20%

= 800 000 ×（25% - 20%）÷ 20%

= 200 000（元）

超額收益本金化價格法主要適用於經營狀況一直較好、超額收益比較穩定的企業。

2. 超額收益折現法

超額收益折現法是把企業可預測的若干年預期超額收益進行折現，把其折現值確定為企業商譽價值的一種方法。其計算公式為：

$$商譽的價值 = \sum_{t=1}^{n} R_t (1+r)^{-t}$$

式中：R_t——第 t 年企業預期超額收益；

r——折現率；

n——收益年限；

$(1+r)^{-t}$——折現系數。

[例8-14] 某企業預計將在今後5年內保持其具有超額收益的經營態勢。估計預期年超額收益額保持在22 500元的水平上，該企業所在行業的平均收益率為12%，則：

商譽的價值 = 22 500 × 0.892 9 + 22 500 × 0.797 2 + 22 500 × 0.711 8 + 22 500 × 0.635 5 + 22 500 × 0.567 4

= 81 108（元）

三、商譽評估需要註意的幾個問題

由於商譽本身的特性，決定了商譽評估的困難性。商譽評估的理論和操作方法爭議較大，現在雖然尚難定論，但在商譽評估中，至少下列問題應予以明確：

(1) 不是所有企業都有商譽，商譽只存在於那些長期具有超額收益的少數企業之中。在商譽評估的過程中，如果不能對被評估企業所屬行業的收益水平有全面的瞭解和掌握，也就無法評估出該企業商譽的價值。

(2) 商譽評估必須堅持預期原則。企業是否擁有超額收益是判斷企業有無商譽和商譽大小的標誌。這裡所說的超額收益指的是企業未來的預期超額收益，並不是企業過去或現在的超額收益。

（3）商譽價值形成既然是建立在企業預期超額收益基礎之上的，那麼，商譽評估值的高低與企業中爲形成商譽投入的費用和勞務沒有直接聯繫。因此，商譽評估不能採用投入費用累加的方法進行。

（4）商譽是由眾多因素共同作用的結果，但形成商譽的個別因素具有不能夠單獨計量的特徵，致使各項因素的定量差異調整難以運作，所以商譽評估也不能採用市場類比的方法進行。

（5）企業負債與否、負債規模大小與企業商譽沒有直接關係。當然，資產負債率應保持一定的限度，負債比例增大會增大企業風險，最終會對資產收益率產生影響。這在商譽評估時應有所考慮，但不能因此得出負債企業就沒有商譽的結論。

（6）商譽與商標是有區別的，反應兩個不同的價值內涵。企業中擁有某項評估值很高的知名商標，但並不意味着該企業一定就有商譽，爲了科學地確定商譽的評估值，注意商譽與商標的區別是必要的。

第七節　非常規無形資產的評估

一、特許權評估

特許權又稱特許經營權或專營權。它是指獲準在一定區域、一定時間內經營或銷售某種特定商品的專有權利。特許權一般分爲兩種：一種是政府特許的專營權。根據特許經營的內容，分爲特種行業經營權、壟斷經營權、實施許可制度行業的經營權、資源性資產開採特許權等。另一種是某一企業特許另一企業使用其商標權或在特定地區經行銷售某產品，如"肯德基""麥當勞"等現代商業連鎖店等。專營權的實行，一般能使專營權擁有者獲得較高經濟收益。專營權的評估就是評估專營權帶來的額外經濟收益和付出的代價，其現值的差額就是專營權益。專營權評估可以採用收益法，在一定的條件下也可以採用市場法。

[例8-15] 2015年4月，某化工廠將某種殺蟲劑的特許經營權轉讓給某代銷商店，轉讓時間爲3年，每年供應該廠的殺蟲劑爲30 000噸。求該特許權的轉讓價格。

現選定A、B、C三個參照物，情況如表8-3所示。

表8-3　　　　　　　　某被評估特許權的基本資料

參照物	特許權轉讓時間	轉讓年限	每年轉讓的數量（噸）	特許權轉讓費（元）	每噸轉讓權單價（元）
A	2013.4	4	40 000	320 000	2
B	2013.9	5	32 000	320 000	2
C	2014.12	4	36 000	216 000	1.5

從表8-3可以看出，A與B轉讓的時間相差5個月，轉讓年限A比B少1年，轉讓數量A比B多8 000噸，轉讓價格沒有差別；B與C的轉讓時間相差15個月，轉讓年限B比C多1年，轉讓數量B比C少4 000噸，轉讓單價B比C多0.5元，平均每月每噸下降0.033元（0.5÷15）；A與C的轉讓時間相差20個月，轉讓年限相同，轉讓數量A比C多4 000噸，轉讓單價A比C多0.5元，平均每月每噸下降0.029元[（0.033+0.025）÷2]。表8-4列示了比較對象的價格調整。

表8-4　　　　　　　　比較對象的價格調整

參照物	每噸轉讓權單價（元）	距評估日月份	每月每噸調整（元/噸）	總調整價格（元）	每年每噸調整（元）
A	2	24	0.029	0.696	1.304
B	2	19	0.029	0.551	1.449
C	1.5	4	0.029	0.116	1.384

簡單平均：（1.304+1.449+1.384）÷3=1.38（元）

根據表8-4對A、B、C三個參照物的調整，該化工廠轉讓殺蟲劑專營權的價格爲每噸每年1.38元。當然，也可以用時間爲權數進行加權平均。

每年專營權的使用費=1.38×30 000=41 400（元）

若每年繳付，需折爲現值，設折現率爲14%，則：

特許權轉讓費=41 400+41 400×（P/A，14%，2）

=41 400×（1+1.646 7）

=109 573.38（元）

二、客戶資產評估

（一）客戶資產的概念及特點

1. 客戶資產的概念

客戶資產是指由於企業與客戶之間所建立的往來關係而體現的價值，這種往來關係爲企業與顧客之間的經濟交往提供了可能性。通過人力資產和結構資產的綜合影響，客戶資產將直接爲企業獲利創造條件，如企業與供應商之間、企業與購貨商之間存在穩固而良好的關係，必將有利於保證原材料的供應數量、供應質量、供應時間等，有利於穩定銷售渠道、拓展銷售市場，從而提高企業產品的市場占有率、增強獲利能力。它的本質就是把客戶資源當做企業的一項資產。從對智力資產的研究來看，客戶資產是企業的一項重要的無形資產。

2. 客戶資產的特點

（1）不確定性。客戶資產的形成、維持和運用在很大程度上取決於顧客的價值觀、態度和其他心理特徵。同時，客戶忠誠度的培養和維系還受到競爭對手競爭策略的改變和行業環境改變的影響。因此，企業的客戶資本具有極強的動態性和不確定性。

(2) 不可模仿性。有關客戶及其愛好的信息和良好的客戶關係本身很難模仿。客戶忠誠一旦形成，競爭對手往往要花費數倍於本企業對忠誠客戶的維系成本來搶奪市場。

(3) 較弱的投資性。企業客戶資產的載體是客戶，客戶強烈的能動性、多樣性和選擇性使得企業無法將顧客的忠誠度作爲投資的工具，而只能將客戶資本中的行銷渠道、服務力量等當做權益資本來獲取投資收益。

(二) 客戶資產的評估

客戶資本評估是指對客戶資產價值形態的量化。嚴格地說，是對客戶資產價值的貨幣表現，是評估主體按照特定的目的，遵循法定的標準和程序，運用科學的方法，以統一的貨幣爲單位，對評估對象及客戶資產的現實價格進行評定和估算。客戶資產評估的目的主要在於對客戶資產進行合理、有效的管理，使得客戶的增加、流失以及每個客戶帶來的收益的變化等平常的經營現象引起每一個員工乃至企業管理層的足夠重視。

由於客戶資產的特殊性，對客戶資產的評估主要採用收益法。收益法是從資產收益的角度出發，通過估算被評估資產的預期未來收益並折算成現值，用以確定資產價值的一種評估方法。其計算公式爲：

$$P = \sum_{t=1}^{n} \frac{R_t}{(1+r)^t}$$

式中：P——客戶資產的價值；

R_t——未來第 t 個收益期客戶的超額收益；

r——資本化率（本金化率、折現率）；

t——收益預測年期；

n——收益預測期限。

上式中的各項參數的確定前面已進行闡述，這裡就不詳細介紹。

三、人力資本類無形資產評估

(一) 人力資本類無形資產的概念及特點

1. 人力資本類無形資產的概念

人力資本是指存在於人體之中的具有經濟價值的知識、技能和體力（健康狀況）等質量因素之和。人力資本價值在一定程度上是其可轉讓部分的使用權的價值。它包括兩個部分：第一部分價值是企業對人力資本進行的補償和人力資本實現價值時所要求的代價。這是人力資本進行生產的必要條件。第二部分價值是人力資本占有者向企業索取的價值。這是由於人力資本使用價值如果得以充分發揮，其知識和技能的全部投入將使企業生產迅速擴展，將能給企業帶來大量超額剩餘價值或超額利潤。

2. 人力資本類無形資產的特點

人力資本產權的特點可以概括爲以下五種：①個人占有的天然性；②運用主體的唯一性；③價值實現的自發性；④使用時需要激勵的特性與增值性；⑤收益的外部性

與長期性等。

(二) 人力資本的評估方法

隨著中國社會生產力的發展，人力資本對企業收益貢獻的比例將會越來越高，企業管理人員與技術人員擁有企業股份的計劃也將會得到企業高層的重視，因此對人力資本進行價值評估的需求也將越來越多。為了滿足人力資本占有權人和使用權人等利益各方的需求，人力資本的價值評估也就成了需要我們研究的課題。

對經過培訓並具有相關能力的勞動力的評估方法可歸結為以下三大類：成本法、市場法和收益法。

1. 成本法

使用成本法評估人力資本的市場公允價值主要是評估該類無形資產的復原成本或重置成本。在評估一個有相關能力的勞動力重置價值時，成本包括招聘、雇用和培訓一個替代勞動力的費用。

招聘和雇用的費用一般包括：①招聘替代員工所支付的公司職工薪水和福利；②面試替代員工所支付的公司職工薪水和福利；③招聘和雇用替代員工所發生的與該等員工相關的管理費用；④獵頭公司的招聘費用；⑤直接的招聘和雇用支出。

培訓費用一般包括：①培訓替代員工所支付的公司職工薪水和福利；②培訓替代員工所發生的與該等員工相關的管理費用，如辦公用品支出等；③在替代員工接受培訓直至上崗期間的薪水和福利；④直接的培訓費用，如為替代員工支付的參加外部培訓的費用。在重置成本法中，以上預計的費用通常按照員工全部報酬的一定比例來表示。如果公司員工是按級別（這裡的級別代表公司內部不同的責任層次）來劃分的，可按照員工級別分別預計招聘、雇用和培訓費用。劃分員工不同類別的另外一個標準是被公司雇用的年限。不同級別員工的全部歷史補貼分別乘以招聘、雇用和培訓的預計成本比例就可以得出有相關能力的勞動力的價值。

2. 收益法與市場法

應用收益法的前提是公司在未來期間內可以通過人力資本獲取特定的報酬收益，但由於預計公司每個員工創造的經濟利潤很困難，因此收益法一般較少應用。在市場法中，需要將包含類似無形資產的交易作為參照物評估目標無形資產的價值。但市場法一般很少用於評估有相關能力的勞動力，這是因為特定的涉及出售、出租或其他轉讓公司勞動力的交易並不經常發生。

3. 評估中應註意的問題

在評估有相關能力的勞動力時，需要結合考慮以下幾個問題：①運用重置成本時，分析人員應考慮如果公司重新制定其基本的員工政策，目前的員工是否有一部分將不會再次被雇用。若公司存在冗員，剩餘的員工通常不作為有相關能力的勞動力計算。②如果企業管理當局正考慮關停某條生產線，且該條生產線上的員工將隨之被裁減，則該產品的專業員工理應被排除在評估範圍之外。③在某些情況下，公司為了遵守法規的要求和政府的指示，可能被迫保留過多的員工，分析人員在評估有相關能力的勞動力時應考慮是否要對這部分剩餘勞動力進行調整。

相關資料鏈接

專利及非專利技術評估案例

一、評估項目名稱：A公司無形資產的價值評估

二、委託方及資產占有方：A公司（概況略）

三、評估目的：爲A公司將其資產投資於組建中的股份有限公司提供無形資產的價格依據

四、評估範圍和對象：A公司的無形資產

五、評估基準日：2015年7月31日

六、評估依據（略）

七、A公司無形資產的清查情況

（一）A公司具有無形資產

A公司是一家以生產銷售礦山冶金設備中的振動機械爲主的工業企業。爲了判斷該公司是否存在無形資產，評估人員做了大量的調查工作。以A公司提供的2011—2014年四年的年度財務報表爲依據，編製了A公司2011—2014年財務數據統計及分析表，對A公司是否存在超額收益進行分析。見表8-5。

表8-5　　　　　A公司2011—2014年財務數據統計及分析表　　　　單位：元

序號	名稱	2011	2012	2013	2014	合計數	年平均值
1	年銷售收入	1 652.08	2 291.45	2 825.72	3 462.88	10 262.13	2 565.53
	年增加額		639.37	564.27	607.16	1 810.80	603.60
	年增長率		38.70%	24.63%	21.26%		27.98%
2	年利潤總額	315.72	421.35	568.44	642.62	1 945.16	486.29
3	年淨利潤	209.54	282.31	380.86	430.55	1 303.26	325.82
	年增加額		72.77	98.55	49.69	221.01	73.67
	年增長率		34.73%	34.91%	13.05%		27.13%
4	總資產	2 257.96	2 944.24	3 493.51	3 971.31		3 241.76
5	銷售淨利潤率	12.68%	12.32%	13.34%	12.43%		12.70%
6	資產淨利潤率	8.19%	9.59%	10.90%	10.84%		10.05%

考核超額收益主要從企業的銷售淨利潤率和資產淨利潤率看是否超出行業的、工業的和社會的平均水平。A公司2011—2014年的銷售淨利潤率穩定在12.32%和13.34%之間，四年平均爲12.70%，保持相當高的水平。A公司屬於礦山冶金機械製造行業，2013年礦山冶金機械製造行業的銷售利潤率爲-2.74%。根據中國經濟景氣監測中心公布的最新資料，5.8萬户工業企業在2015年6月底的銷售利潤率爲-0.2%。從上述數據可以明顯看出，A公司的銷售淨利潤率大大超過了同行業平

均水平和工業企業平均水平。

A公司2011—2014年的資產淨利潤率在8.19%和10.84%之間，且逐年增加，其四年平均為10.05%。礦山冶金機械製造行業2013年的資產利潤率為1.18%；5.8萬戶工業企業在2015年6月的資產利潤率為-0.1%。與社會的資產收益水平對比，A公司前四年的資產收益率大大超過同行業的、工業企業的和社會的平均資產收益水平。這說明A公司存在高額的超額收益，因此評估人員判定該公司存在無形資產。

（二）A公司無形資產的存在形態和資產清查

對A公司所獲得的高額收益來自何種無形資產這一問題，評估人員從產品的研究、設計、開發，到產品的生產工藝和檢測，從現有技術人員和技術工人的素質到公司的人才投資，從技術到管理都做了調查。調查表明，技術資產是A公司無形資產的主體。這可以從下述事實給予證明：

（1）"七五"計劃以來該公司承擔並完成了部、省、市科技計劃項目35項（其中省部級項目12項），獲得各種科技獎勵28項。

（2）2008年以來獲得實用新型國家專利6項。見表8-6。

表8-6　　　　　　　　　　A公司專利摘記

序號	專利名稱	專利號	申請日期	報準日期	專利權人
1	耐高溫振動電機	91202670.7	2008.2.1	2009.1.8	A公司振動機械研究所
2	熱礦振動篩	91202673.1	2008.2.11	2009.6.10	A公司振動機械研究所
3	雙軸振動器	ZL93211310.9	2010.5.4	2010.12.4	A公司
4	低噪聲高效振動扳	ZL95218106.1	2012.7.19	2013.5.27	A公司
5	自振篩面	ZL95219107x	2012.7.19	2013.6.1	A公司
6	活動襯裡震動磨篩	89228548.9	2006.12.2	2007.11.2	A公司振動機械研究所

對這些專利評估人員進行了核查。其中第1項、第2項、第6項已超過了專利保護期，其他各項經B市專利服務中心出具書面證明，證實均為合法有效的專利。

（3）2011年以來由國家科委、中國工商銀行、國家勞動部、國家外國專家局和國家技術監督局聯合授予該公司的"微機控制高精度低噪音配料系統"、SL3075型雙通道冷礦振動篩和DRS型熱礦振動篩三個產品為國家級新產品證書。

（4）2004年在該公司成立了A公司振動機械研究所，系省內第一家，專業從事振動機械新產品的研究開發。

（5）2013年12月獲得國家科委和國家質量技術監督局授予該公司的計算機輔助設計CAD應用工程先進單位的獎狀。

（6）2014年11月通過ISO9001質量體系認證，使該公司在管理上全面加強，上了一個新臺階。

（7）公司高度重視檢測手段的完善，斥巨資建立了大型工業性振動機械模擬裝置，為國內先進水平。

（8）在智力人才上狠下功夫。從高等學府、研究院所和大型企業中聘請了三十多名專家擔任技術顧問，有的還擔任了實職。僅 2015 年就吸納了一百多名大中專畢業生。

(9) 自 2004 年以來獲得各種獎狀、獎杯 58 個。

八、評估值的計算

(一) 評定估算的思路

評估值的計算採用超額收益法，即把超額收益採用適當的折現率折算成現值，然後加總求和，從而得出無形資產評估值。

評定估算的思路是將無形資產作爲整體，對其超額收益期內的超額收益通過資產化求出無形資產的整體評估值。然後按照各項無形資產對獲取超額收益貢獻的大小，將無形資產整體評估值分割爲各項無形資產的評估值。

(二) 計算公式

$$P = \sum_{t=1}^{n} \frac{F_t}{(1+r)^t}$$

式中：P——被評估資產的評估值（萬元）；

F_t——未來第 t 年的預期超額收益（萬元）；

t——未來年序；

n——被評估資產的剩餘經濟壽命（年）；

r——折現率（%）。

(三) 評估參數的計算和確定

1. 未來各年的預期超額收益（F_t）

以產品銷售所取得的淨利潤即所得稅後利潤作爲收益。

其計算公式爲：

年超額收益＝企業每年收益－企業有形資產評估值×社會平均資產收益率

(1) 企業年收益的預測

由表 8-6 可知，該公司在 2011—2014 年平均每年增加銷售收入 603.60 萬元。評估人員分析，這一勢頭將延續到未來第 3 年，第 4 年至第 5 年持平，第 6 年至第 7 年銷售收入將有所下降。該公司前四年的銷售淨利潤率平均爲 12.70%。將上述數據代入下式：

未來企業年收益＝未來企業年銷售收入×平均銷售淨利潤率

未來第 1 年企業年收益 =（3 462.88 + 603.53）×12.70%

= 4 066.41 ×12.70%

= 516.43（萬元）

未來第 2 年企業年收益 =（4 066.41 + 603.53）×12.70%

= 4 669.94 ×12.70%

= 593.08（萬元）

未來第 3 年、第 4 年和第 5 年企業年收益 =（4 669.94 + 603.53）×12.70%

= 5 273.47 ×12.70%

$$=669.73\text{（萬元）}$$

未來第 6 年企業年收益 $= (5\,273.47 - 603.53) \times 12.70\%$

$$= 4\,669.94 \times 12.70\%$$

$$= 593.08\text{（萬元）}$$

未來第 7 年企業年收益 $= (4\,669.94 - 603.53) \times 12.70\%$

$$= 4\,066.41 \times 12.70\%$$

$$= 516.43\text{（萬元）}$$

（2）企業有形資產評估值

有形資產在本次評估中系指流動資產、建築物、在建工程和機器設備。本次有形資產的評估值爲 5 670.48 萬元。

（3）社會平均資產收益率

社會平均收益率取銀行公布的銀行一年定期存款利率4.77%。

所有未來各年的年超額收益如下：

$F_1 = 516.43 - 5\,670.48 \times 4.77\% = 245.95$（萬元）

$F_2 = 593.08 - 5\,670.48 \times 4.77\% = 322.60$（萬元）

$F_3 = F_4 = F_5 = 669.73 - 5\,670.48 \times 4.77\% = 399.25$（萬元）

$F_6 = 593.08 - 5\,670.48 \times 4.77\% = 322.60$（萬元）

$F_7 = 516.43 - 5\,670.48 \times 4.77\% = 245.95$（萬元）

2. 折現率的確定（r）

本次評估以安全利率與風險報酬率之和爲折現率。安全利率，選用銀行一年定期存款年利率4.77%。風險報酬率，考慮被評估無形資產對企業未來收益的貢獻存在市場風險、經營風險和技術風險等不確定性因素，在折現率中必須含有風險報酬率，本着穩健原則取爲5%。

折現率 $r = 4.77\% + 5\% = 9.77\%$

3. 未來時序（t）

由於評估基準日是 2015 年 7 月 31 日，所以未來第 1 年系指 2015 年 8 月 1 日—2016 年 7 月 31 日。其餘類推。

4. 被評估資產的剩餘經濟壽命（n）

剩餘經濟壽命是指被評估無形資產能爲企業帶來超額收益的剩餘年限。評估範圍內有多種技術資產，評估人員綜合考慮後予以認定。在機械行業，一般來説，技術的經濟壽命爲10年左右。保守地估算，取 n=7 年。

（四）評估值的計算

根據前述公式進行計算，A 公司無形資產整體評估值爲 1 631.60 萬元。

如前所述 A 公司的無形資產主要集中於熱礦振動篩等 7 項技術資產。評估人員在實地考察分析和聽取 A 公司高級管理人員的意見的基礎上，按各項技術資產對企業收益的貢獻大小將無形資產整體評估值做如下分割，作爲 A 公司的各項無形資產的評估值。

表 8-7　　　　　　　　　A 公司無形資產評估結果　　　　　　單位：元

序號	技術資產名稱	類別	比重(%)	評估值
1	熱礦振動篩	專有技術	40	6 526 400
2	自振篩面	專利及相關技術	15	2 447 400
3	TDL3075 桶圍等厚振動篩 TDL3090 桶圍等厚冷礦篩	專有技術	15	2 447 400
4	ZKGl539 型重型振動給礦機	專有技術	10	1 631 600
5	電機振動給料裝置	專有技術	10	1 631 600
6	雙軸振動器	專利及相關技術	5	815 800
7	低噪聲高效振動板	專利及相關技術	5	815 880
	合　計			16 316 000

本章小結

　　無形資產是各類資產或企業整體資產中的一種資產，它與有形資產有着一般的共性，但由於發揮作用的方式明顯區別於有形資產，因而它的價值又有其自身的特點，主要表現在附着性、共益性、積累性、替代性。目前，在中國作爲評估對象的無形資產通常包括專利權、非專利技術、生產許可證、特許經營權、租賃權、土地使用權、礦產資源勘探權和採礦權、商標權、版權、計算機軟件及商譽等。

　　無形資產評估一般以產權變動爲前提；無形資產的評估對象是對其獲利能力的評估。由於無形資產存在着非實體性、價值形成的積累性、開發成本界定的複雜性、價值的不確定性等特點，因而對無形資產價值進行評估的難度較大，評估結果的精確度相對較低。收益法、成本法、市場法評估無形資產的適用程度依次降低。雖然無形資產預期收益的實現具有較大的不確定性，但從邏輯上和實踐上看，收益法還是最爲適宜於無形資產評估的方法。

　　無形資產評估主要包括常規無形資產的評估和非常規無形資產的評估。常規無形資產的評估包括專利技術和非專利技術評估、無形資產的評估、商標權的評估、版權的評估、商譽的評估，非常規無形資產的評估包括特許權評估、客戶類無形資產的評估、人力資本類無形資產的評估。

檢測題

一、單項選擇題

1. 下列資產中，（　　）是不可確指資產。
　　A. 特許經營權　　B. 版權　　　　C. 商業秘密　　　D. 商譽
2. 在我國，註冊商標的有效期是（　　）年。

A. 10　　　　　　B. 20　　　　　　C. 15　　　　　　D. 30

3. 某企業的預期年收益爲30萬元，該企業的各單項資產的評估值之和爲90萬元，企業所在的行業的平均收益率爲20%，並以此作爲使用的資產收益率，則據此評估商譽的價值爲（　　）萬元。

A. 20　　　　　　B. 30　　　　　　C. 50　　　　　　D. 60

二、多項選擇題

4. 下列選項中，屬於影響無形資產評估價值的主要因素的有（　　）。

A. 無形資產的成本　　　　　　B. 機會成本
C. 預期效益　　　　　　　　　D. 技術成熟程度

5. 關於商譽的說法正確的有（　　）。

A. 商譽是指企業在一定條件下，能獲取高於正常投資報酬率的收益所形成的價值
B. 商譽屬於知識產權
C. 商譽不能離開企業而單獨存在，不能與企業的可確指的資產分開單獨出售
D. 商譽需要長期積累，其是一項長期積累起來的價值
E. 商譽是不可確指的無形資產，因此不能對商譽進行評估

6. 專利資產除了具有無形資產的基本特徵外，還具備的自身的特徵包括（　　）。

A. 時間性特徵　　　　　　　　B. 保密性特徵
C. 地域性特徵　　　　　　　　D. 排他性特徵
E. 共享性特徵

7. 以下各類無形資產，有專門法律保護的是（　　）。

A. 商譽　　　B. 計算機軟件　　　C. 商標　　　D. 非專利技術
E. 銷售網路

三、判斷題

8. 銷售收入的分成率＝銷售利潤分成率×銷售利潤率。（　　）
9. 無形資產只存在無形損耗，不存在有形損耗。（　　）
10. 無形資產評估一般只能採用收益法，這是由無形資產的特徵決定的。（　　）

四、思考題

11. 簡述影響無形資產評估值的因素。
12. 簡述無形資產的價值特點、功能特性以及其成本特點。
13. 採用收益法評估無形資產時，無形資產收益額的確定可採用哪些方法？

第九章　資源性資產評估

［學習內容］
　　第一節　資源性資產評估概述
　　第二節　資源性資產評估的方法
　　第三節　森林資源性資產評估
　　第四節　礦產資源性資產評估

［學習目標］
　　本章的學習目標是使學生掌握資源性資產的概念及特點、礦產資源、森林資源的特點、價值影響因素，以及主要的評估方法。具體目標包括：
　　◇ 知識目標
　　理解資源性資產的概念、特點、分類，掌握資源性資產價格構成、影響因素，以及資源性資產評估的特點和主要方法。
　　◇ 技術目標
　　掌握森林資源性資產和礦產資源性資產評估常用方法。
　　◇ 能力目標
　　能夠在充分理解資源性資產價格構成和影響因素的基礎上，遵循資源性資產評估程序，選擇恰當的評估方法，開展森林資源性資產和礦產資源性資產的評估。

［案例導引］

評估中的"公益家"：自然資源評估

　　黃色的土地、綠色的森林、藍色的海洋……隨著霧霾的肆虐，這些自然資源的價值已經為人們所公認。

自然資源評估需求高漲

　　自然資源能評估嗎？答案是肯定的。
　　北京中林資產評估有限公司董事長霍振彬告訴記者，自然資源涉及土地、森林、礦產、水和海洋等眾多領域，不僅包含各類物質產品，而且包含豐富的生態服務產品。但與傳統資產不同，自然資源資產往往是自然力和人類勞動共同作用的產物，成本難以核算，很多自然資源沒有市場價值，且難以真正體現其完全價值。
　　目前對自然資源特別是不同於傳統資產評估的生態價值評估需求日益高漲，如生態系統生態服務價值評估、區域性生態價值評估、建設工程生態環境影響價值評估、生態事件的經濟補償評估、生態建設工程績效評價等新業務正在不斷湧現。

"中國的十八屆三中全會明確探索編制自然資源資產負債表，對領導幹部實行自然資源資產離任審計。建立生態環境損害責任終身追究制。這成為推動自然資源、生態系統價值評估發展的一個重要契機，提供客觀、可靠的入帳依據也成為資產評估行業必須承擔的責任。"霍振彬說。

森林資源評估強調專業性

事實上，自然資源即生態資產評估對經濟有着全面的貢獻，能夠促進相關產業的可持續性發展，堪稱評估中的"公益家"。

以林業為例，林業發展的可持續性是資源不下降，全面的森林資源價值評估結果則從林地資源、林木資源和生態資源的存量趨勢給出裁判。通過評估森林資產的價值，可以定量地、科學地評估森林的可持續性。

當然，不同種類自然資源的評估存在着不同的特殊性。東北財經大學教授姜楠告訴記者，森林資源評估專業性很強，比如林木品種就對評估價值的影響很大，用材林、薪炭林、風景林等價值都有所差別。同時，林木的生產週期不同，採伐、種植都有差異，除了經濟效益外，對大氣、環境的影響也不完全相同。森林資源評估有其特殊性，森林資源評估需要相應的專業知識和專業背景。註冊資產評估師在進行森林資源評估的過程中可以考慮與林業專家合作，利用林業專家的專業知識和經驗解決森林資源評估中的疑難問題。

通過政府購買服務方式引入第三方評價，發揮中介機構的獨立、公正、公平的鑒證作用，既可以彌補項目實施單位能力上的不足，節約成本、提高時效，也有利於增強評價結果的公信力和權威性，不失為科學管理的一個好方法。

資料來源：高鶴. 評估中的"公益家"：自然資源評估 [N]. 中國會計報，2014-03-28.

資源是一切可被人類開發和利用的物質、能量和信息的總稱，它廣泛地存在於自然界和人類社會中，是人類賴以生存和發展的基礎，是可供人類利用的財富。廣義的資源包括自然資源、經濟資源和人文社會資源；狹義的資源是指自然資源，包括礦產資源、森林資源、土地資源、水資源等。本章討論的資源性資產是指狹義的資源轉化而成的資產。

第一節　資源性資產概述

資源性資產是由自然資源進化而來的，並能進入社會生產過程的一種特殊資產。因此，資源性資產既具有自然資源屬性，又具有經濟資源屬性。對資源性資產的評估，不但要考慮自然資源稀缺性和自然力所決定的價值，還要考慮進入生產過程中直接投入的社會必要勞動所創造的價值。

一、資源性資產的概念、特點和分類

(一) 資源性資產的概念

1. 自然資源

自然資源是指在現代技術經濟條件下，自然環境中能被人類利用並能爲人類當前和未來生存與發展所需的一切物質和能量。如土地、海洋、草地、森林、野生動植物、礦藏、水資源、陽光、地質遺跡資源等。自然資源是一個動態的概念，信息、技術和相對稀缺性的變化都能把以前沒有價值的物質變成寶貴的資源。那些已被發現但不知其用途，又不能用現代科學技術提取的，或雖然有用，但與需求相比因數量過大而沒有稀缺性的物質（如空氣等）不能稱爲自然資源，而是自然物，不屬於資源性資產評估的評估對象。

根據自然資源的自然屬性、經濟屬性和生成屬性，可以對自然資源進行多種分類。

（1）根據自然資源在開發過程中是否能再生，可以劃分爲耗竭性資源和非耗竭性資源。對於人類社會而言，可以被用盡的自然資源稱爲耗竭性資源，如礦產資源；可以永續利用的自然資源是非耗竭性資源，如土地，無論人類如何利用它，土地都會永遠存在。但是，人類如果不能合理地利用它，土地就會沙化或鹽鹼化，變成不能被利用的資源。如果人類加強治理，沙化、鹽鹼化了的土地便可以恢復利用。所以，土地是可以恢復的非耗竭性資源。

（2）按照資源的性質，從自然資源與人類的經濟關係角度，可以劃分爲環境資源、生物資源、土地資源、礦產資源和景觀資源等。

環境資源，包括太陽光、地熱、空氣和天然水等。這類資源比較穩定，一般不會因人類的開發利用而明顯減少，爲非耗竭性資源。

生物資源，包括森林資源、牧草資源、動物資源和海洋生物資源等。生物資源吸收了太陽能，消耗了水資源和土壤的養分。在太陽能量一定、生物繁殖能力一定以及人類合理利用和保護的條件下，生物資源是可以再生的。

土地資源，是由地形、土壤、植被、岩石、水文和氣候等因素組成的一個獨立的自然綜合體。土地一般是指地球陸地的表面部分，包括灘塗和內防水域。土地可以劃分爲農用地、建設用地和未利用地。農用地主要包括耕地、林地、草地、農田水利用地、養殖水面等。

礦產資源，是經過一定的地質過程形成的，賦存於地殼或地殼上的固態、液態或氣態物質，包括陸地礦產資源和海洋礦產資源。陸地礦產資源包括金屬礦產資源、能源礦產資源和非金屬礦產資源。海洋礦產資源包括濱海砂礦、陸架油氣、深海沉積礦床等。

景觀資源，主要是指自然景物、風景名勝等，能爲人們提供遊覽、觀光、知識、樂趣、度假、探險、考察研究等作用。景觀資源一般是附着在其他資源之上而存在。

2. 資源性資產

自然物無論發現與否，都是自然存在的。只有當人類確實查明了、探明了、確認了自然物是有使用價值的物質，才能說它是自然資源。人類可以通過這些自然力作用下所生成的自然資源，作爲生產過程中的投入，爲使用者未來獲得更大的利益。如果我們把這些資源再賦予權利，它就會成爲資產，即資源性資產。資源性資產是爲特定主體所擁有和控制的，能夠用現代科學技術取得，已經被開發利用，並且能用實物量度和貨幣計量，能夠給特定主體的未來經營帶來收益的自然資源。

理解資源性資產要把握兩點，即當前技術經濟條件和一定的經濟價值。在科技水平較低，人類對某種自然界物質或能量尚未認識，或者遠不能開發利用時，這種自然界物質與能量只是一種環境資源，而不是資產；當其開發尚不能給人們帶來一定經濟價值（效益），也就是當生產成本大於其產出時，我們也不把這種自然資源視爲資產，這就是人們所說的在開發利用自然資源中，必須同時符合技術可行、經濟合理的原則，兩者缺一不可。

(二) 資源性資產的特點

資源性資產是自然資源資產化的表現形式，因此，資源性資產具有自然資源的自然屬性。同時，資源性資產屬於資產，又帶有了資產的經濟屬性和法律屬性。

1. 自然屬性

（1）天然性。天然性是指資源性資產完全由自然物質組成，並處於自然狀態。隨著人類對自然干預能力的加強，部分資源性資產表現爲人工投入與天然生成的共生性。

（2）有限性和稀缺性。資源性資產的數量是有限的，人類能夠使用的自然資源在一定時期或一定時點上是有限的，人類活動使某些自然資源數量減少、枯竭或耗盡，資源性資產的有限性導致了稀缺性。稀缺性資源必須按照合理、充分、節約原則進行利用。違背這些資產的自然規律，必然會降低資源性資產的評估價值。

（3）生態性。各種資源如太陽、大氣、地質、水文、生物等構成了一個複雜的體系，形成特定的生態結構，構成不同的生態系統。不同的資源間相互依存，具有一定的生態平衡規律。如果過度的開採和獲取資源，使消耗超過補償的速度，會導致這些資源的滅絕，破壞生態系統平衡。

（4）區域性。資源性資產在地域上分布不均衡，存在顯著的數量或質量上的區域差異。在中國，金屬礦產資源分布在由西部高原到東部山地、丘陵的過渡地帶；森林資源也呈集中分布的狀態，長白山的林地面積和木材蓄積就分別占全國林地面積和木材蓄積的11%和13.8%。

2. 經濟屬性

（1）有用性。有用性是指資源性資產所存在的天然物質的使用價值。這裡需要指出的是，能成爲資源性資產的天然物質必須具有使用價值，不能使用的自然資源不能爲其擁有者帶來經濟利益，不能作爲評估對象。但是，具有使用價值的天然物質未必都能成爲資源性資產。例如，太陽能資源有使用價值，但如果太陽能不能變成貯存的資源，就不能成爲資源性資產；沒有開發利用的原始森林，因其不能進入社會生產過程，不處於使用狀態而不能成爲資產。由於技術經濟條件限制，不是所有的有用成分都能得到充分利用。如礦產資源資產的共生、伴生礦物的回收，礦量的回採程度，都不可避免地會丟棄一部分。因此，資源性資產評估必須充分考慮綜合利用程度和最佳利用量度。

（2）定量性。定量性是指資源性資產可以用實物量指標和貨幣量指標進行定量。資源在自然狀態下既無實物量，也無法以貨幣進行計量，所以，它只能是自然資源而不是資產。只有當資源被查明了蘊藏量，計算出潛在的實物量時，才可以用特殊方法計算出以貨幣量反應的價值量，資源才成爲資產。但是，由於受時間、空間的制約，對資源性資產質量的判斷和數量的計算很難做到完全明確，加之自然因素的不確定性，使資源性資產的計量複雜化。因此，在評估資源性資產時，要用多種手段測量資產的質量和數量。

（3）可取性。可取性是指資源性資產的自然物質能夠用現代科學技術取得。已經探明了的礦產資源，若由於礦物組合成分複雜，選冶性能差，不能用現代科學技術取得，就不能成爲人類的財富。相反，現代科學技術越先進，可供使用的礦產資源就越多。所以，只有能用現代科學技術取得的自然資源，才能稱爲資源性資產。

（4）價值與價格無關性。資源性資產在現實情況下有償取用的價格，與一般商品價格的基本含義不同。資源性資產本身不存在任何人的物化勞動，它的價格只是形式上的價格，不是社會勞動度量的真正本意。

（5）價值差異性。資源性資產處於一定的區位，具有區位固定性。不同區位經濟環境和地理環境上的差異，導致不同資源性資產使用價值和價值的不同。如不同礦區的礦品差異。

3. 法律屬性

（1）資源性資產必須是爲特定主體所擁有和控制的。凡是能被擁有和控制的自然資源，一定是處於靜態的存置空間和可以使用的狀態，任何產權主體都不會擁有沒有被控制的自然資源。只有能爲特定主體所擁有和控制的資源性資產，才能夠給權利人帶來經濟利益。

（2）資源性資產的使用權可以依法交易。《中華人民共和國憲法》規定："礦藏、水流、森林、山嶺、草原、荒地、灘塗等自然資源，都屬於國家所有，即全民所有；由法律規定屬於集體所有的森林和山嶺、草原、荒地、灘塗除外。"這裡我國實行資源性資產的所有權和使用權相分離制度，法律不允許轉讓資源性資產的所有權，但是使用權可以依法轉讓。

(三) 資源性資產的分類

（1）按權屬性質劃分，可以分爲國家擁有的資源與單位或其他經濟主體擁有的資源。這裡的擁有既包括國家以權力職能行使的所有權，又包括單位或其他經濟主體擁有的使用權或經營權概念。

（2）按照資源在開發過程中可否再生劃分，可分爲再生性資源與非再生性資源。前者如礦產資源、土地資源等，後者如森林資源、動物資源等。

（3）按照資源本身的自然特性劃分，可以分爲土地資源、礦產資源、水資源、森林資源、海洋資源等。

（4）按照資源存在與發展中是否有生命運動來劃分，可以分爲生物資源與非生物資源。前者如動植物等，後者如岩石、礦物等。

二、資源性資產的價格構成及影響因素

資源性資產的評估有兩種不同的價格類型：一種是資源補償價格，另一種是資源的地租本金化價格。資源補償價格是維持資源的再生產或開發替代資源，以及補償資源保護、開發的追加勞動所需要耗費的價格。例如，徵用草原需要支付草原復種費用，開發礦產資源要支付土地復墾、青苗補償和居民搬遷等費用。資源的地租本金化價格就是根據資源使用的絕對收益和級差收益，按社會平均資金利潤率還原本金的價格。由於兩種價格的性質不同，其構成也不同。

（一）資源補償價格的構成

1. 再生資源的再生產費用

再生資源的種類不同，其再生產費用也不同。自然再生資源的再生費用主要是與保護資源相關的各項費用；而依靠人工再生的資源，則應計算人工再生產的一切費用。

2. 替代資源的開發費用

遇有不可再生資源可用量有限，迫於持續需求的壓力，必須開發替代資源。對於替代資源的開發費用，在該不可再生資源服務於人類的期間內，適當地預提，對於保證人類社會的均衡發展是十分必要的，國家對某些不再生資源開徵稅費，如燃油特別稅，就帶有這種性質。

3. 損失補償費用

資源性資產轉讓往往給轉讓方帶來直接損失和不便。例如，轉讓林地搞工業區不僅失去蓄木、造成直接經濟損失，而且減少了林農的勞動就業手段，因而應計入徵用林地的成本，由受讓方給予補償。

資源補償價格的各項構成，有的需按實際發生數進行核算和評估，具體方法可參照其他各類資產的成本價格的評估方法；有的則由國家明確規定，應嚴格按照國家規定評估。

（二）資源的地租本金化價格的構成

資源性資產的地租本金化價格是與地租相聯繫的，即可以說資源性資產的價格是地租通過本金化還原間接構成的。地租是一種超額收益，分為絕對收益和級差收益，或稱絕對地租和級差地租。

1. 絕對收益

絕對收益即指資源性資產不論是優等的還是劣等的，由於其獨占性和有限性，都能在社會平均利潤之上加價。在社會主義公有制條件下合理加價應考慮資源補償費用和節約利用資源的雙重因素。

2. 級差收益

級差收益是指資源性資產因其反應資源的等級不同，較高等級的自然生產要素，可以帶來較多的超過平均利潤的差額收益。

絕對收益和級差收益，在資源性資產所創造產品的價格中得到補償，誰要取得資

源性資產的使用權，誰就得支付超額收益的本金化價格。評估資源性資產的價格，離不開超額收益，即絕對收益和級差收益這兩種關鍵因素。

三、資源性資產評估的依據及特點

資源性資產評估的對象是資源性資產的使用權無形資產及其所依託的實物資源性資產。資源性資產所涉及的無形資產既包括資源性資產調查成果、資源性資產經營權（如礦業權、土地使用權），還包括資源性資產作爲環境的組成元素、生態環境平衡不可缺少的生態效益資產（如森林的水源涵養、防風固沙、水土保持等）、自然景觀旅遊資源資產等。由於有些資產計量手段不夠，沒有開展評估。目前開展評估的主要有礦產資源資產和森林資源資產。

(一) 資源性資產評估的依據

對資源性資產的評估，就其評估基本原理而言，並無異於其他一般資產，但由於其自身的特點，評估人員要真正保證對其評估的合法性與科學性，就應該特別關註對該類資產進行評估時所必須遵循的相關法律法規，還應在確定評估基本思路時根據客觀實際來把握其價格構成。只有這樣，評估人員才能夠科學有據的對其價格形成"模擬"過程，進而得到科學的評估結論。資源性資產的評估依據主要包括以下幾類：

1. 法律法規依據

從事資源性資產評估，除應該遵循國家的一般法律法規外，還必須遵循相應的資源管理部門所制定的規章及規定，如《中華人民共和國礦產資源法》《中華人民共和國森林法》《中華人民共和國漁業法》《中華人民共和國草原法》《中華人民共和國海洋法》《中華人民共和國水法》《中華人民共和國野生動物保護法》及《中華人民共和國礦產資源法實施細則》《礦產資源勘察區塊登記管理辦法》《礦產資源開採登記管理辦法》《探礦權採礦轉讓管理辦法》等。此外，還應遵守國家的財務制度、稅費徵收法律和政策、環境保護的法律和制度以及有關規範資產評估行爲的規定，如《資產評估準則——森林資源資產》《森林資源資產評估技術規範》。例如，2000年11月1日，國土資源部發布的《礦業權出讓轉讓管理暫行辦法》規定，國家出資勘察並已經探明的礦產地、依法收歸國有的礦產地和其他礦業權空白地的出讓都必須經礦業權評估機構評估，國家以經過評估確認的結果確定招標、拍賣的底價或保留價，成交後採礦權登記管理機關按照實際交易額收取礦業權出讓價款。國家收取礦業權價款以體現作爲礦產資源所有者的權益。

2. 產權依據

資產評估強調在對資產進行清查核實時必須關註其權屬問題。雖然按照國家法律的規定，資源性資產屬於國家所有，但爲了有效地管理和充分發揮資源性資產的社會財富功能，國家對部分資源性資產採取了所有權和經營權的適度分離制度，並通過有關管理部門核發相關權益證書（礦產資源一般表現爲勘察許可證、採礦許可證、使用權證等），在進行資產評估時對該類證書的核實和取證都是不可缺少的重要工作環節。

3. 計量依據

資產評估存在着實物計量和價值計量兩個方面的計量問題，解決好對資源性資產的計量問題是保證評估結果具有科學性的重要基礎。由於資源性資產的自身特點，對資源性資產的計量存在着以下幾個方面的困難：

（1）由於資源性資產的種類繁多，存在的物質形態各異，加上各自的物質形態又有着存量、變量及增量的不同特點，所以簡單地採用會計核算的計量確認方法可能難以滿足評估所要求的精度。例如，動植物有其不同的外在形態，而其變化量既有個體的繁殖性變化，又有個體的成長性變化。

（2）資源性資產的計量本身是一項需要非常專業的技術手段或特殊技術方法與儀器才能解決的問題，一般評估機構和人員通常不具備解決這個問題的條件。

（3）對資源性資產的計量必然要與其品質等性質聯繫，作爲"非標準化生產"出的資源性資產個別特點千差萬別，這是解決對其計量的又一難題。

評估人員對計量依據的把握主要應考慮的因素有兩個方面：一是專業性，即必須採用該行業內公認的計量方法，通過專業人員具體的技術方法與手段獲得相應的計量結果，如對礦產資源的評估，地質報告及礦山技術經濟資料就是礦業權評估的核心資料；二是合法性，即部分資源管理部門可以根據要求對某一時點的具體資源性資產採用科學的方法計量後，核發相應的證書或以文件的方式予以確認，並以此結果作爲資源性資產在交易時的計量依據或基礎，如土地使用權證即是此類證書。

4. 行爲依據

資源性資產評估的行爲依據主要是指資產評估機構與委託方簽訂的資產評估業務約定書，有時也包括政府有關部門關於準予對資源性資產進行評估的批文。

5. 其他依據

其他依據包括國家的產業政策、行業技術經濟指標和市場信息資料等。

(二) 資源性資產評估的特點

1. 評估對象的無形性

中國自然資源大部分屬於國家所有，只有一部分屬於集體所有，如礦產資源屬於國家所有，大部分森林資源屬於國家所有，並實行所有權和使用權相分離的制度。由於法律不允許資源性資產的所有權轉讓，只有資源性資產的使用權才能在市場上流轉，因此資源性資產評估的對象，不是物質實體本身，而是資源性資產的使用權，資源性資產評估是對使用權的權益價值進行評定估算。

2. 評估內容的複雜性

資源性資產評估中要考慮很多的影響因素。首先，資源性資產的實物量是價值量評估的基礎，評估其價值前，必須核查其實物量，因此，資源性資產評估既要評估有形資產，還要評估無形資產。其次，在評估價值時還要考慮區位、品位等多種差異因素。另外，資源性資產的使用往往要追加一定的勞動，如天然草原防災治蟲、森林防火、礦產資源勘探等，這些勞動耗費要求在資源性資產的使用權轉讓中得到補償。因此，資源性資產評估還應包括對其追加的勞動成本、資源再生費用和補償費用的評估。

3. 評估方法和結果體現資源性資產使用的階段性上

對同一種資源性資產在不同階段進行評估，會產生不同的評估結果。例如，對同一礦種的評估，在普查、詳查、勘探階段是探礦權的評估，而在勘探階段之後是採礦權的評估，評估途徑不同，評估結果也不相同。再如，同一個林木資源性資產要根據幼年期、成年期去評定估算。因此，在評估過程中，對資源性資產的質和量，不能通過簡單的市場調查來確定，必須依靠對自然資源的科學認識，按照科學的程序、方法來調查和測算。

相關資料鏈接

自然資源資產價值及其評估

一、爲什麼要討論自然資源資產價值問題？

認識和解決自然資源資產價值問題，至少有五個方面的功用：其一，有助於評估一個國家或一個地區的自然資源資產總量，從而有助於判斷一個國家或一個地區的自然資源總資產的增加或減少，或者作爲評估自然資本總量的重要基礎。其二，有助於編制自然資源資產負債表，特別有助於自然資源資產負債表從實物量表向價值量表的演進和深化，進而有助於從經濟核算結果中扣除相應的自然資源資產減少的價值，實現真正意義上的"綠色核算"。其三，有助於動態掌握自然資源資產在開發、利用、保護、修復等各個環節的變化情況，有助於及時掌握自然資源資產在各用途間轉移過程中的價值變化情況，從而有助於自然資源資產的保值和增值。其四，有助於（經營性）自然資源資產以出售、出租、入股、抵押、擔保等形式參與合理經營，爲經濟增長提供重要支撐，並確保自然資源資產在經營過程中的保值和增值。其五，有助於科學、合理地確認自然資源資產的稅收、規費等，從而有助於（全民或國家所有）自然資源資產收益的合理分配。

二、什麼是自然資源資產的價值？

價值有廣義和狹義之分。廣義的自然資源資產價值，由自然資源的多功能性或多功用所決定，自然資源資產的價值（實際上亦可視爲自然資源的使用價值）體現在多個方面。一是資源功用或資源價值，二是環境功用或環境價值，三是生態功用或生態價值，四是經濟功用或經濟價值，五是社會功用或社會價值。其中經濟價值是自然資源資產價值的核心體現。狹義的自然資源資產價值，則是指決定自然資源資產價格變化的、反應自然資源資產供求關係的基準或標尺。顯然，這裡主要指的是自然資源資產經濟價值的真實、具體和相對穩定的體現。這種體現，往往集中表現爲自然資源資產的科學、客觀、合理的評估價格之上。在此，不必過度強調用勞動價值理論來解釋自然資源資產的價值問題。

需要特別註意的是，決定自然資源資產價值的因素較爲龐雜，自然資源資產直接產生的經濟收益是決定性因素；同時，自然資源資產的環境、生態、文化、社會等功能及其所決定或所產生的間接經濟價值，也有著重要的影響；即時的自然資源資產的供需關係（與自然資源資產收益並非完全一致，取決於自然資源資產本身的稀缺性），同樣顯著影響着自然資源資產價值的水平。

三、如何評估自然資源資產的價值？

自然資源資產價值評估，抑或稱之爲自然資源資產估價，是正確認識和評價自然資源資產價值的基礎性工作。鑒於自然資源資產種類多、用途廣、因素雜，自然資源資產價值評估或估價是極其複雜的。在此，重點簡要地討論自然資源資產價值評估或估價的主要方面。

首先，需要明確自然資源資產估價的主要目的。這就是確保自然資源資產的健康流動或合理處置，確保自然資源資產的保值和增值，確保自然資源資產價值的充分實現，確保自然資源資產收益爲各利益相關者相對均衡地分享。

其次，需要明確自然資源資產估價的基本原則。一是以直接價值爲主兼顧間接價值的原則，二是以經濟價值爲主兼顧其他價值的原則，三是在分類評估的基礎上擴展至綜合評估的原則。還必須充分考慮到各類自然資源資產價值的差異性——礦產、土地、水、生物資源資產價值變化特點差異顯著，存量資源資產與流量資源資產的差異性。水資源資產價值的不確定性，生物資源資產的週期性及季節性。

再次，遴選自然資源資產價值評估方法。評估方法很多，大致可以分爲四類：第一類是成本法，其基本點是根據自然資源資產生成或維護的成本來評估自然資源資產的價值或價格，成本高則價值或評估價格高，反之亦然。成本法一般包括歷史成本法、重置成本法、旅行成本（費用）法等。其中：歷史成本法，是根據一定時期內的自然資源資產生成或維護成本的累積來評估資產價值；重置成本法，是根據在當前技術、經濟條件下重新生成同樣自然資源資產所需成本來評估自然資源資產的價值或價格；旅行成本（費用）法，則是根據旅行者爲享受某種資源資產（一般是景觀、生態或環境資源資產）的服務而支付的費用（通常表現爲旅遊景區或景點的門票等），來評估資源資產的價值或價格。第二類是收益法，即根據自然資源資產所生產或預期產生的收益來評估資源資產的價值或價格，收益高則價值或評估價格高，反之亦然。收益法主要包括收益還原法、收益分成法、收益倍數法等。其中：收益還原法又稱爲收益資本化法、收益貼現法，即把某個時期可預期的自然資源資產收益作爲預期利潤或利息，貼現爲現在的資產價值亦即本金或初始投資，以此作爲評估價值或價格的依據；收益分成法，則是從某個項目或某項活動的總收益中分離出自然資源資產的收益貢獻或收益分成，作爲資源資產價值或價格；收益倍數法，則是根據歷史上資產與收益的倍數關係，以收益乘以某個公認的倍數來計算資源資產的價值。第三類是市場法，即根據市場價格來評價資源資產的價值，包括現貨市場交易價格法、期貨交易價格法等。第四類是意願法，即根據使用者或消費者爲使用或消費自然資源資產的支付意願或願意支付的貨幣金額，來確定資源資產的價值或評估價格，包括支付意願法、調查意願法等，但兩者只是有操作層面的細微差異。這四大評估方法，均有其相對適用的場合，其中一般首選的是市場法尤其是其中的市場價格法，其次選擇成本法或收益法，最後才是選擇意願法，且意願法多適用於難以定量且主要依據使用者或消費者主觀偏好或主觀評判的場合，如適用於森林資源資產的旅遊及文化價值評估。另外，需要特別說明的是，這些方法可以同時使用，相互驗證、相互補充、相互促進和完善。當然，隨著我國自然資源資產價值理論和方法的研究，相信會有新的方法不斷產生。

最後，做好相關基礎工作。自然資源資產價值評估需要做好大量的基礎工作。其中，有關自然資源資產市場價格、資產維護成本、資產收益等基礎數據的調查、統計、分析、處理等，是最爲基礎、最爲關鍵的。爲此要建立自然資源資產基礎臺帳在內的基礎數據信息系統。同時，還應加強自然資源資產價值評估規範化、標準化、制度化建設，以提高評估的科學性、客觀性、準確性和公正度、可信度和互認度。

自然資源資產價值評估是一項理論性、方法性、規範性和政策性均很強的工作，需要進一步加強理論研究、方法研究、規範設計和政策設計。同時，自然資源資產價值評估又是加強自然資源資產管理必不可少的基礎性工作。這就要求研究工作者和管理工作者共同努力，切實推動此項工作紮實有序地開展。

資料來源：谷樹忠，李維明. 自然資源資產價值及其評估 [N]. 中國經濟時報，2015-11-27.

第二節　資源性資產評估的方法

爲了合理開發利用資源性資產，並且使國家的所有權的權益真正得到實現，我國實行所有權與使用權分離的原則，通過使用權在市場上流轉，促進資源性資產按照市場經濟規律合理配置。國家通過徵收資源占用租金或資源補償費、探礦權價款、採礦權價款來維護所有者權益。所以，資源性資產評估通常是對資源性資產的使用權的估算和評定。但是，由於資源性資產的使用權是依附於資源性資產的實體存在的，因此，資源性資產評估就不能脫離資源性資產的實體而存在，而要結合資源性資產的數量、質量、市場供求關係、資源產品的價格、資源政策等各種影響因素進行評估。資源性資產評估的基本途徑有三種：①補償價格法；②收益現值法；③市場法。

一、補償價格法

資源性資產補償價格的構成因素及其計費標準，除實際發生的外，通常按國家有關規定加以規範。評估資源性資產補償價格時，首先要實地勘察評估對象，根據有關法規和評估對象的實際情況，確定補償價格的構成要素評估各類費用。資源性資產評估的評估具體步驟如下：

（1）踏勘評估對象，查閱有關法規。

（2）確定補償價格的構成因素。以下各種因素都在一定程度上分別影響補償價格的構成：①資源的種類；②資源的再生性；③資源的保護、改良狀況；④資源的現役狀況及其同居民的關係。

（3）確定補償價格的計費方法。根據資源性資產補償價格的構成要素，有兩種不同的計費途徑。一種是根據實際計費，適用於對已經發生的各種費用的評估，如青苗補償費、資源勘測費等；另一種是按法定或公允計費標準，適用於預提費用性質的價格構成要素的評估。由於這些費用有的存在多重標準，檔次差別較大，有的沒有確定再生補償對象，補償費用本身就不確定，前者如搬遷費、安置費，後者如各種不可再生資源後備的開發費等，其共同特點是計費有較大的伸縮性。爲了使轉讓雙方都能夠接受，就要由國家規定統一標準或按社會公允價格來計費。

(4) 匯總價格構成的各要素，選擇同類對象參照比較，綜合確定資源性資產的補償價格。

綜上所述，資源性資產補償價格法的一般計算公式爲：

$$資源性資產補償價格 = \Sigma \begin{pmatrix} 補償價格的 \\ 各構成要素 \end{pmatrix} \times \begin{pmatrix} 該構成要素 \\ 的計費標準 \end{pmatrix} \pm \begin{matrix} 參照比較 \\ 調整額 \end{matrix}$$

在實際評估實務中，往往由上述一般途徑得到兩種簡化的方法：一種是費用核算法，即按評估對象補償價格的特定構成及計費標準來估價。由於資源性資產在空間上不可位移，從而可比性較差，這種方法通常是不適用的。另一種是市場法，即通過類似交易價格，考慮不可比因素並進行調整而得到評估價。

資源性資產的補償價格在國家建設徵用資源或其他單位、個人以非盈利目的取得資源性資產的使用權時，其使用權價格，應根據不同的對象評估。一般來講，國家徵用時，應參照國家規定的價格或計費標準進行評估；非國家徵用時，應參照市場價格評估。

二、收益現值法

資源性資產的收益現值是由絕對收益和級差收益進行本金化而計算出的一個形式上的價格。因而，評估資源性資產的着重點主要是對絕對收益和級差收益的評估。收益現值法是指對資源性資產剩餘使用期間的預期收益，按照一定的本金化率，計算資產價格的一種方法。其基本計算公式爲：

$$P = \sum_{i=1}^{n} \frac{R_i}{(1+r)^i}$$

式中：R_i 表示被評估資產第 i 年的收益。

上式表明，資源性資產的價格實際上是資源性資產的租金本金化。

採用收益現值法評估資源性資產的價格，關鍵在於如何評定租金（我們這裡將它稱爲絕對收益和級差收益）及如何確立本金化率。

(一) 收益額的評估

1. 資源性資產絕對收益額的評估

絕對收益是指最劣等的自然生產要素獲得超過社會平均利潤的差額。按照馬克思的觀點，它應等同於同類自然生產要素的生產物的市場價格減去社會平均生產價格的餘額。雖然評估絕對收益，實質上是確定上述"兩個價格"。

在評估實務上，有以下兩種方法：一種方法是按照資源補償價格並考慮國家對節約利用資源加價的因素，確定絕對收益本金化價格。由於資源的有限性，上述補償費用和加價都可以從資源產品的價格中獲得，這種辦法一般比較可行。另一種辦法是先計算絕對收益，再本金化。即根據資源產品的平均利潤率與社會平均利潤率確定。在資源產品價格較高時適用。然而，我國上遊產品價格偏低，限制了這種辦法的運用。

2. 資源性資產級差收益額的評估

級差收益率是指同類性質的有限自然生產要素，由於優劣條件不同，擁有優等條件的自然生產要素形成的超過部門平均利潤的差額。它等於支配性質相同而等級不同的自然生產要素的收益，與支配同類劣等自然生產要素的收益差額。級差收益的多少，取決於自然生產要素的等級。具體評估方法，試用評估某煤礦的級差收益的例子來說明。

（1）找出劣等煤礦部門煤產品的社會平均收益。

（2）確立被評估煤礦的等級。該煤礦等級的確定，可以考慮以下因素：

① 地質的礦層條件。主要爲：礦床的埋深、垂直於水平延伸和礦體的傾角；礦體的厚度，露採石的剝離厚度與礦體厚度之比；儲量密度、礦石化系數；礦體與圍岩石的地質構造條件；礦體與圍岩石的水文地質狀況；礦體與圍岩石的力學特性（岩石硬度、斷裂狀態等）；岩石溫度、放射危險等。

② 礦藏儲量數額。

③ 礦物成分、構成、有用部分含量和無用的或有害的雜質，即儲量質量。

④ 所處地理位置。

根據以上幾個因素，可以大體弄清楚被評估的煤礦情況，以此來確立該煤礦同已開採的煤礦哪個較爲相似。從而確定相似的已開採的煤礦，爲被評估煤礦的等級。當然選擇相似的煤礦應該具有代表性。

（3）確立被評估煤礦產品收益。該煤礦產品收益可以參照與被評估煤礦相似的煤礦部門產品收益。

（4）計算出煤礦的級差收益。其計算公式爲：

級差收益＝該等煤礦產品收益－劣等煤礦部門產品收益

需要特別強調的是，由於我國資源產品的價格絕大部分偏低，上述評估方法一般不能適用。當該資源劣等條件下的收益低於社會水平時，必須改造上述公式，用社會平均收益代替。改造後的公式爲：

$$級差收益 = 該等資源產品的收益 - \left(按社會平均水平計算的資源產品收益 + 資源補償價格 + 節約利用資源的加價 \right)$$

補充說明一點，資源性資產的絕對收益、級差收益的多少，是根據社會平均生產價格、部門生產價格、市場價格及個別生產價格計算的。計算的收益額應爲一定時期內每年的固定收益額，可是上述價格並不是固定不變的，若想預測某一時期的這些價格，難度是很大的，因此可直接採用現時的市場價格計算。

(二) 本金化率的確定

本金化的過程是按照本金化率折現的方法，把未來收益轉換成現值。本金化率的確定，關鍵是正常反應一定的收益率。若不能反應一定的收益率，經營某一資源性資產，就會缺乏吸引力。因此，在確定本金化率時，主要是採用資金利潤率。

資金利潤率，即指平均資金利潤率，它包括有關部門的資金利潤率、行業的資金利潤率、社會平均資金利潤率。採用哪個作爲資源性資產超額收益的本金化率，應由資源性資產的絕對收益和級差收益的計算內容決定。絕對收益是經營某一類資源性資產而獲得的生產物的市場價格與社會生產價格的差額。因此，計算絕對收益的本金化價格時，應採用社會平均資金利潤率並參照同類企業的資金利潤率。以此類推。

三、市場法

市場法是借助市場上類似的參照物價格來確定被評估對象價格的一種方法。這種方法比較簡便。但要找的參照物必須是可比的，因爲資源性資產市場尚待開發和開放，現在很難找到類似的參照物。以後隨著資源性資產進入市場，市場面擴大，就可以直接採用市場法來評估資源性資產的價格，具體方法可以參照房地產評估的內容。

第三節　森林資源資產評估

森林資源資產，是指由特定主體擁有或者控制並能帶來經濟利益的，用於生產、提供商品和生態服務的森林資源，包括森林、林木、林地、森林景觀等。森林資源是一種可再生的自然資源，包括林木資源、林內動物、林內植物、林內微生物、林地及森林環境產品。森林資源資產是以森林資源爲物質財富內涵的資產，是在現有認識和科學技術水平條件下，進行經營利用，能夠爲產權主體帶來一定經濟利益的森林資源。森林資源資產評估，是註冊資產評估師對森林資源資產價值進行分析估算並發表專業意見的行爲和過程。根據原國家國有資產管理局和原林業部發布的《森林資源資產評估技術規範》，森林資源資產評估的對象主要是森林資產、林木資產、林地資產和森林景觀資產。

一、森林資源資產的特點

（一）森林資源資產的多樣性

森林資源包括的範圍廣、品類多，具有多樣性的特點。

（二）森林資源資產的多效性

森林資源不僅能提供多種林產品的直接經濟效益，而且有着巨大的潛在價值，發揮生態防護、淨化美化環境等社會公益效益。

（三）森林資源資產的可再生性

森林資源既可以在自然條件下再生，也可以通過人工培育實現其再生。

（四）森林資源資產的生產週期性

森林資源的生長週期通常需要數年至數十年，有的品種甚至要上百年才可成材，較之一般資產而言，生產週期要長得多。

（五）森林資源資產經營的風險性

對樹林資源資產的培育一般是採取多年連續投入的方式，由於其生產週期長、受自然條件等外在因素的影響較大等特點的存在，因此，森林資源資產培育過程風險較大，其較長的投資回收期也加重了對森林資源資產經營的風險性。

二、影響森林資源資產評估值的主要因素

森林資源作爲一種可再生的自然資源，包括天然林和人工林。天然林與人工林相比，除了更新方式不同外，都要進行管理，國家每年都要投入巨額資金進行森林資源的保護。森林資源資產的價格，除了市場供求因素以外，主要由恢復它的勞動決定。因此，人工林和天然林統一納入林木資產進行評估。根據2013年7月1日起施行的《資產評估準則——森林資源資產》的規定，註冊資產評估師執行森林資源資產評估業務，應當考慮國家相關林業法規和政策，以及森林資源的自然屬性、經營特性、使用期限、用途等因素對森林資源資產價值的影響。

除國家相關林業法規和政策外，影響森林資源資產評估值的主要因素有以下幾點：

（一）營林生產成本

營林生產成本是確定森林價格的基礎。營林生產成本應以能夠提供商品材的劣等宜林地的營林生產成本作爲依據。

（二）資金的時間價值

由於培育森林資源的長期性，森林資源的生產週期長，從栽植到採伐往往需要幾年、十幾年或幾十年的時間。在營林生產過程中，需要不斷投入資金。森林資源資產價格的評估應充分考慮資金時間價值對林木價值的影響，充分考慮資金占用的利息，營林生產成本應以復利計算。同時，林木在不同的時間有不同的價值，同一樹種在不同年齡林木的價值不同，形成森林的時序成本和時序價格。

（三）利潤

森林資源資產的價格中應當包括營林利潤和稅金。在森林資源資產評估中，營林利潤的確定，應當以社會平均資本利潤率爲基準。同時，考慮到營林生產週期長、風險大，應加上風險收益。

（四）稅金

稅金是指森林資源資產經營過程中應繳納的各種稅費。

（五）林木生產中的損失

在漫長的森林培育過程中，森林可能會遭受各種各樣的自然災害，如火、風、雷、水、病蟲害等，會帶來一定的經濟損失。在評估中，必須以森林保險形式考慮這種可能的意外損失。

（六）地租

在我國，森林資源屬於國家和農村集體經濟組織所有，林地所有權和使用權相分離，森林資源資產的價格中還應包括絕對地租和級差地租，地租量應根據不同林地、不同樹種、不同經營水平等因素確定。

（七）地區差價和樹種差價

林木是在一定的自然地理條件下，經過人類勞動而生產出來的，林木的成本與價格，既受自然條件的制約，又受林木本身生態特性的影響，形成了林木的地區差價和樹種差價，因此差價是森林資源資產價格的重要特徵。

三、森林資源資產核查

森林資源資產實物量是價值評估的基礎。在進行森林資源資產價值評定估算前，可以根據有關規定委託具有相應資質的林業專業核查機構對委託方或者相關當事方提供的森林資源資產實物量清單進行現場核查，由核查機構出具核查報告。

按照有關規定，森林資源資產評估的委託方或相關當事方必須提供有效的森林資源資產實物量清單。該清單要根據森林資源規劃設計調查（二類調查）、作業設計調查（三類調查成果），或者森林資源檔案資料來編制。評估機構在森林資源資產價值量評定估算前，必須對委託單位提交的有效森林資源資產清單上所列示資產的數量和質量進行認真的核查，要求帳面、圖面、實地三者一致。

（一）核查內容

森林資源資產的核查內容主要包括權屬、林地或森林類型的數量、質量和空間位置等。具體項目如下：

1. 林地

林地包括林地所有權、使用權、地類、面積、林地質量等級、地利等級等。

2. 林木

林木包括：

（1）用材林。用材林包括：①幼齡林：權屬、樹種組成、林齡、平均樹高、單位面積株數等。②中齡林：權屬、樹種組成、林齡、平均胸徑、平均樹高、單位面積活立木蓄積。③近、成、過熟林：權屬、樹種組成、林齡、平均胸徑、平均樹高、立木蓄積、材種出材率等級。

（2）經濟林。經濟林包括權屬、種類及品種、年齡、單位面積產量。

（3）薪炭林。薪炭林包括權屬、林齡、樹種組成、單位面積立木蓄積量。

（4）竹林。竹林包括權屬、平均胸徑、立竹度、均勻度、整齊度、年齡結構、產筍量。

（5）防護林。防護林除核查與用材林相應的項目外，還要增加與評估目的有關的項目。

（6）特種用途。特種用途林除核查與其他林種相應的項目外，還要增加與評估目的有關的項目。

（7）未成造林地上的幼樹。未成林造林地上的幼樹包括權屬、樹種組成、造林時間、平均高、造林成活率、造林保存率。

（二）核查方法

森林資源資產的核查分為抽樣控制法、小班抽查法和全面核查法。評估機構可按照不同的評估目的、評估種類、具體評估對象的特點和委託方的要求選擇使用。

1. 抽樣控制法

本方法以評估對象爲抽樣總體，以95%的可靠性布設一定數量的樣地進行實地調查，要求總體蓄積量抽樣精度達到90%以上。林地的核查，首先依據具有法定效力的資料，核對其境界線是否正確；然後在林業基本圖或林相圖上直接量算或採用成數抽樣的辦法核查各類土地和森林類型的面積，主要地類的抽樣精度要求達到95%以上（可靠性爲95%）。如果委託方提交的資產清單中各類土地、森林類型的面積和森林蓄積量在估測區間範圍內，則按照資產清單所列的實物數量、質量進行評估。若超出估測區間，則該資產清單不符合評估要求，應通知委託方另行提交新的森林資源資產清單。

2. 小班抽查法

本方法採用隨機抽樣或典型選樣的方法區分林地及森林類型、林齡等因子，抽出若干比例小班進行核查。核查的小班個數依據評估目的、林分結構等因素來確定。對抽中小班的各項按規定必須進行核查的因子進行實地調查，以每個小班中80%的核查項目誤差不超出允許值視爲合格。

小班核查因子的允許誤差範圍採用原林業部《森林資源調查主要技術規定》的A級標準。若核查小班合格率低於90%，則該資產清單不能用做資產評估，應通知委託方另行提交資產清單。

3. 全面核查法

本方法對資產清單上的全部小班逐個進行核查。對即將採伐的小班設置一定數量的樣地進行實測，必要時進行全林每木檢尺。

核查小班內各核查項目的允許誤差按小班抽查法的規定執行。對經核查超過允許誤差的小班，通知委託方另行提交資產清單。

在評估工作中，註冊資產評估師還應當要求委託方或者相關當事方明確森林資源資產的權屬，出具林權證或者相關權屬證明文件，並對其真實性、合法性做出承諾。註冊資產評估師應當對森林資源資產的權屬資料進行必要的查驗。

四、森林資源資產評估方法

森林資源資產評估的對象主要是林木資產、木地資產和景觀資產。其評估方法主要有以下幾種：市場法、收益法和成本法。由於森林資源資產的特殊性，根據具體的評估對象和資料情況，針對林木資產、林地資產和森林景觀資產，又有相對應的評估方法。其中，林地資產評估主要是林地使用權評估，其評估方法與土地使用權的評估方法原理相同，在此重點闡述林木資產評估的主要方法。

在進行林木資源評估時，應當根據評估對象、價值類型、資料收集情況等相關條件，根據不同的林種，選擇適用的評估方法，根據林分質量調整系數進行評定估算。目前主要的評估方法有市場法、剩餘法、收益法和成本法等。林木資產評估中林分質量調整系數須綜合考慮林分的生長狀況、立地質量和經濟質量等來確定。

林分指內部特徵大體一致而與鄰近地段又有明顯區別的一片林子。一個林區的森林，可以根據數種組成、森林起源、林相、林齡、疏密度、地位級、林型及其他因素的不同，劃分成不同的林分。不同的林分，會採取不同的森林經營措施。

(一) 市場法

市場法是在與相同或類似林木資產的現行市場成交價比較的基礎上，估算被評估林木資產價值的方法。其計算公式為：

$$P = K_e \times K_f \times G \times M_e$$

其中：P——評估值；

K_e——林分質量調整系數；

K_f——物價指數調整系數；

G——參照物單位蓄積量的市場交易價格；

M_e——被評估林木資產的蓄積量。

市場法在評估時應該選取三個或三個以上參照物進行測算後綜合比較確定被評估林木資產的評估值。

市場法是森林資源資產評估中使用最為廣泛的方法，它可以用於任何年齡階段、任何形式的森林資源資產。該方法的評估結果可用性度高、說服力強、計算容易，但主要取決於收集到的參照案例的成交價。採用該方法的必備條件是要求存在一個發育充分的、公開的森林資源資產市場，在這個市場中可以找到各種類型的森林資源資產評估的參照案例。

使用市場法評估森林資源資產時應當考慮：

(1) 森林資源資產市場的活躍程度，市場提供足夠數量可比森林資源資產交易數據的可能性及其可靠性；

(2) 森林資源所在地域的差異性對森林資源資產交易價格的影響；

(3) 森林資源資產的用途和功能對交易價格的影響；

(4) 不同林分質量、立地等級、地利條件、交易情況等因素對森林資源資產價值的影響。

使用市場法評估時應當注意：

(1) 合理選擇評估的參照案例。運用市場法評估時，其評估的結果主要取決於所收集的參照案例的評估價格，因此，選定幾個合適的評估案例是使用該方法的關鍵所在。案例的林分的狀況應盡量與待評估林分相近，其交易時間應盡可能接近評估基準日。

(2) 正確地確定林分質量調整系數與物價指數調整系數。森林資產由於不是規格化的產品，其林分的質量差異極大，各參照案例的林分不可能與待評估林分完全一致，必須根據林分的蓄積、平均直徑等反應林木的林分質量的因子進行調整。此外，由於森林資源資產的市場發育的不充分，要找近期的評估案例十分困難，而利用過去不同日期的評估案例必須根據當時的物價指數，以及評估基準日的物價指數進行調整。

(二) 市場價倒算法

市場價倒算法又稱剩餘價值法，是指將被評估森林資源資產採伐後所得木材的市場銷售總收入，扣除木材經營所消耗的成本（含稅、費等）及應得的利潤後，剩餘的部分作爲林木資產評估價值的一種方法。其計算公式爲：

$$P = W - C - F$$

式中：P——評估值；
　　　W——木材銷售總收入；
　　　C——木材生產經營成本；
　　　F——木材生產經營利潤。

市場價倒算法一般按照以下步驟進行：

(1) 根據確定的評估範圍確定林木資產的蓄積量並計算原木產量與其他產品產量。

原木產量 = 蓄積量 × 原木出材率

(2) 調查林木資產的市場價格，得到總的銷售收入。

銷售總收入 = 產品產量 × 產品單價

(3) 計算木材生產的成本、費用和稅金。

(4) 計算生產經營成本與利潤，得到評估值。

木材生產經營利潤 = 生產經營成本 × 生產經營成本利潤率

市場價倒算法是成熟林林木資產評估的首選方法。該方法所需的技術經濟資料較易獲得，各工序的生產成本可依據現行的生產定額標準，木材價格、利潤、稅費等標準都有明確的規定。林木的蓄積無須進行生長預測，財務的分析也不涉及利率等問題。該方法計算簡單，結果最貼近市場，最易爲林木資產的所有者、購買者所接受。

使用市場價倒算法評估時應當注意：

(1) 恰當確定待評估林分的各材種的出材率。林木資產不是規格化的產品，不同林分的林木由於胸徑、樹高、干形和材質的不同，各材種的出材率有很大的差別。材種出材率的變化直接影響了木材的出材量，從而影響林木資產總的價值及稅費的測算，使評估的結果發生大的變化。

(2) 要合理計算與木材生產有關的稅費。在木材的交易中雖然稅費的標準有明確的規定，但各地對計稅基價的規定可能不同，稅費收取的項目、幅度都可能不一樣。因此，其稅費的數量必須利用當地調查的實際資料，而不能參照其他地區的標準進行。

市場價倒算法充分反應了市場供求關係對資產價值的影響，易於被交易方接受，註意了資源狀況變化對資產價值的影響，使評估結果更公允、客觀。但其評估結果無法反應其價值的各個組成部分，受市場變化影響大，主要用於近熟齡林、成熟林、過熟林的林木資產評估。收益法中的土地期望價法、收穫現值法，其林分主伐的預期收穫的計算，均採用該方法進行。

中、幼林一般不採用該方法，且如果成熟林的採伐期與森林資源資產的評估基準日相距較長時間，也不宜使用該方法。

(三) 收益法

收益法又稱收益淨現值法，是指將被評估林木資產在未來經營期內各年的淨收益按一定的資本化率折現爲現值，然後累計求和得出林木資產評估價值的方法。其計算公式為：

$$P = \sum_{t=1}^{n} \frac{(A_t - C_t)}{(1 + r)^t}$$

式中：P——林木資產評估值；

　　　A_t——第 t 年的年收入；

　　　C_t——第 t 年的營林生產成本；

　　　n——經營期；

　　　r——資本化率。

收益法能夠較真實地反應林木資產的本金化價格，與投資決策相關聯，受人為的主觀影響較大，受未來不可預知的因素的影響較大。

但該方法針對中齡林、近熟齡林等造林的年代已久，用成本法易產生偏差，而離主伐又尚早，不能採用市場價倒算法的特點而提出來的。該方法的提出解決了中齡林、近熟齡林資產評估的難點，它將用成本法評估的幼齡林資產與用市場價倒算法評估的成熟林資產的價格連貫起來，形成了一個完整、系統的林木價值評估體系。

使用收益法評估森林資源資產時應當考慮：

(1) 森林資源結構、功能、質量、自然生長力等對收益的影響；

(2) 森林資源管理相關法律法規、財政補貼政策、採伐制度等對收益的影響；

(3) 根據森林資源資產的特點、經營類型、風險因素等相關條件合理確定折現率；

(4) 森林資源採伐方式和採伐週期對收益的影響。

(四) 成本法

成本法是按現時的工價及生產水平重新營造一塊與被評估森林資源資產相類似的資產所需的成本費用，作為被評估資源資產的評估值。其計算公式為：

$$P = K \times \sum_{i=1}^{n} C_i \times (1 + r)^{n-i}$$

式中：P——評估值；

　　　K——林分質量調整系數；

　　　C_i——第 i 年的以現行工價及生產水平為標準的生產成本；

　　　r——折現率；

　　　其他符號的含義同前。

使用成本法評估森林資源資產時應當考慮：

(1) 森林資源培育過程的複雜性對成本的影響；

(2) 森林資源經營的長期性對價值的影響；

(3) 森林資源質量對價值的影響；

(4) 森林資源培育技術、林地利用方式等造成的影響。

使用成本法評估時應當注意：

(1) 充分考慮資金利息。在森林經營過程中，成本的投入在短期內得不到回報，隨著成本的不斷投入，所營造的林分在不斷生長，木材在積累，資產的價值在升高。

在用樹林的成長期間，這長達一二十年以至數十年的時間內，森林的經營基本上沒有收入，直到主伐時才一次性得到回報。因此，森林資產的成本法應當考慮資產形成期的利息，且在市場經濟條件下長期的資金占用必須計算復利。當然，如果是使用成本法對生長期不足一年的幼林進行評估，可以不考慮利息。

（2）培育過程中的林木資產一般不考慮成新率。在培育過程中的林木資產具有存貨的性質，主要是價值的形成與累積，因此一般不考慮資產的成新率，但在資產的評估過程中如果有充分的依據表明被評估對象存在價值貶值，也可以考慮以一定的形式體現價值損耗。

（3）用林分質量調整系數進行調整。因被評估對象重置成本是指社會勞動的平均重置值，其林分的質量是以當地平均的生產水平爲標準，但各塊林分由於經營管理水平不同，與平均水平的林分存在差異，因此，各塊林分的價值必須用林分質量調整系數進行調整。

成本法的結果是以成本爲基礎的，可以滿足資源再生產的需要；且成本資料易於收集，尤其是在缺少活躍的交易市場的條件下，更顯示出其優越性。但成本法不考慮市場供求關係的變化，與市場經濟的要求有所背離，其結果可能不能爲市場所接受；且只考慮相關的成本與利潤，對其他影響價值的因素考慮較少。成本法是按照每年投入進行累計，可能使時間價值過大，從而導致評估值偏高。因此，成本法適用於沒有充分發育的活躍的交易市場的林木資產的評估，適用於以資產重置、補償爲目的的林木資產的評估，適用於經營週期較短的速生樹種的評估。

第四節　礦產資源資產評估

礦產資源資產是經勘查探明的具有一定儲量，在現有技術條件下，人們可以完全控制它，使之進入社會生產過程，並能以貨幣計量的礦產資源。礦產資源資產包括能源礦產資源資產、有色金屬礦產資源資產、黑色金屬礦產資源資產、貴金屬礦產資源資產、冶金輔助礦產資源資產、化工礦產資源資產、建築材料和稀有、稀土、稀散礦產資源資產。礦產資源具有不可再生的、耗竭的特點。

中國的礦產資源屬於國家所有，由國務院行使國家對礦產資源的所有權。礦產資源物質實體及其所有權屬於國家。國家實行探礦權、採礦權有償取得制度，礦產資源的探礦權和採礦權可以依法出讓和轉讓。探礦權和採礦權通常合稱礦業權，簡稱礦權。所謂礦業權，是指在依法取得勘查或採礦許可證的範圍和期限內，對礦產資源進行勘查、開採等一系列生產經營活動的權利。因此，礦業權也是一種特許經營國家所有的礦產資源的權利。

礦產資源資產評估範圍包括礦產資源實物資產、礦業權、地質勘查成果專有權，而主要評估對象爲礦業權。礦業權分爲探礦權、採礦權和礦產發現權。礦業市場流通的是探礦權和採礦權。本節討論的礦產資源資產評估是指探礦權價值和採礦權價值的評估。

一、礦產資源資產的特點

礦產資源資產與所有資產一樣具有以下特點：

（1）獲利性。凡是礦山企業利用活化或物化勞動和礦產資源資產都可生產出可以獲得預期收益的礦產品。

（2）有效性。包括礦產資源資產在內的任何資產都是價值和使用價值的統一體，喪失了使用價值，也就喪失了有效性，價值也就不存在了。

（3）變現性。儘管包括礦產資源資產在內的不同資產參加生產過程的週期長短不同，消耗方式不同，變現方式也不同，但最後都應具有變現能力，這一點是共同的。

（4）可比性。任何資產通過價值這個社會屬性，都是可以對比的，都可以體現在資產的價值之中。

另外，礦產資源儲量資產作為一種特殊的資產，還具有以下特徵：

（1）一次性占用，逐漸消耗至資源耗竭，資產由實物形態轉化為貨幣形態。礦產資源包括伴生礦產、共生礦產以整體資源資產的形式提供使用，當其以實物形態進入後續產業生產過程時，就成為非資源性資產性質的礦產品，進而實現其價值。礦產資源的上述實物形態的轉化過程，也是其儲量被逐漸消耗至耗竭的過程。

（2）礦產資源儲量資產的經濟壽命長，自然增值或貶值幅度大。由於受開採冶煉技術條件的限制，礦產資源通常具有較長的使用期，因此其經濟壽命明顯比其他資產要長。在漫長的時間裡，受國家經濟政策、金融政策、國際市場等方面的影響，礦產資源性資產就有可能出現較大幅度的增值或貶值。

（3）礦產資源儲量利用具有不充分性的特點。礦產成因是複雜的，礦床也往往由多礦層、多條礦脈或多礦種組成，受技術條件與自然條件的限制，在對礦產資源實施實際開採時可能不得不放棄原確定的決策量，因而不能完成對礦產儲量的充分利用。

（4）礦產資源儲量價值的實現必須依託第三者。礦產資源儲量既是勞動資料又是勞動對象，雖然它的價值能夠被貨幣衡量，但只有轉化為礦產品才能實現其商品價值。這個轉化的前提是要有新的投入，也就是其價值的實現必須依託第三者。

二、影響礦產資源資產價值的因素

礦產資源資產價格的影響因素主要包括：礦產資源本身的稀缺程度和可替代程度、礦產品的供求狀況、礦床自然豐度和地理位置、科技進步、資本化率和社會平均利潤率等。

（一）礦產資源本身的稀缺程度和可替代程度

在中國，不同的礦種，資源的稀缺程度差別很大。在市場需求一定的情況下，占有和經營質量好、使用價值高的礦產資源，往往能獲得更多的超額利潤。同時，由於國家一般對稀缺資源實行保護性開採政策，稀缺的礦產資源就會有更高的價格水平。

一般而言，資源的稀缺程度越高，其可替代程度往往越低，凡是可替代程度低的礦產資源，其資產價格也較高。

(二) 礦產品的供求狀況

礦產品供求狀況決定礦產品價值的實現程度，決定何種等級的礦產資源將被投入生產過程，從而決定礦產資源資產價格水平。

(三) 礦床自然豐度和地理位置

礦床的自然豐度是通過礦體規模、形態、產狀、厚薄、品位、埋深等一系列指標綜合反應的。在一定的技術經濟條件下，礦床的自然豐度越高，開採所需投入的成本越低，企業的超額利潤會越大，從而影響礦產資源資產價格。金屬礦石的選冶性能、礦床含有的有益伴生組分以及礦床地質構造的複雜程度等，都會直接影響礦產品的產出率，從而影響企業的利潤率。

礦床的地理位置對礦產資源資產價格的影響有時甚至超過礦床本身的豐度。礦床距離加工地和消費地的遠近和運輸條件的優劣，會影響企業的生產成本。因此，礦床豐度與地理位置綜合作用，影響礦產資源資產價格。

(四) 科技進步

科技進步對礦產資源資產價格的影響主要有下列幾個方面：①會使一些沒有被利用的或者原先認為無法利用的伴生元素或礦物被開發和利用，從而使礦產資源總規模擴大，市場供給增加。②可以發現已被使用的礦產資源新的或更有效的利用價值，從而改變、增加和提高礦產資源資產的價格。③可以發現和創造對礦產資源開發、利用更有效的方法，使挖掘企業的技術經濟指標發生顯著變化，如採礦損失率、礦石貧化率等降低。採礦回採率、選礦回收率、有益組分綜合利用率、尾礦處理水平等上升，降低了礦產資源的耗減速度，使採礦企業增加收益，也使礦產資源資產價格上升。④可以發現和創造更加有效的現代化找礦方法，使礦產資源普查和詳查的成本和風險降低，環境治理的費用水平下降，從而改變礦產資源資產的價格構成和價格水平。

(五) 資本化率和社會平均利潤率

資本化率和社會平均利潤率影響資金流向和礦山企業的經營利潤響礦產資源資產的價格。

相關資料鏈接

澳中兩國礦產資源評估準則的比較研究

礦產資源評估，即礦產資源經濟價值評估，是對礦產資源貨幣價值量的確定。在澳大利亞，礦產資源的經濟價值評估通常被稱為礦資產評估，指的是確定礦資產或證券的貨幣價值的過程。澳大利亞的 VALMIN 準則明確規定適用於該準則的評估對象為"礦物或油氣資產及其證券"。而在中國，礦產資源的經濟價值評估被稱為礦業權（即礦產資源使用權，是探礦權和採礦權的統稱）評估。礦業權評估是指具有礦業權評估師執業資格的人員和礦業權評估資質的機構基於委託關係，對約定礦業權的價值進行評價、估算，並通過評估報告的形式提供諮詢意見的市場服務行為。

雖然澳大利亞的 VALMIN 準則和中國的 CMVS 準則都是兩國相關機構爲了規範礦產資源評估所制定的行業準則，但兩者在若干重要方面有着顯著的差別。

1. 準則的整體要求對比

（1）評估準則的編制原則。VALMIN 準則中規定的礦資產評估和編制評估報告的基本原則有 4 條，即實質性、勝任性、獨立性和透明性。相比之下，CMVS 準則並未說明其編制原則，而僅僅是規定了礦業權評估的工作原則，即註冊礦業權評估師在執行礦業權評估業務中應遵循的基本原則，包括獨立性原則、客觀性原則和公正性原則。同時，CMVS 準則也規定註冊礦業權評估師需要誠實正直，勤勉盡責，恪守獨立、客觀、公正、誠信的從業原則。

（2）準則的制定機構。VALMIN 準則是由澳大利亞礦業與冶金學會、澳大利亞地質科學家學會和澳大利亞礦產行業顧問協會 3 家機構組成的特別委員會編制。這幾個機構都是民間自律性專業組織，這些機構並不隸屬於澳大利亞的任何政府機構，其成員也不僅限於澳大利亞公民。CMVS 準則的制定者——中國礦業權評估師協會雖然也是由礦業權評估師、礦業權評估機構以及與其相關的礦產儲量評估、礦山地質測量、礦產資源開發利用諮詢等機構或人員自願組成的非營利性行業自律組織，但它的成立是經國務院批準，並接受國土資源部、民政部的指導、監督，經費由政府資助，是國家事業單位。這與 VALMIN 委員會的性質是截然不同的，也是導致這兩個準則在應用上的巨大差異的間接原因之一。

2. 準則的應用範圍

（1）適用領域。VALMIN 準則的適用領域非常廣泛，除了適用於固體礦產資源外，也適用於油氣資源。而 CMVS 準則只適用於一般固體礦產資源領域，包括金屬礦產、非金屬礦產等礦產資源。而且，和 CMVS 準則一樣，CIMVAL 準則和 SAMVAL 準則也都明確說明只適用於固體礦產，包括金屬礦產、非金屬礦產等，但不適用石油和天然氣資源資產。

（2）實施範圍和應用細則。VALMIN 準則作爲礦產資源評估準則的先行者，雖然最初編制時只是在澳大利亞本國應用，但它擁有相當的包容性，現在也被全世界很多國家和地區採納，在澳大利亞國內和國際礦產資源評估領域都有着舉足輕重的作用。相反，CMVS 準則是根據中國的國情和需要制定的，從準則的主旨到推薦的詳細參數均是從中國的實際情況制定並推行的。因此，CMVS 準則有一定的排他性，僅適用於中國大陸地區，目前尚未被其他任何國家或地區的監管機構或從業者採用。

（3）評估者資質。VALMIN 準則對從事礦資產評估的執業人的要求較爲寬鬆。從事符合 VALMIN 準則的礦資產評估的執業人可以是獨立自然人（評估專家）準備並接受報告的責任，也可以是依法成立的機構的提名代表（代表專家）監督報告的編制，由專業人士具體操作，並代表該機構對此報告負責。然而，CMVS 準則在相關規定上則較爲嚴格，要求從事礦業權評估的人員必須爲註冊礦業權評估師。註冊礦業權評估師必須符合國家各部委規定的條件，考試通過經公示無異議後，取得礦業權評估師資格，並成爲中國礦業權評估師協會會員，在該協會辦理執業註冊。而且，礦業權評估師執業應當專職受聘於一個礦業權評估機構。

3. 準則的技術規範

(1) VALMIN 準則並未提出任何具體的評估途徑或評估方法，因此也沒有規定在何種情況下應當使用哪種評估途徑或評估方法，也沒有對任何評估途徑或評估方法進行推薦和限制。在這一點上，CMVS 準則較為具體詳實，且可操作性更強，和其他國際礦產資源評估準則緊密接軌。

(2) 評估參數確定的指導意見。和評估途徑的規定一樣，VALMIN 準則在評估參數上也沒有任何具體要求，而是更多的賦予評估專家和/或專業人士絕對的權利和彈性，可以根據評估的性質、被評估對象的實際情況和特性（如開發階段等）和從事該評估所需信息是否完備等因素來選擇評估方法及相對應的參數。針對不同的評估途徑和評估方法，CMVS 準則給出了各種評估途徑下的規定方法所涉及的稅費、礦產品市場價格、技術經濟等方面的詳細參數。特別是生產能力、年限、固定資產投資、流動資金、成本費用、產品方案、採選冶指標等重要參數，CMVS 準則均做出了詳細的說明和規定。

(3) 評估結果。VALMIN 準則強調評估時由於各種不確定因素和各種假設條件的影響，評估師在現有數據允許時應當給評估結果確定一個區間範圍或值域，然後必須在這個值域內選出一個首選值。然而，CMVS 準則更強調評估的準確性，要求評估結果應該是一個明確的數值。只有在特別情況下（如價值諮詢時），才可以與委託方協商以區間範圍形式給出評估結果。

總體而論，VALMIN 準則偏重對準則核心思想的闡述，註重整體多過對於技術層面的應用研究；而 CMVS 準則則較註重評估實務，考慮到中國礦業發展的情況，適合中國國情。

資料來源：楊鈴．澳中兩國礦產資源評估準則的比較研究［J］．資源與產業，2015（6）：89-94．

三、礦產資源資產評估方法

礦產資源資產評估需求很廣，但主要需求是產權交易和經營活動，其評估對象多是探礦權和採礦權。礦產資源資產評估根據不同的評估對象和評估目的，有不同的評估方法。下面介紹幾種常用的礦業權評估的方法。

(一) 折現現金流量法

折現現金流量法是採礦權評估廣泛利用的方法。它適用於二級市場中的採礦權買斷性轉讓、以採礦權作價作為合資股本、破產清算和出租、抵押採礦權等目的的採礦權評估。其計算公式為：

$$W_p = \sum_{i=1}^{n} (CI - CO - H) \times \frac{1}{(1+r)^{i-1}}$$

式中：W_p——礦業權評估值；

CI——年現金流入量；

CO——年現金流出量；

H——開發投資收益；

r——折現率；

i——年序號（i＝1，2，3，…，n）。

折現現金流量法可以用來評估探礦權和採礦權。其適用範圍包括：①適用於詳查及以上勘查階段的探礦權評估和賦存穩定的沉積型礦種的大中型礦床的普查礦探礦權評估。②適用於擬建、在建、改建礦山的採礦權評估等。

（二）收益法

收益法是指根據預期收益原理和貢獻原則，將待估採礦權實施後的未來預期淨利潤貼現之和作爲採礦權評估價值的評估方法。其計算公式爲：

$$W_p = \sum_{i=1}^{n}(W_{ai} - H) \times \frac{1}{(1+r)^{i-1}}$$

式中：W_p——採礦權評估值；

W_{ai}——年淨利潤；

H——開發投資價值；

r——折現率；

i——年序號（i＝1，2，3，…，n）；

n——計算年限。

收益法適用於正常生產礦山的採礦權評估。

（三）可比銷售法

可比銷售法是指利用已知轉讓的礦業權成交價及可比的技術經濟參數，與被評估的礦業權相對應的參數進行對比，從而評定被評估礦業權轉讓價的一種方法。

可比銷售法的原理是：在評估某一礦業權的價值時，根據替代原則，將待估礦業權與在近期完成交易的、類似環境和類似地質特徵的礦業權的地質、採、選等各項技術、經濟參數進行對照比較，分析其差異，對參照礦業權價值進行調整，將調整後的價值作爲待評估礦業權的價值。

可比銷售法應用的前提條件是：①要有一個發育的活躍的礦業權市場。參照採礦權成交價是在正常交易下形成的，成交時間、成交地點、使用情況、預期效果以及有關資料完備、可靠。②類似參照物是可以找到的。市場上能夠找到兩個以上近期的、相鄰的、可比的參照物。所謂近期，是指距評估基準日1～2年內交易或評估的礦業權，在此期間社會和行業內經濟條件變化不大。在現時礦業權市場不發育的情況下，如果物價波動不大，時間可以在2～3年內。所謂相鄰，是指區位條件不能有大的差異，地理位置不能相距過遠。所謂可比，是指應該在地質條件、類型、規模、交易形式和類型等各方面，具有可比性。要堅持尋找礦種相同、自然成因類型相同、工業類型大致相似的參照採礦權，規模可以不要求一致。③參照物與待評估礦業權可比較的指標、資料是可以收集到的。在有關資料信息不詳時，不能採用該方法。

適合詳查以上探礦權及採礦權評估的可比銷售法的基本計算公式爲：

$$P = P_i \times \mu \times \omega \times t \times \theta \times \lambda \times \delta$$

式中：P——評估對象的評估值；

　　　P_i——相似參照物的成交價格；

　　　μ——可採儲量調整系數；

　　　ω——礦石品位調整系數；

　　　t——生產規模調整系數；

　　　θ——產品價格調整系數；

　　　λ——礦體賦存開採條件的調整；

　　　δ——區位與基礎設施條件的調整。

適合勘查程度較低階段探礦權評估的可比銷售法的基本計算公式為：

$$P = P_i \times p_a \times \xi \times \omega \times \nu \times \varphi \times \delta$$

式中：P——評估對象的評估值；

　　　P_i——相似參照物的成交價格；

　　　P_a——勘查投入調整系數；

　　　ξ——資源量調整系數；

　　　ω——礦石品位調整系數；

　　　ν——物化探異常調整系數；

　　　φ——地質環境與礦化類型調整系數；

　　　δ——區位與基礎設施條件的調整。

（四）勘查成本效用法

勘查成本效用法是採用效用系數對重置成本進行修正來估算探礦權評估價值的評估方法。勘查成本效用法的計算公式為：

$$P_a = P_b \times F = [\sum_{i=1}^{n} U_{bi} \times P_{bi} \times (1+\varepsilon)] \times F$$

式中：P_a——探礦權評估值；

　　　P_b——重置成本；

　　　U_{bi}——各類勘查技術方法完成的實物工作量；

　　　P_{bi}——各類地質；

　　　F——效用系數；

　　　ε——岩礦測試、其他地質工作、工作建築等間接費用分攤系數（一般為30%）；

　　　i——各實物工作量序號（i＝1，2，3，…，n）；

　　　n——勘察實物工作量項數；

　　　$F = f_1 \times f_2$

　　　f_1——勘察工作布置合理性系數；

　　　f_2——勘察工作加權平均質量系數。

該方法適用於只投入少量地表或淺部地質工作的預查階段的探礦權評估，或者經一定勘察工作後找礦前景仍不明朗的普查探礦權評估。

本章小結

資源性資產是由自然資源進化而來的，並能進入社會生產過程的一種特殊資產。因此，資源性資產既具有自然資源屬性，又具有資產的經濟資源屬性。資源性資產評估的基本途徑有三種：①補償價格法；②收益現值法；③市場法。我國目前開展評估的主要有礦產資源資產和森林資源資產。森林資源資產評估的方法主要包括現行市場法、市場價格倒算法、收益法、成本法、林地期望價法、年金資本化法、林地費用價法。礦產資源資產評估的主要方法包括折現現金流量法、收益法、可比銷售法、勘察成本效用法。

檢測題

一、單項選擇題

1. 資源性資產是指（　　）。
   A. 自然界存在的、能被用來產生使用價值或影響勞動生產率的天然物質財富
   B. 土地、礦藏、草原、森林、水體、海洋等
   C. 自然資源、社會經濟資源和人文歷史資源
   D. 為特定主體所擁有和控制的，能夠用現代科學技術取得，已經被開發利用，並且能用實物度量和貨幣計量，能夠給特定主體的未來經營帶來收益的自然資源

2. 對資源性資產剩餘使用期間的預期收益按照一定的本金化率計算資產價格的方法是（　　）。
   A. 補償價格法　　B. 收益現值法　　C. 市場法　　D. 成本法

3. 我國的礦產資源屬於（　　）所有。
   A. 國家　　B. 集體　　C. 企業法人　　D. 個人

4. （　　）是森林資源資產評估中使用最為廣泛的方法，可以用於任何年齡階段、任何形式的森林資源資產評估。
   A. 市場價格倒算法　　　　　　B. 收益法
   C. 市場法　　　　　　　　　　D. 成本法

二、多項選擇題

5. 資源性資產的個別屬性有（　　）。
   A. 天然性　　　　　　　　　　B. 有限性和稀缺性
   C. 區域性　　　　　　　　　　D. 生態性

6. 使用市場倒算法評估森林資源資產時應注意的問題包括（　　）。
   A. 恰當確定待評估林分的各材種的出材率
   B. 充分考慮資金利息

C. 合理計算與木材生產有關的稅費

D. 用林分質量調整系數進行調整

7. 影響礦產資源資產和礦業權資產價值的因素主要包括（　　）。

A. 礦產資源本身的稀缺程度和可替代程度，以及礦產品的供求狀況

B. 礦床自然豐度和地理位置

C. 科技進步

D. 資本化率和社會平均利潤率

三、判斷題

8. 資源性資產的評估有兩種不同的價格類型：一種是資源補償價格，另一種是資源的地租本金化價格。　　　　　　　　　　　　　　　　　　　　　　（　　）

9. 有一個發育的活躍的礦業權市場是礦產資源資產評估中使用可比銷售法的充分條件。　　　　　　　　　　　　　　　　　　　　　　　　　　　　　（　　）

10. 在我國，森林資源屬於國家和農村集體經濟組織所有，林地所有權和使用權密不可分。　　　　　　　　　　　　　　　　　　　　　　　　　　　（　　）

四、思考題

11. 分析資源性資產的理論價值構成。

12. 森林資源資產的評估方法有哪些？

第十章　企業價值評估

[**學習內容**]
  第一節　企業價值評估及其特點
  第二節　收益法在企業價值評估中的應用
  第三節　企業價值評估的其他方法
  第四節　金融企業價值評估

[**學習目標**]
  本章的學習目標是使學生瞭解企業價值評估及其特點，掌握企業價值的含義；熟悉企業價值評估的範圍；熟練掌握收益法在企業價值評估中的應用；瞭解企業價值評估的市場法和成本法，熟悉金融企業價值評估的常用方法。具體目標包括：
  ◇ 知識目標
  理解企業價值和企業價值評估的內涵，掌握收益法下收益額、折現率的估測方法和折現模型，以及收益額、折現率和評估價值內涵的對應關係，瞭解企業價值評估的市場法和成本法。
  ◇ 技術目標
  掌握企業價值評估的主要方法之一——收益法及其常用的具體方法。
  ◇ 能力目標
  能夠在充分理解企業價值評估特點的基礎上，掌握評估範圍界定的原則，遵循一定的評估程序，通過對企業收益的預測利用收益法開展企業價值的評估。

[**案例導引**]

沃克森遭證監會處罰　資產評估錯誤連連

  證監會近日在官網披露對沃克森（北京）國際資產評估有限公司及兩名項目負責人做出相應的處罰，原因是該公司在廣聯達的兩筆股權收購資產評估過程中因諸多錯誤而被認定未能勤勉盡責。
  經證監會審查，沃克森評估公司在廣聯達收購夢龍軟件和興安得力兩項資產的資產評估過程中存在未勤勉盡責的行為，違反了《企業價值評估指導意見（試行）》的相關規定，其出具的評估報告有誤導性陳述，評估報告的簽字評估師李文軍、黃立新為直接責任人員。證監會依照《中華人民共和國證券法》相關規定，決定沒收沃克森評估業務收入28萬元，並處以28萬元罰款，同時對兩名項目負責人李文軍、黃立新予以警告，並分別處以3萬元罰款。

"證監會針對評估公司的資產評估問題進行公開處罰，這個並不多見。"有資深審計人士表示。他同時表示：由於近年來資本市場併購大行其道，可能會有更多的資產評估問題陸續曝光。

2010年12月，廣聯達披露擬用9 434萬元超募資金收購夢龍軟件全部股權，沃克森受上市公司委託採用資產基礎法和市場法評估方法對夢龍軟件股東全部權益在2010年11月30日的市場價值進行了評估，評估值爲9 434.42萬元，評估值較帳面淨資產增值8 465.3萬元，增值率爲873.51%。2011年2月，廣聯達披露3.2億元收購上海興安得力軟件有限公司全部股權。沃克森對興安得力股東全部權益在2010年12月31日的市場價值進行了評估，評估值爲3.37億元，評估值較帳面淨資產增值2.69億元，增值率爲390.76%。

在評估方法上，沃克森評估公司首先選擇與被評估企業處於同一行業且股票交易活躍的上市公司作爲對比公司，並通過交易股價計算對比公司的市場價值，其選取的對比公司爲新大陸、用友軟件、東軟集團和金證股份，隨後選擇對比公司的一個或幾個收益性和/或資產類參數，如息稅前利潤（EBIT）、稅息折舊及攤銷前利潤（EBITDA）或總資產、淨資產等作爲"分析參數"，並計算對比公司市場價值與所選擇分析參數之間的比例關係。最後，通過比較分析被評估企業與參考企業的異同，計算出使用於被評估企業比率乘數，從而得到委估對象的市場價值。

不過，證監會通過審核沃克森評估公司相關工作底稿，發現其在上述項目的評估工作中存在諸多問題。如在對比公司流通股市值計算公式上，評估師犯了低級錯誤，根據夢龍軟件、興安得力評估項目的可比公司股權價值表工作底稿記載，流通股市值＝股價×流通股票數量×流通股占總股本比例。上述計算公式明顯錯誤。同時，評估公司選取對比公司市場價值評估依據標準也不統一。主要表現在選取的對比公司股權價值計算標準不統一、選取的對比公司EBIT計算方法不統一、選取的對比公司EBITDA的預期增長率計算方法不統一，以及選取的對比公司資產比率乘數修正系數計算方法不統一。

此外，沃克森評估公司選取對比公司相關參數的依據不明。沃克森評估公司認爲東軟集團計算取得的EBITDA的預期增長率不合理，直接以用友軟件的EBITDA預期增長率加以替代，沒有具體數據支持。取用數據與對比數據之間難以建立直接的因果關係，對其獲取也缺少相關說明和計算依據。據披露，李文軍在回答調查詢問時也承認評估報告有明顯錯誤，對評估結果影響較大，原評估結果基本不可信。在使用該評估報告時，評估值會影響客户的合理判斷。

雖然沃克森公司在其申辯理由中堅稱上述錯誤並未構成誤導性陳述，也未使上市公司在併購中遭受損失，不過證監會指出其在對兩個項目評估過程中存在未勤勉盡責的事實，股權交易雙方對於評估結論沒有提出異議，不等於沃克森評估公司未勤勉盡責的行爲不具有法律上的可讀責性和處罰性；夢龍軟件和興安得力被收購後業績增長係追加投資等多種因素所致，不能成爲沃克森評估公司違法評估行爲不受追責的理由。

資料來源：施浩. 沃克森遭證監會處罰 資產評估錯誤連連 [N]. 上海證券報, 2014-11-04.

企業價值評估是市場經濟和現代企業制度相結合的產物。在我國，隨著市場經濟的發展尤其是企業產權制度改革的進一步深化，企業併購、重組、公司上市、企業改制等經濟活動頻繁發生，甚至成爲經濟生活中不可或缺的一部分，如何客觀、公正地評估企業的價值也越來越受到重視和關註。

第一節　企業價值評估及其特點

一、企業與企業價值

（一）企業及其特點

企業是以盈利爲目的，按照法律程序建立的經濟實體，形式上體現爲由各種要素資產組成並具有持續經營能力的自負盈虧的法人實體，企業各個要素資產圍繞着一個系統目標，發揮各自特定功能，共同構成一個有機的生產經營能力和獲利能力的載體。企業作爲一類特殊的資產，具有自身的特點：

1. 整體性

構成企業的各個要素資產雖然各具不同性能，但它們在服從特定系統目標前提下構成企業整體。企業的各個要素資產功能不會都很健全，但它們可以被整合爲具有良好整體功能的資產綜合體。當然，即使構成企業的各個要素資產的個體功能良好，但如果它們之間的功能不匹配，由此組合而成的企業整體功能也未必很好。因此，整體性是企業區別於其他資產的一個重要特徵。

2. 盈利性

企業的經營目的就是盈利。爲了達到盈利的目的，企業需要在既定的生產經營範圍內，以其生產工藝爲主線，將若干要素資產有機組合並形成相應的生產經營結構和功能。

3. 持續經營性

企業要獲取盈利，必須進行經營，而且要在經營過程中努力降低成本和費用。爲此，企業要對各種生產經營要素進行有效組合並保持最佳利用狀態。影響生產經營要素最佳利用的因素很多，持續經營是保證正常盈利的一個重要方面。

（二）企業價值

1. 資產評估中企業價值的內涵

企業價值是企業在特定時期、地點和條件約束下所具有的持續獲利能力的市場表現。在資產評估中，企業作爲資產評估中的一類評估對象，其價值應該是公允價值；同時，企業又是一類特殊的評估對象，其價值取決於要素資產組合的整體盈利能力，不具備現實或潛在盈利能力的企業也就不存在企業的價值。

（1）企業的價值是企業的公允價值。這不僅是由企業作爲資產評估的對象所決定的，而且是由對企業進行價值評估的目的所決定的。企業價值評估的主要目的是爲企業產權交易提供服務，使交易雙方對擬交易企業的價值有一個較爲清晰的認識。所以，企業價值評估應建立在公允市場假設之上，其揭示的是企業的公允價值。

（2）企業價值基於企業的盈利能力。人們創立企業或收購企業的目的不在於獲得企業本身具有的物質資產或企業生產的具體產品，而在於獲得企業生產利潤（現金流）的能力並從中受益。因此，企業之所以能夠存在價值並且能夠進行交易是由於它們具有產生利潤（現金流）的能力。

（3）資產評估中的企業價值有別於帳面價值、公司市值。企業的帳面價值是一個以歷史成本爲基礎進行計量的會計概念，可以通過企業的資產負債表獲得。公司市值是指上市公司全流通股股票的市場價格（市場價值之和）。在發達的資本市場上，由於信息相對充分，市場機制相對完善，公司市值與企業價值具有一致性，但中國尚處在經濟轉型中，證券市場不夠成熟，上市公司存在大量非流通股，因而不宜將公司流通股市值直接作爲企業價值評估的依據。

2. 資產評估中企業價值的形式

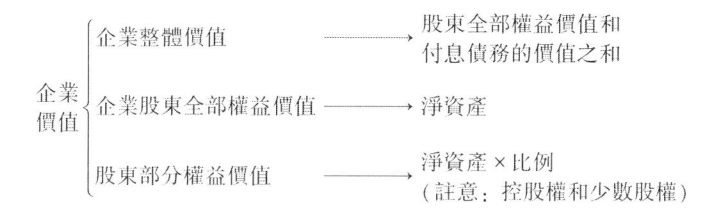

```
         ┌ 企業整體價值  ──→ 股東全部權益價值和
企業      │                   付息債務的價值之和
價值  ────┤ 企業股東全部權益價值 ──→ 淨資產
         │
         └ 股東部分權益價值 ──→ 淨資產×比例
                                （註意：控股權和少數股權）
```

（1）企業整體價值，即企業總資產價值減去企業負債中的非付息債務價值後的餘值，或企業所有者權益價值加上企業的全部付息債務價值。即：

企業整體價值＝總資產價值－非付息債務價值

＝企業所有者權益價值＋全部付息債務價值

（2）企業股東全部權益價值，即企業的所有者權益價值或淨資產價值。

企業股東全部權益價值＝企業所有者權益價值

＝淨資產價值

＝企業整體價值－全部付息債務價值

（3）股東部分權益價值，即企業股東全部權益價值的一部分。在資產評估實務中，股東部分權益價值的評估通常是在取得股東全部權益價值後才評定的。但由於存在著控股權溢價和少數股權折價因素，股東部分權益價值不一定等於股東全部權益價值與股權比例的乘積，而且應當在評估報告中披露是否考慮了控股權和少數股權等因素產生的溢價或折價。

上述企業價值形式之間的關係如表 10-1 所示。

表 10-1

流動資產價值（A）	流動負債和長期負債中的非付息債務價值（C）
固定資產和無形資產價值（B）	付息債務價值（D）
其他資產價值（F）	股東全部權益價值（E）

企業整體價值＝（A＋B＋F）－C＝D＋E

企業股東全部權益價值（E）＝（A＋B＋F）－（C＋D）

股東部分權益價值＝E×i%

二、企業價值評估的內涵

（一）企業價值評估的定義

根據《資產評估準則——企業價值》（以下簡稱《準則》），企業價值評估是指註冊資產評估師依據相關法律法規和資產評估準則，對評估基準日特定目的下企業整體價值、股東全部權益價值或者股東部分權益價值等進行分析、估算並發表專業意見的行為和過程。

（二）企業價值評估的價值前提

一般來說，企業價值評估可以有以下四種價值前提：

（1）持續經營前提下的價值。這是作為收益性資產整體，或持續經營企業的連續使用價值。

（2）作為資產組合中的一部分的價值。其作為資產組合的一部分的靜態價值，即現在沒有被使用，也不是持續經營的企業。

（3）有序出讓時的交易價值。作為一件一件分別有序出售的單件資產（不是整體組合資產的一部分）的市場交換價值，這個價值的前提是期待著企業的所有資產都會一件件地賣掉，而且還會在二級市場上以正常的價位出現和轉讓。

（4）被迫清算時的交易價值。作為一件一件分別被迫清算的單件資產（不是整體組合資產的一部分）的市場交換價值，這個價值的前提是期待著企業的所有資產都會一件件地賣掉，但在二級市場上低於正常價變現和轉讓。

對於同一個企業，在不同價值前提下得出的價值結論可能大不相同。在實際評估中，選擇適當的價值的前提是一個重要的步驟。評估人員應當根據告知或委託的評估目的和價值定義得出相應的價值結論。本書主要介紹持續經營前提下的企業價值評估。

（三）企業價值評估的特點

企業價值評估是由專業機構和人員按照特定的目的，遵循客觀經濟規律和公正的原則，依照國家規定的法定標準與程序，運用科學的方法，對企業的持續獲利能力的評定和估算。這使企業價值評估區別於其他的資產評估，而具有自身鮮明的特點。

（1）評估對象是由若干單項資產組成的資產綜合體。

（2）決定企業價值高低的因素，是企業的整體獲利能力。

（3）企業價值評估是一種整體性評估，它與構成企業的各個單項資產的評估值簡單加和有着明顯的區別。

①評估對象內涵的區別。企業價值評估的對象是按特定生產工藝或經營目標有機結合的資產綜合體的獲利能力；而各個單項資產的評估值的加和，是將各個單項資產作爲獨立的評估對象進行評估，然後再加總。

②評估目的與具體的適用對象的區別。企業價值評估的是持續經營前提下的企業產權變動；各個單項資產的評估值的加和一般是以破產清算爲假設前提進行的評估，主要針對非盈利企業。

③影響因素的區別。企業價值評估是以企業的獲利能力爲核心，綜合考慮影響企業獲利能力的各種因素以及企業面臨的各種風險進行評估；而將企業單項資產的評估值加和，是在評估時針對影響各個單項資產價值的各種因素展開的。

④評估結果的區別。由於企業價值評估與構成企業的單項資產的評估值加和在評估對象、影響因素等方面存在差異，兩種評估的結果之間往往存在差額。其不同之處主要表現在企業的評估值中包含不可確指的無形資產——商譽的價值。

企業價值＞單項匯總→商譽——企業的盈利能力高於行業平均水平

企業價值＜單項總匯→經濟性貶值——企業的盈利能力低於行業平均水平

企業價值＝單項總匯→企業的盈利能力與企業所在行業的資產收益率相等

三、企業價值評估的範圍界定

（一）企業價值評估的一般範圍

企業價值評估的一般範圍即企業的資產範圍。從產權的角度界定，應該是企業產權涉及的全部資產。它包括：①企業產權主體自身占用及經營的部分；②企業產權主體自身占用但並未經營的部分；③企業產權主體所能控制的部分，如全資子公司、控股子公司以及非控股公司中的投資部分；④企業實際擁有但尚未辦理產權的資產。具體界定企業價值評估資產範圍時，應依據的資料包括：①企業有關產權轉讓或產權變動的協議、合同、章程中規定的企業資產變動的範圍；②需要報批的，以上級主管部門批復文件所規定的評估範圍爲準。

在對企業價值評估的一般範圍進行界定之後，並不能將所界定的企業的資產範圍直接作爲企業價值評估中進行評估的具體資產範圍。首先，在評估時點存在產權不清的資產。對於這類資產應劃爲"待定產權資產"，不列入企業價值評估的資產範圍。其次，企業各項資產對企業盈利能力的貢獻不同。其中，對企業盈利能力的形成做出貢獻、發揮作用的資產是企業的有效資產；而對企業盈利能力的形成沒有做出貢獻，甚至削弱了企業的盈利能力的資產是企業的無效資產。企業的盈利能力是企業有效資產共同作用的結果。要正確揭示企業價值，就要將企業資產範圍內的有效資產和無效資產進行正確的界定與區分，將企業的有效資產作爲評估企業價值的具體資產範圍。這是進行企業價值評估的重要前提。

(二) 企業價值評估中的有效資產和無效資產

1. 有效資產和無效資產的區分

在產權清晰的基礎上，對企業的有效資產和無效資產進行區分時應註意把握以下幾點：①對企業有效資產的判斷，應以該資產對企業盈利能力形成的貢獻爲基礎，不能背離這一原則；②在有效資產的貢獻下形成的企業盈利能力，應是企業的正常盈利能力，由於偶然因素而形成的短期盈利及相關資產，不能作爲判斷企業盈利能力和劃分有效資產的依據；③評估人員應對企業價值進行客觀揭示，如企業的出售方擬進行企業資產重組，則應以不影響企業盈利能力爲前提。

2. 無效資產的處理

在企業價值評估中，對無效資產有兩種處理方式：①進行"資產剝離"，將企業的無效資產在進行企業價值評估前剝離出去，不列入企業價值評估的範圍；②在無效資產不影響企業盈利能力的前提下，用適當的方法將其進行單獨評估，並將評估值加總到企業價值評估的最終結果之中，並在評估報告中予以披露。

3. 對有效資產的"填平補齊"

企業出售方擬通過"填平補齊"的方法對影響企業盈利能力的薄弱環節進行改進時，評估人員應着重判斷該改進對正確揭示企業盈利能力的影響。就目前我國的具體情況而言，該改進應主要針對由體制因素所導致的影響企業盈利能力的薄弱環節。

第二節　收益法在企業價值評估中的應用

一、收益法在企業價值評估中的技術思路和核心問題

企業價值評估的直接對象是企業的整體獲利能力，將企業在未來的繼續經營中可能產生的淨收益還原爲當前的資本額或投資額，然後用這個金額衡量企業當前的價值，這就是所謂的"將利求本"的思路。收益法是該思路的具體體現。根據《準則》第二十三條的規定，"企業價值評估中的收益法，是指將預期收益資本化或者折現，確定評估對象價值的評估方法。"在評估企業價值時，應當結合企業的歷史經營情況、未來收益可預測情況、所獲取評估資料的充分性，恰當考慮收益法的適用性。

由於收益法涉及企業未來的淨收益及折現率，因此，在運用收益法對企業價值進行評估時一個必要的前提，是判斷企業是否具有持續的盈利能力。只有當企業具有持續的盈利能力且該收益數額能合理預測時，運用收益法對企業進行價值評估才有意義。

(一) 收益法常用的方法

1. 未來收益折現法

未來收益折現法是指通過估算被評估企業將來的預期經濟收益，並以一定的折現

率折現得出其價值的一種方法。其計算公式爲：

$$P = \sum_{i=1}^{n} \frac{R_i}{(1+r)^i}$$

式中：P——企業評估價值；

　　　R_i——未來第 i 個收益期的預期收益額；

　　　r——資本化率（本金化率、折現率）；

　　　i——收益預測年期；

　　　n——收益預測期限。

2. 收益資本化法

收益資本化法是指將企業未來預期的具有代表性的相對穩定的收益，以資本化率轉換爲企業價值的一種計算方法。收益資本化法通常適用於企業的經營進入穩定時期，企業的當期收益等於年金。該方法較爲簡單，但採用該方法時必須滿足其使用條件。其計算公式爲：

$$P = \frac{A}{r}$$

式中：A——未來預期穩定的收益額。

(二) 收益法的幾種常見模型

1. 企業持續經營假設前提下的收益法

(1) 年金法，也稱年金本金化價格法、穩定化收益法，是指將已處於均衡狀態，其未來收益具有充分的穩定性和可預測性的企業收益進行年金化處理，然後再把已年金化的企業預期收益進行收益還原，佔測企業的價值的方法。其計算公式爲：

$$P = \sum_{i=1}^{n} \frac{R_i}{(1+r)^i} \div \sum_{i=1}^{n} \frac{1}{(1+r)^i} \div r$$

式中：$\sum_{i=1}^{n} \frac{R_i}{(1+r)^i}$——企業前 n 年預期收益折現值之和；

　　　$\sum_{i=1}^{n} \frac{1}{(1+r)^i}$——年金現值系數。

［例 10 - 1］待評估企業預計未來 5 年的預期收益額分別爲 100 萬元、120 萬元、110 萬元、130 萬元、120 萬元，假定本金化率爲 10%。試用年金法估測待評估企業價值。

P = (100 × 0.909 1 + 120 × 0.826 4 + 110 × 0.751 3 + 130 × 0.683 0 + 120 × 0.620 9)

　　÷ (0.909 1 + 0.826 4 + 0.751 3 + 0.683 0 + 0.620 9) ÷ 10%

　= (91 + 99 + 83 + 89 + 75) ÷ 3.790 7 ÷ 10%

　= 437 ÷ 3.790 7 ÷ 10%

　= 1 153 （萬元）

(2) 分段法。分段法是將持續經營的企業的收益預測分爲前後兩段。在企業發展的前一個期間，企業處於不穩定狀態，因此收益是不穩定的；而在該期間之後，企業處於均衡狀態，其收益是穩定的或按某種規律進行變化。對於前段企業的預期收益採取逐年預測、並折現累加的方法；而對於後段企業的預期收益，則針對企業具體情況，並按企業的收益變化規律，進行折現和還原處理。將企業前後兩段收益現值加在一起便構成企業的收益現值。

①假設以前段最後一年的收益作爲後段各年的年金收益，分段法的計算公式可寫成：

$$P = \sum_{i=1}^{n}\left[\frac{R_i}{(1+r)^i}\right] + \frac{R_n}{r(1+r)^n}$$

式中：R_n——第 n 年後均衡狀態下的收益；其他符號的含義同前。

[例10-2] 待評估企業預計未來 5 年的預期收益額分別爲 100 萬元、120 萬元、150 萬元、160 萬元、200 萬元，並根據企業的實際情況推斷，從第六年開始，企業的年收益額將維持在 200 萬元水平上。假定本金化率爲 10%，試用分段法估測企業的價值。

P = (100×0.909 1 + 120×0.826 4 + 150×0.751 3 + 160×0.683 + 200×0.620 9)
　　+ 200÷10%×0.620 9

= 536 + 2 000×0.620 9

= 1 778（萬元）

②假設從 (n+1) 年起的後段，企業預期年收益按一個固定比率 (g) 增長，則分段法的計算公式寫成：

$$P = \sum_{i=1}^{n}\left[\frac{R_i}{(1+r)^i}\right] + \frac{R_n(1+g)}{(r-g)(1+r)^n}$$

[例10-3] 承上例，假如評估人員根據企業的實際情況推斷，企業從第六年起，收益額將在第五年的水平上以 2% 的增長率保持增長。若其他條件不變，試估測待評估企業的價值。

P = (100×0.909 1 + 120×0.826 4 + 150×0.751 3 + 160×0.683 + 200×0.620 9)
　　+ 200(1+2%)÷(10%-2%)×0.620 9

= 536 + 204÷8%×0.620 9

= 536 + 2 550×0.620 9

= 536 + 1 583

= 2 119（萬元）

2. 企業有限持續經營假設前提下的收益法

（1）關於企業有限持續經營假設的適用。對企業而言，它的價值在於其所具有的持續的盈利能力。一般而言，對企業價值的評估應該在持續經營前提下進行。只有在特殊的情況下，才能在有限持續經營假設前提下對企業價值進行評估。如企業章程已對企業經營期限做出規定，而企業的所有者無意逾期繼續經營企業，則可在該假設前提下對企業進行價值評估。評估人員在運用該假設對企業價值進行評估時，應對企業能否適用該假設做出合理判斷。

（2）企業有限持續經營假設是從最有利於回收企業投資的角度，爭取在不追加資本性投資的前提下，充分利用企業現有的資源，最大限度地獲取投資收益，直至企業無法持續經營為止。

（3）對於有限持續經營假設前提下企業價值評估的收益法，其評估思路與分段法類似。首先，將企業在可預期的經營期限內的收益加以估測並折現；其次，將企業在經營期限後的殘餘資產的價值加以估測及折現；最後，將兩者相加。其數學表達式為：

$$P = \sum_{i=1}^{n} \left[\frac{R_i}{(1+r)^i} \right] + \frac{P_n}{(1+r)^n}$$

式中：P_n——第 n 年企業資產的變現值；其他符號的含義同前。

(三) 收益法評估企業價值的核心問題

從上述計算公式中不難發現，運用收益法對企業進行價值評估，關鍵在於對以下三個問題的解決：

1. 正確界定企業收益

企業的收益能以多種形式出現，包括淨利潤、淨現金流、息前淨利潤和息前淨現金流。選擇以何種形式的收益作為收益法中的企業收益，直接影響到對企業價值的最終判斷。

根據具體所選用表示企業收益的不同指標，收益法常用的具體方法包括股利折現法和現金流量折現法。股利折現法是將預期股利進行折現以確定評估對象價值的具體方法，通常適用於缺乏控制權的股東部分權益價值的評估；現金流量折現法通常包括企業自由現金流折現模型和股權自由現金流折現模型。

2. 合理預測企業收益水平和期限

要求評估人員對企業的將來收益進行精確預測是不現實的。但是，由於企業收益的預測直接影響對企業盈利能力的判斷，是決定企業最終評估值的關鍵因素，所以在評估中應全面考慮影響企業盈利能力的因素，盡可能客觀、公正地對企業的收益水平和期限做出合理的預測。

3. 恰當選擇折現率

由於不確定性的客觀存在，對企業未來收益的風險進行判斷至關重要。能否對企業未來收益的風險做出恰當的判斷，從而選擇合適的折現率，對企業的最終評估值具有較大影響。

(四) 收益法在企業價值評估中的運用前提

運用收益法進行企業價值評估，需具備以下三個前提條件：

（1）投資者在投資某個企業時所支付的價格不會超過該企業（或與該企業相當且具有同等風險程度的同類企業）未來預期收益折算成的現值；

（2）能夠對企業未來收益進行合理預測；

（3）能夠對與企業未來收益的風險程度相對應的收益率進行合理估算。

二、企業收益及其預測

(一) 收益額的界定

企業的收益額是運用收益法對企業價值進行評估的關鍵參數。在企業的價值評估中，企業的收益是指在正常條件下，企業所獲得的歸企業所有的所得額。

1. 範圍的界定

在對企業收益從範圍進行具體界定時，應首先注意兩個方面的問題：一是企業創造的不歸企業權益主體所有的收入，不能作為企業價值評估中的企業收益。如稅收，無論是流轉稅還是所得稅都不能視為企業收益。二是凡是歸企業權益主體所有的企業收支淨額，都可視為企業的收益。無論是營業收支、資產收支還是投資收支，只要形成淨現金流入量，就可視為企業收益。

2. 形式的界定

企業收益的基本表現形式有兩種：企業淨利潤和企業淨現金流量。選擇淨利潤還是淨現金流量作為企業價值評估的收益基礎對企業的最終評估值存在極大的影響。一般而言，應選擇企業的淨現金流作為用收益法進行企業價值評估的收益基礎。一是就兩者與企業價值的關係而言，實證研究表明，企業的利潤雖然與企業價值高度相關，但企業價值最終是由其現金流決定而非由其利潤決定；二是就可靠性而言，企業的淨現金流量是企業實際收支的差額，不容易被更改，而企業的利潤則要通過一系列複雜的會計程序進行確定，而且可能由於企業管理當局的利益而更改；三是用淨現金流表示收益，更能體現資金的時間價值。

3. 口徑的界定

現金流量包括企業自由現金流量和權益自由現金流量。企業自由現金流量是企業所產生的全部現金流量，是歸屬於包括股東和付息債務的債權人在內的所有投資者的現金流量。其計算公式為：

企業自由現金流量＝稅後淨利潤＋折舊與攤銷＋利息費用（扣除稅務影響後）
－資本性支出－淨營運資金變動

權益自由現金流量指的是歸屬於股東的現金流量，是扣除還本付息以及用於維持現有生產和建立將來增長所需的新資產的資本支出和營運資金變動後剩餘的現金流量，其計算公式為：

權益自由現金流量＝稅後淨利潤＋折舊與攤銷－資本性支出－淨營運資金變動
＋付息債務的增加（減少）

企業自由現金流量和權益自由現金流量表現為收益的不同口徑，在假設折現率口徑與收益額口徑保持一致的前提下，不同口徑的收益額折現值的價值內涵和數量是完全不同的。

表 10-2　　　　　　　　收益額和評估價值內涵的對應關係

收益額	折現值的價值內涵
企業自由現金流量	企業整體價值（所有者權益價值＋付息債務價值）
權益自由現金流量	股東全部權益價值（所有者權益價值、淨資產價值）

　　選擇什麼口徑的企業收益作爲收益法評估企業價值的基礎，首先應服從企業價值評估的目的，即企業價值評估的目的是評估反應企業所有者權益的淨資產價值還是反應企業所有者權益及債權人權益的投資資本價值。其次，對企業收益口徑的選擇，應在不影響企業價值評估目的的前提下，選擇最能客觀反應企業正常盈利能力的收益額作爲對企業進行價值評估的收益基礎。總之，應當根據企業未來經營模式、資本結構、資產使用狀況以及未來收益的發展趨勢等，恰當選擇現金流，進而選擇恰當的現金流折現模型。

(二) 企業收益額的預測

　　對企業未來收益的預測，應當充分分析被評估企業的資本結構、經營狀況、歷史業績、發展前景，考慮宏觀和區域經濟因素、所在行業現狀與發展前景對企業價值的影響，對委託方或者相關當事方提供的企業未來收益預測進行必要的分析、判斷和調整，在考慮未來各種可能性及其影響的基礎上合理確定評估假設，進而形成未來收益預測。

　　1. 企業收益預測的三個階段

　　從理論上說，企業收益預測大致分爲以下三個階段：①對企業收益的歷史及現狀進行分析與判斷；②對企業未來可預測的若干年的預期收益的預測；③對企業未來持續經營條件下的長期預期收益趨勢的判斷。

　　2. 對企業收益的歷史與現狀進行分析與判斷

　　其目的是對企業正常的盈利能力進行掌握和瞭解，爲企業收益預測創造一個工作平臺。評估人員在進行分析與判斷時，應結合企業內部與外部的因素進行分析，才能對企業的正常盈利能力做出正確的判斷。

　　(1) 根據企業的具體情況確定分析的重點。對於已有較長經營歷史且收益穩定的企業，應着重對其歷史收益進行分析，並在該企業歷史收益平均趨勢的基礎上判斷企業的盈利能力；而對於發展歷史不長的企業，就要着重對其現狀進行分析並主要在分析該企業未來發展機會的基礎上判斷企業的盈利能力。

　　(2) 對財務數據應結合企業的實際生產經營情況加以綜合分析。可以作爲分析判斷企業盈利能力參考依據的財務指標有企業資金利潤率、投資資本利潤率、淨資產利潤率、成本利潤率、銷售收入利潤率、企業資金收益率、投資資本收益率、淨資產收益率、成本收益率、銷售收入收益率等。

　　(3) 結合影響企業盈利能力的內部及外部的因素進行分析。①要對影響企業盈利能力的關鍵因素進行分析與判斷。評估人員應通過與企業管理人員的充分交流和自身的分析與判斷，對企業的核心競爭力存在一個較爲清晰的認識。②要對企業所處的產業及市場地位有一個客觀的認識。企業所處產業的發展前景、企業在該產業及市場中的地位、企業的主要競爭對手的情況等都是評估人員應該瞭解和掌握的。③對影響企業發展的可以預見的宏觀因素，評估人員也應該加以分析和考慮。如對某家污染嚴重的企業的價值進行評估時，評估人員就應該考慮國家的環境政策對企業未來盈利的影響。④分析排除影響實際收益的一次性的或偶然性的因素。企業價值評估的預期收益應該是在正常的經營條件下，排除影響企業盈利能力的偶然因素和不可比因素之後的企業正常收益。⑤充分考慮和把握新的產權主體的行爲對企業預期收益的影響。評估人員對企業價值的判斷，只能基於對企業存量資產運作的合理判斷，任何不正常的個人因素或新產權主體的超常行爲等因素對企業預期收益的影響不應予以考慮。

3. 企業收益預測的基本步驟

（1）評估基準日審計後企業收益的調整。評估基準日審計後企業收益的調整包括兩部分工作。①對審計後的財務報表進行非正常因素調整，主要是損益表和現金流量表的調整。將一次性、偶發性或以後不再發生的收入或費用進行剔除，把企業評估基準日的利潤和現金流量調整到正常狀態下的數量，爲企業預期收益的趨勢分析打好基礎。②研究審計後的財務報表的附註和相關批註，對在相關財務報表中揭示的影響企業預期收益的非財務因素進行分析，並在該分析的基礎上對企業的收益進行調整，使之能反應企業的正常盈利能力。

（2）企業預期收益趨勢的總體分析和判斷。這是在對企業評估基準日審計後實際收益調整的基礎上，結合企業提供的預期收益預測和評估機構調查收集到的有關信息的資料進行的。①對企業評估基準日審計後的調整財務報表，尤其是客觀收益的調整僅作爲評估人員進行企業預期收益預測的參考依據，不能用於其他目的。②企業提供的關於預期收益的預測是評估人員預測企業未來預期收益的重要參考資料。但是，評估人員不可以僅僅憑企業提供的收益預測作爲對企業未來預期收益預測的唯一根據，評估人員應在自身專業知識和所收集的其他資料的基礎上做出客觀、獨立的判斷。③儘管對企業在評估基準日的財務報表進行了必要的調整，並掌握了企業提供的收益預測，但評估人員還必須深入到企業現場進行實地考察和現場調研，與企業的核心管理層進行充分的交流，瞭解企業的生產工藝過程、設備狀況、生產能力和經營管理水平，再輔之以其他數據資料對企業未來收益趨勢做出合乎邏輯的總體判斷。

（3）企業預期收益的預測。一般情況下，企業的收益預測分兩個時間段。對於已步入穩定期的企業而言，收益預測的分段較爲簡單：①對企業未來 3～5 年的收益預測；②對企業未來 3～5 年後的各年收益預測。而對於仍處於發展期、其收益尚不穩定的企業而言，對其收益預測的分段應是首先判斷出企業在何時步入穩定期，其收益呈現穩定性。而後將其步入穩定期的前一年作爲收益預測分段的時點。對企業何時步入穩定期的判斷，應在與企業管理人員的充分溝通和占有大量資料並加以理性分析的基礎上進行，其確定較爲複雜。

4. 處於穩定期的企業未來 3～5 年預期收益的預測

企業未來 3～5 年的收益預測是在評估基準日調整的企業收益或企業歷史收益的平

均收益趨勢的基礎上，結合影響企業收益實現的主要因素在未來預期變化的情況，採用適當的方法進行的。目前較爲常用的方法有綜合調整法、產品週期法、實踐趨勢法等。

(1) 預測前提條件的設定

無論採用何種預測方法，首先都應進行預測前提條件的設定。因爲企業未來可能面臨的各種不確定性因素是無法一項不漏地納入評估工作中，科學、合理地設定預測企業預期收益的前提條件是必需的。例如：假定已出臺尚未實施的國家政治、經濟等政策變化不會對企業預期收益構成重大影響；不可抗拒自然災害或其他無法預期的突發事件不作爲預期企業收益的相關因素；不考慮企業經營管理者的某些個人行爲。評估人員對企業預期收益預測的前提條件設定必需合情合理，否則這些前提條件不能構成合理預測企業預期收益的前提和基礎。

(2) 對企業未來 3～5 年的預期收益預測

預測的主要內容包括：①對影響被評估企業及所屬行業的特定經濟及競爭因素的估計；②未來 3～5 年市場的產品或服務的需求量或被評估企業市場占有份額的估計；③未來 3～5 年銷售收入的估計；④未來 3～5 年成本費用及稅金的估計；⑤完成上述生產經營目標需追加投資及技術、設備更新改造因素的估計；⑥未來 3～5 年預期收益的估計。關於企業的收益預測，評估人員不得不加分析地直接引用企業或其他機構提供的方法和數據，應把企業或其他機構提供的有關資料作爲參考，根據可收集到的數據資料，在經過充分分析論證的基礎上做出獨立的預測判斷。

在具體運用預測方法測算企業收益時，大多採用損益表或現金流量表等財務報表格式予以表現。企業的收益預測不能簡單地等同於企業損益表或現金流量表的編制，即利用損益表或現金流量表的已有欄目或項目，通過對影響企業收益的各種因素變動情況的分析，在評估基準日企業收益水平的基礎上，對應表內各項目（欄目）進行合理的測算、匯總分析得到所測年份的各年企業收益。

(3) 應註意的基本問題

無論採用何種方法測算企業收益，都需註意以下幾個基本問題：①一定收益水平是一定資產運作的結果，在企業收益預測時應保持企業預測收益與其資產及其盈利能力之間的對應關係；②企業的銷售收入或營業收入與產品銷售量（服務量）及銷售價格的關係會受到價格需求彈性的制約，不能不考慮價格需求彈性而想當然地價量並長；③在考慮企業銷售收入的增長時，應對企業所處產業及細分市場的需求、競爭情況進行分析，不能在不考慮產業及市場的具體競爭情況下對企業的銷售增長做出預測；④企業銷售收入或服務收入的增長與其成本費用的變化存在內在的一致性，評估人員應根據具體的企業情況，科學、合理地預測企業的銷售收入及各項成本費用的變化；⑤企業的預期收益與企業所採用的會計政策、稅收政策的關係極爲密切，評估人員不可以違背會計政策及稅收政策，以不合理的假設作爲預測的基礎，企業收益預測應與企業未來實行的會計政策和稅收政策保持一致。

5. 3～5 年後的各年收益預測

對於企業未來更久遠的年份的預測收益，難以具體地進行測算。可行的方法是：在企業未來 3～5 年預算收益測算的基礎上，從中找出企業收益變化的取向和趨勢，並借助某些手段，諸如採用假設的方式把握企業未來長期收益的變化區間和趨勢。比較常用的假設是保持假設，即假定企業未來若干年以後各年的收益水平維持在一個相對穩定的水平上不變。當然也可以根據企業的具體情況，假定企業收益在未來若干年以後將在某個收益水平上，每年保持一個遞增比率等。但是，無論採用何種假設，都必須建立在合乎邏輯、符合客觀實際的基礎上，以保證企業預期收益預測的相對合理性和準確性。

(三) 企業收益預測結果的檢驗

由於對企業預期收益的預測存在較多難以準確把握的因素和易受評估人員主觀的影響，而該預測又直接影響企業的最終評估值，因此，評估人員在對企業的預期收益預測基本完成之後，應該對所做預測進行嚴格檢驗，以判斷所做預測的合理性。檢驗可以從以下幾個方面進行：

(1) 將預測與企業歷史收益的平均趨勢進行比較，如預測的結果與企業歷史收益的平均趨勢明顯不符，或出現較大變化，又無充分理由加以支持，則該預測的合理性值得質疑。

(2) 對影響企業價值評估的敏感性因素加以嚴格的檢驗。在這裡，敏感性因素具有兩個特徵：一是該類因素未來存在多種變化；二是其變化能對企業的評估值產生較大影響。如對銷售收入的預測，評估人員可能基於對企業所處市場前景的不同假設而會對企業的銷售收入做出不同的預測，並分析不同預測結果可能對企業評估價值產生的影響。在此情況下，評估人員就應對銷售收入的預測進行嚴格的檢驗，對決定銷售收入預測的各種假設反復推敲。

(3) 對所預測的企業收入與成本費用的變化的一致性進行檢驗。企業收入的變化與其成本費用的變化存在較強的一致性，如預測企業的收入變化而成本費用不進行相應變化，則該預測值得質疑。

(4) 在進行敏感性因素檢驗的基礎上，與其他方法評估的結果進行比較，檢驗在哪一種評估假設下能得出更為合理的評估結果。

相關資料鏈接

暴風集團併購重組方案被否　盈利不確定性成致命傷

2016 年 6 月 6 日剛剛宣布設立暴風體育以及公司由 "暴風科技" 更名的暴風集團，昨日遭到了監管的雷霆之擊，其擬收購影視與遊戲資產的併購重組案被證監會否決，相關資產的盈利能力成為本次重組的 "致命傷"。

證監會官網 6 月 7 日發布的併購重組委 2016 年第 41 次會議審核結果公告顯示，暴風集團發行股份購買資產一案未獲通過。具體審核意見稱，申請材料中標的公司盈利能力具有較大不確定性，不符合《上市公司重大資產重組管理辦法》第四十三條的相關規定。

回溯來看，暴風集團 2016 年 3 月拿出了一個"三箭齊發"式的併購方案，公司擬分別以 10.5 億元、10.8 億元、9.75 億元的交易對價，對應購買甘普科技 100% 的股權、稻草熊影業 60% 的股權和立動科技 100% 的股權，交易總價合計 31.05 億元。其中，甘普科技主營移動網路遊戲的海外發行及運營，稻草熊影業專註於精品電視劇的製作、發行及其衍生業務，立動科技則是移動終端網路遊戲的研發和運營商。

該方案一公布，標的資產增值率及利潤承諾的"雙高"即引發市場熱議。其中，標的資產之一的甘普科技帳面值僅為 888.31 萬元，採用收益法評估後的評估值卻高達 9.56 億元，增值率為 10 658.6%；成立不到兩年的稻草熊影業的評估增值率為 3 881%；2015 年 8 月才成立的立動科技，其評估增值率也高達 60 倍。

利潤承諾方面，交易對方承諾甘普科技 2016 年度的淨利潤不低於 7 000 萬元，2016 年度和 2017 年度淨利潤累積不低於 1.61 億元，2016 年度、2017 年度和 2018 年度淨利潤累積不低於 2.74 億元。而財務數據顯示該公司 2015 年淨利潤僅為 2 589.21 萬元。

稻草熊影業、立動科技的業績承諾同樣不低。儘管稻草熊影業 2015 年淨利潤只有 2 852.08 萬元，但相關業績承諾顯示，其 2016 年度淨利潤不低於 1 億元，2016 年度和 2017 年度淨利潤累積不低於 2.4 億元，2016 年度、2017 年度和 2018 年度淨利潤累積不低於 4.36 億元。而立動科技 2015 年淨利潤僅為 474 萬元，交易對手承諾其 2016—2020 年累積淨利潤不低於 4.96 億元。

事實上，當時深交所在暴風集團宣布方案後迅速發出了重組問詢函，除收購資產的運營情況、估值合理性以及盈利預測可實現性外，還重點關註了相關遊戲資產存在的問題，而這些問題對盈利的影響頗大。

對於甘普科技、立動科技這兩項遊戲資產的運營情況，深交所特別關註了其遊戲產品的授權期限、不同平臺的月充值流水及用戶活躍度、月付費用戶數等具體信息，尤其針對目前公司遊戲產品月流水逐漸下滑的情況要求其進行補充說明。

彼時，公司對此回應表示，受限於遊戲行業特性，每款遊戲通常都存在生命週期並在爆發期過後逐漸衰退，無法持續推出熱門產品的遊戲公司會出現業績的劇烈波動。儘管甘普科技、立動科技均有長期的作品發行規劃，但仍然可能出現新作市場反響不佳而當前遊戲熱度下降導致業績承諾無法實現的情形。

深交所還關註到，甘普科技 2016 年運營項目計劃中僅有 6 款遊戲，而在評估的相關章節中，現有遊戲及規劃的 6 款遊戲預計收入占全年預計收入的 51%，14 款儲備遊戲預計收入占全年預計收入的比例約為 49%，2016 年及以後年度儲備遊戲預計收入占總收入的比重將不斷上升。

公司的回應是，甘普科技的遊戲運營主要是將其取得的遊戲根據遊戲特點進行本土化後進行運營，未來成功上線運營的產品是參照已有的運營能力、運營經驗和運營計劃合理預測的。

目前看來，對併購重組的監管趨嚴已是不爭的事實。2016 年以來，已有智度投資、法爾勝、九有股份等多家公司的相關方案相繼被否，規避借殼嫌疑、持續盈利能力、信息披露真實性等成爲併購重組審核重點關註的領域。

資料來源：王子霖．暴風集團併購重組方案被否　盈利不確定性成致命傷［N］．上海證券報，2016－06－21．

三、折現率及其估測

折現率是將未來收益還原或轉換爲現值的比率。在運用收益法評估企業價值時，折現率起着至關重要的作用，它的微小變化會對評估結果產生較大的影響。

合理確定折現率，應當綜合考慮評估基準日的利率水平、市場投資收益率等資本市場相關信息和所在行業、被評估企業的特定風險等相關因素。

（一）折現率測定的基本原則

在選擇和確定折現率時必須註意以下幾個方面的問題：

1. 折現率不低於投資的機會成本

在存在着正常的資本市場和產權市場的條件下，任何一項投資的回報率都不應低於該投資的機會成本。在現實生活中，政府發行的國庫券利率和銀行儲蓄利率可以作爲投資者進行其他投資的機會成本，相當於無風險報酬率。

2. 行業基準收益率不宜直接作爲折現率，但行業平均收益率可作爲確定折現率的重要參考指標

$$行業平均收益率 = \frac{\sum 行業各企業淨利潤}{\sum 行業各企業資產額} \times 100\%$$

中國的行業基準收益率是基本建設投資管理部門爲篩選建設項目，從擬建項目對國民經濟的淨貢獻方面，按照行業統一制定的最低收益率標準。行業基準收益率旨在反應擬建項目對國民經濟的淨貢獻的高低，包括擬建項目可能提供的稅收收入和利潤，而不是對投資者的淨貢獻；行業基準收益率的高低體現着國家的產業政策。因此，行業基準收益率不宜直接作爲企業評估中的折現率。隨著中國證券市場的發展，行業的平均收益率日益成爲衡量行業平均盈利能力的重要指標，可作爲確定折現率的重要參考指標。

3. 貼現率不宜直接作爲折現率

貼現率雖然是將未來值換算成現值的比率，但通常是銀行根據市場利率和貼現票據的信譽程度來確定的；從內容上講，折現率與貼現率並不一致，即使在某些評估實務中以貼現率折現評估價值，但所使用的貼現率與真正意義上的貼現率也不完全一樣。因此，簡單地把銀行貼現率直接作爲企業評估的折現率是不妥當的。

（二）風險報酬率的測算

1. 影響風險報酬率的主要因素

就企業而言，在未來的經營過程中要面臨着經營風險、財務風險、行業風險、通貨膨脹風險等；從投資者的角度來看，要投資者承擔一定的風險，就要有相對應的風險補償，風險越大，要求補償的數額也就越大。風險補償額相對於風險投資額的比率

就叫風險報酬率，即折現率。在測算風險報酬率的時候，評估人員應註意以下幾個因素：

（1）國民經濟增長率及被評估企業所在行業在國民經濟中的地位；
（2）被評估企業所在行業的發展狀況及被評估企業在行業中的地位；
（3）被評估企業所在行業的投資風險；
（4）企業在未來的經營中可能承擔的風險等。

2. 風險報酬率的測算

（1）風險累加法。企業在其持續經營過程可能要面臨着許多風險，像前面已經提到的行業風險、經營風險、財務風險、通貨膨脹等。將企業可能面臨的風險對回報率的要求予以量化並累加，便可以得到企業評估中的風險報酬率。用公式表示爲：

$$\text{風險報酬率} = \text{行業風險報酬率} + \text{經營風險報酬率} + \text{財務風險報酬率} + \text{其他風險報酬率}$$

量化上述各種風險所要求的報酬率，主要是採取經驗判斷。它要求評估人員充分瞭解國民經濟的運行態勢、行業發展方向、市場狀況、同類企業競爭情況等。只有在充分瞭解和掌握上述數據資料的基礎上，對於風險報酬率的判斷才能較爲客觀、合理。當然，在條件許可的情況下，評估人員應盡量採取統計和數理分析方法對風險回報率進行量化。

（2）β系數法。β系數法認爲，行業風險報酬率是社會平均風險報酬率與被評估企業所在行業平均風險和社會平均風險的比率係數的乘積。使用β系數法估算風險報酬率的步驟如下：

第一步，將社會平均收益率扣除無風險報酬率，求出社會平均風險報酬率；

第二步，將企業所在行業的平均風險與社會平均風險進行比較，求出企業所在行業的β系數；

第三步，用社會平均風險報酬率乘以企業所在行業的β系數，可以得到被評估企業所在行業的風險報酬率。用公式表示爲：

$$R_r = (R_m - R_g) \times \beta$$

式中：R_r——被評估企業所在行業的風險報酬率；

R_m——社會平均收益率；

R_g——無風險報酬率；

β——被評估企業所在行業的β系數。

在評估某一具體的企業價值時，應考慮企業的規模、經營狀況及財務狀況，確定企業在其所在的行業中的地位系數（α），然後與企業所在行業的風險報酬率相乘，得到該企業的風險報酬率。用公式表示爲：

$$R_r = (R_m - R_g) \times \beta \times \alpha$$

如果能通過一系列方法測算出風險報酬率，則企業評估的折現率的測算就相對簡單了。其中，加權平均資本模型是測算企業評估中的折現率的一種較爲常用的方法。

加權平均資本模型是以企業的所有者權益和長期負債所構成的投資成本，以及投資資本所需求的回報率，經加權平均計算來獲得企業評估所需折現率的一種數學模型。

用公式表示爲：

$$\begin{aligned}\text{企業評估的折現率} &= \frac{\text{長期負債}}{\text{佔投資資本的比重}} \times \text{長期負債成本} + \frac{\text{所有者權益}}{\text{佔投資資本的比重}} \times \text{淨資產投資要求的回報率}\end{aligned}$$

其中：$\frac{\text{所有者權益（淨資產）}}{\text{要求的回報率}} = \text{無風險報酬率} + \text{風險報酬率}$

（三）收益額與折現率或資本化率口徑一致問題

在企業價值的評估中，應當根據所使用的預期收益口徑，確定應使用的資本化率或折現率的口徑，即必須註意收益額與折現率之間結構與口徑上的匹配和協調，以保證評估結果合理且有意義。

表10－3　　　　　收益額、折現率及評估價值內涵的對應關係

收益額	適用的折現率	折現值的價值內涵
企業自由現金流量	加權平均資本成本	企業整體價值
權益自由現金流量	權益資本成本	股東全部權益價值

在實際操作中，常用資本資產定價模型計算權益資本成本。加權平均資金成本則是將企業股東的預期回報率和付息債權人的預期回報率按照企業資本結構中所有者權益和付息債務所占的比例加權平均計算的預期回報率。

四、收益法的具體運用

（一）步驟

（1）獲得被評估企業歷史的財務數據並進行分析，對非經常性的項目和非經營性資產、溢餘資產進行調整，得到正常化的財務數據；

（2）獲得被評估企業在經過正常化調整的歷史財務數據基礎上編制的財務預測，並進行分析；

（3）根據財務預測，計算用於折現的未來預期收益；

（4）計算折現率；

（5）將未來預期收益折現以計算待估價值；

（6）就非經營性資產和溢餘資產的價值進行評估，並對上述待估價值進行相應調整。

（二）應當收集的資料

（1）被評估企業類型、評估對象相關權益狀況及有關法律文件；

（2）被評估企業的歷史沿革、現狀和前景；

（3）被評估企業內部管理制度、核心技術、研發狀況、銷售網路、特許經營權、管理層構成等經營管理狀況；

（4）被評估企業歷史財務資料和財務預測信息資料；

（5）被評估企業資產、負債、權益、盈利、利潤分配、現金流量等財務狀況；

(6) 評估對象以往的評估及交易情況；
(7) 可能影響被評估企業生產經營狀況的宏觀、區域經濟因素；
(8) 被評估企業所在行業的發展狀況及前景；
(9) 參考企業的財務信息、股票價格或股權交易價格等市場信息，以及以往的評估情況等；
(10) 資本市場、產權交易市場的有關信息；
(11) 註冊資產評估師認爲需要收集分析的其他相關信息資料。

第三節　企業價值評估的其他方法

一、市場法

企業價值評估的市場法是在市場上找出一個或幾個與被評估企業相同或相似的參照系企業，分析、比較被評估企業和參照系企業的重要指標，在此基礎上，修正、調整參照系企業的市場價值，最後確定被評估企業的價值。根據《準則》第三十三條的規定，企業價值評估中的市場法，是指將評估對象與可比上市公司或者可比交易案例進行比較，確定評估對象價值的評估方法。註冊資產評估師應當根據所獲取可比企業經營和財務數據的充分性和可靠性、可收集到的可比企業數量，恰當考慮市場法的適用性。

(一) 市場法的基本原理

市場法的理論依據是"替代原則"，該方法是基於類似資產應該具有類似交易價格的理論推斷。因此，企業價值評估市場法的技術路線是首先在市場上尋找與被評估企業相類似的企業的交易案例，通過對所尋找到的交易案例中相類似企業交易價格的分析，從而確定被評估企業的交易價格，即被評估企業的公允市場價值。運用該方法存在兩個方面的困難：

1. 類似企業

每一個企業都存在不同的特性，除了所處行業、規模大小等可確認的因素各不相同外，影響企業形成盈利能力的無形因素更是紛繁複雜。因此，幾乎難以尋找到能與被評估企業直接進行比較的類似企業。

2. 類似案例

即使存在能與被評估企業進行直接比較的類似企業，但要找到能與被評估企業的產權交易相比較的交易案例也相當困難。首先，目前中國市場上不存在一個可以共享的企業交易案例資料庫，因此，評估人員無法以較低的成本獲得可以應用的交易案例；其次，即使有渠道獲得一定的交易案例，但這些交易的發生時間、市場條件和宏觀環境又各不相同，評估人員對這些影響因素的分析也會存在主觀和客觀條件上的障礙。

(二) 市場法的常用方法

市場法常用的兩種具體方法是上市公司比較法和交易案例比較法。上市公司比較法是指獲取並分析可比上市公司（可比企業）的經營和財務數據，計算適當的價值比率，在與被評估企業比較分析的基礎上，確定評估對象價值的具體方法。交易案例比較法是指獲取並分析可比企業的買賣、收購及合並案例資料，計算適當的價值比率，在與被評估企業比較分析的基礎上，確定評估對象價值的具體方法。

上述兩種方法的核心問題是確定適當的價值比率或經濟指標。運用市場法對企業價值進行評估，一般通過間接比較分析影響企業價值的相關因素，即通過相關因素間接比較的方法對企業價值進行評估。其思路可用公式表示如下：

$$\frac{V_1}{X_1} = \frac{V_2}{X_2}$$

即：$V_1 = X_1 \times \frac{V_2}{X_2}$

式中：V_1——被評估企業價值；

V_2——可比企業價值；

X_1——被評估企業與企業價值相關的可比指標；

X_2——可比企業與企業價值相關的可比指標。

其中，V/X 通常稱爲價值比率。式中的 X 參數通常選用盈利比率、資產比率、收入比率和其他特定比率，例如：息稅、折舊前利潤，即 EBIDT；無負債的淨現金流量；銷售收入；淨現金流量；淨利潤；淨資產。

（三）可比企業的選擇

可比企業應當與被評估企業屬於同一行業，或者受相同經濟因素的影響。選擇可比企業時，應當關註業務結構、經營模式、企業規模、資產配置和使用情況、企業所處經營階段、成長性、經營風險、財務風險等因素。具體來說，判斷企業的可比性有兩個標準：行業標準和財務標準。

（1）行業標準。處於同一行業的企業存在着某種可比性，但在同一行業内選擇可比企業時應註意，目前的行業分類過於寬泛，處於同一行業的企業可能所生產的產品和所面臨的市場完全不同，在選擇時應加以註意。即使是處於同一市場，生產同一產品的企業，由於其在該行業中的競爭地位不同、規模不同，相互之間的可比性也不同。因此，在選擇時應盡量選擇與被評估企業的地位相類似的企業。

（2）財務標準。既然企業都可以視爲是在生產同一種產品——現金流，那麼存在相同的盈利能力的企業通常具有相類似的財務結構。因此，可以從財務指標和財務結構的分析對企業的可比性進行判斷。

（四）價值比率的選擇

在選擇、計算、應用價值比率時，應當考慮：①選擇的價值比率有利於合理確定評估對象的價值；②計算價值比率的數據口徑及計算方式一致；③應用價值比率時對可比企業和被評估企業間的差異進行合理調整。企業的現金流量和利潤直接反應了企業的盈利能力，也就與企業的價值直接相關，因此在企業價值的評估中，現金流量和利潤是最主要的候選指標。

在成熟的資本市場上，上市公司的股票市場價格基本上反應了市場對該公司的評價，以上市公司作爲可比企業，並以該上市公司的市場價格作爲被評估企業價值的出發點是比較有説服力的。市盈率是反應上市公司盈利價格比的一個經濟指標，可用來作爲連接被評估企業價值與上市公司市場價格的紐帶。因此，目前運用市場法對企業價值進行評估，主要是在證券市場上尋找與被評估企業可比的上市公司作爲可比企業，並使用市盈率乘數法對企業價值進行評估。當然，這要以存在一個活躍的、成熟的資本市場爲基本前提。

(五) 市盈率乘數法

市盈率乘數法的思路是將上市公司的股票年收益和被評估企業的利潤作爲可比指標，在此基礎上評估企業價值的方法。其計算公式爲：

$$市盈率 = \frac{每股市價}{每股收益}$$

公司的市值 = 市盈率 × 每股收益 × 公司的股數

市盈率乘數法的基本步驟如下：

(1) 從證券市場上搜尋與被評估企業相似的可比企業，按企業的不同的收益口徑，如息前淨現金流、淨利潤等，計算出與之相應的市盈率。

(2) 確定被評估企業不同口徑的收益額。

(3) 以可比企業相應口徑的市盈率乘以被評估企業相應口徑的收益額，初步評定被評估企業的價值。

(4) 對於按不同樣本計算的企業價值分別給出權重，加權平均計算企業價值。在運用該方法時，還需對評估結果進行適當調整，以充分考慮被評估企業與上市公司的差異。

由於企業的個體差異始終存在，把某一個相似企業的某個關鍵參數作爲比較的唯一的標準，往往會產生一定的誤差。爲了降低單一樣本、單一參數所帶來的誤差和變異性，目前國際上比較通用的辦法是採用多樣本、多參數的綜合方法。

(六) 市場法應用舉例

評估 W 公司的價值，我們從市場上找到了三個（一般爲三個以上的樣本）相似的公司 A、B、C，然後分別計算各公司的市場價值與銷售額的比率、市場價值與帳面價值的比率以及與市場價值淨現金流量的比率。這裡的比率即爲價值比率（V/X），得到的結果如表 10-4 所示。

表 10-4　　　　　　　　　相似公司的價值比率匯總表

比率	A 公司	B 公司	C 公司	平均
市價/銷售額	1.2	1.0	0.8	1.0
市價/帳面價值	1.3	1.5	1.7	1.5
市價/淨現金流	20	15	25	20

需要注意的是，如果計算出來的各個公司的比率在數值上差別很大，就意味著平均數附近的離差是相對較大的，所選樣本公司與目標公司在某項特徵上就存在着較大的差異性，此時的可比性就會受到影響，需要重新篩選樣本公司。本例中，得出的數值結果具有較強的可比性。

假設 W 公司的年銷售額為 1 億元，帳面價值為 6 000 萬元，淨現金流量為 500 萬元；然後我們使用從表 10－4 中得到的三個倍數計算出 W 公司的指示價值，再將三個指示價值進行算術平均，如表 10－5 所示。

表 10－5　　　　　　　　　　W 公司的評估價值　　　　　　　　　　單位：萬元

項　　目	W 公司實際數據	可比公司平均比率	W 公司指示價值
銷售額	10 000	1.0	10 000
帳面價值	6 000	1.5	9 000
淨現金流量	500	20	10 000
W 公司的平均價值			9 700

以 W 公司的三個實際數據分別乘以三個可比價值倍數，得到 W 公司的三個指示價值。最後，將三個指示價值進行平均得到 W 公司的評估價值為 9700 萬元。

二、成本法

成本法也稱為資產基礎法。《準則》第三十九條規定，企業價值評估中的資產基礎法，是指以被評估企業評估基準日的資產負債表為基礎，合理評估企業表內及表外各項資產、負債價值，確定評估對象價值的評估方法。由於成本法以企業單項資產的成本為出發點，容易忽視商譽的價值和企業的獲利能力，而且在評估中不考慮那些未在財務報表上出現的項目，如企業的管理效率、自創商譽、銷售網路等，所以從理論上講，該方法不適合作為企業價值評估的方法。因此，以持續經營為前提對企業價值進行評估時，該方法一般不應當作為唯一使用的評估方法，應同時運用其他方法進行評估，分析選擇最終評估結果。

成本法的理論基礎也是"替代原則"，即任何一個精明的潛在投資者，在購置一項資產時所願意支付的價格不會超過建造一項與所購資產具有相同用途的替代品所需的成本。這種方法起源於對傳統的實物資產的評估，如土地、建築物、機器設備等的評估，而且着眼點是成本，很少考慮企業的收益和支出。在使用成本法評估時，主要通過調整企業財務報表的所有資產和負債來反應它們的現時市場價值，因此又稱為帳面價值調整法。當然，在企業價值評估中運用成本法時要遵循的一個假設是，企業的價值等於所有有形資產和無形資產的成本之和減去負債，即：

企業整體價值 = 有形資產價值 + 無形資產價值

股東全部權益價值 = 企業整體價值 － 企業負債

三、評估方法的選擇

市場法、收益法和成本法，以及由這三種基本評估方法衍生出來的其他評估方法共同構成了資產評估的方法體系，各種評估基本方法都是從某一個角度對評估對象在一定條件下的價值的描述，對於企業價值評估也不例外。根據《準則》第二十二條的規定，註冊資產評估師執行企業價值評估業務，應當根據評估目的、評估對象、價值類型、資料收集情況等相關條件，分析收益法、市場法和成本法（資產基礎法）三種資產評估基本方法的適用性，恰當選擇一種或者多種資產評估基本方法。

在選擇評估方法的過程中，應註意以下幾個因素：

第一，從大的方面講，評估方法的選擇要與評估目的、評估時的市場條件、被評估對象在評估過程中的條件，以及由此所決定的資產評估價值基礎和價值類型相適應。

第二，從具體操作的層面上講，評估方法的選擇受各種評估方法運用所需的數據資料及主要經濟技術參數能否收集的制約。每種評估方法的運用所涉及的經濟技術參數的選擇，都需要有充分的數據資料作爲基礎和依據。在評估時點以及一個相對較短的時間內，某種評估方法所需的數據資料的收集可能會遇到困難，當然也就會限制某種評估方法的選擇和運用。在這種情況下，評估人員應考慮採用替代原理和原則，選擇信息資料充分的評估方法進行評估。

第三，在選擇和運用某一方法評估企業價值時，應充分考慮該種方法在具體評估項目中的適用性、效率性和安全性，並註意滿足該種評估方法的條件要求和程序要求。

第四，在選擇和運用評估方法時，如果條件允許，應當考慮三種基本評估方法在具體評估項目中的適用性，如果註冊資產評估師可以採用多種評估方法時，不僅要確保滿足各種方法使用的條件要求和程序要求，還應當對各種評估方法取得的各種價值結論進行比較，分析可能存在的問題並做相應的調整，確定最終評估結果。

第四節　金融企業價值評估

一、金融企業及其特殊性

(一) 金融企業

金融企業是專門從事金融活動或爲金融活動提供專業服務的盈利性組織。在社會主義市場經濟的條件下，金融企業是指執行業務需要取得政府部門授予的金融業務許可證的企業。

中國 2015 年 10 月發布的《金融業企業劃型標準規定》，採用複合分類方法對金融業企業進行分類。按《國民經濟行業分類》將我國金融業企業分爲貨幣金融服務、資本市場服務、保險業、其他金融業四大類。貨幣金融服務又可分爲貨幣銀行服務和非貨幣銀行服務兩類，其他金融業又可分爲金融信托與管理服務、控制公司服務和其他未包括的金融業三類。按經濟性質將貨幣銀行服務類金融業企業劃分爲銀行業存款類金融機構；將非貨幣銀行服務類金融業企業分爲銀行業非存款類金融機構、貸款公司、小額貸款公司及典當行等。

在諸多的金融企業中，銀行、保險、證券期貨被稱爲金融行業的"三駕馬車"，由中國人民銀行、中國銀行業監督管理委員會、中國證券監督管理委員會和中國保險監督管理委員會對其實施金融監管。

(二) 金融企業的特殊性

在現代市場經濟中，金融企業作爲一種特殊的企業，與一般生產類企業相比既有共性又有特殊性。共性主要表現爲，金融企業也需要具備普通企業的基本要素，如有一定的自有資本、向社會提供特定的商品和服務、必須依法經營、獨立核算、自負盈虧、照章納稅等。

與一般生產類企業相比，金融企業在其經營過程中有許多特殊性。

1. 金融企業資產業務具有特殊性

在金融類企業中，大量資產以貸款、貨幣資金等形式存在，而不是像一般生產型企業存在大量固定資產。從資產價值看，固定資產的質量易於確定，而諸如貸款、同業拆放、衍生金融工具這類金融資產，其質量的判斷較爲複雜，而這類表內業務又是金融企業的主營業務，是金融企業利潤的主要來源和價值評估需要重點考慮的因素。就我國金融企業而言，由於歷史原因，很多企業的資產質量並不高，不良貸款率等指標不能反應企業真實情況，以成本法爲基礎的核算困難較大。

此外，一般生產型企業爲了生產經營的需要，需要購置較大數量的固定資產，而金融企業固定資產的比重一般較低，在對其企業價值進行評估時應有別於一般生產性企業。

2. 金融企業負債業務具有特殊性

與一般生產型企業不同，金融企業的負債業務並非單純的籌資行爲，其本身具有價值創造的功能。一般認爲，生產型企業的資產負債率在50%左右爲宜，資產負債率過高企業將資不抵債面臨破產壓力。而金融類企業的資產負債率很高，金融企業的利潤很大程度上來源於經營負債。吸收存款、吸收一般投資人投資、發行一般債券、發行衍生金融品等都是金融企業籌資的方式，因此在價值評估時如果需要計算其加權平均資本成本，情況特別複雜，存在較大困難。

3. 金融企業經營種類具有特殊性

中國金融企業在競爭逐漸加劇的壓力下，拓展業務領域，緊隨國際金融企業業務綜合化、多樣化的潮流，不斷將業務進行融合，出現了"金融百貨超市"的綜合體。此外，金融企業還有大量對外投資業務，有些業務如金融衍生品的定價本身就是金融界的難題，其種類繁多、計算複雜、波動性大。可以預測，隨著金融一體化趨勢的加深，會出現更多業務，這些都給金融企業的價值評估帶來了困難。

4. 金融企業經營對象和收入來源具有特殊性

金融企業作爲企業，具有企業的最基本的目標——盈利。但其在經營中，不是簡單的生產產品和提供勞務，其經營對象是貨幣和貨幣資本，其經營內容是貨幣收付、借貸、金融中介、保險等一系列與貨幣運動有關的金融服務；金融企業收入的主要來源是貸款利息，其次還有手續費及傭金收入、保費收入等，這與一般企業價值評估對象有很大區別。

5. 金融企業所承受的風險具有特殊性

一般企業在經營中面臨的主要有市場風險和公司特有風險兩部分。作爲金融企業，除了面臨普通企業需要面對的風險外，更需要面對一些特殊風險：①信用風險，即貸款不能按期收回的風險；②流動性風險，即掌握的可用於及時支付的流動資產不能滿足兌付要求的風險；③匯率和利率風險，主要是國家利率政策、金融市場利率變化給其帶來損失的風險，和由於經營外幣業務所面臨的匯率風險；④由於具有特殊的信用創造職能而面臨的風險，主要是由於其吸收的高能貨幣具有"多倍創造"的功能，使其必須面臨更大的風險。這些都需要在價值評估時進行考慮。

6. 金融企業無形資產評估具有特殊性

商譽對金融企業來講比一般企業具有更加重要的作用，整個金融系統就是建立在信譽的基礎上，如果沒有商譽，甚至會引發一系列金融危機；對於先進的網路技術、會計系統、網路安全系統、電子轉帳系統、智能卡識別系統等衆多軟件，也是金融企業無形資產的重要組成部分，這些資產按照會計準則往往會在幾年內攤銷完畢，但往往給企業帶來效益的時間會遠遠超過攤銷時間。如何對這類無形資產進行價值評估也是需要面對的難題。

7. 金融企業的會計科目及報表具有特殊性

金融企業的經營項目具有特殊性，其會計系統與一般企業有很大區別，會計科目和會計報表自成體系。因此，在對金融企業的財務狀況進行分析時，有很多特殊的分析角度和指標。如對一般生產類企業進行財務分析時，主要對其短期償債能力、長期償債能力、資產管理能力、盈利能力等進行分析，而金融企業由於其負債問題具有特殊性，而且對風險性特別關註，故主要從資本狀況、資產質量、盈利能力、流動性等方面進行分析。而在具體應用傳統理論進行評估時，會遇到科目無法對應，需要根據金融企業的特點逐項重新判斷。如在運用股權自由現金流量法進行評估時，需要根據金融企業的特點對一般公式進行逐項調整。

由於上述特殊性的存在，要求對金融企業進行價值評估時，在選擇評估方法時應首先分析其行業特殊性及其對評估的影響。

二、金融企業價值評估中應關註的金融監管指標

金融企業屬於特許經營行業，行政監管嚴格。對金融企業進行評估，應充分關註金融監管指標，考慮現行金融監管法規對金融企業價值的影響，更要關註金融行業的風險指標變化趨勢及金融企業客戶的風險偏好程度對金融企業權益價值的影響。

(一) 商業銀行

1. 監管機構

商業銀行開展各項經營業務，主要受中國銀監會和中國人民銀行監管，上市商業銀行同時受到中國證監會監管。

2. 監管指標

對商業銀行進行評估，需要關註的金融監管指標主要有三類：流動性指標、風險

監管指標及盈利性指標。流動性指標主要包括流動性覆蓋率、流動性比例和核心負債比例；風險監管指標主要包括不良資產率、不良貸款率、貸款撥備率、撥備覆蓋率、貸款遷徙率、資本充足率和存款準備金率；盈利性指標主要包括成本收入比、資產利潤率和資本利潤率。

表 10-6　　　　　　　　商業銀行評估主要關註監管指標體系

類別	指標	計算公式	監管要求
流動性指標	流動性覆蓋率	合格優質流動性資產/未來 30 天現金淨流出量×100%	2016 年、2017 年、2018 年底前分別達到 80%、90%、100%。
	流動性比例	流動性資產餘額/流動性負債餘額×100%	不應低於 25%
	核心負債比例	核心負債/負債總額×100%	不應低於 60%
風險監管指標	不良資產率	不良信用風險資產/信用風險資產×100%	不應高於 4%
	不良貸款率	不良貸款/貸款總額×100%	不應高於 5%
	貸款撥備率	貸款損失準備/貸款×100%	應不低於 2.5%
	撥備覆蓋率	貸款損失準備/不良貸款×100%	應不低於 150%
	資本充足率	（總資本－對應資本扣減項）/風險加權資產×100%	應不低於 8%
	存款準備金率	存款準備金/客戶存款×100%	根據人民銀行發布準備金率政策
盈利性指標	成本收入比	業務及管理費/營業收入×100%	不應高於 45%
	資產利潤率	淨利潤/資產平均餘額×100%	不應低於 0.6%
	資本利潤率	淨利潤/所有者權益平均餘額×100%	不應低於 11%

3. 評估中應關註的問題

（1）流動性指標衡量商業銀行支付存款和償還債務的能力。一般來説，風險較低、流動性較強的資產盈利能力相對較低，商業銀行合理配置一些較高風險資產，可以提升其利潤表現。需要註意的是，脫離風險控制的高收益並不足以支持商業銀行的價值提升。流動性不足可能導致商業銀行面臨資金鏈風險，甚至因爲擠兌問題而出現破產。以收益法對商業銀行進行評估，評估對象流動性風險監管指標偏低的，評估機構可以在預測時調整其資產配置，合理增持風險較低、流動性較強的資產，使其在過渡期内達到流動性監管要求。此外，還可以考慮對流動性不足的商業銀行採取較高折現率，以反應其在經營過程中所面對的風險。對於流動性不足的商業銀行，評估機構應在評估報告中披露相關風險。

（2）風險監管指標衡量商業銀行面臨的經營風險。其中，不良資產率和不良貸款率衡量商業銀行的資產質量，商業銀行每發生一筆不良貸款，就會侵蝕掉幾十倍的貸款額度所帶來的收益，對其利潤影響極大。貸款撥備率和撥備覆蓋率衡量商業銀行對於貸款風險的覆蓋程度。撥備計提幅度對商業銀行的利潤影響較大，計提幅度較大的商業銀行，將會在利潤表中形成較高的資產減值損失，從而降低淨利潤表現。對商業銀行進行評估，應重點關註其撥備計提幅度是否與貸款質量相匹配，一般來説，貸款質量越低，商業銀行的撥備覆蓋程度越高。資本充足率對商業銀行的規模擴張形成約束，避免商業銀行的發展脫離風險控制。對商業銀行進行評估，應關註其資本充足率是否符合監管需求，並合理採取發行資本工具及降低分紅水平等方式對資本金形成長期有效的補充機制。對於風險監管指標不符合監管要求的商業銀行，評估機構應在評估報告中披露相關風險。

（3）盈利能力指標衡量商業銀行利用資產創造收益的能力。其中，成本收入比是商業銀行單位收入所對應的成本，體現其成本控制能力；資產利潤率和資本利潤率主要衡量商業銀行創造利潤的能力。合理預測商業銀行的盈利能力，是合理評估商業銀行價值的重要前提。商業銀行的盈利來源主要是淨利息收入和中間業務收入。淨利息收入受到利率政策、商業銀行經營模式、其他投資渠道等因素的影響。舉例來說，在目前互聯網金融的衝擊之下，商業銀行的吸儲成本會有一定幅度上升，從而影響其收益水平。中間業務收入不占用資本金，且商業銀行的網點優勢利於其開展各種形式的中間業務，所以近年來中間業務越發受到商業銀行重視，中間業務收入在商業銀行營業收入中的占比也逐漸提升。鑒於中國商業銀行中間業務水平與國際商業銀行相比還有一定差距，可以預期中間業務在未來較長時間內還會繼續成爲商業銀行的發展重點，資產評估師應將該趨勢合理體現在假設數據之中。

還應註意，商業銀行的流動性指標、風險監管指標和盈利能力指標是相互關聯的，某項經營行爲的變動，可能會同時影響多項指標。例如，商業銀行在發放貸款時，提升了高風險貸款所占比例，這項經營行爲會直接導致貸款質量下降，進一步帶來的影響可能包括不良貸款率上升及資本充足率下降等。以收益法對商業銀行進行評估，應將某因素變動造成的影響具體落實到各項相關財務假設數據中，從而體現在商業銀行的權益價值之中。

（二）證券公司

1. 監管機構

證券公司開展各項經營業務，主要受中國證監會、中國證券業協會及證券交易所監管。

中國證監會以證券公司風險管理能力爲基礎，結合公司市場競爭力和持續合規狀況，對證券公司進行評分，並根據評分的高低將證券公司劃分爲 A（AAA、AA、A）、B（BBB、BB、B）、C（CCC、CC、C）、D、E 5 大類 11 個級別。並對處於不同分類的證券公司，適用不同的監管措施。

2. 監管指標

對證券公司進行評估，需要關註的金融監管指標主要包括淨資本相關指標和流動性風險監管指標。淨資本相關監管指標主要包括淨資本/各項風險資本準備、淨資本/淨資產、淨資本/負債、淨資產/負債；流動性風險監管指標包括流動性覆蓋率和淨穩定資金率。見表 10-7。

表 10-7　　　　　　　證券公司評估主要關註監管指標體系①

類別	指標及計算公式	監管要求
淨資本相關指標	淨資本＝淨資產－金融資產的風險調整合計－衍生金融資產的風險調整合計－其他資產項目的風險調整合計－或有負債的風險調整合計－/＋中國證監會認定或核準的其他調整項目	根據證券公司所經營業務類型不同
	風險資本準備	計提比例根據證券公司風險分類不同以及所開展業務類型不同
	淨資本/風險資本準備	不得低於100%
	淨資本/淨資產	不得低於40%
	淨資本/負債	不得低於8%
	淨資產/負債	不得低於20%
流動性風險監管指標	流動性覆蓋率＝優質流動性資產/未來30天現金淨流出量×100%	應達到100%
	淨穩定資金率＝可用穩定資金/所需的穩定資金×100%	應不低於100%

3. 評估中應關註的問題

（1）對證券公司進行評估，評估機構應對評估對象進行盡職調查，瞭解其淨資本水平是否符合監管要求、是否有達到監管要求的可行計劃和具體措施、預測期計劃達到的資本充足水平、資本補充方式等。對於淨資本水平不足的證券公司，可以通過發行資本工具、降低分紅水平等方式對資本金進行補充。此外，還可以考慮對淨資本偏低的證券公司採取較高折現率，以反應其在經營過程中所面對的風險。對於淨資本水平不足的證券公司，評估機構應在評估報告中披露相關風險。

（2）流動性風險監管指標衡量證券公司以合理成本及時獲得充足資金，償付到期債務、履行其他支付義務和滿足正常業務資金需求的能力。證券公司合理配置一些較高風險資產，可以提升其利潤表現。需要註意的是，脫離風險控制的高收益並不足以支持證券公司的價值提升。對證券公司進行評估，評估對象流動性風險監管指標偏低的，評估機構可以在預測時調整其資產配置，合理增持風險較低、流動性較強的資產，使其在過渡期內達到流動性監管要求。此外，還可以考慮對流動性不足的證券公司採取較高折現率，以反應其在經營過程中所面對的風險。對於流動性不足的證券公司，評估機構應在評估報告中披露相關風險。

（三）保險公司

1. 監管機構

保險公司開展各項經營業務，主要受中國保監會、財政部和中國人民銀行監管，上市保險公司同時受到中國證監會監管。

---

① 詳見《資產評估專家指引第1號——金融企業評估中應關註的金融監管指標》。

2. 監管指標

(1) 保險公司綜合監管指標，見表 10-8。

表 10-8　　　　　　　　　保險公司綜合監管指標體系

指標及計算公式	監管要求
實際資本 = 認可資產 - 認可負債	
最低資本	財險公司和壽險公司不同業務對應不同的最低資本要求
償付能力充足率 = 實際資本/最低資本	不應低於100%
次級債	計入附屬資本的次級債金額不得超過淨資產的50%
保證金	應當按照其註冊資本總額的20%提取保證金
保險保障基金	財險公司和壽險公司不同保險類型繳納標準不同

(2) 財險公司監管指標，見表 10-9。

表 10-9　　　　　　　　　財險公司監管指標體系

指標及計算公式	監管要求
綜合賠付率 =（賠付支出 - 攤回賠付支出 + 提取保險責任準備金 - 攤回保險責任準備金）/已賺保費	
綜合費用率 =(非投資相關的營業稅金及附加 + 非投資相關的手續費及佣金支出 + 非投資相關的業務及管理費 + 分保費用 - 攤回分保費用)/已賺保費	
綜合成本率 = 綜合賠付率 + 綜合費用率	
應收保費率 = 應收保費/保費收入 ×100%	應不大於8%

(3) 壽險公司監管指標。壽險公司的監管指標主要是退保率。退保率的計算公式為：
退保率 = 退保金/（上年末長期險責任準備金 + 本年長期險保費收入）×100%

該指標衡量壽險公司的業務質量，退保率過高，則壽險公司經營業務的穩定性較差。根據監管要求，壽險公司的退保率應小於5%。

3. 評估中應關註的問題

(1) 償付能力充足率衡量保險公司對保單持有人進行償付的能力，反應保險公司對於經營風險的覆蓋程度。對保險公司進行評估，償付能力充足率不足或出現預警的，評估機構可以調整其預測期的發展規模，使其逐漸符合監管要求。此外，保險公司也可以通過發行新股、次級債、降低分紅水平等方式對實際資本進行補充。對於償付能力充足率不符合監管要求的保險公司，評估機構應在評估報告中披露相關風險。

(2) 綜合賠付率、綜合費用率和綜合成本率衡量財險公司的成本控制能力，直接影響財險公司的利潤表現。影響財險公司成本相關指標的因素包括保險險種、業務質量、成本控制能力等。此外，綜合賠付率指標中的賠付支出主要取決於歷史年度的業務狀況，而已賺保費反應當期的保費收入，兩者之間存在一定的不匹配，對於經營尚不穩定的財險公司，該指標的波動性可能較大。對財險公司進行評估，應關註該公司歷史期間的成本費用率是否穩定，與同行業其他公司相比處於什麼水平，並分析其原因，以對預測期做出合理假設。

（3）退保率主要用於衡量壽險公司的業務情況。影響退保率指標的因素包括壽險公司業務質量、人員服務水平、市場其他投資產品收益率等。對壽險公司進行評估，應關註評估對象退保率的歷史趨勢，與同行業其他公司相比處於什麼水平，並分析其原因，合理預測退保率。對於退保率過高的保險公司，評估機構應在評估報告中披露相關風險。

三、收益法在金融企業價值評估中的運用

（一）評估模型

對金融企業收益法評估模型的確定，應區分控股性產權變動業務和非控股性產權變動業務。通常情況下，在金融企業控股性產權變動業務中，金融企業收益法評估可以採用現金流量折現法的股權自由現金流折現模型，如銀行、保險公司、證券公司等，也可以採用現金流量折現法的企業自由現金流折現模型，如金融租賃公司等；在金融企業非控股性產權變動業務中，可以採用股利折現模型。

1. 企業自由現金流折現模型

《資產評估專家指引第 3 號——金融企業收益法評估模型與參數確定》將企業自由現金流量的計算公式表示為：

企業自由現金流量 ＝ 息前稅後淨利潤 ＋ 折舊、攤銷 － 資本性支出 － 淨流動資金增加額

式中：資本性支出是指企業用來購買、改善、擴張固定資產等用途的支出；淨流動資金增加額是指為營運準備的現金，一般定義為流動資產減去流動負債。

2. 股權自由現金流折現模型

《資產評估專家指引第 3 號——金融企業收益法評估模型與參數確定》將企業股權現金流量的計算公式表示為：

股權自由現金流量 ＝ 淨利潤 － 權益增加額 ＋ 其他綜合收益

式中：淨利潤是由企業的收入減去支出決定的；權益增加額應通過所有者權益科目的變化進行預測；其他綜合收益是指企業根據《企業會計準則第 30 號——財務報表列報》的要求，列示在利潤表中的其他綜合收益，包括未在當期損益中確認的各項利得和損失。

3. 應註意的問題

（1）在現金流量折現法下，企業持續經營中，待企業達到正常穩定經營後，評估模型可以考慮永續期間的價值，永續模型可以採用永續不增長模型或永續增長模型。若採用永續增長模型，一是應在折現率中適當體現永續增長的要求；二是增長率應根據企業的留存收益率和股利分配率合理確定；三是通常不考慮通貨膨脹率。

（2）股利折現模型亦可以採用增長模式，增長率應根據企業的留存收益率和股利分配率合理確定。

（3）在中國，由於普遍存在上市公司多送紅股少分紅的現象，股利折現值不能如

實反應企業價值，價值股利容易受到管理層或大股東的操縱，因此不適用股利折現模型。另外，由於企業自由現金流折現模型需要考慮負債部分的作用對資本成本的影響，因此使用股權自由現金流折現模型顯得更容易一些。

（4）採用收益法對壽險公司價值進行評估，一般採用股權自由現金流模型，也可以採用以內部精算報告中內含價值爲基礎的方法——內含價值法。採用此方法，需要對壽險公司內含價值、一年新業務價值計算時的相關假設與資產評估不一致的項目進行調整，確定調整後內含價值和調整後一年新業務價值。

（二）收入等項目的預測

金融企業收益法評估中，可按照先預測資產負債表，根據負債情況（資金來源）安排資金使用，然後根據資產配置預測資金產出即企業收益和資金耗費。具體操作如下：先預測未來的資產負債表，再根據資產配置情況預測收益、成本和費用，同時應編制所有者權益變動表。

1. 收入構成項目

（1）商業銀行收入包括利息收入、手續費收入、投資收益和其他業務收入等。其中，利息收入和支出預測可以根據銀行的貸款結構和確定的利率標準計算利息收入和利息支出，應特別關注評估基準日後到評估報告出具日之間利率調整事項，並酌情考慮該調整事項對未來預測期的影響；手續費收入應根據銀行提供服務的項目類型和收費標準以及客戶數量綜合確定。

（2）證券公司收入包括手續費及傭金收入、證券承銷業務收入、代理買賣證券業務收入、利息收入、投資收益及其他業務收入等。其中，手續費及傭金收入主要來源於證券公司的經紀業務，預測中應考慮企業的傭金費率和客戶數量以及市場交易量等綜合測算；證券承銷收入應根據證券公司的投資銀行客戶數量、承銷費率，按照權責發生制預測。

（3）保險公司收入包括已賺保費、分出保費、提取未到期責任準備金、投資收益和其他業務收入等。已賺保費的計算公式爲：

已賺保費＝保險業務收入－分出保費－提取未到期責任準備金

式中：保險業務收入由新業務期繳保費收入、新業務躉繳保費收入、續年期繳保費收入構成。新業務期繳/躉繳保費收入根據國民經濟的整體發展和保險深度的加強，對未來市場進行預測，得出不同產品的保險業務收入，也可以根據保險公司的渠道銷售能力，通過對年化新業務保費（ANP）增長率進行預測；續年期繳的保費收入可以根據基準日有效保單在未來產生的保費收入進行預測。

分出保費是保險公司爲了控制風險、提高償付能力充足率，將部分風險向再保險公司分出而產生的。根據保險公司對分出保費的核算方法，選擇比例計算分出保費或者非比例計算分出保費。

未到期責任準備金是指公司一年以內的財產險、意外傷害險、健康險業務按規定從本期保險責任尚未到期，應屬於下一年度的部分保險費中提取出來形成的準備金。壽險公司準備金的預測除根據現行的監管文件預測外，還可以借助於保險公司的精算軟件。

2. 收益預測應註意的問題

（1）金融企業的投資收益的預測宜根據資產配置規模和期望報酬率合理預測，其中投資收益的期望報酬率應註意與折現率中採用的股東期望報酬率之間的匹配關係。

（2）金融企業的營業費用

預測中，應考慮隨著營業收入帶來的費用必然增長。在費用預測中，可以根據企業的核算特點，分別固定性費用和變動性費用測算，其中人員費用應註意到人員數量與人均工資薪酬的匹配。同時應知悉同行業的平均水平。

（3）金融企業的資本性支出科目的預測應根據行業監管的要求逐年測算，特別註意監管中對於淨資本的要求。如根據銀行業監督管理部門對銀行的資本充足率的要求，預測銀行的資本、淨資本，並轉化爲淨資產，體現在預測的資產負債表中。

(三) 折現率的確定

1. 股權自由現金流量折現模型的折現率

在股權自由現金流量折現模型中，可以採用資本資產定價模型（CAPM）等確定折現率。即：

$$r_e = r_f + \beta_e \times (r_m - r_f) + \varepsilon$$

式中：r_f——無風險報酬率；

r_m——市場期望報酬率；

β_e——評估對象權益資本的預期市場風險系數；

$r_m - r_f$——股權風險溢價；

ε——評估對象特有風險調整系數。

其中：①無風險報酬率應選擇在距離評估基準日有效期在10年以上或者5年以上的國債到期收益率；②β值計算應註意基準日和未來預測期資本結構的影響，銀行、證券、信托和保險公司多採用無槓桿貝塔，多元金融可以使用有槓桿β值。③股權風險溢價可以通過市場期望報酬率與無風險利率的差值來確定，也可以直接計算股權風險溢價。④特有風險系數反應評估對象在行業內競爭地位、公司特性等因素，說明評估對象與計算股權風險溢價的可比公司之間存在着差異。

2. 企業自由現金流量折現模型的折現率

在企業自由現金流量折現模型中，折現率應採取加權平均資本成本模型（WACC）確定。其中：①企業的資本結構宜根據預測期的資本結構動態確定；②債務資本與權益資本的比例應以債務資本和權益資本的市場價值爲基礎；③採用加權平均資本成本模型（WACC）確定的折現率在數值上通常應小於採取資本資產定價模型（CAPM）確定的折現率。

四、市場法在金融企業價值評估中的運用

(一) 常用具體方法

在使用市場法評估金融企業時，常用的兩種具體方法是上市公司比較法和交易案

例比較法。

1. 上市公司比較法

（1）上市公司的選擇。選取可比公司時，應關註可比公司與評估對象的可比性。這種可比性通常體現在行業、企業規模、業務結構、經營及盈利模式、盈利狀況、資產配置和使用情況、企業所處經營階段、經營風險、財務風險等方面。

採用選擇可比上市公司時，應慎選如下上市公司：①近期發生有重大併購重組行爲，導致公司股權結構、業務結構、未來盈利狀況、行業類別等發生重大改變的公司；②新上市公司；③近期股價異常波動的公司；④近期發生嚴重虧損的公司；⑤近期出現有暫停交易，或因累計漲、跌幅限制而導致臨時盤中終止交易的公司。

（2）運用上市公司比較法評估金融企業價值時，還應關註可比公司與評估對象間流動性的差異，考慮缺少流動性折扣，並在適當及切實可行的情況下考慮由於具有控制權或者缺乏控制權可能產生的溢價或者折價。

2. 交易案例比較法

運用交易案例比較法評估金融企業價值時，交易案例的交易行爲應爲公開市場上的正常交易，應盡量選取與評估對象的控股權狀態相同或相近的交易案例。

3. 使用市場法評估金融企業應注意的問題

（1）應關註宏觀系統性經濟因素，如廣義貨幣（M2）、市場利率、匯率等對金融企業市場交易價格的影響。

（2）運用市場法評估金融企業，涉及對資本市場的選擇時，應首選與評估對象註冊地處於相同國家、地區的市場，如確需選擇不同國家、地區的資本市場，應考慮對其差異進行修正。

（3）參數的選取應突出行業及評估對象的特點，從盈利、資產、收入、風險、行業監管等角度，選擇有利於合理確定評估對象價值的因素。可比公司與評估對象的數據口徑及計算方法、交易方式、交易條件、交易時間等交易因素應一致，存在差異的應進行相應的調整。

（二）其他方法

在樣本數量充足且滿足統計分析要求的前提下，可以使用統計分析方法評估金融企業價值，以減少主觀因素對價值比率乘數選取及其對評估結論的影響，提高評估結論的客觀性。

該方法的運用通常包括單因素模型和多因素模型。單因素模型是指運用與企業價值高度相關或者顯著相關的某個單一參數，通過計算市場參照物的市場價值與該參數的比例關係，得到某個價值比率乘數，將評估對象的相關參數與該價值比率乘數相乘得到評估對象價值的評估模型。多因素模型是指在金融企業存在多個價值影響因素的情況下，所構建的反應金融企業價值與多個影響因素之間關係的回歸模型。

五、資產基礎法在金融企業價值評估中的運用

資產基礎法的評估思路是將企業現有的資產和負債按照重置成本進行估價。重置

成本就是相同或者相似的資產負債現行的市場價值，如果沒有相同或相似資產負債現行的市場價值，就用最接近該值的合理價格。在具體運用時將每項資產和負債價值進行重置，然後相加得出企業價值。

資產基礎法是一種靜態的企業價值評估方法，側重企業資產的現值而不去關注企業資產未來的價格變動。使用資產基礎法進行企業價值評估時，企業的帳面價值和市場價值往往是存在偏差的：一是在現實經濟運行中會不可避免地存在不同程度的通貨膨脹或通貨緊縮，這導致企業資產價值的評估可能會與資產的歷史價值折舊存在偏差；二是由於現代科技的迅速發展，很多企業的資產設備等在使用壽命結束之前就已經貶值；三是資本組合的價值可能與單項資產價值簡單加總的值不一致，出現整體大於部分之和或者整體小於部分之和的情況。因此，在持續經營假設的前提下，一般不宜單獨運用資產基礎法對企業價值進行評估。

在國內很多關於商業銀行價值評估的研究中，比較認同把銀行價值分為淨資產的價值和商譽的價值，把銀行客戶資源、制度資源、銀行信譽所創造的價值歸結為銀行的商譽價值。從這個角度講，利用資產基礎法評估得到金融企業的淨資產價值，也是金融企業價值評估的一個途徑。

相關資料鏈接

金融企業價值評估方法的適用性分析

根據對金融企業價值評估特殊性的分析，分別根據成本法、市場法、收益法和其他方法的優缺點對其在我國金融企業價值評估中的適用性加以分析，見圖10-1。

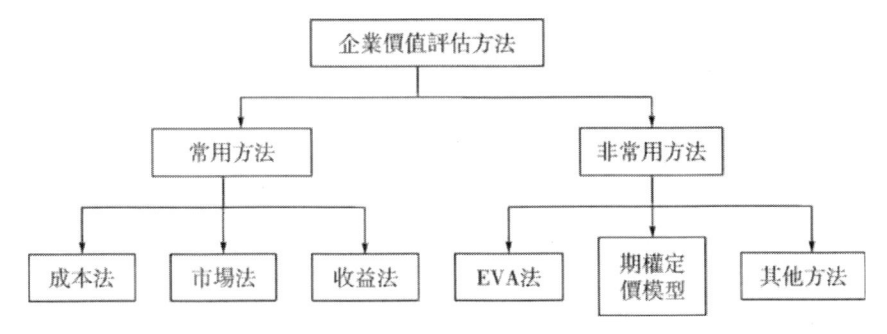

圖10-1　企業價值評估方法分類圖

1. 成本法在金融企業價值評估中的適用性分析

成本法使用起來比較簡單，但該方法本身在企業價值評估中存在着很大的缺陷，因其沒有將企業看成一個整體，沒有考慮企業的整體獲利能力和商譽等無形資產，故其在正常經營、具有正現金流的企業價值評估案例中應用該方法很少。而金融企業恰恰又是固定資產較少、無形資產較多的企業。其價值主要體現在商譽、管理水平、人員素質等無形資產中。如果應用成本法對金融企業進行評估，將無法體現這些重要的無形資產的價值。

我國大部分金融企業經過改革目前的發展勢頭良好，特別是一些國家參股的國有商業銀行、保險公司等大型金融企業由於具有國家級的信譽作爲擔保，未來破產的可能性較小，故大多數具有正現金流的預期。因此，在大多數情況下，成本法不適用於我國金融企業價值評估。但是一旦出現被評估金融企業常年虧損、沒有預期的正現金流或者難以持續經營，該方法也是適用的。

2. 市場法在金融企業價值評估中的適用性分析

市場法簡單，易於使用，易於被市場接受，並且可以迅速獲得資產價值。使用該方法的前提是：①該國市場上存在着大量的金融企業交易案例；②該國的證券市場比較成熟，證券市場價格能夠反應企業的真實價值。我國金融企業的改革在逐步進行中，交易案例並不多，並且交易案例的相關資料並不透明，故難以尋找到合適的金融併購可比交易案例。並且我國證券市場雖然經歷了將近 20 年的發展，但總體上看市場還不夠成熟，市場價格變動與公司經營相關性還不太強，市場價格信號偏離較大。以銀行類上市公司爲例，由於政策和歷史的原因，各上市公司的規模發展極不均衡。工、中、建三大銀行的股本規模極大，如果運用市場法對金融企業進行評估時必須考慮到規模的差異性和由此帶來的可比公司選擇的難題。同時，市場法的估價比率是一種靜態指標，沒有體現金融企業所要面臨的經濟形勢、發展前景等動態因素。因此，運用市場法對金融企業進行評估存在一定缺陷，不宜單獨進行。

3. 收益法在金融企業價值評估中的適用性分析

運用收益法對金融企業價值進行評估在理論上優於其他估值方法，因其在理論上更符合企業經營的目標：股東財富最大化。金融企業的價值往往更多地體現在其商譽、管理水平、服務水平等無形資產上，而運用收益現值法評估更能體現其在這方面的價值。而收益現值法又分爲股利折現模型、自由現金流量折現模型等，見圖 10-2。

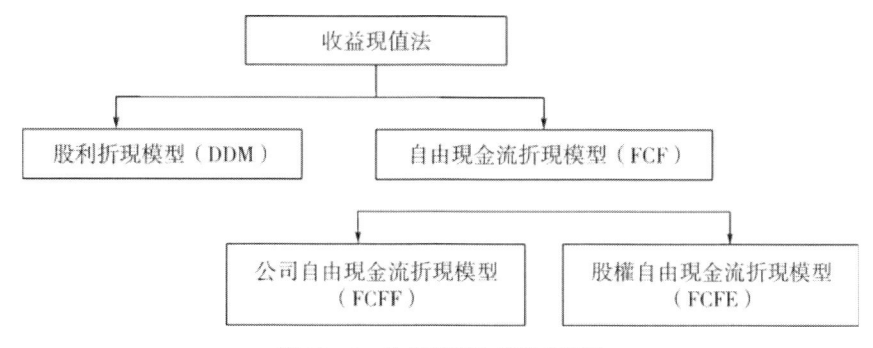

圖 10-2 收益現值法模型分類圖

股利折現模型受到股利政策的影響較大，而我國金融企業股利分配極不穩定，甚至有很多企業連年不分紅，因此運用股利折現模型的條件受限。

根據麥肯錫公司的研究報告，自由現金流法可以囊括所有影響公司價值的因素，可以比市場法更能準確、可靠地描述公司的價值。在國內，這種方法雖然使用時間不長，但已經形成比較成熟的理論基礎。國內已有許多學者對貼現現金流量法中所用參數如何確定的問題進行了實證研究，其研究具有一定的合理性，對金融企業估價具有借鑒意義。而運用自由現金流代替股利進行折現，不易受人爲因素的影響，是最嚴謹的對金融企業進行估值的方法，原則上適用於大多數金融企業。而自由現金流又可以分爲公司自由現金流和實體自由現金流，按照現金流的不同所得到的企業價值類型也不同。

由於金融行業的特殊性，資產結構中的負債比非常大，而且其負債部分是直接用於經營活動的資金，很難將其普通負債與這種存款帶來的特殊負債劃分清楚。如果運用公司現金流折現模型需要分別考慮債務價值和股權價值，這在金融企業價值評估中是很難實現的。而如果運用股權自由現金流模型，將能很好地避免由於特殊負債的存在而給估值帶來的困難。

4. 其他方法在金融企業價值評估中的適用性分析

經濟增加值法（EVA）在評估實務中較少使用。這種方法在企業價值評估時的重點是估測資金成本，一般企業以市場要求的資本成本獲得資金，而銀行吸收的存款類資金作爲銀行的負債，是具有價值創造功能的，而且從資本市場獲得的資金一般都低於市場要求的資本成本。在估價時，如何確定合理的資本成本是一個很困難的問題。因此，一般情況下不宜單獨使用 EVA 法對金融企業的企業價值進行評估。

期權定價模型較爲複雜，需要較多的信息收集與整理，在實際評估中很少使用，同樣不適用於目前我國金融企業的價值評估，但可以作爲學術研究的方向進行討論。

通過以上分析可對成本法、市場法、收益法和其他方法的優缺點與適用性進行比較。結合我國金融企業價值評估的特殊性，可以初步得出結論：在大多數情況下，我國金融企業價值評估適合的方法是收益法，而收益法中的股權自由現金流折現模型又具有一定的優勢。其他方法雖各有優缺點，在評估過程中可以作爲參考，但不宜單獨採用。

資料來源：管偉. 我國金融企業價值評估的特殊性及評估方法選擇分析［J］. 中州大學學報，2010（4）：27-29.

本章小結

企業價值評估，是指註册資產評估師對評估基準日特定目的下企業整體價值、股東全部權益價值或部分權益價值進行分析、估算並發表專業意見的行爲和過程。企業價值評估的對象是由若干單項資產組成的資產綜合體，這是一種整體性評估，它區別於企業的各單項資產的評估值簡單加和。企業價值評估的前提是企業繼續經營。爲了客觀評估企業的價值，應對評估範圍進行合理界定，區分有效資產和無效資產。

企業價值評估的方法有收益法、市場法、成本法。運用收益法的關鍵是正確界定企業收益、合理預測企業的收益額、選擇並確定恰當的折現率，並保證收益額與折現率口徑的一致；市場法中常用的兩種方法是參考企業比較法和併購案例比較法，其核心問題是確定適當的價值比率或經濟指標；成本法也稱資產基礎法，是指在合理評估企業各項資產價值和負債的基礎上確定評估對象價值的評估思路。由於成本法以企業單項資產的成本爲出發點，容易忽視商譽的價值和企業的獲利能力。

為了盡可能準確評估企業的價值，評估師應當根據評估對象、價值類型、資料收集情況等相關條件，分析各種評估方法的適用性，恰當選擇一種或多種資產評估基本方法，並根據被評估企業成立時間的長短、歷史經營情況，尤其是經營和收益穩定狀況、未來收益的可預測性，恰當考慮收益法的適用性。

金融企業作為一種特殊的企業，其經營活動受到嚴格的行政監管，因此應充分關注相關的金融監管指標，同時考慮各種評估方法、模型的適用性，合理選取參數，恰當地評估金融企業的價值。

檢測題

一、單項選擇題

1. 從市場交換角度看，企業的價值是由（　　）決定的。
   A. 社會必要勞動時間　　　　　　B. 建造企業的原始投資額
   C. 企業獲利能力　　　　　　　　D. 企業生產能力

2. 選擇什麼層次和口徑的企業收益作為企業評估的依據，首先應服從於（　　）。
   A. 企業評估的方法　　　　　　　B. 企業評估的目標
   C. 企業評估的假設條件　　　　　D. 企業評估的價值標準

3. 某評估機構對一個企業進行整體價值評估，經預測，該企業未來第一年的收益為100萬元，第二年、第三年連續在前一年的基礎上遞增10%，從第四年起將穩定在第三年的收益水平上。若折現率和資本化率均為15%，則該企業的評估值最接近於（　　）萬元。
   A. 772.8　　　　　　　　　　　B. 780.1
   C. 789.9　　　　　　　　　　　D. 1 056.4

4. 從量的角度上講，企業價值評估與構成企業的單項資產評估加和之間的差異主要表現在（　　）。
   A. 管理人員人才　　　　　　　　B. 無形資產
   C. 企業獲利能力　　　　　　　　D. 商譽

二、多項選擇題

5. 企業價值評估的一般範圍包括被評估企業（　　）。
   A. 擁有的資產　　　　　　　　　B. 全資子公司資產
   C. 控股子公司中的投資部分　　　D. 擁有的非控投子公司的股份

6. 企業收益預期大致包括（　　）三個階段。
   A. 對企業歷史收益的歷史及現狀進行分析與判斷
   B. 對企業未來可預測的若干年的預期收益的預測
   C. 對企業未來清算條件下可獲得的收益的預測
   D. 對企業未來持續經營條件下的長期預期收益趨勢的判斷

7. 使用市場法評估企業價值，價值比率中所用的與企業價值相關的可比指標通常選用（　　）。

A. 盈利比率 B. 資產比率
C. 收入比率 D. 其他特定比率

8. 對證券公司進行評估，需要關註的金融監管指標主要包括（　　）。
A. 盈利性指標 B. 淨資本相關指標
C. 流動性風險監管指標 D. 退保率

三、判斷題

9. 長期虧損、面臨破產清算的企業屬於企業價值評估的範圍，對其評估時運用清償假設，評估的是清算價格。　　　　　　　　　　　　　　　　　　（　　）

10. 通常情況下，在金融企業控股性產權變動業務中，金融企業收益法評估可以採用股利折現模型。　　　　　　　　　　　　　　　　　　　　　　（　　）

四、思考題

11. 什麼是企業價值？如何理解企業價值評估中的企業價值？

12. 收益法運用於企業價值評估常見模型有哪些？如何理解收益額口徑與折現或資本化後企業價值內涵之間的關係？

第十一章　資產評估報告

[學習內容]
　　第一節　資產評估報告概述
　　第二節　資產評估報告的編制
　　第三節　資產評估報告書的復核與應用

[學習目標]
　　本章的學習目標是使學生瞭解資產評估報告的基本概念、基本要素；熟悉資產評估報告的作用和基本制度；理解資產評估報告的編制步驟，掌握資產評估報告的基本內容和編制技術要點。具體目標包括：
　　◇ 知識目標
　　瞭解資產評估報告的基本概念、基本要素，熟悉資產評估報告的作用；理解、掌握資產評估報告制度；理解不同主體資產評估報告的運用情況。
　　◇ 技術目標
　　理解資產評估報告的編制步驟；掌握資產評估報告的基本內容；掌握資產評估報告的編制技術要點；掌握資產評估報告的復核要求。
　　◇ 能力目標
　　能夠熟練運用資產評估報告知識和技術，編制各類資產評估報告；能夠實施資產評估報告的復核。

第一節　資產評估報告概述

一、資產評估報告的基本概念

(一) 資產評估報告的含義

　　資產評估報告，是指註冊資產評估師根據資產評估準則的要求，在履行必要的評估程序後，對評估對象在評估基準日特定目的下的價值發表的、由其所在評估機構出具的書面專業意見。它是按照一定格式和內容來反應評估目的、假設、程序、標準、依據、方法、結果及適用條件等基本情況的報告書。
　　資產評估報告有狹義和廣義之分。狹義的資產評估報告即資產評估結果報告書，既是資產評估機構與註冊資產評估師完成對資產作價、就被評估資產在特定條件下的價值所發表的專家意見，也是評估機構履行評估合同情況的總結，還是評估機構與註冊資產評估師為資產評估項目承擔相應法律責任的證明文件。廣義的資產評估報告還是一種工作制度。它規定評估機構在完成評估工作之後必須按照一定程序和要求，用書面形式向委託方及相關主管部門報告評估過程和結果。我國目前實行的就是這種資產評估報告制度。

《國際評估準則》和美國的《專業評估執業統一準則》對資產評估報告的規定都是從報告類型與報告要素兩方面進行規範的，而我國 2011 年中國資產評估協會修訂發布的《資產評估準則——評估報告》對資產評估報告的規定則是從基本內容與格式兩方面進行規範的。

(二) 資產評估報告的作用

1. 對委託評估的資產提供價值意見

資產評估報告是經具有資產評估資格的機構根據委託評估資產的特點和要求組織註冊資產評估師及相應的專業人員，遵循評估原則和標準，按照法定的程序，運用科學的方法對被評估資產價值形式提出作價的意見。該作價意見不代表任何當事人一方的利益，是獨立的估價意見，具有較強的公正性與客觀性，因而成為被委託評估資產作價的重要參考依據。

2. 反應資產評估工作情況，明確各方責任

資產評估報告用文字的形式，對受托資產評估業務的目的、背景、範圍、依據、程序、方法等方面和評定的結果進行說明和總結，體現了評估機構的工作成果。同時，資產評估報告也反應和體現受托的資產評估機構與執業人員的權利和義務，並以此來明確委託方、受托方有關方面的法律責任。在資產評估現場工作完成後，註冊資產評估師就要根據現場工作取得的有關資料和估算數據，撰寫評估結果報告，向委託方報告。負責評估項目的註冊資產評估師也要同時在報告書上簽字，並提出報告使用的範圍和評估結果實現的前提等具體條款。當然，資產評估報告也是評估機構履行評估協議和向委託方或有關方面收取評估費用的依據。

3. 有關部門審核資產評估機構執業質量和水平的依據

資產評估報告是反應評估機構和註冊資產評估師的職業道德、執業能力水平以及評估質量高低和機構內部管理機制完善程度的重要依據。行業自律管理組織及有關管理部門通過審核資產評估報告，可以有效地對評估機構的業務開展情況進行監督和管理，對評估工作中出現的不足加以完善。

4. 建立、歸集評估檔案資料的信息來源

註冊資產評估師在完成資產評估任務之後，都必須按照檔案管理的有關規定，將評估過程中收集的資料、工作記錄以及資產評估過程中的有關工作底稿進行歸檔，以便進行評估檔案的管理和使用。由於資產評估報告是對整個評估過程的工作總結，其內容包括了評估過程的各個具體環節和各有關資料的收集與記錄，因此，不僅評估報告是評估檔案歸集的主要內容，而且撰寫評估報告過程所用到的各種數據、依據、工

作底稿等也是資產評估檔案的重要載體和來源。

(三) 資產評估報告的類型

國際上對資產評估報告有不同的分類，如美國的《專業評估執業統一準則》將評估報告分爲完整型評估報告、簡明型評估報告、限制型評估報告、評估復核。我國資產評估報告的類型正在不斷完善之中。

1. 按資產評估的範圍劃分

按資產評估的範圍，可將評估報告分爲整體資產評估報告和單項資產評估報告。整體資產評估報告是對整體資產進行評估出具的資產評估報告；單項資產評估報告是僅對某一部分、某一項資產進行評估出具的資產評估報告。

2. 按評估對象不同劃分

按評估對象不同，可將評估報告分爲房地產評估報告、機器設備評估報告、無形資產評估報告和企業價值評估報告等。

3. 按評估報告所提供信息資料的內容詳細程度劃分

按評估報告提供信息資料的內容詳細程度，可將評估報告分爲完整型評估報告和簡明型評估報告。完整型評估報告是指向委託方或客户提供最詳盡的信息資料的評估報告；簡明型評估報告是指評估機構在保證不誤導評估報告使用者的前提下，向委託方或客户提供簡明扼要的信息資料的評估報告。

此外，按符合資產評估準則要求的程度劃分，評估報告可分爲正常型評估報告和限制型評估報告；按資產評估的性質劃分，評估報告可分爲一般評估報告和復核評估報告；按用途不同劃分，評估報告可分爲以產權變動爲內容的評估報告和產權不發生變動的評估報告。

二、資產評估報告的基本要素

資產評估報告的基本要素是指各類資產評估報告都應包含的基本內容。按照《資產評估準則——評估報告》的要求，資產評估報告一般包括以下基本要素：

(1) 委託方、資產占有方及其他評估報告使用者；
(2) 評估目的；
(3) 評估對象和評估範圍；
(4) 價值類型及其定義；
(5) 評估基準日；
(6) 評估依據；
(7) 評估方法；
(8) 評估程序實施過程和情況；
(9) 評估假設；
(10) 評估結論；
(11) 特別事項說明；
(12) 評估報告使用限制說明；

(13) 評估報告日；
(14) 評估機構和註冊資產評估師簽章。

三、資產評估報告的基本制度

(一) 資產評估報告基本制度的產生與發展

1991年中國國務院以91號令頒布的《國有資產評估管理辦法》規定，資產評估機構對委託單位（國有資產占有單位）被評估資產的價值進行評定和估算，要向委託單位提出資產評估報告，委託單位收到資產評估機構的資產評估報告後，應當報其主管部門審查，主管部門同意後，報同級國有資產管理行政主管部門確認資產評估結果。經國有資產管理行政管理部門授權或委託，國有資產占有單位的主管部門也可以確認資產評估結果。該文件還規定，國有資產管理行政主管部門應當自收到國有資產占有單位報送的資產評估報告之日起45日內組織審核、驗證協商、確認資產評估結果，並下達確認通知書。這就是我國最早的資產評估報告制度。

1993年原國家國有資產管理局制定和發布了《關於資產評估報告書的規範意見》，1995年原國家國有資產管理局又制定和發布了《關於資產評估立項、確認工作的若干規範意見》，1996年5月7日國資辦轉發了中國資產評估協會制定的《資產評估操作規範意見（試行）》，規定了資產評估報告及送審專用材料的具體要求，以及資產評估工作底稿的項目檔案管理，進一步完善了資產評估報告制度。1999年財政部頒發的關於印發《資產評估報告基本內容與格式的暫行規定》的通知，對原有的資產評估報告有關制度做了進一步修改完善，使資產評估報告制度不僅適用於國有資產的評估，也適用於非國有資產的評估。2000年財政部提出了《關於調整涉及股份有限公司資產評估項目管理權的通知》。2001年12月31日國務院辦公廳以國辦發［2001］102號文件《國務院辦公廳轉發財政部關於改革國有資產評估行政管理方式，加強資產評估監督管理工作意見的通知》對資產評估項目管理方式進行了重大改革，取消對國有資產評估項目的立項確認審批制度，實行核準制和備案制，並加強對資產評估活動的監管。2005年8月25日國務院國有資產監督管理委員會第12號令《企業國有資產評估管理暫行辦法》，對各級國有資產監督管理機構履行出資人職責的企業及其各級子企業涉及的資產評估進行了規範，規定國有企業資產評估項目實行核準制和備案制，並對國有企業進行資產評估的經濟行為及監督檢查進行了相應規範。

2007年11月28日，中國資產評估協會頒布了《資產評估準則——評估報告》，該準則是適用所有資產評估業務評估報告的規範。該準則對評估報告的編制、內容和披露等都做了原則性規定。2011年12月30日，為貫徹落實《資產評估機構審批和監督管理辦法》的相關規定，滿足評估機構執業需要，進一步規範評估機構和註冊資產評估師在評估報告和業務約定書上簽字、蓋章的行為，中國資產評估協會對評估報告等準則中涉及簽字、蓋章的條款進行了修改並重新發布，規定從2012年3月1日起施行。

(二) 資產評估報告的基本內容

按照《資產評估準則——評估報告》的規定，資產評估報告包括標題及文號、聲明、摘要、正文和附件五個部分。

1. 標題、文號、聲明和摘要

評估報告標題應當簡明清晰，一般採用"企業名稱＋經濟行爲關鍵詞＋評估對象＋評估報告"的形式。評估報告文號包括評估機構特徵字、種類特徵字、年份、報告序號。

註冊資產評估師應當聲明遵循法律法規、恪守資產評估準則，並對評估結論的合理性承擔相應的法律責任。評估報告聲明應當提醒評估報告使用者關註評估報告特別事項和使用限制等內容。

評估報告摘要應當簡明扼要地反應經濟行爲、評估目的、評估對象和評估範圍、價值類型、評估基準日、評估方法、評估結論及其使用有效期、對評估結論產生影響的特別事項等關鍵內容。評估報告摘要應當採用下述文字提醒評估報告使用者閱讀全文："以上內容摘自評估報告正文，慾瞭解本評估項目的詳細情況和合理理解評估結論，應當閱讀評估報告正文。"

2. 正文

(1) 緒言

緒言一般採用包含下列內容的表述格式：

"×××（委託方全稱）：

×××（評估機構全稱）接受貴單位（公司）的委託，根據有關法律法規和資產評估準則、資產評估原則，採用×××評估方法（評估方法名稱），按照必要的評估程序，對×××（委託方全稱）擬實施×××行爲（事宜）涉及的×××（資產——單項資產或者資產組合、企業、股東全部權益、股東部分權益）在×××年××月××日的××價值（價值類型）進行了評估。現將資產評估情況報告如下。"

(2) 評估報告使用者概況

評估報告使用者包括委託方、被評估單位（或者產權持有單位）和業務約定書約定的其他評估報告使用者概況。在這部分中一般應包括名稱、法定住所及經營場所、法定代表人、註冊資本及主要經營範圍等。

(3) 評估目的

評估報告應當說明本次資產評估的目的及其所對應的經濟行爲，並說明該經濟行爲獲得批準的相關情況或者其他經濟行爲依據。

(4) 評估對象和範圍

這部分應寫明評估對象和評估的具體範圍，並具體描述評估對象的基本情況，通常包括法律權屬狀況、經濟狀況、物理狀況。當評估對象與範圍一致時，應當予以說明；當評估對象與評估範圍不一致時，需要將評估對象和評估範圍表達清楚。

(5) 價值類型及其定義

在這部分中應寫明評估結果的價值類型及其定義。如果評估結果的價值類型是市場價值，可以直接對其進行定義；如果評估結果的價值類型是市場價值以外的價值，評估人員則需要明確本次評估結果的具體價值類型和價值定義，不允許直接使用市場價值以外的價值或非市場價值。

（6）評估基準日

在這部分中應寫明評估基準日的具體日期，確定評估基準日的理由或成立條件，揭示確定評估基準日對評估結果的影響程度。另外，還應對採用非評估基準日的價格標準做出說明。

（7）評估依據

在這部分中應列示評估依據，包括行為依據、法律法規依據、產權依據和取價依據等。對評估中採用的特殊依據應做相應披露。

（8）評估方法

在這部分中應說明評估過程所選擇、使用的評估方法和選擇評估方法的依據或原因。對某項資產評估採用一種以上評估方法的，還應說明原因並說明該資產價值的確定方法。對選擇特殊評估方法的，也應介紹其原理與適用範圍。

（9）評估程序實施過程和情況

在這部分中應反應評估機構自接受評估項目委託起至提交評估報告的全過程，包括接受委託過程中確定評估目的、對象及範圍，確定評估基準日和擬定評估方案的過程，資產清查中的指導資產占有方清查、收集準備資料、檢查與驗證過程；評估估算中的現場檢測與鑒定、評估方法選擇、市場調查與分析過程；評估匯總中的結果匯總、評估結論分析、撰寫報告與說明、內部復核過程以及提交評估報告等過程。

（10）評估假設

在這部分中應說明在評估過程中使用了哪些假設條件，包括前提假設、基本假設或其他假設及其對評估結論的影響。

（11）評估結論

這部分是報告正文的重要部分，應使用表述性文字完整地敘述評估機構對評估結果發表的結論，對資產、負債、淨資產的帳面價值，調整後帳面價值，評估價值及其增減幅度進行表述，還應單獨列示不納入評估匯總表的評估結果。

（12）特別事項說明

在這部分中應說明在評估過程中已發現可能影響評估結論，但非評估人員執業水平和能力所能評定估算的有關事項，也應提示評估報告使用者注意特別事項對評估結論的影響，還應揭示評估人員認為需要說明的其他事項。

（13）評估報告使用限制說明

在這部分中應寫明評估報告只能用於評估報告載明的評估目的和用途，評估報告只能由評估報告載明的評估報告使用者使用。除法律法規規定以及相關當事方另有約定外，未徵得出具評估報告的評估機構同意，評估報告的內容不得被摘抄、引用或披露於公開媒體。評估報告的使用有效期，以及因評估程序受限製造成的評估報告使用受限制等一定要進行說明。

(14) 評估報告日

在這部分中應寫明評估報告載明的評估報告日，通常爲註册資產評估師形成最終專業意見的日期。

(15) 簽字

修訂後的《評估報告準則》規定：評估報告應當由兩名以上（含兩名）註册資產評估師簽字、蓋章，並由評估機構加蓋公章。有限責任公司制評估機構的法定代表人或者合夥制評估機構負責該評估業務的合夥人應當在評估報告上簽字。

有限責任公司制評估機構的法定代表人可以授權首席評估師或者其他持有註册資產評估師證書的副總經理以上管理人員在評估報告上簽字。

有限責任公司制評估機構可以授權分支機構以分支機構名義出具除證券期貨相關評估業務外的評估報告，加蓋分支機構公章。評估機構的法定代表人可以授權分支機構負責人在以分支機構名義出具的評估報告上簽字。

3. 評估報告附件的基本內容

評估報告附件的內容應當與評估目的、評估方法、評估結論相關聯，通常包括下列內容：①與評估目的相對應的經濟行爲文件；②被評估單位專項審計報告；③委託方和被評估單位法人營業執照；④委託方和被評估單位產權登記證；⑤評估對象涉及的主要權屬證明資料；⑥委託方和相關當事方的承諾函；⑦簽字註册資產評估師的承諾函；⑧評估機構資格證書；⑨評估機構法人營業執照副本；⑩簽字註册資產評估師資格證書；⑪重要取價依據（如合同、協議）；⑫評估業務約定書；⑬其他重要文件。

相關資料鏈接：

關於開展 2015 年資產評估行業執業質量檢查工作的通知

財資〔2015〕5 號

各省、自治區、直轄市財政廳（局），中國資產評估協會：爲進一步加強資產評估行業監督管理，促進資產評估行業健康發展，根據《資產評估機構審批和監督管理辦法》（財政部令第 64 號），決定開展 2015 年資產評估行業執業質量檢查工作。現將有關事項通知如下：

一、檢查目的

通過檢查，督促資產評估機構改進和提升執業水平，提高資產評估師執業能力和職業道德水平，促進資產評估機構優質服務、評估從業人員規範執業，進一步提升資產評估行業的社會公信力。

二、檢查對象、範圍和內容

檢查對象採取抽選的方式確定，抽選比例爲資產評估機構總數的 20%。涉及投訴舉報、受到行政處罰，或因內控不嚴、管理不規範而出具過質量有問題報告的資產評估機構，可作爲檢查的重點對象。

檢查範圍以被查資產評估機構及其分支機構在 2014 年 1 月 1 日—2014 年 12 月 31

日資產評估業務執行情況、內部管理情況、合法合規情況為主。根據檢查工作需要，也可以延伸抽查過去 5 年的有關情況。

檢查的主要內容包括：
（一）資產評估報告質量情況；
（二）資產評估機構質量控制情況；
（三）資產評估機構內部管理情況；
（四）資產評估機構對分支機構管理情況；
（五）資產評估機構持續滿足設立條件情況；
（六）法律法規、部門規章規定的其他監督檢查事項。

三、檢查時間和要求

2015 年 5 月中旬前，抽調工作人員，組成檢查小組，確定並通知檢查對象，同時完成對檢查人員的業務培訓；6 月底前，完成實地檢查工作；9 月底前，完成對違規機構和執業人員的處理以及檢查總結工作，並將 2015 年資產評估行業執業質量檢查工作情況報財政部。

各檢查對象要高度重視、積極配合，按要求做好人員安排、資料提供等工作；需抽調人員參與檢查工作的資產評估機構，要積極予以支持，妥善安排，保證抽調人員按時到位。

四、組織實施

2015 年資產評估行業執業質量檢查工作由中國資產評估協會組織實施。中國資產評估協會制訂檢查工作方案，培訓檢查人員，組織開展檢查工作。

財政部
2015 年 4 月 2 日

第二節　資產評估報告書的編制

一、資產評估報告書的編制步驟

資產評估報告書的編制是評估機構與註冊資產評估師完成評估工作的最後一道工序，也是資產評估工作的一個重要環節。編制資產評估報告書主要有以下幾個步驟：

（一）整理工作底稿和歸集有關資料

資產評估現場工作結束後，有關評估人員必須着手對現場工作底稿進行整理，按資產的性質進行分類。同時，對有關詢證函、被評估資產背景材料、技術鑒定情況和價格取證等有關資料進行歸集和登記。對現場未予確定的事項，還須進一步落實和查核。這些現場工作底稿和有關資料都是編制資產評估報告的基礎。

（二）評估明細表的數字匯總

在完成現場工作底稿和有關資料的歸集任務後，註冊資產評估師應着手評估明細表的數字匯總。評估明細表的數字匯總應根據評估明細表的不同級次進行匯總，然後分類匯總，再到資產負債表式的匯總。在數字匯總過程中應反覆核對各有關表格的數字的關聯性和各表格欄目之間的數字鉤稽關係，防止出錯。

(三) 評估初步數據的分析和討論

在完成評估明細表的數字匯總、得出初步的評估數據後，應召集參與評估工作過程的有關人員，對評估報告的初步數據的結論進行分析和討論，比較各有關評估數據，復核記錄估算結果的工作底稿，對存在作價不合理的部分評估數據進行調整。

(四) 編寫評估報告書

編寫評估報告書分爲兩步：

第一步，在完成資產評估初步數據的分析和討論，對有關部分的數據進行調整後，由具體參加評估的各組負責人員草擬出各自負責評估部分資產的評估說明，同時提交給全面負責本項目評估的人員撰寫資產評估報告書初稿。

第二步，將資產評估基本情況和資產評估報告書初稿的初步結論與委託方交換意見，聽取委託方的反饋意見後，在堅持獨立、客觀、公正的前提下，認真分析委託方提出的問題和建議，考慮是否應該修改資產評估報告書初稿，對資產評估報告書初稿中存在的疏忽、遺漏和錯誤之處進行修正，待修改完畢後，即可撰寫出正式資產評估報告書。

(五) 資產評估報告書的簽發與送交

評估機構撰寫出正式資產評估報告書後，經審核無誤，按以下程序進行簽名、蓋章：先由負責該項目的註冊資產評估師簽章（兩名或兩名以上），再送復核人審核簽章，最後送評估機構負責人審定簽章並加蓋機構公章。

資產評估報告書簽發蓋章後即可連同評估說明及評估明細表送交委託單位。

二、資產評估報告書編制的技術要點

資產評估報告書編制的技術要點是指在資產評估報告編制過程中的主要技能要求，包括文字表達、格式和內容方面的技能要求，以及資產評估報告書的復核與反饋方面的技能要求等。

(一) 文字表達方面的技能要求

資產評估報告書既是一份對被評估資產價值有諮詢性和鑒證性作用的文書，又是一份用來明確資產評估機構和評估人員工作責任的文字依據，所以它的文字表達技能要求既要清楚、準確，又要提供充分的依據說明，還要全面地敘述整個評估的具體過程。其文字的表達必須準確，不得使用模稜兩可的措辭。其陳述既要簡明扼要，又要把有關問題說明清楚，不得帶有任何誘導、恭維和推薦性的陳述。當然，在文字表達上也不能帶有大包大攬的語句，尤其是涉及承擔責任條款的部分。

(二) 格式和內容方面的技能要求

對資產評估報告書格式和內容方面的技能要求，應符合現行政策規定，遵循《資產評估準則——評估報告》的要求，涉及國有資產評估的，還要遵循《企業國有資產評估報告指南》。

(三) 復核與反饋方面的技能要求

資產評估報告書的復核與反饋是資產評估報告書製作的具體技能要求。通過對工作底稿、評估說明、評估明細表和資產評估報告書正文的文字、格式及內容的復核和反饋，可以使有關錯誤、遺漏等問題在出具正式資產評估報告書之前得到修正。對評估人員來說，資產評估工作是一項必須由多個評估人員同時作業的中介業務，每個評估人員都有可能因能力、水平、經驗、閱歷及理論方法的限制而產生工作盲點和工作疏忽，所以，對資產評估報告書初稿進行審核就成為必要。就評估資產的情況熟悉程度來說，大多數資產委託方和占有方對委託評估資產的分布、結構、成新率等具體情況總是會比評估機構和評估人員更熟悉。所以，在出具正式資產評估報告之前徵求委託方意見、收集反饋意見也是很有必要的。

對資產評估報告進行復核，必須建立起多級復核和交叉復核的制度，明確復核人的職責，防止流於形式的復核。收集反饋意見主要是通過委託方或占有方熟悉資產具體情況的人員。對委託方或占有方意見的反饋信息，應謹慎對待，應本着獨立、客觀、公正的態度去接受其反饋意見。

(四) 撰寫資產評估報告書應註意的事項

編制資產評估報告書除需要滿足上述三個方面的技能要求外，在撰寫資產評估報告書時還應註意以下事項：

1. 實事求是，切忌出具虛假報告

資產評估報告書必須建立在真實、客觀的基礎上，不能脫離實際情況，更不能無中生有。資產評估報告書擬定人應是參與該項目並較全面瞭解該項目情況的主要評估人員。

2. 堅持一致性做法，切忌出現表裡不一的情況

資產評估報告書的文字、內容前後要一致，摘要、正文、評估說明、評估明細表的內容與格式、數據要一致。

3. 提交資產評估報告書要及時、齊全和保密

在正式完成資產評估工作後，應按業務約定書的約定時間及時將報告送交委託方。此外，要做好客戶保密工作，尤其是對評估涉及的商業秘密和技術秘密，更要加強保密工作。

三、資產評估報告書實例

JS 公司擬處置房地產價值項目
資產評估報告目錄

聲　明 ……………………………………………………………………………………
摘　要 ……………………………………………………………………………………
一、委託方、被評估單位和業務約定書約定的其他評估報告使用者概況 ……………
二、評估目的 ……………………………………………………………………………
三、評估對象和評估範圍 ………………………………………………………………
四、價值類型及其定義 …………………………………………………………………
五、評估基準日 …………………………………………………………………………
六、評估依據 ……………………………………………………………………………
七、評估方法 ……………………………………………………………………………
八、評估程序實施過程和情況 …………………………………………………………
九、評估假設 ……………………………………………………………………………
十、評估結論 ……………………………………………………………………………
十一、特別事項說明 ……………………………………………………………………
十二、評估報告使用限制說明 …………………………………………………………
十三、評估報告日 ………………………………………………………………………
附件

註冊資產評估師聲明

　　一、我們在執行本資產評估業務中，遵循相關法律法規和資產評估準則，恪守獨立、客觀和公正的原則。根據我們在執業過程中收集的資料，評估報告陳述的內容是客觀的，並對評估報告的合理性承擔相應的法律責任。

　　二、評估對象涉及的資產、負債清單及被評估單位歷史經營狀況由委託方、被評估單位申報並經其蓋章確認；保證所提供資料的真實性、合法性、完整性，恰當使用評估報告是委託方、被評估單位和相關當事方的責任。

　　三、我們與評估報告中的評估對象沒有現存或者預期的利益關係；與相關當事方沒有現存或者預期的利益關係，對相關當事方不存在偏見。

　　四、我們已對評估報告中的評估對象及其涉及資產進行現場調查；我們已對評估對象及其涉及資產的法律權屬狀況給予必要的關注，對評估對象及其涉及資產法律權屬資料進行查驗，並對已經發現的問題進行了如實披露，且已提請委託方及相關當事方完善產權以滿足出具評估報告的要求。

　　五、我們出具的評估報告中的分析、判斷和結論受評估報告中假設和限定條件的限制，評估報告使用者應當充分考慮評估報告中載明的假設、限定條件、特別事項說明及其對評估結論的影響。

六、我們對評估對象的價值進行估算並發表的專業意見，是經濟行爲實現的參考依據，並不承擔相關當事人決策的責任。評估結論不應當被認爲是對評估對象可實現價格的保證。

JS 公司擬處置房地產價值項目
資產評估報告
摘　要

ZHY 評報字〔2016〕×××號

　　ZHY 資產評估有限公司接受 JS 公司的委託，對 JS 公司擬處置資產所涉及的房產進行了評估，爲委託方提供價值參考依據。

　　根據評估目的，本次評估對象是 JS 公司擁有的位於×市×區×路×號房地產的市場價值，具體評估範圍以 JS 公司提供的資產評估申報表爲準。

　　評估基準日爲 2016 年 5 月 31 日。

　　本次評估的價值類型爲市場價值。

　　本次評估以持續使用和公開市場爲前提，結合評估對象的實際情況，綜合考慮各種影響因素，採用收益法對 JS 公司所有的房地產進行評估，並最後確定評估結論。在評估過程中，本公司評估人員對評估範圍內的資產，按照行業規範要求，履行了必要的評估程序，具體包括：清查核實、實地查勘、市場調查和詢證、評定估算等評估程序。

　　根據以上評估工作，在評估前提和假設條件充分實現的條件下，得出如下評估結論：

　　在持續使用前提下，截至評估基準日 2016 年 5 月 31 日，JS 公司納入評估範圍內的房地產帳面值爲×萬元，評估值爲×萬元，增值額爲×萬元，增值率爲×%。其中固定資產——房屋建築物帳面值爲×萬元，評估值爲×萬元，增值額爲-×萬元，增值率爲-×%；無形資產——土地使用權帳面值爲0，評估值爲×萬元，增值額爲×萬元。評估結論詳細情況見評估明細表。

　　在使用本評估結論時，特別提請報告使用者使用本報告時註意報告中所載特殊事項以及期後重大事項。

　　本報告評估結論自評估基準日起一年內有效，即有效期至 2017 年 5 月 30 日。

　　超過一年，需重新進行評估。

　　以上內容摘自評估報告正文，慾瞭解本評估項目的詳細情況和合理理解評估結論，應當閱讀評估報告正文。

JS公司擬處置房地產價值項目
資產評估報告正文

ZHY評報字〔2016〕×××號

JS公司：

　　ZHY資產評估有限公司接受貴公司的委託，根據有關法律、法規和資產評估準則、資產評估原則，採用收益法，按照必要的評估程序，對JS公司擬處置資產所涉及的房產在2016年5月31日的市場價值進行了評估。

　　現將資產評估情況報告如下：

一、委託方、被評估單位和業務約定書約定的其他評估報告使用者概況

　　（一）委託方與被評估單位簡介（略）

　　（二）委託方與被評估單位的關係

　　委託方與被評估單位爲同一單位。

　　（三）業務約定書約定的其他評估報告使用者簡介

　　本評估報告的使用者爲委託方、被評估單位、經濟行爲相關的當事方等。

　　除國家法律法規另有規定外，任何未經評估機構和委託方確認的機構或個人不能由於得到評估報告而成爲評估報告使用者。

二、評估目的

　　本次評估目的爲JS公司擬處置位於×區×路×號房地產，對涉及該經濟行爲的該房地產的市場價值進行評估，爲JS公司提供價值參考依據。相關經濟行爲已經收錄於本評估報告的附件中。

三、評估對象和評估範圍

　　本次評估對象是JS公司擁有的位於×區×路×號房地產的市場價值，評估範圍爲JS公司所有的位於×區×路×號的房地產。

　　（1）房屋登記狀況

　　房屋所有權人爲JS公司，所有權性質爲集體。房屋坐落爲×區×路×號。根據《房屋所有權證》〔××字第×××號〕記載，房屋狀況如下（略）：

　　根據委託方介紹，估價對象房產曾經進行了部分改擴建及裝修等，房產現狀已與《房屋所有權證》記載有所變化。具體狀況如下（房產建築面積爲測量）（略）：

　　（2）房屋權利狀況

　　房屋所有權人爲JS公司，所有權性質爲集體。根據委託方提供的資料，於估價基準日2016年5月31日，無他項權利限制（略）。

　　本次評估設定土地所有權人爲JS公司，土地使用面積爲2 318平方米，用途爲辦公，土地狀況爲"七通一平"。

四、價值類型及其定義

　　根據評估目的及具體評估對象，本次評估採用市場價值類型。市場價值是指自願

買方和自願賣方在各自理性行事且未受任何強迫的情況下，評估對象在評估基準日進行正常公平交易的價值估計數額。

五、評估基準日

根據評估目的，經委託方、資產占有方與評估機構共同商定，本項目評估基準日爲 2016 年 5 月 31 日。選定該基準日主要考慮該日期與評估目的預計實現的時間相近，以保證評估結果有效服務於評估目的，盡量減少和避免評估基準日後的調整事項對評估結果造成較大影響。

本次評估工作中所採用的價格均爲評估基準日的有效價格標準。

六、評估依據

（一）法律法規依據

1. 本次估價所依據的有關法律、法規和政策文件

①《中華人民共和國土地管理法》；

②《中華人民共和國城市房地產管理法》；

③《中華人民共和國土地管理法實施條例》；

④《中華人民共和國城鎮國有土地使用權出讓和轉讓暫行條例》；其他法律規定、政策文件等。

2. 地方政策、法規文件

①《×市人民政府關於更新出讓國有建設用地使用權基準地價的通知》（×政發〔2014〕26 號）

②《×市基準地價更新成果》

（二）評估準則依據

①《資產評估準則——基本準則》；

②《資產評估職業道德準則——基本準則》；

③《資產評估準則——評估報告》；

④《資產評估準則——評估程序》；

⑤《資產評估準則——不動產》；

⑥《資產評估價值類型指導意見》；

⑦《註冊資產評估師關註評估對象法律權屬指導意見》。

（三）權屬依據

①《房屋所有權證》復印件；

②委託估價對象情況說明。

（四）取價依據

①《房地產估價規範》；

②《城鎮土地估價規程》；

③《城市地價動態監測技術規範》；

④《中華人民共和國房產稅暫行條例》；

⑤《關於全面推開營業稅改增值稅試點的通知》；

⑥《×市建設工程預算定額》；

⑧評估基準日近期建設工程造價信息等。

（五）其他參考資料

①JS 公司提供的資產清查申報明細表；

②JS 公司提供的房屋土地說明等資料；

③其他相關資料；

④受托估價方掌握的有關資料和估價人員實地調查所獲取的資料等。

七、評估方法

根據《資產評估準則》，常用的房產評估方法有市場法、收益法、成本法等。在本次估價方法的選擇過程中，根據待估房產現場勘查和有關資料的收集情況，按照估價規程，根據各種評估方法的適用範圍、使用條件，結合評估項目的評估目的，分析如下：

1. 所選用評估方法的理由（略）
2. 收益法（略）
3. 成本法（略）

八、評估程序實施過程和情況

我公司自 2016 年 6 月 8 日至 2016 年 6 月 20 日實施本次評估工作，整個評估工作分四個階段進行：

（一）評估準備階段

1. 有關各方就本次評估的目的、評估基準日、評估範圍等問題協商一致，並制訂出本次資產評估工作計劃。

2. 配合企業進行資產清查、填報資產評估申報明細表等工作。評估項目組人員對委估資產進行了詳細瞭解，布置資產評估工作，協助企業進行委估資產申報工作，收集資產評估所需文件資料。

（二）現場評估階段

1. 聽取委託方及產權持有者有關人員介紹企業總體情況和委估資產的歷史及現狀。
2. 查閱收集委估資產的產權證明文件。
3. 根據委估資產的實際狀況和特點，確定具體評估方法。
4. 對企業提供的權屬資料進行查驗。

（三）核實結論

資產評估人員對評估範圍內的資產的實際狀況進行了認真、詳細的清查，評估申報明細表與實際情況吻合。

九、評估假設

1. 國家現行的有關法律法規及政策、國家宏觀經濟形勢無重大變化，本次交易各方所處地區的政治、經濟和社會環境無重大變化，無其他不可預測和不可抗力因素造成的重大不利影響；

2. 針對評估基準日資產的實際狀況，假設企業持續經營；

3. 假設公司的經營者是負責的，且公司管理層有能力擔當其職務；

4. 除非另有說明，假設公司完全遵守所有有關的法律法規；

5. 假設公司未來將採取的會計政策和編寫此份報告時所採用的會計政策在重要方面基本一致；

6. 假設公司在現有的管理方式和管理水平的基礎上，經營範圍、方式與目前方向保持一致；

7. 有關利率、匯率、賦稅基準及稅率、政策性徵收費用等不發生重大變化；

8. 無其他人力不可抗拒因素及不可預見因素對企業造成重大不利影響；

9. 對於本評估報告中全部或部分價值評估結論所依據而由委託方及其他各方提供的信息資料，本公司假定其為可信的而沒有進行驗證。本公司對這些信息資料的準確性不做任何保證；

10. 本評估報告中的估算是在假定所有重要的及潛在的可能影響價值分析的因素都已在我們與委託方之間充分揭示的前提下做出的。根據資產評估的要求，認定這些假設條件在評估基準日時成立，當未來經濟環境發生較大變化時，將不承擔由於假設條件改變而推導出不同評估結論的責任。

十、評估結論

在實施了上述資產評估程序和方法後，在持續使用前提下，截至評估基準2016年5月31日，JS公司納入評估範圍內的位於×區×路×號房地產帳面值為×萬元，評估值為×萬元，增值額為×萬元，增值率為×%。其中固定資產——房屋建築物帳面價值為×萬元，評估值為×萬元，增值額為-×萬元，增值率為-×%；無形資產——土地使用權帳面值為0，評估值為×萬元，增值額為×萬元。評估結論詳細情況見評估明細表。

十一、特別事項說明

以下為在評估過程中已發現可能影響評估結論但非評估人員執業水平和能力所能評定估算的有關事項（包括但不限於）：

（一）其他特殊說明事項

1. 本報告評估結果是在滿足地價定義所設定條件下的房地產市場價格，若估價對象利用方式、評估基準日、土地使用年限、土地面積等因素發生變化，該評估價格應作相應調整。

2. 本評估報告僅限於本評估目的使用。

（二）其他需要說明的事項

1. 本次評估範圍及採用的由產權持有者提供的數據、報表及有關資料，委託方及產權持有者對其提供資料的真實性、完整性負責。評估報告中涉及的有關權屬證明文件及相關資料由產權持有者提供，委託方及產權持有者對其真實性、合法性承擔法律責任。

2. 在評估基準日以後的有效期內，如果資產數量及作價標準發生變化時，應按以下原則處理：

（1）當資產數量發生變化時，應根據原評估方法對資產數額進行相應調整；

（2）當資產價格標準發生變化，且對資產評估結果產生明顯影響時，委託方應及時聘請有資格的資產評估機構重新確定評估價值；

（3）對評估基準日後，資產數量、價格標準的變化，委託方在資產實際作價時應給予充分考慮，進行相應調整。

3.（略）

（三）重大期後事項

截至出報告日期，本次評估未發現重大期後事項，委估房地產無他項權利限制。

十二、評估報告使用限制說明

（一）本評估報告只能用於本報告載明的評估目的和用途。同時，本次評估結論是反應評估對象在本次評估目的下，根據公開市場的原則確定的現行公允市價，沒有考慮將來可能承擔的抵押、擔保事宜，以及特殊的交易方可能追加付出的價格等對評估價格的影響，同時，本報告也未考慮國家宏觀經濟政策發生變化以及遇有自然力和其它不可抗力對資產價格的影響。當前述條件以及評估中遵循的持續使用原則等其它情況發生變化時，評估結論一般會失效。評估機構不承擔由於這些條件的變化而導致評估結果失效的相關法律責任。

本評估報告成立的前提條件是本次經濟行爲符合國家法律、法規的有關規定，並得到有關部門的批準。

（二）本評估報告只能由評估報告載明的評估報告使用者使用。評估報告的使用權歸委託方所有，未經委託方許可，本評估機構不會隨意向他人公開。

（三）未徵得本評估機構同意並審閱相關內容，評估報告的全部或者部分內容不得被摘抄、引用或披露於公開媒體，法律、法規規定以及相關當事方另有約定的除外。

（四）評估結論的使用有效期：根據國家現行規定，本資產評估報告結論使用有效期爲一年，自評估基準日 2016 年 5 月 31 日起計算，至 2017 年 5 月 30 日止。超過一年，需重新進行資產評估。

十三、評估報告日

本評估報告報告日爲 2016 年 6 月 27 日。

評估機構法定代表人（簽字）：×××
中國註冊資產評估師（簽字）：×××
中國註冊資產評估師（簽字）：×××

ZHY 資產評估有限公司（蓋章）
二〇一六年六月二十七日

第三節　資產評估報告書的復核與應用

一、資產評估報告書的復核

資產評估報告書的復核是指對工作底稿、評估說明、評估明細表和資產評估報告書正文的文字、格式及內容的復查和核對。爲保證資產評估報告書的質量，應對資產評估報告書實行多級復核，即資產評估師、項目負責人、項目復核人均應對資產評估報告書進行復核並在資產評估報告書上簽字。

（1）執業資產評估師應着重從自身基本職責和操作實務的角度復核資產評估報告書。具體要求如下：

①根據關於資產評估報告書結構的規定，從總體結構上復核資產評估報告書的正文內容是否完整，應列入資產評估報告書的各項內容是否都已分別敘述清楚，有沒有錯漏，附件有無短缺；並改正資產評估報告書中文字上的差錯等。

②通過復核資產評估報告書，回顧本項目開展評估的全過程，審視整體評估工作是否客觀、公正、科學，是否全部符合關於資產評估操作程序的規定，如果發現有疏忽不妥之處，要及時彌補。

③重點復核評估結果，對資產評估報告書所列各類資產和負債以及總資產、淨資產的評估依據、評估價值認真進行復核，保證評估結果的科學性、準確性、客觀性、公正性和有效性。

（2）項目復核人復核資產評估報告書的具體要求如下：

①項目復核人要在項目負責人初步復核的基礎上，對已初步修正的資產評估報告書再次就以上復核內容進行復核。

②對資產評估報告書的復核，要結合審核評估說明，保持兩者的一致性，防止初步審核後再出現錯漏之處。

③項目負責人審核的關鍵之點也是評估結果。要從保證評估結果的可靠性、準確性出發，着重審核資產評估報告書所列各項數據，特別是評估結果。在審核中，必要時應着重對報告所列各項數據重新審核、計算，以求萬無一失。

（3）法定代表人要對評估報告進行最後的把關，應在項目負責人、項目復核人審核的基礎上，着重從政策上、原則上、業務規程執行和評估結果的科學性上把關。主要要求如下：

①復核報告是否符合合法性原則：

第一，委託方的委託依據、所提供的文件和材料是否充分、可靠；

第二，本所開展評估的全過程是否符合上級規定的資產評估操作規範要求；

第三，評估結果的獲得是否符合國家和政府主管部門的法律、法令和法規精神；

第四，本評估報告是否體現了本所在該項目評估中遵守職業道德、堅持原則、秉公執業的形象。

②高度重視涉及本項目評估的實質性內容的復核。包括：一是進一步復核資產評估報告書所表述的評估目的是否清晰；二是評估範圍和對象是否確切；三是評估過程和步驟是否合乎要求；四是評估原則和評估依據是否正確；五是評估基準日的選擇是否可行；六是評估結果是否切合實際，有無不妥當或考慮不周的地方；七是對資產評估報告書所列各類資產和負債以及總資產、淨資產的評估價值是否科學、正確；八是委託方是否接受；九是資產的增值或減值是否合理等。

③對資產評估報告書從總體結構等方面做最後的復核。

二、委託方對資產評估報告書的應用

委託方在收到評估機構送交的正式資產評估報告書及有關資料後，可以依據資產評估報告書所揭示的評估目的和評估結論，合理使用資產評估結果。具體說來主要可以作為以下幾種具體用途加以使用：

（一）作為資產業務的作價基礎

  （1）整體或部分改建為有限責任公司或股份有限公司；
  （2）以非貨幣資產對外投資；
  （3）合並、分立、清算；
  （4）除上市公司以外的原股東股權比例變動；
  （5）除上市公司以外的整體或部分產權（股權）轉讓；
  （6）資產轉讓、置換、拍賣；
  （7）整體資產或者部分資產租賃給非國有單位；
  （8）確定涉訟資產價值；
  （9）國有資產占有單位收購非國有資產；
  （10）國有資產占有單位與非國有資產單位置換資產；
  （11）國有資產占有單位接受非國有資產單位以實物資產償還債務；
  （12）法律、行政法規規定的其他需要進行評估的事項。

（二）作為企業進行會計記錄或調整帳項的依據

委託方在根據資產評估報告書所揭示的資產評估目的使用資產評估報告書資料的同時，還可以依照有關規定，根據資產評估報告書資料進行會計記錄或調整有關財務帳項。

（三）作為履行委託協議和支付評估費用的主要依據

當委託方收到評估機構的正式資產評估報告書的有關資料後，在沒有異議的情況下，應根據委託協議，將評估結果作為計算支付評估費用的主要依據，履行支付評估費用的承諾及其他有關承諾的協議。

此外，資產評估報告書及有關資料也是有關當事人因資產評估糾紛向糾紛調處部門申請調處的申訴資料之一。

當然，委託方在使用資產評估報告書及有關資料時也必須注意以下幾個方面的問題：

（1）只能按資產評估報告書所揭示的評估目的使用報告，一份資產評估報告書只允許按一個用途使用；

（2）只能在資產評估報告書的有效期內使用報告，超過資產評估報告書的有效期，原資產評估結果無效；

（3）在資產評估報告書有效期內，資產評估數量發生較大變化時，應由原評估機構或者資產占有單位按原評估方法做相應調整後才能使用；

（4）涉及國有資產產權變動的資產評估報告書及有關資料必須經國有資產管理部門或授權部門核準或備案後方可使用；

（5）作爲企業會計記錄和調整企業帳項使用的資產評估報告書及有關資料，必須由有權機關批準或認可後方能生效。

三、資產評估管理機構對資產評估報告書的應用

資產評估管理機構主要是指對資產評估行政管理的主管機關和對資產評估行業自律管理的行業協會。對資產評估報告書的運用是資產評估管理機構實現對評估機構的行政管理和行業自律管理的重要過程。一方面資產評估管理機構通過對評估機構出具的資產評估報告書及有關資料的運用，能大體瞭解評估機構從事評估工作的業務能力和組織管理水平。由於資產評估報告書是反應資產評估過程的工作報告，通過對資產評估報告書資料的檢查與分析，評估管理機構能大致判斷該機構的業務能力和組織管理水平。另一方面資產評估報告書也是對資產評估結果質量進行評價的依據。資產評估管理機構通過對資產評估報告書進行核準或備案，能夠對評估機構的評估結果質量的好壞做出客觀的評價，從而能夠有效地實現對評估機構和評估人員的管理。另外，資產評估報告書還能爲國有資產管理提供重要的數據資料。通過對資產評估報告書的統計與分析，可以及時瞭解國有資產占有和使用狀況以及增減值變動情況，進一步爲加強國有資產管理服務。

四、其他有關部門對資產評估報告書的應用

除了資產評估管理機構可應用資產評估報告書資料外，還有些政府管理部門也需要應用資產評估報告書，包括國有資產監督管理部門、證券監督管理部門、保險監督管理部門、工商行政管理部門、稅務、金融和法院等有關部門。

國有資產監督管理部門對資產評估報告的應用，主要表現在對國有產權進行管理的各個方面，通過對國有資產評估項目的核準或備案，可以加強對國有產權的有效管理，規範國有產權的轉讓行爲。

證券監督管理部門對資產評估報告書的運用，主要表現在對申請上市的公司有關申報材料招股說明書的審核過程，以及對上市公司的股東配售發行股票時申報材料配股說明書的審核過程。當然，證券監督管理部門還可以運用資產評估報告書和有關資料加強對取得證券業務評估資格的評估機構及有關人員的業務管理。

保險監督管理部門、工商行政管理部門、稅務、金融和法院等有關部門也都能通

過對資產評估報告書的應用來達到實現其管理職能的目的。

本章小結

　　資產評估報告，是指註冊資產評估師根據資產評估準則的要求，在履行必要評估程序後，對評估對象在評估基準日特定目的下發表的、由其所在評估機構出具的書面專業意見。資產評估報告的作用主要有：對委託評估的資產提供價值意見；是反應和體現資產評估工作情況，明確委託方、受托方及有關方面責任的依據；對資產評估報告書進行審核，是管理部門完善資產評估管理的重要手段；是建立評估檔案、歸集評估檔案資料的重要信息來源。

　　按不同標準，資產評估報告可以做不同的分類。資產評估報告一般包括以下基本要素：委託方、資產占有方及其他評估報告使用者，評估目的，評估對象和評估範圍，價值類型及其定義，評估基準日，評估依據，評估方法，評估程序實施過程和情況，評估假設，評估結論，特別事項說明，評估報告使用限制說明，評估報告日，評估機構和註冊資產評估師簽章。

　　資產評估報告書的編制要經過以下步驟：整理工作底稿和歸集有關資料，評估明細表的數字匯總，評估初步數據的分析和討論，編寫資產評估報告書，資產評估報告書的簽發與送交。其編制要符合資產評估報告書編制的技術要點。

　　資產評估報告由評估機構出具後，由委託方報送其主管部門審查，同級資產評估行政管理機關及其授權單位對評估結果進行驗證和確認。資產評估委託方、資產評估管理方和有關部門對資產評估報告及有關資料根據需要分別進行應用。

檢測題

一、單項選擇題

1. 以下選項中，不屬於資產評估報告基本要素的內容是（　　）。
   A. 評估目的　　　　　　　　　B. 評估對象和範圍
   C. 評估基準日　　　　　　　　D. 評估原則
2. 國際上對資產評估報告的分類，比如將資產評估報告分為（　　）。
   A. 完整型評估報告、簡明型評估報告、諮詢型評估報告
   B. 完整型評估報告、簡明型評估報告、限制型評估報告
   C. 簡明型評估報告、諮詢型評估報告、限制型評估報告
   D. 完整型評估報告、限制型評估報告、諮詢型評估報告
3. 按現行規定，資產評估報告的有效期為一年，這裡的有效期是指（　　）。
   A. 自評估報告報出日起一年
   B. 評估基準日與經濟行為實現日相距不超過一年
   C. 自評估人員進入評估現場日起一年
   D. 自評估事務所接受評估項目，並簽訂業務約定書日起一年

4. 對資產評估報告的使用，下列選項中，說法錯誤的是（　　）。
   A. 資產評估報告由評估機構出具後，資產評估委託方、資產評估管理方和有關部門需要對報告根據需要進行使用
   B. 委託方可以根據評估報告揭示的評估目的和評估結論，合理使用資產評估結果
   C. 資產評估管理機構對評估報告的使用是資產評估管理機構實現對評估機構的行政管理和行業自律管理的重要過程
   D. 法院等司法部門不能使用資產評估報告

二、多項選擇題

5. 資產評估報告書的作用有（　　）。
   A. 對委託評估的資產提供價值意見
   B. 反應和體現資產評估工作情況，作爲明確委託方、受托方及有關方面責任的依據
   C. 對資產評估報告書進行審核，是管理部門完善資產評估管理的重要手段
   D. 建立評估檔案、歸集評估檔案資料的重要信息來源
   E. 被評估的資產必須嚴格按照資產評估報告書中的金額進行計價

6. 資產評估報告書的正文包括（　　）等內容。
   A. 緒言
   B. 評估結論
   C. 評估範圍
   D. 關於進行資產評估有關事項的說明
   E. 評估報告日

7. 關於資產評估報告，下列說法正確的有（　　）。
   A. 資產評估報告是按照一定格式和內容來反應評估目的、假設、程序、標準、依據、方法、結果及適用條件等基本情況的報告書
   B. 我國2007年發布的《資產評估準則——評估報告》是根據要素與內容對評估報告進行重要規範的評估準則
   C. 按照評估範圍來劃分，我國資產評估報告可以分爲現實型評估報告、預測型評估報告與追溯型評估報告
   D. 註冊資產評估師應當在執行必要的資產評估程序後，根據相關的評估準則並由所在的評估機構出具評估報告

8. 撰寫報告書應註意的事項包括（　　）。
   A. 實事求是，切忌出具虛假報告
   B. 堅持一致性，切忌出現表裡不一
   C. 提交報告書要及時、齊全和保密
   D. 對評估對象的法律權屬提供保證
   E. 評估機構應當在評估報告中明確使用者、報告使用方式、提示評估報告使用者合理使用評估報告

9. 對於委託方來說，資產評估報告的作用包括（　　）。
    A. 根據評估目的，在相關業務中明確資產的作價
    B. 作為企業進行會計記錄或調整帳項的依據
    C. 作為履行委託協議和支付評估費用的依據
    D. 作為委託方進行有關申訴的資料之一
    E. 有助於瞭解評估機構從事評估工作的業務能力和組織管理水平

三、判斷題

10. 資產評估報告書正文基本內容的尾部應當寫明出具評估報告書的機構名稱並加蓋公章，還要由評估機構法定代表人和至少 1 名負責評估的註冊資產評估師簽名蓋章。（　　）

11. 對於資產評估基準日後發生的重大事項，應當在正文中列出，並做相應的說明。（　　）

四、思考題

12. 資產評估報告有哪些基本要素？
13. 資產評估報告書編制的技術要點有哪些？

第十二章　中國資產評估行業管理

[學習內容]
  第一節　中國資產評估行業管理
  第二節　中國資產評估機構管理
  第三節　中國資產評估師職業資格管理
  第四節　中國資產評估法律責任與自律懲戒

[學習目標]
  本章的學習目標是使學生瞭解資產評估行業的發展歷程；認識資產評估機構的設立條件及中國資產評估協會對其進行的管理；瞭解關於資產評估師考試及職業資格管理等的新規定；認識資產評估機構及資產評估師法律責任及免責條件。具體目標包括：

  ◇ 知識目標

  瞭解資產評估師執業資格考試的相關信息；認識資產評估師職業資格管理、繼續教育管理、會員管理相關規定；認識資產評估機構及資產評估師法律責任及免責條件。

  ◇ 能力目標

  使學生能夠在瞭解資產評估師考試、註冊、繼續教育管理及評估機構管理的一系列制度改革的基礎上，分析改革前後的變化，並思考我國資產評估行業的未來發展趨勢。

[案例導引]

《資產評估法》出爐，"十年磨一劍"

  中新社北京7月2日電（記者：梁曉輝/馬海燕）十二屆全國人大常委會第二十一次會議2016年7月2日下午表決通過資產評估法，標誌着經過十年醞釀，中國資產評估行業迎來首部基本大法。

  資產評估法共八章五十五條，包括總則、評估專業人員、評估機構、評估程序、行業協會、監督管理、法律責任和附則等內容。該法自2016年12月1日起施行。

  該法突出了中國推進簡政放權的改革精神，降低了職業資格準入門檻，並重點規範了評估師和評估機構等的從業行為。

  該法規定，評估專業人員包括評估師和其他具有評估專業知識及實踐經驗的評估從業人員，有關全國性評估行業協會按照國家規定組織實施評估師資格全國統一考試。

  該法規定，評估專業人員違反本法規定構成犯罪的，依法追究刑事責任，終身不得從事評估業務；評估機構違反本法規定情節嚴重的，由工商行政管理部門吊銷營業執照，構成犯罪的依法追究刑事責任；評估行業協會違反本法規定的，由有關評估行政管理部門給予警告，責令改正。

中國資產評估行業於20世紀80年代產生，經過近30年的發展，現在六大類評估機構共有1.4萬多家，評估師人數已經超過13萬，從業人員60多萬，但一直缺少一部系統性、管全局的行業大法。

為彌補資產評估行業基本法的空白，中國於2006年成立草案起草組，2012年2月資產評估法草案提交全國人大常委會首次審議，2013年8月草案提交二審，2015年8月提交三審。2016年7月，草案四審通過。

全國人大財經委法案室主任龔繁榮表示，該法立法過程充分發揚民主，堅持科學立法，不斷引起共識。對評估機構、評估師及從業人員行為規範，以及行業監管、行業協會等方面的作用發揮所作的規定，"應當說是在現有條件下的最大公約數"。

資料來源：http://www.chinanews.com/gn/2016/07-02/7925404.shtml.

第一節　中國資產評估行業的發展

資產評估是市場經濟的產物。應當說，哪裡有市場經濟，哪裡就有資產評估。資產評估作為一種有組織、有理論指導的專業服務活動，起始於19世紀中後期。第二次世界大戰以後隨著世界經濟的發展，資產評估也在一些經濟發展較快的國家得到較大發展。

中國資產評估行業伴隨著20世紀80年代末的改革開放大潮誕生，得益於中國市場經濟的發展和國有經濟的改制而發展狀大，並逐步成長為獨立的專業化市場中介服務行業，在規範資本運作、維護經濟秩序、促進經濟發展等方面發揮着越來越重要的作用，已經成為我國市場經濟發展不可或缺的重要力量。隨著國有經濟改制工作接近尾聲，評估企業之間的競爭日益激烈，資產評估行業的改革、創新勢在必行，行業管理也面臨前所未有的巨大挑戰。

回顧我國資產評估行業管理的發展，經歷了以下幾個階段：

一、中國資產評估工作正式起步階段

受當時經濟體制改革進展和資產評估工作剛剛起步等特點的影響，國家國有資產管理局代表政府直接管理資產評估行業，包括立法、機構管理、項目管理等基礎工作。

1988年8月31日通過的《國家國有資產管理局"三定"方案》，規定了資產評估管理的職責，即"審批中央級國有企業承包、租賃、合資、參股經營和兼併、拍賣、破產清理等經濟活動中涉及國有資產的評估、產權變動和財務處理問題""審批中央級行政事業單位國有資產產權轉移、評估和財務處理問題"。這是首次在中國政府的正式文件中見到資產評估的字樣。

1989年，國家體改委、國家計委、財政部、國家國有資產管理局共同發布了《關於出售國有小型企業產權的暫行辦法》和《關於企業兼併的暫行辦法》，明確規定："被出售企業的資產（包括無形資產）要認真進行清查評估。""對被兼併方的有形資產和無形資產，一定要進行評估作價，並對全部債務予以核實。如果兼併方企業在兼併過程中轉換爲股份制企業，也要進行資產評估。"同年，國家國有資產管理局發布了《關於在國有資產產權變化時必須進行資產評估的若干暫行規定》。

1990年7月，國家國有資產管理局成立了資產評估中心，負責資產評估項目和資產評估行業的管理工作。這些早期資產評估管理文件的發布和資產評估管理機構的成立，標誌着我國資產評估工作正式起步。

二、評估行業迅速發展階段

1991年以國務院第91號令發布了《國有資產評估管理辦法》。《資產評估機構管理暫行辦法》《資產評估收費管理辦法》等評估行業的基本法規、制度的起草和發布工作也陸續完成。爲建立國有資產評估項目、資產評估資格等管理制度提供了法律依據，推動了我國資產評估行業在初期階段的快速發展，並對我國評估行業的發展發揮了長期指導作用。

1993年以後，隨著我國經濟體制改革的深入，國有企業股份制改造、證券市場迅速發展以及國有企業大量海外上市等，爲國內資產評估行業的發展提供了重要的機會和空間，評估項目越來越多、規模越來越大、涉及行業越來越廣、技術複雜程度也越來越高，資產評估機構和從業人員的數量迅速增加，我國資產評估行業得到空前發展。

1995年5月，人事部、國家國有資產管理局聯合發布了《註冊資產評估師執業資格制度暫行規定》和《註冊資產評估師執業資格考試實施辦法》。註冊資產評估師制度的實行，爲保證資產評估人員在評估業務中提高服務質量、強化資產評估人員的專業責任發揮了重要作用。

1993年12月，中國資產評估協會成立。它表明中國資產評估行業已成爲一個獨立的、被社會承認的中介行業，並且逐步從政府直接管理向行業自律管理過渡。1995年5月，我國建立了註冊資產評估師制度。1995年，中國資產評估協會代表我國資產評估行業加入國際評估準則委員會，這標誌着中國資產評估活動融入了國際資產評估活動之中，中國的資產評估活動與行業組織管理逐漸與國際評估活動和組織管理相協調。1999年10月，在北京國際評估準則委員會年會上，中國成爲國際評估準則委員會常務理事國。

1998年，根據政府體制改革方案，國家國有資產管理局被撤銷，國有資產評估項目的立項、確認等相關管理職能劃歸財政部，中國資產評估協會也劃歸財政部，相應的資產評估管理工作也移交財政部。1999年，根據國務院的要求，財政部率先在資產評估行業開展了脫鉤改制工作，評估機構在人員、財產、財務和名稱等方面與掛靠單位徹底脫鉤，成爲由註冊資產評估師發起設立的獨立執業、獨立承擔法律責任的社會中介機構。

三、資產評估行業自律管理初建階段

2001年12月31日，國務院辦公廳轉發了財政部《關於改革國有資產評估行政管理方式，加強資產評估監督管理工作意見的通知》，對國有資產評估管理方式進行重大改革，取消財政部門對國有資產評估項目的立項確認審批制度，實行財政部門的核準制或財政部門、集團公司及有關部門的備案制。之後財政部相繼制定了《國有資產評估管理若干問題的規定》《國有資產評估違法行爲處罰辦法》等配套改革文件。通過這些改革措施，評估項目的立項確認制度改爲備案、核準制，加大了資產評估機構和註册資產評估師在資產評估行爲中的責任。與此相適應，財政部將資產評估機構管理、資產評估準則制定等原先劃歸政府部門的行業管理職能移交給行業協會。這次重大改革不僅是國有資產評估管理的重大變化，也標誌着我國資產評估行業的發展進入到一個強化行業自律管理的新階段。

2001年，財政部頒發了《資產評估準則——無形資產》，這是我國資產評估行業的第一個執業具體準則。它的頒布與實施，標誌着我國資產評估又向規範化和法制化邁出了重要的一步。

2003年，國務院設立國有資產監督管理委員會。根據《國務院國有資產監督管理委員會主要職責內設機構和人員編制規定》，財政部有關國有資產管理的部分職能劃歸國有資產監督管理委員會。國有資產監督管理委員會作爲國務院特設機構，以出資人的身份管理國有資產，包括負責監管所屬企業資產評估項目的核準和備案。財政部則作爲政府管理部門負責資產評估行業管理工作。這次改革實現了國有資產評估管理與資產評估行業管理的完全分離，表明日益狀大的我國資產評估行業在形式和實質上都真正成爲一個獨立的中介行業。

2003年12月31日，國務院國有資產監督管理委員會和財政部聯合發布的《企業國有產權轉讓管理暫行辦法》，對企業國有產權轉讓行爲進行規範，其中明確規定在企業國有產權轉讓時，應當委託具有相關資質的資產評估機構依照國家有關規定進行資產評估。

2004年2月，財政部決定中國資產評估協會繼續單獨設立，並以財政部名義發布了《資產評估準則——基本準則》《資產評估職業道德準則——基本準則》。

2005年8月25日，國務院國有資產監督管理委員會發布了《企業國有資產評估管理暫行辦法》，對企業國有資產評估行爲進行了進一步的規範。

2011年8月22日，財政部發布《資產評估機構審批管理辦法》成爲新時期政府部門制定的資產評估行業的重要部門規章，對資產評估機構及其分支機構的設立、變更和終止等行爲進行規範。

四、資產評估行業管理創新發展階段

2012年10月23日，財政部印發《中國資產評估行業發展規劃（2011—2015）》（以下簡稱《規劃》）。《規劃》要求資產評估協會要進一步加強行業協會組織體系建設，不斷健全和完善協會管理制度，組織開展資產評估機構綜合評價。加強資產評

執業質量檢查，實現對執業質量的動態管理。進一步完善收費管理措施，加強收費自律管理。完善會員管理模式，擴大會員隊伍，不斷加強會員誠信檔案建設。完善和發展資產評估準則體系，及時制定或修改完善相關準則，推動資產評估準則國際趨同。加強資產評估行業理論研究和成果轉化，促進可持續發展。深化資產評估行業國際交流與合作，積極參與國際評估事務，提升國際影響力。加強行業信息化建設，完善信息系統管理和服務，形成滿足行業和政府管理需求的數據庫服務共享平臺。加強行業文化建設，建立行業誠信價值體系，提升行業軟實力。

2013年5月10日，根據黨中央、國務院《關於分類推進事業單位改革的指導意見》，"國家國有資產管理局資產評估中心"更名為"財政部資產評估中心（中評協）"。2014年年底，財政部印發《〈財政部關於各司局職責範圍暫行規定〉和〈財政部各司局間工作關係劃分暫行規定〉的通知》，明確了中評協資產評估行業服務和管理的職責分工。

中評協先後出臺、修訂了有關資產評估行業管理相關文件、制度，如《中國資產評估協會會員入會（評審）流程》《中國資產評估協會非執業會員管理辦法》《中國資產評估行業人才培養及隊伍建設規劃》《首席評估師管理辦法》等。尤其是創新性執行《資產評估業務信息報備管理辦法》，為完善全國資產評估業務信息庫數據，及時掌握評估業務信息，創新行業日常監管奠定了基礎。此外，《資產評估機構綜合評價辦法》對原有評價體系的指標統計口徑、指標構成、計分方式等方面進行了調整和完善。修訂後的《資產評估機構綜合評價辦法》更加科學合理，更為適應行業發展新要求，更能滿足全方位、多角度彰顯評估機構實力的需要，更好地服務各市場主體的需求，有利於引導資產評估機構做優做強做大、健康持續發展，提升行業綜合服務能力。

2016年7月2日，《中華人民共和國資產評估法》（以下稱《評估法》）於中華人民共和國第十二屆全國人民代表大會常務委員會第二十一次會議通過，自2016年12月1日起施行。自此，我國資產評估行業基本法通過，市場交易中保證價值公平也終於有了法律保障。《評估法》中體現了"簡政放權、放管結合、優化服務"的宗旨，對資產評估行為涉及的各方面當事人的權利義務都進行了規範。《評估法》通過規定評估人員職業準入資格、明確評估專業人員及評估機構的的權利義務和法律責任、確立行業協會和行政管理部門的監督管理等，從法律制度上的維護和行業管理上保障國有經濟及各類經濟主體在市場交易中的合法權益。《評估法》的出臺滿足了規範評估執業行為、完善市場經濟體制、維護我國基本經濟制度的需要，對行業健康發展和國民經濟的發展都有着巨大的意義。

相關鏈接一

中國資產評估行業自律管理不斷加強

2013年3月26~27日，2012年度證券評估資格資產評估機構執業質量檢查總結會議在北京召開。對檢查中發現的執業規範性較好及較差的資產評估機構和簽字評估師分別進行了通報表揚和約談提醒。

2013年4月24日，中國資產評估協會在北京召開2013年全國資產評估行業監管工作會議，提出了今後一段時期資產評估行業"補短版、兜底線、強系統"的監管工作思路。

2013年5月1日～12月6日，2013年資產評估行業執業質量檢查工作在全國展開，共對6家證券評估機構及其12家分公司、667家非證券評估資格資產評估機構進行了檢查。

2014年5月5日，2013年資產評估機構綜合評價結果揭曉並予以公告。公告的內容包括2013年資產評估機構綜合評價綜合排名前百家、2013年資產評估機構綜合評價年業務收入排名前百家、2013年資產評估機構綜合評價總部收入排名前百家、2013年資產評估機構綜合評價年全部業務收入（含關聯業務收入）排名前百家的機構名單，同時公布了關於2013年資產評估機構綜合評價排名有關情況的說明。2013年前百家評估機構的業務總收入爲31億多元，約占評估行業總收入的40%。

作爲《資產評估機構綜合評價辦法》重新修訂後的首次綜合評價，行業內外普遍認爲，評價工作緊緊圍繞機構業績、質量和人才三項核心要素指標展開，組織程序嚴密有序，評價過程透明公開，評價依據充分合理，評價結果恰當積極，對引導評估機構有序競爭、提升核心競爭力、促進評估機構做優做強做大具有重要作用。

2015年8月20日，經財政部批準，中評協正式公告了2015年資產評估機構綜合評價前百家機構名單，對於引導機構有序競爭、提升核心競爭力發揮了重要作用。

資料來源：中國資產評估協會網站。

第二節 中國資產評估機構管理

一、資產評估機構管理部門

資產評估機構是指依法設立、取得資產評估資格，從事資產評估業務活動的社會中介機構。財政部爲全國資產評估主管部門，依法負責審批管理、監督全國資產評估機構，統一制定資產評估機構管理制度。各省、自治區、直轄市財政廳（局）（以下簡稱省級財政部門）負責對本地區資產評估機構進行審批管理和監督。中國資產評估協會負責對資產評估行業進行自律性管理，協助資產評估主管部門對資產評估機構進行管理與監督檢查。資產評估機構應當加入中國資產評估協會，成爲中國資產評估協會團體會員。

資產評估機構應當依法取得資產評估資格，遵守有關法律、法規、執業準則和執業規範。資產評估機構依法從事資產評估業務，不受行政區域、行業限制，任何組織和個人不得非法干預。

相關資料鏈接二

財政部關於調整資產評估機構審批有關行政管理事項的通知
財資〔2014〕89 號

　　爲了貫徹落實《國務院關於印發註冊資本登記制度改革方案的通知》、《國務院關於取消和調整一批行政審批項目等事項的決定》等深化行政審批制度改革和工商登記制度改革的有關精神，進一步優化審批管理流程，激發市場活力，做好政策銜接和平穩過渡，現就調整資產評估機構審批有關行政管理事項通知如下：

　　1. 資產評估機構及其分支機構設立審批由前置審批改爲後置審批。

　　申請設立資產評估機構及其分支機構，應當先到工商登記機關辦理工商登記，再向登記地的省級財政部門申請資產評估機構執業證書。

　　申請人在工商登記機關登記時，企業名稱應當包含"資產評估"字樣。申請人在向登記地的省級財政部門申請資產評估機構執業證書時，不再提供工商行政管理部門出具的名稱預先核準通知書，改爲提供營業執照復印件，且其合夥協議或者公司章程應當經工商行政管理部門備案。

　　2. 申請設立公司制資產評估機構，申請人不再提供驗資證明，但公司章程中認繳出資額應當符合《資產評估機構審批和監督管理辦法》（財政部令第 64 號，以下簡稱 64 號令）第十二條規定。

　　3.《財政部關於貫徹實施〈資產評估機構審批和監督管理辦法〉認真做好資產評估機構管理工作的通知》有關內容按照上述規定相應予以調整。

　　4. 資產評估機構發生 64 號令第三十八條、第三十九條規定的應當予以註銷的情形時，應當向資產評估機構所在地的省級財政部門備案，同時交回資產評估機構執業證書。

　　交回資產評估機構執業證書後，企業主體繼續存續的，應當變更工商登記名稱，不得在企業名稱中繼續使用"資產評估"字樣，也不得從事資產評估法定業務。

　　5. 各省、自治區、直轄市財政廳（局）應當按照本通知要求，做好工商登記制度改革後資產評估機構審批管理調整工作，優化行政審批流程，壓縮辦理時限，加強事中、事後監管，並將有關調整內容予以公示。

二、資產評估機構的設立條件

　　資產評估機構組織形式爲合夥制或者有限責任公司制（以下簡稱公司制），設立資產評估機構，應當由全體合夥人或者股東共同做出決議，向省級財政部門提出申請，經批準後方可設立。依法設立的資產評估機構名稱中應當包含"資產評估"字樣，資產評估機構應當建立完善的內部控制制度，加強內部管理。資產評估機構可以依據國家有關法律法規合並或者分立。

（一）合夥制資產評估機構的設立條件

　　合夥設立的資產評估機構，由資產評估師共同出資、合夥經營、共享收益、共擔風險，以各自的財產對資產評估機構的債務承擔無限連帶責任。設立合夥制資產評估機構，除符合國家有關法律法規的規定外，還應當具備下列條件：

（1）由 2 名以上符合本辦法規定的合夥人合夥設立（合夥人 2/3 以上應當滿足後述"資產評估機構合夥人或者股東應當具備的條件）；

（2）有 5 名以上資產評估師（含合夥人）；

（3）合夥人實際繳付的出資額爲人民幣 10 萬元以上；

（4）首席合夥人應當由該機構持有資產評估師證書的合夥人擔任。

（二）公司制資產評估機構的設立條件

公司制資產評估機構，出資人以其出資額爲限對資產評估機構的債務承擔責任，資產評估機構以其全部資產對機構的債務承擔有限責任。對設立的公司制資產評估機構，除符合國家有關法律法規的規定外，還應當具備下列條件：

（1）由 2 名以上符合本辦法規定的股東（股東 2/3 以上應當滿足後述"資產評估機構合夥人或者股東應當具備的條件"）出資設立；

（2）有 8 名以上資產評估師（含股東）；

（3）註册資本爲人民幣 30 萬元以上；

（4）法定代表人應當由該機構持有資產評估師證書的股東擔任。

（三）資產評估機構合夥人或者股東應當具備的條件

（1）持有中華人民共和國資產評估師證書（以下簡稱資產評估師證書）；

（2）取得資產評估師證書後，在資產評估機構從事資產評估業務 3 年以上並且沒有不良執業記錄；

（3）在本資產評估機構（含分支機構）註册，並專職從事資產評估工作；

（4）成爲合夥人或股東前 3 年內，未因評估執業行爲受到行業自律懲戒或者行政處罰。

資產評估機構根據內部管理需要，可以增加一名非資產評估師的自然人擔任行政管理合夥人或者股東。其具體條件是：

（1）專職在資產評估機構工作；

（2）具有大學本科以上學歷；

（3）從事會計、財務、經濟、管理、法律、工程技術等相關專業管理工作 8 年以上，或具有上述專業高級職稱；

（4）職業道德良好，未在資產評估相關專業工作中受過行政處罰、行業懲戒，未受過刑事處罰；

（5）經全體合夥人或股東同意，並由資產評估機構全體職工討論通過；

（6）所持資產評估機構的出資額應當低於股東平均持股水平，且不得高於 10%；

（7）參加過中國資產評估協會舉辦的專項培訓，並考核合格。

三、資產評估機構分支機構的設立

資產評估機構分支機構（以下簡稱分支機構）是指資產評估機構依法在異地設立

的從事資產評估業務的不具有法人資格的業務機構。資產評估機構在人事、財務、執業標準、質量控制等方面對分支機構進行統一管理並承擔分支機構的民事責任。分支機構的名稱應當採用"資產評估機構名稱＋分支機構所在地行政區劃名＋分所（分公司）"的形式。分支機構從事資產評估業務應當由設立該分支機構的資產評估機構負責出具資產評估報告，並加蓋該資產評估機構公章。分支機構不得以自己的名義出具資產評估報告。

設立分支機構的資產評估機構應當具備下列條件：

（1）依法成立並取得資產評估資格3年以上，內部管理制度健全；

（2）有20名以上資產評估師，不包括擬轉到分支機構執業的資產評估師及已設立的其他分支機構的資產評估師；

（3）資產評估機構提出申請之日前3年評估業務收入合計達到人民幣1 500萬元；

（4）在提出申請之日前3年內在執業活動中沒有受到行政處罰或刑事處罰。

資產評估機構分支機構應當具備下列條件：

（1）負責人爲設立該分支機構的資產評估機構中持有資產評估師證書的合夥人或者股東；

（2）有6名以上資產評估師；

（3）有固定的辦公場所。

四、資產評估機構及分支機構的變更和終止

資產評估機構或者分支機構的名稱、辦公場所、首席合夥人或者法定代表人、合夥人或股東、分支機構負責人發生變更的，應當自其做出變更決議之日起20日內向省級財政部門備案，並抄送同級資產評估協會。

資產評估機構或者分支機構存續期間不符合本辦法規定的設立條件，應當自不符合設立條件的情形出現之日起10個工作日內，將有關情況向原審批機關書面報告，並於90日內達到規定要求。資產評估機構或者分支機構未在90日內達到規定條件的，省級財政部門可以撤回資產評估資格或者分支機構的設立許可。

資產評估機構以欺騙、賄賂等不正當手段取得資產評估資格或者設立分支機構的，省級財政部門應當撤銷資產評估資格或者分支機構。

有下列情形之一的，省級財政部門應當辦理資產評估資格的註銷手續：

（1）資產評估機構依法終止的；

（2）資產評估資格被依法撤銷、撤回，或者資產評估資格證書依法被吊銷的；

（3）法律法規規定的應當註銷資產評估資格的其他情形。

有下列情形之一的，省級財政部門應當辦理分支機構的註銷手續：

（1）資產評估機構決定撤銷其設立的分支機構；

（2）資產評估機構的資產評估資格被註銷；

（3）省級財政部門撤銷或者撤回分支機構的設立許可；

（4）法律法規規定的應當註銷分支機構的其他情形。

第三節　中國資產評估師職業資格管理

1995年10月，依據《人事部、國家國有資產管理局關於印發〈註冊資產評估師執業資格制度暫行規定〉及〈註冊資產評估師執業資格考試實施辦法〉的通知》，國家開始實施資產評估師執業資格考試制度。

2014年7月22日，國務院發布《關於取消和調整一批行政審批項目等事項的決定》，取消和下放45項行政審批項目，取消註冊資產評估師等11項職業資格許可和認定事項，將31項工商登記前置審批事項改爲後置審批。要求逐步建立由行業協會、學會等社會組織開展水平評價的職業資格制度。

2015年4月27日，財政部、人力資源和社會保障部聯合發布《資產評估職業資格制度暫行規定》和《資產評估師職業資格考試實施辦法》。

2015年8月1日，通過與人力資源和社會保障部等單位組成的國家職業大典修訂平臺溝通協調，最終實現了將"資產評估專業人員"作爲一項職業寫入國家頒布的職業分類大典。

2015年11月14~15日，資產評估師職業資格管理方式改革後的首次考試在全國統一舉行，全國共有2萬餘人報名參加，完成了新舊考試制度有效銜接，提振了行業發展信心。

2016年2月3日，《資產評估師職業資格證書登記辦法（試行）》（以下簡稱《登記辦法》）和《中國資產評估協會執業會員管理辦法（試行）》（以下簡稱《執業會員辦法》）發布，進一步明確了資產評估職業資格管理的具體內容和要求。

一、資產評估師職業資格的取得

資產評估師職業資格管理方式改革後，原則上考試安排在直轄市和省會城市，考試採用計算機閉卷考試（簡稱機考）方式，即在計算機終端獲取試題、作答並提交答題結果。考試設5個科目：《資產評估》《經濟法》《財務會計》《機電設備評估》《建築工程評估》。《資產評估》科目的考試時間爲3小時，其他4個科目的考試時間均爲2.5小時。資產評估師職業資格考試原則上每年舉行一次。

考試成績實行5年爲一個週期的滾動管理辦法，在連續5年內，參加全部（5個）科目的考試並合格，可取得資產評估師職業資格證書；免試人員參加4個科目考試，其合格成績以4年爲一個滾動管理週期，在連續4年內取得應試科目的合格成績，可取得資產評估師職業資格證書。全科考試成績合格的考生，由中評協頒發《中華人民共和國資產評估師職業資格證書》。

二、資產評估師職業資格管理

《登記辦法》和《執業會員辦法》對資產評估師職業資格管理做出了明確規定：

(一) 登記、年檢制度

(1) 資產評估師職業資格證書實行登記服務制度。

資產評估師職業資格考試合格的人員，應當進行職業資格證書登記，應當自覺接受地方及中評協管理。

(2) 考試合格人員有下列情形之一的，不予登記：

①不具有完全民事行為能力；

②因在資產評估相關工作中受刑事處罰，刑罰執行期滿未逾 5 年；

③因在資產評估相關工作中違反法律、法規、規章或者職業道德被取消登記未逾 5 年；

④因在資產評估、會計、審計、稅務、法律等相關工作領域中受行政處罰，自受到行政處罰之日起不滿 2 年；

⑤在申報登記過程中有弄虛作假行為未予登記或者被取消登記的，自不予登記或者取消登記之日起不滿 3 年；

⑥中評協規定的其他不予登記的情形。

(3) 資產評估師職業資格證書登記實行定期檢查。

評估機構人員應當接受由所在地地方協會組織的年檢。非評估機構人員應當接受由所在地地方協會組織的抽查。

(二) 登記變更和註銷

資產評估師登記信息發生變更的，應當於變更之日起 30 日內通過中評協網站辦理變更登記。

資產評估師有下列情形之一的，由地方協會報中評協註銷登記：

(1) 不具有完全民事行為能力；

(2) 自願申請註銷登記；

(3) 死亡或者被依法宣告死亡；

(4) 中評協規定的其他情形。

(三) 誠信檔案

中評協為資產評估師建立誠信檔案，誠信檔案的主要內容包括：

(1) 良好行為記錄。

(2) 提示信息記錄，包括被行業協會發關註函或者談話提醒等非自律懲戒情況、被政府部門發關註函或者談話提醒等非行政處罰情況。

(3) 不良行為記錄，包括受到行業協會自律懲戒情況，受到行政處罰、刑事處罰情況，其他不良行為。

(四) 懲戒

(1) 資產評估師未按規定辦理變更手續或未按制度報送或者更新誠信信息的，地方協會應當責令限期改正，視情節輕重，予以談話提醒、警告或者通報批評。

(2) 資產評估師有下列情形之一的，由地方協會報中評協或者由中評協直接取消資產評估師職業資格證書登記，情節嚴重的，收回其職業資格證書。

①在登記過程中有弄虛作假行為的；
②在資產評估相關工作中有違反法律、行政法規、規章或者職業道德的；
③未通過定期檢查的；
④發生予以談話提醒、警告或者通報批評情形又拒不改正的。

三、執業會員管理

2016年2月3日，中評協發布《中國資產評估協會執業會員管理辦法（試行）》並於發布之日起執行。執業會員，是指通過考試或者依法認定取得資產評估師職業資格，根據《登記辦法》登記為在資產評估機構工作，承認《章程》並加入中評協的資產評估師。

中評協負責全國執業會員的管理，並授權各省、自治區、直轄市及計劃單列市資產評估協會（以下簡稱地方協會）負責本地區執業會員的以下管理：

（1）執業會員個人信息發生變更的應當按《登記辦法》相關要求辦理變更。
（2）執業會員不再在資產評估機構執業，可以向所在地地方協會申請，轉為非執業會員。
（3）執業會員離開原資產評估機構加入其他資產評估機構的，應當辦理轉所手續。
（4）中評協負責監督和指導地方協會對執業會員的年檢工作，並授權地方協會負責本地區執業會員的年檢工作。
（5）執業會員證書由中評協統一規定規格、式樣、統一編號、印制、管理，地方協會發放。
（6）資產評估師印鑒管理：①資產評估師印鑒由中評協統一規定規格和式樣，由地方協會製作、發放；②資產評估師印鑒僅限本人使用，不得轉讓或者授權他人使用；③資產評估師應當在其完成的資產評估報告中加蓋本人印鑒，不得在未參與的資產評估報告中使用；④資產評估師簽署資產評估報告時使用的本人簽名和印鑒應當與其《資產評估師職業資格證書登記卡》上記載的簽名和印鑒一致。

四、執業會員繼續教育管理

為了規範中評協執業會員繼續教育工作，不斷提升執業會員的專業素質、執業能力和職業道德水平，根據《中國資產評估協會章程》（以下簡稱《章程》）及相關規定，中評協制定並發布了《中國資產評估協會執業會員繼續教育管理辦法》（以下簡稱《辦法》），自2016年2月1日起施行。

《辦法》規定：執業會員享有繼續教育的權利和履行繼續教育的義務；中評協、地方協會和資產評估機構應當保障執業會員繼續教育經費投入。

（一）繼續教育的組織管理

執業會員繼續教育實行統一管理，分級負責。中評協負責全國執業會員繼續教育的組織、管理和協調工作；地方協會負責本地區執業會員繼續教育的組織管理工作；

資產評估機構負責組織和督促本機構執業會員接受繼續教育,並提供必要的學習條件和經費保障。

(二) 繼續教育的內容、形式及學時

其主要內容包括:執業會員為市場主體的各類資產價值及相關事項,提供測算、鑒證、評價、調查和管理諮詢等各種服務應當掌握的理論、技術和方法等專業知識,以及相關的法律法規政策、職業規範等。主要形式包括中評協或地方協會舉辦或提供的:

(1) 培訓班、研修班、專業論壇、學術會議、學術訪問或專題講座等;
(2) 遠程教育;
(3) 委託相關教育培訓機構提供的網路在線培訓;
(4) 認可的資產評估機構內部培訓;
(5) 其他形式。

執業會員每年接受繼續教育的時間累計不得少於60個學時,其中,網路在線形式所確認的繼續教育時間不超過30個學時。本年度的繼續教育學時僅在當年有效。

(三) 繼續教育考核

中評協或地方協會對執業會員繼續教育實行考核、考試制度。對於未完成當年繼續教育學時,且不符合繼續教育學時可以順延至下一年度完成規定情形的執業會員,由地方協會限期進行強制培訓,對於拒不接受強制培訓或強制培訓不合格的執業會員,不予通過年檢。

第四節　中國資產評估法律責任與自律懲戒

法律責任是指法律關係主體違反了法律法規而依法應當承擔的法律後果,或者是國家專門機關對違法、犯罪行為採取的處分或懲罰措施。承擔法律責任的形式主要有三種:行政責任、民事責任和刑事責任。

資產評估師的法律責任是指由於執業資產評估師在執行資產評估業務過程中,因過錯行為導致委託人或第三人受損害而應承擔的法律後果。資產評估過程中涉及的法律責任同樣有行政責任、民事責任、刑事責任三個方面。行政責任是指由於當事人,主要是指評估機構,在評估過程中有違反行政管理法規的行為,因而應當承擔的責任。這種責任主要是懲罰性質的。民事責任則是指由於當事人違反了委託評估合同的約定,依法對對方當事人應當承擔的責任。這種責任主要是損害賠償性質的。刑事責任是指資產評估人員違反《中華人民共和國刑法》規定,觸犯刑律所應承擔的法律責任。觸犯刑律的嚴重違法行為屬犯罪行為,具有嚴重的社會危害性,因而對其處罰也是最為嚴厲的。

目前中國規定的資產評估法律責任的法律法規和規章主要包括 《中華人民共和國資產評估法》《中華人民共和國刑法》《中華人民共和國公司法》《中華人民共和國證

券法》《國有資產評估管理辦法》《國有資產評估違法行爲處罰辦法》等。它們規定的責任條款構成了資產評估法律責任體系，而中國資產評估協會發布的《資產評估行爲自律懲戒辦法》等對資產評估機構和執業資產評估師的行業自律懲戒做出了規定。

一、中國執業資產評估師有關法律責任的規定

在《中華人民共和國資產評估法》（以下簡稱《評估法》）中，對評估專業人員及評估機構應承擔的法律責任做出了規定，具體如下：

第四十四條　評估專業人員違反《評估法》規定，有下列情形之一的，由有關評估行政管理部門予以警告，可以責令停止從業六個月以上一年以下；有違法所得的，沒收違法所得；情節嚴重的，責令停止從業一年以上五年以下；構成犯罪的，依法追究刑事責任：

（一）私自接受委託從事業務、收取費用的；

（二）同時在兩個以上評估機構從事業務的；

（三）採用欺騙、利誘、脅迫，或者貶損、詆毀其他評估專業人員等不正當手段招攬業務的；

（四）允許他人以本人名義從事業務，或者冒用他人名義從事業務的；

（五）簽署本人未承辦業務的評估報告或者有重大遺漏的評估報告的；

（六）索要、收受或者變相索要、收受合同約定以外的酬金、財物，或者謀取其他不正當利益的。

第四十五條　評估專業人員違反《評估法》規定，簽署虛假評估報告的，由有關評估行政管理部門責令停止從業兩年以上五年以下；有違法所得的，沒收違法所得；情節嚴重的，責令停止從業五年以上十年以下；構成犯罪的，依法追究刑事責任，終身不得從事評估業務。

第四十六條　違反《評估法》規定，未經工商登記以評估機構名義從事評估業務的，由工商行政管理部門責令停止違法活動；有違法所得的，沒收違法所得，並處違法所得一倍以上五倍以下罰款。

第四十七條　評估機構違反《評估法》規定，有下列情形之一的，由有關評估行政管理部門予以警告，可以責令停業一個月以上六個月以下；有違法所得的，沒收違法所得，並處違法所得一倍以上五倍以下罰款；情節嚴重的，由工商行政管理部門吊銷營業執照；構成犯罪的，依法追究刑事責任：

（一）利用開展業務之便，謀取不正當利益的；

（二）允許其他機構以本機構名義開展業務，或者冒用其他機構名義開展業務的；

（三）以惡性壓價、支付回扣、虛假宣傳，或者貶損、詆毀其他評估機構等不正當手段招攬業務的；

（四）受理與自身有利害關係的業務的；

（五）分別接受利益衝突雙方的委託，對同一評估對象進行評估的；

（六）出具有重大遺漏的評估報告的；

（七）未按《評估法》規定的期限保存評估檔案的；

（八）聘用或者指定不符合《評估法》規定的人員從事評估業務的；

（九）對本機構的評估專業人員疏於管理，造成不良後果的。

評估機構未按《評估法》規定備案或者備案不符合《評估法》第十五條規定條件的，由有關評估行政管理部門責令改正；拒不改正的，責令停業，可以並處一萬元以上五萬元以下罰款。

第四十八條　評估機構違反《評估法》規定，出具虛假評估報告的，由有關評估行政管理部門責令停業六個月以上一年以下；有違法所得的，沒收違法所得，並處違法所得一倍以上五倍以下罰款；情節嚴重的，由工商行政管理部門吊銷營業執照；構成犯罪的，依法追究刑事責任。

第四十九條　評估機構、評估專業人員在一年內累計三次因違反《評估法》規定受到責令停業、責令停止從業以外處罰的，有關評估行政管理部門可以責令其停業或者停止從業一年以上五年以下。

第五十條　評估專業人員違反《評估法》規定，給委託人或者其他相關當事人造成損失的，由其所在的評估機構依法承擔賠償責任。評估機構履行賠償責任後，可以向有故意或者重大過失行為的評估專業人員追償。

第五十一條　違反《評估法》規定，應當委託評估機構進行法定評估而未委託的，由有關部門責令改正；拒不改正的，處十萬元以上五十萬元以下罰款；情節嚴重的，對直接負責的主管人員和其他直接責任人員依法給予處分；造成損失的，依法承擔賠償責任；構成犯罪的，依法追究刑事責任。

第五十二條　違反《評估法》規定，委託人在法定評估中有下列情形之一的，由有關評估行政管理部門會同有關部門責令改正；拒不改正的，處十萬元以上五十萬元以下罰款；有違法所得的，沒收違法所得；情節嚴重的，對直接負責的主管人員和其他直接責任人員依法給予處分；造成損失的，依法承擔賠償責任；構成犯罪的，依法追究刑事責任：

（一）未依法選擇評估機構的；

（二）索要、收受或者變相索要、收受回扣的；

（三）串通、唆使評估機構或者評估師出具虛假評估報告的；

（四）不如實向評估機構提供權屬證明、財務會計信息和其他資料的；

（五）未按照法律規定和評估報告載明的使用範圍使用評估報告的。

前款規定以外的委託人違反《評估法》規定，給他人造成損失的，依法承擔賠償責任。

第五十三條　評估行業協會違反《評估法》規定的，由有關評估行政管理部門給予警告，責令改正；拒不改正的，可以通報登記管理機關，由其依法給予處罰。

第五十四條　有關行政管理部門、評估行業協會工作人員違反《評估法》規定，濫用職權、玩忽職守或者徇私舞弊的，依法給予處分；構成犯罪的，依法追究刑事責任。

在我國現有的其他法律法規中，有關評估專業人員及評估機構承擔的法律責任的具體規定，主要體現在以下法律規範中：

（1）《中華人民共和國刑法》第二百二十九條：承擔資產評估、驗資、驗證、會計、審計、法律服務等職責的中介組織的人員故意提供虛假證明文件，情節嚴重的，處 5 年以下有期徒刑或者拘役，並處罰金。前款規定的人員，索取他人財物或者非法收受他人財物的，犯前款罪的，處 5 年以上 10 年以下有期徒刑，並處罰金。前款規定的人員，嚴重不負責任，出具的證明文件有重大失實，造成嚴重後果的，處 5 年以下有期徒刑或者拘役，並處或單處罰金。

（2）《中華人民共和國證券法》第一百六十一條：為證券的發行、上市或證券交易活動出具審計報告、資產評估報告或者法律意見書等文件的專業機構和人員，必須按照執業規則規定的工作程序出具報告，對其所出具報告的真實性、準確性和完整性進行檢查和驗證，並就其負有責任的部分承擔連帶責任。第二百零二條：為證券的發行、上市或者證券交易活動出具審計報告、資產評估報告或者法律意見書等文件的專業機構，就其所應負責的內容弄虛作假的，沒收違法所得，並處以違法所得一倍以上五倍以下的罰款，並由有關主管部門責令該機構停業，吊銷直接責任人員的資格證書。造成損失的，承擔連帶責任；構成犯罪的，依法追究刑事責任。

（3）《中華人民共和國公司法》第二百零八條：承擔資產評估、驗資或者驗證的機構提供虛假證明文件的，沒收違法所得，處以違法所得一倍以上五倍以下的罰款，並可以由有關主管部門依法責令該機構停業，吊銷直接責任人員的資格證書，吊銷營業執照。承擔資產評估、驗資或者驗證的機構因過失提供有重大遺漏的報告的，責令改正，情節較重的，處以所得收入一倍以上五倍以下的罰款，並可由有關主管部門依法責令該機構停業，吊銷直接責任人員的資格證書，吊銷營業執照。

（4）《中華人民共和國民事訴訟法》第一百零六條：公民、法人違反合同或者不履行其他義務的，應當承擔民事責任。公民、法人由於過錯侵害他人財產、人身的，應當承擔民事責任。沒有過錯的，但法律規定應當承擔民事責任的，應當承擔民事責任。

（5）《中華人民共和國民法通則》第一百零六條第二款：公民、法人由於過錯侵害國家、集體的財產，侵害他人財產、人身的，應當承擔民事責任。

（6）《股票發行與交易管理暫行條例》第三十七條：出具的文件有虛假、嚴重誤導性內容或者有重大遺漏的，根據不同情況，單處或者並處警告、沒收非法所得、罰款；情節嚴重的，暫停其從事證券業務或者撤銷其從事證券業務許可。對前款所列行為負有責任的註冊會計師、專業評估人員和律師，給予警告或者處以 3 萬元以上 30 萬元以下的罰款，情節嚴重的，撤銷其從事證券業務的資格。

（7）最高人民法院《關於審理證券市場因虛假陳述引發的民事賠償案件的若干規定》第七條對被告進行了列舉式的規定。可能成為被告的虛假陳述行為人包括會計師事務所、律師事務所、資產評估機構等專業中介服務機構的直接責任人及其機構。第二十四條規定：專業中介機構及其直接責任人違反《中華人民共和國證券法》第一百六十一條和第二百零二條的規定虛假陳述，給投資人造成損失的，就其負有責任的部分承擔賠償責任。但有證據證明無過錯的，應予免責。

二、執業資產評估師法律責任的特徵

執業資產評估師法律責任具有以下特徵：

(1) 執業資產評估師的法律責任起因於執業資產評估師執行資產評估業務的行為。這是執業資產評估師承擔法律責任的基本前提。執業資產評估師執行資產評估業務以外的行為，以及非執業資產評估師的行為均不導致執業資產評估師的法律責任。

(2) 執業資產評估師的法律責任的歸責原則為過錯責任原則，並不存在無過錯責任的情形。資產評估事務所只對執業資產評估師執行業務的過錯行為承擔法律責任。除依法應當免責或受害人放棄請求權外，委託人和資產評估事務所不能在委託合同中約定限制或免除資產評估事務所的民事責任。

(3) 由於執業資產評估師的職業特點決定了其對社會公眾擔負重要的社會責任，故執業資產評估師法律責任的對象具有一定的廣泛性，受害人既可能是委託人，也可能是委託人之外的預見受益者，任何一個受害者都有權對執業資產評估師進行起訴。

(4) 執業資產評估師不得以個人名義執業，必須加入資產評估事務所進行執業，故執業資產評估師的民事責任的行為主體和責任主體存在分離性。執業資產評估師是執業資產評估師的法律責任的行為主體，而資產評估事務所則是執業資產評估師執業後果的責任主體，資產評估事務所不能以盡到"選任和監督"義務而主張免責。

(5) 執業資產評估師的民事法律責任主要是損害賠償責任，即賠償受害人的經濟損失。執業資產評估師在執行評估業務過程中，給委託人或第三人造成損害的，除應當免除責任的情形外，資產評估事務所都應當承擔民事責任。因此，支付違約金、賠償損失、賠禮道歉等都有可能發生和適用，但最主要的是賠償經濟損失的責任。

因此，在執業資產評估師尋求免除法律責任的抗辯中，一是通過證明侵權行為的構成要件不存在和不完全而主張免責。侵權行為由損害事實的客觀存在、侵權行為與損害事實的因果關係、侵權行為的違法性、行為人的過錯四個要素組成。從某種意義上講，任何一個構成要件不具備，均屬免責事由，被告因此不承擔法律責任。二是提出抗辯事由主張免責或減責。這主要是指在侵權行為案件中提出具有相對性、客觀性、法定性和適用範圍性的能夠免除或者減輕被告責任的特定事實。三是提出其他事實和法律規定主張免責或減責。這主要是指超過訴訟時效期限而主張的抗辯和某些違反法定程序而主張的抗辯。

三、執業資產評估師的行業自律懲戒

2005年12月，中國資產評估協會下發了《資產評估執業行為自律懲戒辦法》（以下簡稱《懲戒辦法》）。這是資產評估行業第一個專門的自律懲戒文件，旨在加強評估行業自律監管，規範執業資產評估師和資產評估機構的執業行為，提高執業質量，進一步提升行業的社會公信力。

《懲戒辦法》分為總則、自律懲戒的種類和實施、對執業資產評估師的自律懲戒、對資產評估機構的自律懲戒、自律懲戒程序、附則，共6章37條。

本著懲戒和教育相結合的原則，在充分考慮行業特點和實際操作性及產生的效果等因素的基礎上，《懲戒辦法》按違規行為性質和情節的輕重，對執業資產評估師規定了警告、行業內通報批評、公開譴責、吊銷執業資產評估師證書等行業自律懲戒；對資產評估機構規定了警告、限期整改、行業內通報批評、公開譴責等行業自律懲戒。所有懲戒種類，均以書面形式做出。

自律懲戒由中評協及中評協授權的各地方評協實施，執業資產評估師和資產評估機構涉及證券業務評估或具有重大影響的違規行為的自律懲戒由中評協直接辦理。對執業資產評估師予以吊銷執業資產評估師證書的自律懲戒，由中評協做出。

《懲戒辦法》根據註冊資產評估行業現狀及監管重點，本着懲戒種類和力度與違規行為相當的原則，對執業資產評估師和資產評估機構自律懲戒的情節和懲戒做了具體規定：

（1）對執業資產評估師和資產評估機構與委託人或資產占有方串通作弊，故意出具含有虛假、不實、有偏見或具有誤導性的分析或結論的評估報告的，予以公開譴責；情節嚴重的，吊銷執業資產評估師證書。

（2）對執業資產評估師和資產評估機構因過失出具含有虛假、不實、重大遺漏、有偏見或具有誤導性的分析或結論的評估報告的，予以行業內通報批評；情節嚴重的，予以公開譴責；情節特別嚴重的，吊銷執業資產評估師證書。

（3）對執業資產評估師和資產評估機構在執業技術和執業規範及質量管理方面存在的問題，予以警告並限期整改；情節嚴重的，予以行業內通報批評。

（4）對執業資產評估師和資產評估機構允許他人以本機構名義執業、冒用他人名義執業或簽署報告、簽署本人未參與的評估報告及跨所執業等出賣資格和冒名頂替行為，予以行業內通報批評；情節嚴重的，予以公開譴責或吊銷執業資產評估師證書。

（5）對執業資產評估師和資產評估機構存在的不正當競爭行為，予以警告並限期整改；情節嚴重的，予以行業內通報批評。

（6）對執業資產評估師和資產評估機構拒絕、阻撓資產評估協會進行檢查、調查的，予以行業內通報批評；情節嚴重的，公開譴責或吊銷執業資產評估師證書。

為保證自律懲戒的公正和順利實施，保障當事人的合法權利，懲戒辦法對自律懲戒的程序進行了嚴格規定。懲戒程序包括以下八個階段：

（1）立案。決定進行調查處理活動，是懲戒程序的開始，明確案件的歸屬和開展。

（2）調查取證。即案件承辦人調查違規行為、核實和搜集證據的過程，是懲戒的核心程序，是立案程序的自然延伸和裁決程序的基礎。

（3）審核調查結果。

（4）告知當事人。

（5）聽取當事人的陳述和申辯或舉行聽證。

（6）做出自律懲戒決定。

（7）編寫自律懲戒決定書。

（8）送達自律懲戒決定書。

相關資料鏈接三

資產評估發展前沿

伴隨著中國社會經濟的發展，資產評估社會實踐不斷推陳出新，相關的研究也不斷創新：

2012年以來，《稅制改革中的涉稅資產評估研究》《知識產權質押評估研究》《公允價值計量——評估方法與實踐》《文化企業無形資產評估研究》《財政資金績效評價實踐研究》與《財政資金績效評價實務操作研究》《上市公司併購重組市場法評估研究》《金融衍生品價值評估》《中國資產評估行業數據庫研究》等課題，紛紛針對資產評估的不斷創新的社會實踐展開。

《公允價值計量——評估方法與實踐》課題成果對會計和評估之間的互聯互通和有效對接提供了重要借鑒，對中國會計改革和資產評估發展具有積極影響。

《文化企業資產評估研究》課題成果對科學發現文化企業價值，促進文化產業與金融資本的有效融合，提高文化產業的規模化、集約化、專業化水平具有重要意義，也是中國資產評估協會和相關政府管理部門發揮各自資源優勢、開拓新領域、合作開展課題研究的又一次積極嘗試。

中國資產評估協會、證監會上市公司監管部合作課題研究報告《上市公司併購重組市場法評估研究》出版，創造性地提出了市場價值分層、分時、分區的基礎理論問題，明確闡述瞭解決上市公司股票合理估值的方式方法，在市場法理論與實踐方面均取得了較大的突破和創新，有助於滿足資產評估和資本市場更加高效接軌的需求，有助於滿足資產評估更深層次地融入資本市場，成為被各方所接受的與資本市場更相關、更有效的價值評估工具、手段。

中國資產評估協會與中國清潔發展機制基金管理中心合作的《碳資產評估理論與實踐初探》發布，在應對氣候變化已成為全球行動，也是我國生態文明建設重要組成部分的大背景下，成為推進低碳發展的重要舉措，對於促進碳排放權交易、碳金融發展，探索生態補償制度具有重要的現實意義。

"婦女小額擔保貸款"財政貼息政策效益評價，是中國資產評估行業的創新性工作之一，是資產評估首次評價政府政策的有益探索，嘗試資產評估從服務於經濟建設到服務於社會管理、從提供估值服務到提供非估值服務、從行業協會開拓到評估機構跟進。

進入2015年，《央企境外財務及資產價值巡查制度研究》《國有資本經營預算支出項目績效評價指引》《企業財務管理能力評估指引》《非物質文化遺產評估研究》《企業內部風險控制設定和評價制度研究》《資產評估行業人才機制建設研究》《知識產權質押評估實踐研究》《森林資源資產評估實踐研究》《我國稅制改革中的涉稅資產評估研究》《基於市場需求及政府決策管理需要的生態價值評估研究》《中小企業發展專項資金評審指引》《央企海外併購資產評估研究》和《資產價格指數》等13個課題通過結題鑒定。大量的資產評估課題研究，極大地豐富了資產評估理論、技術體系，進一步完善、拓展了資產評估的應用領域。

與此同時，中國在世界資產評估領域的影響力不斷增強。

2013年4月17日，國際企業價值評估分析師協會（IACVA）董事會會議通過了中國擔任IACVA董事會副主席的決議。作爲一個旨在爲從事企業價值評估和反欺詐工作的專業人士提供世界範圍的支持的國際專業組織，IACVA董事會副主席的職位，爲中國在更大範圍和更高層次上參與IACVA事務，爲中外雙方專業交流、互利合作打造新平臺，進一步拓寬我國企業價值評估領域研究的寬度和深度，促進資產評估專業更好地服務於我國經濟社會發展具有重大作用。

2013年9月16日，英文版中國資產評估準則《Chinese Valuation Standards 2013》一書由荷蘭威科集團公司全球出版，在專業層面完整、系統、全面地呈現了中國評估準則的建設成果，爲評估行業國際溝通與合作提供了一塊通用的語言"基石"。

資料來源：中評協網站。

本章小結

中國資產評估行業是隨著市場經濟發展而興起並不斷狀大的行業。隨著法律體系的不斷健全，行業管理體制的日益完善，形成了獨立執業、獨自承擔法律責任的社會中介行業，其服務市場經濟的作用日益發揮，社會影響力不斷提升。

爲保證資產評估執業質量，國家對資產評估機構的設立、資產評估師職業資格考試等實行行政許可管理制度，財政部負責制定資產評估機構管理制度、負責全國資產評估機構的監督管理；各省級財政部門負責本地區資產評估資格的審批和資產評估機構的監督管理；中國資產評估協會負責全國資產評估行業的自律性管理、配合財政部監督管理全國資產評估機構。

資產評估機構和資產評估師在執業中違法、違規的，需要按照有關法律法規的規定，承擔行政責任、民事責任、刑事責任。

中國資產評估協會及地方協會對資產評估機構和資產評估師的違法、違規行爲可以給予自律懲戒。良好記錄和不良記錄都將記入誠信檔案。

檢測題

一、單項選擇題

1. 我國資產評估發展伊始，其目的主要是基於（　　）。
   A. 維護市場經濟順利進行
   B. 維護國有資產權益
   C. 維護企業權益
   D. 維護民營經濟權益
2. 中國資產評估協會成立於（　　）年

A. 1992　　　　B. 1993　　　　C. 1994　　　　D. 1995
3.《中華人民共和國資產評估法》於（　　）年通過；
A. 2011　　　　B. 2012　　　　C. 2015　　　　D. 2016

二、多項選擇題

4. 由全國人大或者全國人大常委會頒布的涉及資產評估內容的法律包括（　　）。
A.《中華人民共和國合同法》　　B.《中華人民共和國證券法》
C.《中華人民共和國公司法》　　D.《中華人民共和國刑法》
E.《中華人民共和國商標法》

5. 我國資產評估法律規範的內容涵蓋了（　　）等方面
A. 考試　　　　　　　　　　B. 註冊
C. 糾紛調處　　　　　　　　C. 清理整頓
E. 勞資關係

6. 資產評估師的責任要求主要包括（　　）
A. 對客戶的責任要求　　　　B. 對評估助理的責任要求
C. 對評估業務的責任要求　　D. 對社會的責任要求
E. 對同業的責任要求

7. 中國資產評估協會的行業執業質量自律監管制度包括（　　）
A. 罰沒收入　　　　　　　　B. 自律檢查
C. 談話提醒　　　　　　　　D. 開除
E. 懲戒

三、判斷題

8. 評估專業人員違反《評估法》規定，同時在兩個以上評估機構從事業務的，由有關評估行政管理部門予以警告，可以責令停止從業六個月以上一年以下；有違法所得的，沒收違法所得；情節嚴重的，責令停止從業一年以上五年以下；構成犯罪的，依法追究刑事責任。　　　　　　　　　　　　　　　　　　　　　　　　（　　）

9. 資產評估師考試由《資產評估》《財務會計》《機電設備評估》《建築工程評估》四個科目組成。　　　　　　　　　　　　　　　　　　　　　　　　　　　　　（　　）

10. 資產評估師繼續教育的主要內容包括：執業會員為市場主體的各類資產價值及相關事項，提供測算、鑒證、評價、調查和管理諮詢等各種服務應當掌握的理論、技術和方法等專業知識，以及相關的法律法規政策、職業規範等。　　　　（　　）

四、思考題

11. 簡述我國資產評估行業的發展歷程。
12. 資產評估機構的設立條件是什麼？
13. 資產評估的法律責任與自律懲戒各有哪些種類？

第十三章　資產評估準則

[學習內容]
　　第一節　中國資產評估準則
　　第二節　國際評估準則簡介
　　第三節　美國評估準則簡介
　　第四節　英國評估準則簡介

[學習目標]
　　本章的學習目標是使學生認識資產評估準則的意義，瞭解我國資產評估準則的建設歷程，掌握我國資產評估準則體系，瞭解國際資產評估準則及美國、英國評估準則的基本情況。具體目標包括：
　　◇ 知識目標
　　認識資產評估準則的意義，瞭解國際、中國資產評估準則的建設、發展歷程；掌握中國資產評估準則體系。
　　◇ 技術目標
　　掌握中國資產評估準則的基本框架；掌握現行資產評估準則的基本內容。
　　◇ 能力目標
　　培養運用資產評估準則解決資產評估實際問題的能力。

[案例導引]

資產評估：爲金融業穩步發展奠定"基石"

　　2008年爆發的全球金融危機，使世界認識到了資產評估的重要性。法國央行行長克裡斯蒂安·諾亞指出："當今，評估問題是現代的、市場主導的、對風險敏感的金融體系的核心問題。"2013年10月15日，由中國資產評估行業協會主辦的"2013中國評估論壇"舉行，來自國際評估準則理事會、世界評估組織聯合會、加拿大、美國、歐洲、亞洲等國家和地區的評估機構的高管們，與來自國內評估行業的衆多從業人士齊聚一堂共議資產評估各個專業話題，使資產評估成爲越來越具有"全球化"的色彩和特徵。

　　國際評估準則理事會（IVSC）執行董事瑪瑞安·蒂希爾女士在論壇上說："金融危機不但凸顯了全球金融市場的相互依賴性，同時強調了評估行業在這些市場中所發揮的越發重要的作用。"IVSC目前正致力於推廣一套全球公認的國際評估準則的使用與嚴格應用，吸取金融危機的經驗教訓，完善準則，並對金融工具的評估做出指導。

IVSC將其意見不斷傳達給全球金融監管標準的重要影響者，如金融穩定委員會、國際會計準則理事會、巴塞爾銀行監管委員會以及各國重要的監管機構和區域組織。

"資產評估機構在我國金融體制改革中具有重要作用"，財政部金融司副司長張天強在論壇上演講時強調。在當前金融深化改革和互聯網金融創新風起雲湧的新形勢下，對金融企業及其上市公司的資產評估面臨新問題、新挑戰。

專家認爲，金融特許經營權的價值評估是有待解決的一個問題。目前，對新設金融機構，監管部門有準入的門檻，對股東資質、資本充足率、償付比率、風險資本、高管資格等都有嚴格規定，這就形成了"金融特許經營權"，其是有價值的，如何科學評估是一大挑戰。

金融無形資產的評估也是一大挑戰。與工商企業不同，金融企業的有形資產只占其總資產的1%至2%，更多的是體現在經營網路、品牌、市場影響力、商譽等無形資產上。金融企業往往是先有負債，後有資產運用。因此，對金融企業的無形資產如何科學評估價值，是亟待解決的問題。金融企業價值的評估模型亟待完善。當前，對收益法的運用不完善，表現在評估股東權益的價值，不同的評估機構採取不同的模型，對收益法中的某些參數的設立太隨意，缺乏研究，有的照搬國外方法。另外，對商業銀行、證券公司、保險公司的資產評估準則，缺乏具體的指導，對金融企業上市評估缺乏操作指引。這些情景或場合的資產評估的缺失或不科學，將埋下風險隱患甚至可能轉化形成系統性風險。因此，不能不予以重視和加強防範。

業內專家建議，當務之急是要改革資產評估行業，增強資產評估的科學性，提高資產評估質量，更好地服務金融改革發展的大局。要加快建立金融資產評估的方法，適應金融監管的需要，區分銀行、證券、保險等金融機構，完善收益法等評估模型。要建立金融產權交易數據庫，積累金融產權交易的案例數據，爲市場法評估提供依據。要盡快出臺金融企業資產評估的準則與方法，還要加強對金融衍生品價值評估等新領域的研究，探索對各類互聯網金融企業的價值評估體系。

資料來源：卓尚進．資產評估：爲金融業穩步發展奠定"基石"［N］．金融時報，2013-10-16．（有刪改）

第一節　中國資產評估準則

一、中國資產評估準則制定工作的回顧

中國的資產評估行業起源於20世紀80年代末。1996年以前，資產評估行業尚處於起步、推廣階段。爲了迅速引進外資，大量的國有資產需要評估作價，但由於評估理論和實踐的缺乏，當時不能也沒有條件系統地開展資產評估準則的制定工作。

1996年，中國資產評估協會在總結幾年來資產評估實踐經驗的基礎上，組織專家起草了《資產評估操作規範意見（試行）》，由國家國有資產管理局轉發。該文對資產

評估的基本原則和方法、操作程序、評估報告和工作底稿等進行了規範，並就機器設備、建築物、無形資產、整體資產等分類資產評估做出了具體規定。1999年3月財政部頒布的《資產評估報告基本內容與格式的暫行規定》，規定了資產評估報告書、評估說明和評估明細表的基本內容與格式。同年6月，財政部針對金融資產的特點頒布了《資產評估報告基本內容與格式的補充規定》，同時中國資產評估協會推出了《資產評估業務約定書》《資產評估計劃》《資產評估工作底稿》《資產評估檔案管理》四個指南。

受當時評估理論和實踐水平的影響，這些規範和指南最終未能以準則的形式出現。用現在的觀點來評價這些文件，雖存在一定的局限和不足，但對於提高和規範當時資產評估行業的操作水平發揮了重要作用，是我國制定資產評估行業準則類文件的一次有益探索，它們實質上已構成了指導和規範我國資產評估行業過去10年的主要文件。

1996年年底，中國資產評估協會開始着手制定資產評估準則的準備工作，並於1997年在北京召開兩次資產評估準則國際研討會，邀請美國、中國香港、新加坡等國家和地區的資產評估專家就中國如何制定系統的資產評估準則進行了深入探討。同年11月，中國資產評估協會秘書處向中國資產評估協會第二屆理事會提交了14項資產評估準則的草擬稿。

為規範資產評估準則的制定工作，1998年中國資產評估協會組織行業內專家和教授在上海崇明島搭建準則體系，第一次推出了中國資產評估準則的框架結構和準則制訂計劃，並制定了準則制定程序和準則發布程序，成立了中國資產評估準則國內外專家諮詢組。中國資產評估協會隨後多次召開研討會議，做了大量的準備和準則草擬與修訂工作。

1999年6月—2000年10月財政部相繼發布了《中國註冊資產評估師職業道德規範》和《中國註冊資產評估師職業後續教育規範》，以中評協名義發布了《資產評估業務約定書指南》《資產評估計劃指南》《資產評估工作底稿指南》和《資產評估檔案管理指南》。在此期間，中評協利用與國際評估界的良好合作關係，組織力量對《國際評估準則》、歐盟、美國、英國、中國香港、馬來西亞、澳大利亞、加拿大等國家與地區的評估準則、規範文件及行業狀況進行了比較研究，翻譯出版了《國際評估準則》《美國專業評估執業統一準則》中文版，為全面瞭解國外評估業和評估準則發展狀況提供了大量的第一手資料，使中國的資產評估人員有渠道瞭解國外資產評估準則的最新理論和研究動態。

中國註冊會計師協會與中國資產評估協會於2000年合併。在財政部領導的關心之下，中國註冊會計師協會組織專家研究分析了原中國資產評估協會移交的準則草案、準則框架等文件，並結合當時國內評估實踐和評估理論研究的發展，對原準則框架體系做了必要調整，基本形成了我國資產評估準則框架體系。

由於2000年以來證券市場發生多起因關聯交易引發的關於無形資產評估的爭議，在中國證監會的要求下，中國註冊會計師協會組織力量對我國無形資產評估中存在的問題及國外的相關規範進行了研究，在此基礎上起草並由財政部於2001年7月發布了《資產評估準則——無形資產》，同時編寫出版了《〈資產評估準則——無形資產〉釋義》。限於歷史原因，這是在中國資產評估基本準則尚未定稿之前推出的第一個具體準則。

2002 年，中國註冊會計師協會組織專家成立了準則起草組，反復討論了《資產評估基本準則》和《資產評估職業道德基本準則》兩個基本準則，並於 2002 年 8 月正式以徵求意見稿的形式公開徵求行業內外的意見。2003 年 12 月，國務院辦公廳發布了《國務院辦公廳轉發財政部關於加強和規範評估行業管理的意見的通知》，對加強和規範資產評估行業的管理提出了全面要求。根據國務院文件的精神，2004 年 2 月，財政部決定中國資產評估協會繼續單獨設立。自此，中國資產評估師協會正式開啓了中國資產評估準則建設之旅。

資產評估工作具有很強的專業性，世界各國和地區在資產評估行業發展過程中，大多根據需要制定了本國、本地區的資產評估法律、規範、準則體系，用於指導註冊資產評估師執業。資產評估法律、規範、準則體系的完善和成熟程度在一定程度上反應了一個國家或地區評估業發展的綜合水平。

回顧我國資產評估法律規範體系建設歷程，隨著我國資產評估行業的迅速發展，我國資產評估法律規範體系也在不斷完善，在資產評估法律規範體系建設初期，形成了一套以國務院頒布的《國有資產評估管理辦法》為主干，以財政部、原國家國有資產管理局等政府主管部門頒布的一系列關於資產評估管理的規章制度為主體，以全國人大及其常委會、司法機關和其他政府部門頒布的其他相關法律、司法解釋和規章制度為補充的資產評估法律規範及制度體系。

這些法律法規既有專門關於資產評估的行政法規、規章和規範性文件，也有從不同方面對資產評估進行規範的其他法律法規和規章制度。從法律法規及制度的層次劃分，既有全國人大及其常委會頒布的法律、國務院頒布的行政法規，也有政府部門頒布的部門規章和規範性文件；另外，還有中國資產評估協會發布的行業自律管理文件。從法律法規及制度的內容劃分，既有綜合性的管理法規，也有單項的專門規定。

隨著我國國企改制的逐步完成和法制化建設的推進，我國的資產評估準則體系的建設日趨完善，在資產評估社會實踐中的作用日益凸顯，在國際社會的影響力日益增長。

二、中國資產評估準則體系簡介

中國的資產評估準則從橫向分為職業道德準則和業務準則兩部分；從縱向分為基本準則和具體準則兩個層次。職業道德準則對評估師的基本職業品德、專業勝任能力、評估師與客戶的關係、與公眾的關係、與同行的關係提出了最低要求。業務準則從縱向分為基本準則、具體準則、評估指南和指導意見四個層次。基本準則是評估師執行各種資產類型、各種評估目的評估業務的基本規範；具體準則包括體現過程控制的程序性準則和體現不同類型、不同經濟行為評估要求的實體性準則；評估指南是對特定評估目的以及評估業務中某些重要事項的規範；指導意見是針對評估業務中某些具體問題的指導性文件。

截至 2016 年 6 月底我國現制定並發布了 36 個準則類文件，包括 3 個基本準則、11

個具體準則、5個評估指南、9個指導意見和8個指引。這些準則涵蓋了評估執業程序的各個環節和評估業務的主要領域，標誌着我國比較完整的資產評估準則體系的建立。這些準則包括：

(一) 基本準則 (3個)

  (1)《資產評估準則——基本準則》(2014)；

  (2)《資產評估職業道德準則——基本準則》(2004)；

  (3)《資產評估職業道德準則——獨立性》(2012)。

(二) 業務/具體準則 (11個)

  1. 程序性準則

  (1)《資產評估準則——評估報告》(2011)；

  (2)《資產評估準則——評估程序》(2007)；

  (3)《資產評估準則——業務約定書》(2011)；

  (4)《資產評估準則——工作底稿》(2007)；

  (5)《資產評估準則——利用專家工作》(2012)。

  2. 實體性準則

  (1)《資產評估準則——機器設備》(2007)；

  (2)《資產評估準則——不動產》(2007)；

  (3)《資產評估準則——無形資產》(2008)；

  (4)《資產評估準則——珠寶首飾》(2009)；

  (5)《資產評估準則——企業價值》(2010)；

  (6)《資產評估準則——森林資源資產》(2012)。

(三) 評估指南 (5個)

  (1)《以財務報告為目的的評估指南 (試行)》(2007)；

  (2)《企業國有資產評估報告指南》(2011)；

  (3)《評估機構業務質量控制指南》(2010)；

  (4)《金融企業國有資產評估報告指南》(2011)；

  (5)《知識產權評估指南》(2015)。

(四) 指導意見 (9個)

  (1)《註冊資產評估師關註評估對象法律權屬指導意見》(2003)；

  (2)《金融不良資產評估指導意見 (試行)》(2005)；

  (3)《資產評估價值類型指導意見》(2007)；

  (4)《專利資產評估指導意見》(2008)；

  (5)《投資性房地產評估指導意見 (試行)》(2009)；

  (6)《著作權資產評估指導意見》(2010)；

  (7)《實物期權評估指導意見 (試行)》(2011)；

  (8)《商標資產評估指導意見》(2011)；

(9)《文化企業無形資產評估指導意見》(2016)。

除以上4個層次外，還有以下利用專家準則下的7個專家指引和1個操作指引：

(1)《財政支出（項目支出）績效評價操作指引（試行）》(2014)；

(2)《資產評估專家指引第1號——金融企業評估中應關註的金融監管指標》(2015)；

(3)《資產評估專家指引第2號——金融企業首次公開發行上市資產評估方法選用》(2015)；

(4)《資產評估專家指引第3號——金融企業收益法評估模型與參數確定》(2015)；

(5)《資產評估專家指引第4號——金融企業市場法評估模型與參數確定》(2015)；

(6)《資產評估專家指引第5號——壽險公司內部精算報告及價值評估中的利用》(2015)；

(7)《資產評估專家指引第6號——上市公司重大資產重組評估報告披露》(2016)；

(8)《資產評估專家指引第7號——中小評估機構業務質量控制》(2015)。

這些準則的發布，使得評估業務的基本程序、主要資產類型的評估業務都有相應的評估準則予以規範，標誌着我國資產評估準則體系基本建立，同時也標誌着我國的評估實踐全面進入準則規範時代。

三、中國資產評估準則體系的創新點

中國的資產評估基本理論和方法都是從國外引進的，資產評估準則的制定也借鑒和學習了國外的經驗。由於目前評估行業在國際上的發展不均衡，評估理論也未形成一門統一的學科，各國在評估基本概念和理論上存在着較大的分歧。目前國際上影響較大的有國際評估準則、美國評估準則、英國RICS評估準則等。與國外相比，中國評估準則體系有如下創新之處：

(一) 採用了職業道德準則與業務準則並列的體系

由於資產評估工作的特點，評估師職業道德準則與業務準則的許多內容很難截然分開。在國際評估準則及一些國家評估準則中，有的沒有制定職業道德準則，有的將其作為業務準則的一部分，有的業務準則與職業道德準則中有相當一部分規範內容交叉重複，如合理假設、明確披露等，既是職業道德準則中的重要內容，也是業務準則的重要內容。為突出職業道德在我國資產評估行業中的重要作用，中國資產評估準則體系將職業道德準則與業務準則並列。

(二) 引入區間值形式，提高評估結論合理性

中國的《評估報告準則》對評估結論的表現形式做出了創新型規定，改變了單一數值表示評估結論的做法，認可評估結論的區間值表示（需要與委託方溝通）。這樣的規定在某些特定情況下，使評估結論更合理，更容易得到評估報告使用者的理解，也

更符合評估專業的特點。

(三) 認可現場調查的抽樣方式，尊重評估實踐

鑒於評估完成時間的要求，中國在大型企業的評估實踐中已越來越多地使用了現場調查的評估抽樣方式，評估報告的使用者、監管方和有關各方也基本認可了這種方式。爲尊重實踐，我國的評估程序準則和機器設備評估準則中對現場調查階段的抽樣方式做出了規定，並提醒評估師控制抽樣風險、避免濫用。

(四) 完善不動產評估規範，適應行業特點

國家建設部、國土資源部對房地產和土地的評估曾發布過《房地產估規範》和《城鎮土地估價規程》，而不動產評估準則針對近年來土地、房地產評估實踐中遇到的問題及新需求和企業價值評估中涉及的不動產評估，進行了補充和更新。例如：對構築物（包括隱蔽不動產）現場調查關註的要求；對於水利工程、碼頭、橋涵、道路等不動產的現場查看及評估要求；用專門章節對企業價值評估涉及的在存貨、投資性房地產、固定資產、在建工程以及無形資產等科目中核算的不動產評估做出了規定，要求註冊資產評估師關註企業經營方式及不動產實際使用方式對不動產價值的影響，作爲存貨的房地產、投資性房地產和自用房地產的價值影響因素的差異等，明確提出"在企業價值評估中，不動產作爲企業資產的組成部分，評估價值受其對企業貢獻程度的影響"。

(五) 結合當前評估實踐，適當超前引領

中國的資產評估準則在充分研究的基礎上，結合資產評估行業的現實狀況，理論上適度超前，對資產評估執業行爲進行必要的引導。中國市場機制的逐步完善爲評估行業拓展業務領域提供了機會，如會計準則的改革、財產稅的改革、金融體制改革等。這些新興業務與已有評估業務相比，各方面的差異明顯。評估準則制定過程中集行業內外專家的智慧，研究新興業務，制定了以財務報告爲目的的評估指南、金融不良資產評估指導意見等，進行了評估準則引領評估實踐的有益嘗試。

(六) 引入價值類型理念，凸顯評估結論內涵

評估結論的價值類型理論是國際評估界近年來倡導的理念，其內涵是展示評估結論的形成基礎和適用條件，使評估理論與評估目的相結合。2004 年發布的資產評估基本準則針對我國當時評估結論沒有價值類型的情況，明確了評估師在執行評估業務時要選擇恰當的價值類型並予以定義。

幾年來的評估實踐證明，包括報告使用者在內的社會各方對此非常認可。2007 年 11 月推出的《資產評估價值類型指導意見》，細化了價值類型的選擇、使用等規定，使評估行業的專業內涵更加突出、本質特徵更加明顯、評估結論更好地服務於各種經濟行爲。

四、資產評估法律規範和準則規範的關係

資產評估執業規範體系由資產評估法律規範和資產評估準則規範組成，它們之間

具有一定的聯繫。具體如下：

（1）從內容上講，法律規範和準則規範各成體系，並具有相對獨立的評價標準。我們不可能把各種規範內容機械的分爲兩大塊，說明哪些內容屬於法律規範制約，哪些內容屬於準則規範制約。事實上，每一類規範均符合全面覆蓋的特徵，因爲對任何一種評估行爲都必然會受到合法、合理兩種規範的共同影響。

（2）從作用方式看，兩種規範的作用方式各不相同、各有特點，在某些問題上法律規範起主導作用，而在另一些問題上準則可能發揮更大的作用。比如，各國一般都通過法律規範形式對評估業進行宏觀方面的指導，所有涉及國家利益的問題均由法律規範起作用，在英國、澳大利亞等國家，以納稅爲目的的評估都是直接以法律的形式進行規範；而準則更側重從科學和理性的角度對評估實踐進行規範，規範的內容包括評估專業技術、評估人員的職業道德和評估機構的執業質量等。

（3）從形成過程看，無論是法律規範，還是準則規範，都必須建立在理論指導之上，與實踐緊密結合。美國的專業評估統一準則的最可貴之處就在於它是在美國長期理論研究和評估實踐的基礎上，總結了評估實踐發展經驗和衆多協會在幾十年時間對評估基本理論的研究成果，使其具有很強的實踐操作性，從而能夠迅速受到評估界的廣泛歡迎和認可，很快成爲美國及北美地區各評估專業團體和評估師廣爲接受的公認評估準則，並逐漸以立法的形式被政府認可。

目前世界上評估業比較發達的國家或地區的資產評估規範如表13-1所示。

表13-1　　　　　　　各國資產評估規範類型

國家或地區	法律規範	技術規範
美國	《金融機構改革、復原和強制法令》	《專業執業統一準則》
澳大利亞	各州和地區的資產立法。如西澳大利亞，對資產有重大影響的法案包括商業租賃協議法案、土地租賃法案、繼承法案、土地諮詢法案、環境保護法案等。	資產評估《專業實務手冊》，包括實務準則和指導說明
韓國	無統一資產評估法律，法律規範由相關法令組成，包括五大類，約五十種。五大類分別爲有關在價公示、有關財產補償、有關稅收、有關國家財產及其他有關法律。	"鑒定評價實務規則"
馬來西亞	《評估師、估價師和不動產代理人法令》及其實施細則	《馬來西亞評估準則》
中國香港	《香港測量師學會條例》和《測量師註冊條例》	《香港不動產指引》

第二節　國際評估準則簡介

目前，國外的資產評估準則影響力最大的是《國際評估準則》（IVS），其次是美國的《專業評估執業統一準則》（USPAP）。

一、國際評估準則的制定

《國際評估準則》是由國際評估準則委員會制定並公布的。《國際評估準則》及國際評估準則委員會的產生有其獨特的歷史背景，是評估行業內在發展及外部經濟推動等各種因素相互作用的必然結果。在各種因素的共同作用下，英國、美國、澳大利亞、新西蘭、法國等二十多個國家或地區的評估專業協會於1981年在澳大利亞墨爾本市召開會議，正式成立國際資產評估準則委員會（IAVSC），1985年在加拿大魁北克年度會員代表大會上正式更名為"國際評估準則委員會"（IVSC）。

國際評估準則委員會是聯合國非政府組織（NGO）的成員，在1985年5月取得了聯合國經合組織的成員資格。IVSC除與其成員國協同工作之外，還與許多國際組織保持着緊密的工作聯繫，如經濟合作與發展組織（OECD）、世界銀行、國際貨幣基金組織（IMF）、國際貿易組織（WTO）、歐洲聯盟、國際清算銀行等。IVSC還與許多標準制定團體保持着緊密的關係，如國際會計準則委員會（IASC）、國際會計聯合會（IFA）、國際抵押委員會（IOSCO）等。IVSC向會計界提供建議和諮詢意見，並與相關行業組織在共同關心的領域，遵循相關行業的原則，進行操作準則和工作程序的調整；在制定和推行各行業新國際標準的工作中，也與相關的國際組織進行通力合作。

國際評估準則委員會成立後就着手制定國際性評估準則文件。在對有關國家評估準則和評估執業情況進行研究分析的基礎上，於1985年制定了《國際評估準則》第一版，之後分別於1994年、1997年進行了修訂，發布了《國際評估準則》第二版和第三版。2000年以後，《國際評估準則》的制定和修訂工作進入了一個快速發展的時期，2003年4月推出了第六版《國際評估準則》，2007年發布的第八版《國際評估準則》不僅對結構體系進行了調整，而且對許多內容進行了修訂和擴充，更好地規範了資產評估行為，提高了資產評估執業質量。

最新版《國際評估準則2013》已經發布並於2014年1月1日開始實施。新版準則在原準則的基礎上，對"基本準則""資產準則""評估應用"部分進行了修訂。2016年6月，國際評估準則理事會在官網上發布《國際評估準則（2017版）》徵求意見稿，面向全球資產評估行業廣泛徵求反饋意見。

《國際評估準則（2017版）》在2013版準則結構的基礎上做出重大調整，目前準則內容包括：簡介、IVS框架、基本準則和資產準則。基本準則包括：IVS101工作範圍、IVS102調查與合規、IVS103報告、IVS104價值類型、IVS105評估方法。資產準則包括：IVS200企業及企業權益、IVS210無形資產、IVS300機器設備、IVS400不動產權益、IVS410在建不動產、IVS500金融工具。

具體調整包括：

（1）2017版準則通篇為強制性條款，刪除了2013版準則中的一切指導性內容，包括評估指南和技術性文件。

（2）對價值類型和評估方法進行了更細緻的解釋和規定，並單獨設置IVS104價值類型和IVS105評估方法兩大章節。

（3）將2013版準則中的IVS102實施改為IVS102調查與合規，強調了評估實踐中遵守其他相關法律法規的重要性。

（4）在IVS框架部分第一條增加準則應用說明，並增加"評估師"和"特例與背離"釋義，同時刪除價格、成本、價值、市場、市場活躍度、市場參與者、實體特定因素和資產合並釋義。

（5）根據2013版準則資產準則順序重新進行編號，調整準則內容結構，並將各項資產準則中的註釋部分進行梳理，納入準則之內。

二、國際評估準則的結構體系

由於各國評估理論和評估實務發展狀況不一，爲有利於各國評估師和評估報告使用者正確理解和應用《國際評估準則》，國際評估準則委員會設計了《國際評估準則》的結構體系，並根據理論和實務發展的需要不斷進行調整。目前，《國際評估準則》的結構體系已經相對成熟、穩定。

2007年發布的第八版《國際評估準則》共分爲以下8個部分：

（一）前言

這部分可以視爲《國際評估準則》的序言，回顧、總結了評估業在國際上的發展歷史，闡述了國際評估準則委員會的宗旨、工作情況以及會員的責任和義務，同時簡要地介紹了國際評估準則的組織體系及準則格式。

（二）資產評估的基本概念和原則

這部分可以稱爲總則。首先説明了該準則的作用、適應範圍，以及基本概念、原則與具體評估準則、指南的關係。它綜合了經濟學、法學及資產評估和相關學科的理論、觀點，對一些重要概念作了規定和限定。它對土地、資產、財產、不動產、價值、價格、成本、市場、市場價值、資產的使用、最佳使用等都做了規定，是《國際評估準則》的基礎部分和精華部分。通過這種限定，使得各具體準則的制定有了一個共同的概念、共同的基礎和口徑。

（三）資產評估人員行爲準則

這部分內容提供了在專業評估實踐過程中評估人員所必須具備的職業道德和專業能力的要求。在評估人員的服務過程中，評估人員的良好職業道德行爲服務於公共大衆的利益，維系信托財務機構的必要地位，對評估專業本身的發展也有好處。評估人員的職業道德是評估結果的可靠性、公正性和一致性的重要保證。該部分包括引言、適用範圍、定義、職業道德、能力要求、披露要求和評估價值的報告。

（四）資產類型

不動產是所有財富體系的基礎，它有別於其他資產類型，如動產、企業以及財務權益。在資產類型這一章中討論了上述幾種類型的資產以及它們之間的區別。

（五）國際評估準則的內容

《國際評估準則1——市場價值基礎評估》《國際評估準則2——非市場價值基礎評估》和《國際評估準則3——評估報告》構成了《國際評估準則》的核心內容。國際評估準則1和國際評估準則2分別闡述了市場價值評估與非市場價值評估，構成了《國際評估準則》的基礎。可見，在《國際評估準則》中強調市場價值或者以非市場價值爲基礎作爲評估的標準，並以此選擇適用的評估方法。

（六）國際評估應用指南

資產評估的目的是多種多樣的，其中爲財務報告或相關會計事項進行的評估以及以抵押貸款爲目的的評估業務尤爲重要。

（七）評估指南

爲解決評估師在評估實務中以及評估服務使用者在使用評估服務過程中經常產生的有關國際評估準則的應用問題，國際評估準則委員會制定評估指南對若干具體評估問題提供指導和解釋，指導評估師在一些具體的情況下應用《國際評估準則》。包括：

（1）評估指南1——不動產評估；
（2）評估指南2——租賃權益評估；
（3）評估指南3——廠房和設備的評估；
（4）評估指南4——無形資產評估；
（5）評估指南5——動產評估；
（6）評估指南6——企業價值評估；
（7）評估指南7——資產評估中對有毒有害物質的分析；
（8）評估指南8——折餘重置成本/適用於財務報告的成本法；
（9）評估指南9——爲市場價值基礎和非市場價值基礎評估進行的現金流折現分析；
（10）評估指南10——農業資產評估；
（11）評估指南11——評估復核；
（12）評估指南12——特殊交易不動產評估；
（13）評估指南13——物業稅目的大綜評估/財產稅批量評估；
（14）評估指南14——採掘業固定資產評估/採煉行業資產評估；
（15）評估指南15——歷史性資產評估。

（八）詞彙表

詞彙表提供了所有在準則、國際評估應用指南和評估指南中定義的術語和概要。

三、國際評估準則的價值定義

國際評估準則中很重要的概念是市場價值和市場價值以外的價值。這是理解國際評估準則的基礎。

（一）市場價值

市場價值是自願買方與自願賣方在評估基準日進行正常的市場行銷之後所達成的公平交易中，某項資產應當進行交易的價值估計數額，當事人雙方應各自精明、謹慎行事，不受任何強迫壓制。

根據該定義，市場價值具有以下要件：

（1）自願買方。它是指具有購買動機，但並沒有被強迫進行購買的一方當事人。

該購買者會根據現行市場的真實狀況和現行市場的期望值進行購買，不會特別急於購買，也不會在任何價格條件下都決定購買，即不會付出比市場價格更高的價格。

（2）自願賣方。它是指既不準備以任何價格急於出售或被強迫出售，也不會因期望獲得被現行市場視為不合理的價格而繼續持有資產的一方當事人。自願賣方期望在進行必要的市場行銷之後，根據市場條件以公開市場所能達到的最高價格出售資產。

（3）評估基準日。它是指市場價值是某一特定日期的時點價值，僅反應了評估基準日的真實市場情況和條件，而不是評估基準日以前或以後的市場情況和條件。

（4）以貨幣單位表示。市場價值是在公平的市場交易中，以貨幣形式表示的為資產所支付的價格，通常表示為當地貨幣。

（5）公平交易。它是指在沒有特定或特殊關係的當事人之間的交易，即假設在互無關係且獨立行事的當事人之間的交易。

（6）資產在市場上有足夠的展示時間。它是指資產應當以最恰當的方式在市場上予以展示，不同資產的具體展示時間應根據資產的特點和市場條件而有所不同，但該展示時間應當使該資產能夠引起足夠數量的潛在購買者的注意。

（7）當事人雙方各自精明，謹慎行事。它是指自願買方和自願賣方都知道資產的性質和特點、實際用途、潛在用途以及評估基準日的市場狀況，並假定當事人都根據上述知識為自身利益而決策，謹慎行事以爭取在交易中為自己獲得最好的價格。

（二）市場價值以外的價值

市場價值以外的價值主要包括在用價值、投資價值、特殊價值、協同價值等。在用價值是指作為企業組成部分的特定資產對其所屬企業能夠帶來的價值，而並不考慮該資產的最佳用途或資產變現所能實現的價值；投資價值是指為進行特定投資或者實現特定經營目標，資產對於特定投資者或者某類投資者的價值；特殊價值是指高於市場價值，反應資產的特定屬性，僅對特定購買方所具有的價值；協同價值是指由兩種或者兩種以上利益相結合而產生的價值的附加增值，其中組合利益的價值要大於原有各項利益價值之和。

四、國際評估準則的行為準則

國際評估準則的行為準則包括引言、範圍、定義、職業道德、勝任能力、披露要求、評估報告幾個部分。

第三節　美國評估準則簡介

一、美國資產評估準則的制定

美國是資產評估業高度發達的國家，評估業在美國有着悠久的發展歷史。美國的資產評估準則在 20 世紀 80 年代之前處於各團體分別制定的分散狀態。70 年代以來，由於評估業迅速發展，出現了為數更多的專業評估組織、協會，制定的準則更是數量繁多，但有些方面還互相矛盾，使評估人員難以適從。在這種不利的局面下，80 年代中期，美國八個全國性專業評估協會和加拿大評估協會聯合起來着手制定不動產評估報告內容和範圍的準則，並隨之成立了統一準則特別委員會。經過仔細研究於 1987 年 4 月 27 日發布了初版《專業評估執業統一準則》（以下簡稱《統一準則》），該準則不僅包括了不動產評估和報告的基本準則，還包括評估復核、評估諮詢以及動產評估、企業評估的準則。1987 年，評估促進會成立，以評估促進會名義取得了該準則的版權。1988 年，在評估促進會內部成立了兩個獨立的委員會：評估準則委員會（ASB）和評估師資格委員會（AQB）。評估準則委員會專門負責檢查、修訂和解釋《專業評估執業統一準則》。1989 年 1 月，在評估準則委員會的成立大會上，評估準則委員會正式採納了初版《專業評估執業統一準則》。

評估準則委員會採納《統一準則》以後，又根據實踐需要按有關程序進行了多次修訂。1992—1995 年，每年進行年中修訂，1995 年後，改爲每年出一個完整的準則版本。目前，《統一準則》已進行 10 多次修訂，修訂內容涉及前言、職業道德、能力條款等全部準則內容。1989 年，評估準則委員會將職業道德條款增加到《統一準則》的介紹部分。1990 年，評估準則委員會修訂了準則 1 至準則 6，1991 年又修訂了準則 7 至準則 10，並制定了一系列評估準則說明，進一步明確、解釋和細化了《統一準則》的特定部分。1994 年，評估準則委員會修訂了背離條款、定義部分和準則 2、準則 3，1995 年將準則 3 的適用範圍擴大到所有資產類型，職業道德條款檔案保存部分增加允許以電子媒介存儲檔案的規定，定義部分中新增"簽名"的定義。1996 年，又對職業道德條款行爲部分、定義進行了修訂補充。

《統一準則》制定之後，由於其符合評估業發展的客觀需要，因而受到評估界的廣泛歡迎和認可，很快成爲美國及北美地區各評估專業團體和評估師廣爲接受的公認評估準則，並逐漸以立法形式被美國政府認可。1989 年 8 月，美國國會制定了《金融機構改革、復原和強制執行法令》（FIRREA）。該法令的第 11 章對不動產評估師的註冊、許可和專業管理做出了有關規定，並正式以官方形式確認評估促進會爲評估行業內制定行爲準則和專業評估操作準則的機構，規定《統一準則》是涉及聯邦交易的不動產評估業務中必須遵守的公認評估準則。1992 年，美國管理與預算辦公室（OMB）在其制定的 92—96 號公告中，要求聯邦土地收購和直接租賃管理部門所涉及的評估業務必須符合《統一準則》。

美國政府對評估業的法令規定目前還僅限於不動產方面，但美國評估業已認識到動產的評估也需要法令的規範，因此美國評估促進會已委託諮詢機構向國會、議會提交了建議法案、建議對動產評估進行立法。

二、美國的《專業評估執業統一準則》的結構體系

《統一準則》從一開始就設計了十分嚴密的結構體系，儘管已進行過多次修訂，但其主要結構體系仍保持了相對穩定。《統一準則》分爲四個組成部分，即總則、評估具體準則、評估準則說明和諮詢意見。

(一) 總則

總則實際是共性要求或基本要求，適用於所有評估業務。它包括導言、職業道德、能力條款、背離條款、管轄除外、補充準則、定義。這一部分是美國評估理論特別是長期評估實踐經驗的精華，總結了評估實踐發展的經驗和眾多協會在幾十年時間對評估基本理論的研究成果。

導言闡述了制定準則的目的和對評估人員的最基本的要求，介紹了準則的構成內容；職業道德條款主要由行為、管理、保密、檔案管理四部分組成；能力條款主要規定了在接受評估業務前或達成任何評估業務協議前，評估師必須恰當地明確所要解決的問題，並確信具有相應的專業知識和經驗，能夠勝任該項業務或採取的變通措施；背離條款主要規定了可背離的部分和不可背離的部分，以及在發生背離準則條款的評估時，必須不使用戶誤解，徵得用戶同意，並在報告中指明解釋所做出的背離；管轄除外部分，主要規定了如果準則中任何一部分違反某司法管轄範圍的法律或公共政策，僅該違反部分在該司法管轄範圍內不具有效力；補充準則，主要明確了有關特定團體和公共部分也可制定特定目的或特定資產類型的評估業務補充準則，但評估師必須明確所搞評估業務是否符合補充準則；定義部分，主要對本準則採用的基本概念、名詞術語進行定義，如對評估、評估執業、效力條款、企業資產、客戶、諮詢、可行性研究、期望用途、投資分析、市場分析、綜合評估、動產、不動產、評估報告、評估復核、具體指南等進行了定義和註釋，是制定評估具體條款的統一基礎性規定。

(二) 評估具體準則

這部分是《統一準則》的實質性內容，主要是各類評估所應遵從的要求、程序，包括報告要求。從內容上根據具體評估類型制定了10個準則。這10個準則共分6個主題，分別為不動產評估、動產評估、企業評估、綜合評估、評估復核、評估諮詢。準則1、準則2是不動產評估及其報告要求；準則3是評估復核及其報告要求；準則4、準則5是評估諮詢業務及其報告要求；準則6是一攬子綜合評估及其報告要求；準則7、準則8是動產評估及其報告要求；準則9、準則10是企業價值評估及其報告要求。

(三) 評估準則說明

美國評估準則的第三部分是評估準則委員會根據評估促進會的細則授權而頒布的評估準則說明，其目的是明確、解釋和細化《統一準則》。評估準則說明只有在經過披露、徵求意見後才能由評估準則委員會採納通過。評估準則說明具有與準則條文同樣的效力。目前，評估準則委員會已採納了9項說明，內容涉及復核評估、折現現金流分析、過去價值評估、未來價值評估、職業道德條款的保密規定、市場價值評估中的公開時間、允許的對不動產評估具體指南的背離、報告的電子傳遞和在進行評估、諮詢、復核業務及報告其意見和結論時明確客戶"期望用途"。

(四) 諮詢意見

除了評估準則說明外，評估準則委員會還發布了若干諮詢意見。評估準則委員會提供的這種交流溝通方式，並沒有建立新的準則，也不是對已有準則的解釋。諮詢意見並不是評估準則委員會的法律性意見，發布諮詢意見是爲了演示、說明評估準則在特定具體情況下的運用，評估準則委員會通過這種方式爲解決評估中的問題提供諮詢幫助。目前，評估準則委員會已公開發布了17個諮詢意見，主要關於銷售歷史、被評估資產勘查、更新評估、評估師對有毒或有害物質污染的責任、評估師和客戶關係、評估報告類型的內容和使用、不動產抵押估價、享受補貼住房的評估、運用背離條款進行限制評估以及對計劃改良不動產的評估。

三、《專業評估執業統一準則》內容簡介

與英國等以不動產評估爲主的國家不同，美國資產評估行業呈現出綜合性的特點。不僅不動產評估有着悠久的發展歷史，而且非不動產評估也有着長足的發展，如企業價值評估、無形資產評估、機器設備評估、動產評估等。美國評估行業的綜合性充分體現在準則體系上，《統一準則》是一部典型的綜合性評估準則，包含了資產評估行業的各個專業領域。美國評估促進會下屬的評估準則委員會（ASB）負責準則的制定和修訂工作，從1992年開始到2006年，每年修改並出版一部最新版本的《統一準則》。從2006年開始，改爲每兩年出版一部最新版本的《專業評估執業統一準則》。《統一準則》的內容包括定義、引言、職業道德規定、勝任能力規定、工作範圍規定、司法例外規定、增補標準規定、10個準則、10個準則說明等。

（1）定義對《統一準則》中使用的評估、評估諮詢、評估復核、評估師、評估結論、假設等近40個基本概念進行了定義和解釋。

（2）引言對《統一準則》的宗旨和內容進行了簡要簡介，明確《統一準則》通過定義、規定、準則和準則說明，強調評估師的職業道德和職業責任。

（3）職業道德規定確立了評估師執業中正直、公正、客觀、獨立與符合職業道德標準的行爲要求。

（4）勝任能力規定提出了承接評估業務前和評估項目中對知識與經驗的要求。

（5）工作範圍規定提出了有關評估問題確定、研究與分析的責任。

（6）司法例外規定是在《統一準則》的規定與法律或政府政策的規定發生衝突時，維持其相互協調的行爲準則。

（7）增補標準規定爲政府部門、政府主辦的企業或其他機構因公共政策需要提供制定《統一準則》增補規定的方式。

（8）10個準則爲《統一準則》的主要構成部分，包括：

準則1——不動產評估；
準則2——不動產評估報告；
準則3——評估復核及報告；
準則4——不動產評估諮詢；
準則5——不動產評估諮詢報告；
準則6——批量評估及報告；
準則7——動產評估；
準則8——動產評估報告；

準則9——企業價值評估；

準則10——企業價值評估報告。

(9) 10個準則說明專門用於對《統一準則》內容的澄清、闡釋和說明。

第四節　英國評估準則簡介

英國被認為是現代評估業的發源地，評估業具有最為悠久的歷史。其標誌性事件就是1868年英國皇家特許測量師學會的前身正式成立，成為世界上最早的評估業專業團體，並於1881年由英國維多利亞女王授予"皇家特許"稱號。

一、英國皇家特許測量師學會

英國皇家特許測量師學會並不是嚴格意義上的評估協會，涉及土地、評估、地產、建造以及環境方面，評估僅是其分支之一。目前英國皇家特許測量師學會內部分為17個專業領域，包括文物及藝術精品、建築監督、建築測量、商業物業、爭議解決、環境保護、設施管理、測繪專業、管理諮詢、礦業及廢物管理、規劃與發展、機械及商業資產、項目管理、建造及工料測量、住宅專業、農村物業、評估。

英國評估界傳統上只註重不動產即房產和地產評估，很少涉及不動產以外的評估領域。但最近十多年來，英國評估界也明顯加快了綜合化發展的步伐，機器設備、珠寶藝術品、企業價值和無形資產等評估領域也有了不同程度的發展。但總體上英國目前仍然是偏重不動產評估體系的單一評估體制，與評估領域齊全的美國綜合性評估體制形成較為鮮明的對比。

英國評估業在國際上有着深厚的影響，並在推動國際評估業的形成過程中發揮了重要作用。1981年，在英國、美國等部分國家評估協會的推動下，成立了國際資產評估準則委員會（IAVSC），即今日之國際評估準則委員會（IVSC）。英國始終在國際評估準則委員會中扮演着重要的參與者、贊助者和推廣者的角色。目前國際評估準則委員會總部就設在英國倫敦。

英國皇家特許測量師學會成立140年來不僅在英國獲得了極高的聲譽，隨著英國國力及英聯邦國家的發展，在世界各地也取得了很大成功。憑借其積累起來的專業經驗和職業道德水準，至2009年英國皇家特許測量師學會在146個國家和地區擁有15萬名會員，其中約有8.7萬名會員是活躍的執業會員。

英國皇家特許測量師學會在評估專業領域做出的最大貢獻就是著名的RICS評估指南，俗稱"紅皮書"。從20世紀70年代起，英國皇家特許測量師學會開始制定相關評估準則、指南及行為規則。經過長期的修改和完善，該準則成為國際上最為重要的國別準則，不僅在英國國內具有良好的聲譽，而且在國際上也有着重要影響。許多英聯邦國家和地區都在執行該準則或以該準則為藍本建立自己的評估準則體系。

二、英國評估準則的制定和修訂

英國的評估準則由英國皇家特許測量師學會的評估與估價準則委員會制定，經過多次修改，以反應會計標準和評估執業慣例的變化爲主，隨著1990年《評估與估價準則》第3版的出版，於1991年成爲所有特許測量師的強制性標準。

1995年，英國皇家特許測量師學會與另外兩家規模較小的協會共同出版了主要針對不動產評估的《評估與估價指南》（俗稱"紅皮書"），主要包括三個部分的內容：引論、執業規範和執業規範附錄、指南。2003年英國皇家特許測量師學會出版了紅皮書《評估與估價準則》第5版。新版紅皮書根據國際評估行業的發展趨勢，參考並借鑒了《國際評估準則》的重要理念和思路，形成了英國的評估實務準則，適用於英國皇家特許測量師學會世界各地所有會員從事各種目的的評估業務。2007年英國皇家特許測量師學會在中國發布了《評估與估價準則》（紅皮書第5版）中文版。

《評估與估價準則》（紅皮書第5版）中文版分爲四個部分：

（一）準則的效力及應用

本部分包括主要準則的制定背景、與國際及歐洲標準的關係、準則的編排、目的、豁免、遵守、背離以及生效日期、修訂和補充八部分內容。準則規定，該準則第三部分的執業規範具有強制性效力，應該將其應用到本準則適用的所有國家、所有評估目的的所有評估中。由英國皇家特許測量師學會國家協會出版的執業規範在它們的國家具有強制性效力。

（二）術語表

本部分包括對評估、資產、市場價值、特殊價值、評估報告等要領進行的解釋和規範。

（三）執業規範

本部分是準則的核心內容，包括6章，各章所列條文一般均附有註釋，以便評估師更好地理解準則的要求，除第4章和第6章外，其餘4章均設有附錄，對一些重要問題進行說明。具體章節如下：

第1章 資格和利益衝突；
第2章 約定條款的協議；
第3章 價值類型及其應用；
第4章 勘察和重要的考慮事項；
第5章 評估報告及其對內容的公開引用；
第6章 在歐盟地區的評估應用。

（四）執業規範指南

本部分包括5個指南：
指南1——特定行業不動產的評估與商譽；
指南2——廠房與設備；

指南3——組合資產和多組不動產的評估；

指南4——礦地和廢物處理場；

指南5——評估的不確定性。

第六版紅皮書於2007年發布，2008年生效，基本結構與第五版相同。第七版紅皮書於2011年發布並生效。第七版在結構方面的主要變動是將執業規範的附錄獨立為一部分。

紅皮書現有八個主要部分，包括：簡介、術語、評估準則（6個）、附錄（8個）、指南（7個）、英國執業規範（4個）、英國附錄（13個）、英國指南（7個）。其主要內容包括：

第一部分，簡介。本部分主要介紹了該準則的制定背景、與國際標準的關係、準則的編排、準則的主要目的、遵守本準則、生效日期、修訂和補充等內容。準則規定，該準則的執業規範具有強制性效力，應當將其應用到本準則適用的所有國家、用於各種評估目的、由會員提交的任何對價值的評估和評價中。

第二部分，術語表。本部分主要對評估、資產、市場價值、特殊價值、評估報告等概念進行瞭解釋和規範。

第三部分，評估準則。本部分是準則的核心內容，適用於會員在所有國家承辦評估業務，包括六章，分別是第一章遵守準則及道德要求、第二章約定條款的協議、第三章價值類型、第四章應用、第五章調查、第六章評估報告。

第四部分，附錄。附錄中包含了一些附加信息，幫助理解執業規範的相關要求。

附錄1　對獨立性和客觀性的威脅和保密性以及利益衝突；

附錄2　明確約定書條款；

附錄3　假設；

附錄4　特殊假設；

附錄5　商業抵押貸款評估；

附錄6　評估報告基本內容；

附錄7　評估報告公開引用實例；

附錄8　關於抵押貸款價值的歐洲抵押貸款協會文件。

第五部分，指南。

指南1　評估的確定性；

指南2　單項交易資產評估；

指南3　組合或多組不動產評估；

指南4　動產；

指南5　廠房與設備；

指南6　財務報告目的評估中的折餘重置成本法；

指南7　商用不動產投資中的折現現金流。

紅皮書的"英國執業規範""英國附錄"和"英國指南"部分，適用於英國的評估業務，這些內容在全球規範的基礎上，根據英國的法規進行了修訂和擴充。

本章小結

2007年11月28日，中國財政部和中國資產評估協會發布了資產評估準則體系，涵蓋了業務準則和職業道德準則、基本準則和具體準則、程序性準則和實體性準則。這標誌着我國已建立了適應中國國情、與國際基本接軌的比較完整的資產評估準則體系。

《國際資產評估準則》是近二十年來，在全球化背景下逐步建立和完善的國際性資產評估準則，總結了世界主要發達國家和地區先進的資產評估理念、理論和方法，是當前國際上最具有影響力的包括各種資產的綜合性準則，其內容被許多國家直接應用或吸收。

美國的《專業評估執業統一準則》是20世紀80年代中期產生的不動產泡沫導致評估業危機的產物，經過多年的修訂發展成的綜合性評估準則，其在理論和實踐的許多方面代表了評估行業的最新動向，是國際上最具有影響力的評估準則之一。

英國的《評估與估價準則》是最早的評估準則，其內容主要以不動產評估為主，在國際評估界具有非常重要的影響。近年來，隨著評估行業的發展，英國皇家特許測量師學會進行了改組，向綜合化方向發展，其評估準則也在不斷修訂和完善，採用了國際評估準則中關於市場價值的定義等。

檢測題

一、單項選擇題

1. 在《國際評估準則》基本概念中闡述的重要概念之一是（　　）。
   A. 公開價值　　　　　　　B. 非公允價值
   C. 市場價值　　　　　　　D. 非公允市場價值
2. 第七版《英國評估準則》發布並生效於（　　）年。
   A. 2010　　　B. 2011　　　C. 2012　　　D. 2013
3. 從準則體系制定的指導思想方面考慮，我國的資產評估準則應當是（　　）的評估準則體系。
   A. 獨立性　　B. 專業性　　C. 綜合性　　D. 程序性

二、多項選擇題

4. 從橫向關係劃分，我國資產評估準則包括（　　）準則。
   A. 程序性　　　　　　　　B. 業務
   C. 綜合性　　　　　　　　D. 獨立性
   E. 職業道德
5. 在資產評估師職業道德中，對同業的責任要求是（　　）。
   A. 不得在公眾媒體等在任何有關資產評估師所在單位的任何信息
   B. 不得採用強迫手段與同業爭攬業務
   C. 不得對其職業能力進行誇張宣傳

D. 不得做出可能損害職業形象的行為

E. 在同行業中團結協作，互相尊重，共同維護行業信譽

6. 在《國際評估準則》的結構體系中包括了（　　）等組成部分。

A. 紀律守則　　　　　　　　B. 資產準則

C. 國際評估應用指導意見　　D. 流動資產評估準則

E. 基本準則

7. 《國有資產評估管理辦法》中規定了國有資產評估的（　　）。

A. 收費標準　　　　　　　　B. 範圍

C. 程序　　　　　　　　　　D. 假設

E. 方法

三、判斷題

8. 財政部於2004年頒布了《企業價值評估指導意見（試行）》。（　　）

9. 根據《國際評估準則》的思想，以反應市場整體對被評估資產價值認可的意見，通常要求評估資產的市場投資價值。（　　）

10. 截至2016年6月底，我國資產評估準則具體準則共有11項。（　　）

四、思考題

11. 簡述中國資產評估準則體系。

12. 簡述國際資產評估準則的結構體系。

13. 比較美國、英國的評估準則體系。

國家圖書館出版品預行編目(CIP)資料

資產評估/ 陳建西、陳慶紅主編. -- 第三版.
-- 臺北市：崧燁文化, 2018.07
　面 ;　公分
ISBN 978-957-681-300-9(平裝)
1.資產管理
495.44　　　107010902

書名：資產評估
作者：陳建西、陳慶紅 主編
發行人：黃振庭
出版者：崧燁文化事業有限公司
發行者：崧燁文化事業有限公司
E-mail：sonbookservice@gmail.com
粉絲頁　　　　　　網址：
地址：台北市中正區重慶南路一段六十一號八樓 815 室
8F.-815, No.61, Sec. 1, Chongqing S. Rd., Zhongzheng Dist., Taipei City 100, Taiwan (R.O.C.)
電　話：(02)2370-3310　傳　真：(02) 2370-3210
總經銷：紅螞蟻圖書有限公司
地址：台北市內湖區舊宗路二段 121 巷 19 號
電話:02-2795-3656　　傳真:02-2795-4100　網址：
印　刷：京峯彩色印刷有限公司（京峰數位）

　　本書版權為西南財經大學出版社所有授權崧博出版事業股份有限公司獨家發行電子書繁體字版。若有其他相關權利需授權請與西南財經大學出版社聯繫，經本公司授權後方得行使相關權利。

定價：600 元
發行日期：2018 年 7 月第三版
◎ 本書以POD印製發行